Spallanzani's Versuche über die Erzeugung der Thiere und Pflanzen.

Nebst des Herrn Johann Senebier's Entwurf einer Geschichte der organisirten Körper vor ihrer Befruchtung.

Aus dem Französischen

von

Dr. Christian Friedrich Michaelis.

Erste Abtheilung.

Mit 3 Kupfern.

Leipzig,
bei G. J. Göschen, 1786.

Durchlauchtigster Kurfürst

Gnädigster Herr

Eure Kurfürstliche Durchlaucht

höchstrühmliche Neigung, Dero stets thä-

 tigem

tigem Geiste immer eine ernsthafte und

Eurer Durchlaucht erhabenen Gesin-

nungen würdge Unterhaltung zu verschaffen,

ist Weltbekant; und eben dies, hat mich

zu der Kühnheit verleitet, **Eurer Kur-**

fürstlichen Durchlaucht gegenwärtige

Abhandlung eines höchstscharfsinnigen Ita-

lieni-

lienischen Naturforschers über die Erzeugung, in einer deutschen Uebersetzung mit tiefster Ehrerbietung zu überreichen. Gott schütze, erhalte und seegne **Eure Kurfürstliche Durchlaucht** und das ganze hohe **Kurhaus**, bis in die spätesten Zeiten.

Ich bin mit tiefster Ehrfurcht

Eurer Kurfürstlichen

Durchlaucht

meines gnädigsten Herrn

unterthänigster treugehorsamster

Dr. Christian Friedrich Michaelis.

Inhalt.

Inhalt.

Viertes Kapitel.

Fünftes Kapitel.

Sechstes Kapitel.

Siebentes Kapitel.

Zweite

Inhalt.

Zweite Abhandlung.

Erstes Kapitel.

Zweites Kapitel.

Drittes Kapitel.

Viertes Kapitel.

Fünf-

Inhalt.

Fünftes Kapitel.

Zwey Briefe von Herrn Bonnet.

Dritte

Inhalt.

Dritte Abhandlung.

Ueber die Erzeugung verschiedner Pflanzen.

Erstes Kapitel.

Zweites Kapitel.

Drittes Kapitel.

Viertes Kapitel.

Fünftes Kapitel.

* ⁂ *

Versuche
über die Erzeugung der Thiere und Pflanzen.

Einleitung.

Endlich kan ich in der Ersten und Zweiten Abhandlung dieser Schrift, das Versprechen, welches ich ehedem in meinem zu Modena 1768 herausgegebnen Abriß einiger Beobachtungen über die Wiederhervorbringung thierischer Theile that, wenigstens zum Theil erfüllen. Ich zeigte damals nur, die von mir bei Fröschen entdekte Präexistenz des schon gebildeten Fötus vor der Befruchtung an; nunmehr aber werde ich mich bemühen, diese Entdekkung zur völligen Evidenz zu bringen.

Ob ich aber gleich mit Bekantmachung derselben so lange angestanden, so habe ich sie doch nie ganz aus dem Gesichte verloren, sondern indessen immer Gelegenheit gefunden, verschiedne andre Thiere in dieser Rüksicht zu beobachten, bei welchen allen die schon vorher gefundene Resultate sich bestätigten, und mich mit Grunde vermuthen ließen, daß die Präexistenz des Fötus vor der Befruchtung des weiblichen Körpers für eines der allgemeinsten Naturgesetze zu halten sei.

Die Natur führt ihre unermüdeten Liebhaber ganz unvermerkt von einer Wahrheit zur andern: und auf diesem Wege haben mich die Beobachtungen über die Präexistenz des Fötus mit einer ganzen Classe lebendige Junge gebährender Thiere bekant gemacht, welche alle Naturforscher bisher für Eierlegende gehalten haben.

Die bei verschiednen Thieren durch künstliche Mittel veranstalteten Befruchtungen, sind der Gegenstand der Zweiten Abhandlung; man findet schon die ersten Grundlinien davon in meinem obangezeigten Entwurfe. Ich habe nämlich mit der Saamenfeuchtigkeit verschiedner Thiere ihre Embryonen befruchtet, und gesehen, daß die jungen Thiere sich eben so gut entwikkelten, als wenn ihnen eine vorhergegangene Begattung das Leben gegeben hätte.

Die auffallende Aehnlichkeit, die man zwischen Thieren und Pflanzen bemerkt, hat mich veranlaßt, durch Versuche zu bestimmen, ob auch wohl die Embryonen der Pflanzen schon vor der Befruchtung in ihren Fruchtknoten vorhanden wären; und daß sich dieses wirklich so verhalte, glaube ich im Dritten Abschnitte dieser Schrift deutlich dargethan zu haben. Diese Untersuchungen haben mich aber auch belehrt, daß der befruchtende Staub der Pflanzen nicht allezeit wie einige Kräuterkundige sich vorstellen, zur Befruchtung unumgänglich nothwendig sei.

Neue Aehnlichkeiten, welche ich zwischen Thieren und Pflanzen gefunden hatte, sezten mich in Stand, bei Pflanzen eben so, wie bei Thieren künstliche Befruchtungen zu unternehmen. Diese Versuche sind zwar

zwar, wie ich gern gestehe, schon vor mir nicht ohne Erfolg von andern gemacht worden, nur aber dünkt mich, daß man dabei nicht die Absicht gehabt habe, die Mittel zu entdekken, deren sich die Natur zu Befruchtung der Pflanzen bedient.

Indessen muß ich bekennen, daß Geschäfte von einer ganz andern Art mich abgehalten haben, diese Untersuchungen weiter fortzusetzen, doch aber habe ich andre Naturforscher aufgefordert, in diesen Versuchen weiter zu gehen, und eine Arbeit fortzusetzen, bei welcher ich wenigstens die Bahn gebrochen, und die Mittel zu Ausführung derselben angegeben habe.

Jederman sagt: das Zeugungsgeschäft sei ein Geheimniß, das mehr der Gegenstand unsrer Bewundrung, als Untersuchung seyn müsse: allein diese Meinung ist blos eine Ausflucht für unthätige und zum Nachdenken unaufgelegte Köpfe.

Wenn man das Geheimniß der Erzeugung, wie es in vorigen Zeiten vorgetragen wurde, betrachtet, so muß freilich jederman eingestehen, daß es damals noch in tiefster Finsterniß begraben lag. Allein Haller und Bonnet haben jene Dunkelheit aufgehellt: und ob ich gleich weit entfernt bin zu glauben, daß dieß verborgene Naturgeschäfte durch mich ganz aufgedekt sei, so schmeichle ich mir doch wenigstens etwas zur Aufklärung desselben beigetragen zu haben. Der Leser mag urtheilen, ob diese Hoffnung gegründet, oder ob sie blos Wirkung einer täuschenden Eigenliebe sei.

Erste Abhandlung.

Erster Abschnitt.

Von der Erzeugung einiger Amphibien.

Erstes Kapitel.

Zeugungsgeschichte des grünen Wasserfrosches.

§. 1.

Ich nenne den Frosch, von welchem hier die Rede ist, deswegen den Grünen, weil er am obern Theile seines Körpers diese Farbe hat, und weil er sich in Gewässern, und zwar vorzüglich in sumpfigten Gegenden auf Reisfeldern und in Graben, aufhält.

§. 2.

Man trift bey dem Männchen dieser Frösche in der Gegend des Kopfes zwei häutige Blasen an, die sie bei ihrem Geschrei sehr aufblasen, und es befindet sich auch an den Daumen ihrer Vorderfüsse, eine fleischigte Erhöhung, die zur Laichzeit sehr empfindlich ist. Bei dem Weibgen aber sieht man diese Erhöhung nicht: auf dem Rükken und an den Seiten aber, ist es mit vielen schwarzen Flekken gezeichnet, die man bei den Männchen schwer entdekken kan.

§. 3.

§. 3.

Diesen hier beschriebenen Wasserfrosch muß man nicht mit demjenigen verwechseln, den Rösel, *) den grünen Wasserfrosch nennt. Um sich den Unterschied recht bekant zu machen, darf man nur die schönen Abbildungen in seinem Werke betrachten. Der von Röseln angegebne Frosch, ist viel grösser als alle übrige, und der unsrige viel kleiner, ja kaum zum dritten Theile so groß, als jener, der doch nicht der grössete in seiner Art ist: über dieses ist auch jener mitten auf dem Rükken mit drei deutlichen goldgelben Streiffen, die Länge hinunter stark gezeichnet: bei dem unsrigen **) aber findet man davon nicht die mindeste Spur.

§. 4.

In der Lombardei fängt sich die Laichzeit dieses Frosches schon im April an, und hört im May wieder auf, doch hängt der frühere oder spätere Anfang, und die Dauer derselben, auch von dem Eintritt der warmen Witterung ab. Um diese Zeit wird uns das unablässige Qvaken dieser Frösche oft äusserst beschwerlich. Wenn man ihre Eier, noch vor ihrer Reife oder Vollständigkeit, im Herbste, oder zu Ende des Frühlings untersucht, so findet man sie im Eierstokke beisammen, der aus zwei abgesonderten Theilen besteht, wovon jeder, in noch kleinere zertheilt ist, die alle von einer besondern

 Haut

*) Hist. Natur. Ranar. Novembr. 1758.

**) Bei lebendigen Fröschen beider Arten, sieht man diesen Unterschied noch deutlicher.

Haut umgeben werden. Die Eier sind nicht alle gleich gros; man findet einige so klein, daß sie sich mit bloßem Auge kaum entdekken lassen, andre sind auch wohl sechs bis siebenmal größer, doch aber haben sie alle eine runde Gestalt: die kleinsten sind dunkelgrau; die allergrößten aber auf einer Seite weiß und auf der andern schwarz: Beide Arten zerreissen, wenn man sie auch noch so behutsam anrührt, und verwandeln sich in eine graulichte klebrigte Feuchtigkeit.

§. 5.

Der Eierstok dieser und vieler andern Frösche, scheint äußerlich, mit schwärzlichen Punkten gleichsam besäet zu sein, und dieses Ansehn ist es eben, das den berühmten Valisneri und andre große Naturforscher verführt hat, diese Punkte für die erste Anlage zur Froschlarve, die sich im Eie entwikkelte, zu halten. Der Irrthum dieser gelehrten Männer ist blos aus übereiltem Urtheile entstanden: sie sind dabei stehen geblieben, nur die Punkte auf der Fläche des Eierstoks zu betrachten, ohne zu erwägen was ihnen die Untersuchung der innern Beschaffenheit zeigen könte.

Meine Beobachtungen werden die ganze Sache in ihr gehöriges Licht setzen.

1) Wenn man die Haut, worinne alle Eier eingeschlossen beisammen liegen, die man auch den Sack oder Beutel des Eierstoks nennen könte, wegnimt, so bleiben die schwärzlichen Punkte dennoch an der Haut sichtbar.

2) Wenn

2) Wenn man mit grösseſter Sorgfalt und Behutſamkeit alle Eier, nachdem man zuvor die Haut, die den Eierſtok umgiebt, weggenommen hat, unterſucht, ſo kan man auch nicht an einem einzigen, nur den allerkleinſten ſchwarzen Punkt entdekken. Wenn man dagegen, gedachte Haut mit dem Mikroſkop genau unterſucht, ſo erſcheinen die ſchwarzen Punkte, als unregelmäßige Flekke auf der Oberfläche. Ueberdieß trift man auch dergleichen Flekke bei dieſen Fröſchen auf dem Darmfell und der Oberfläche des Herzens an.

§. 6.

Wer im Frühlinge Eier von Fröſchen, die er im Herbſte oder Winter beobachtet hatte, unterſucht, wird ſie zwar allzeit noch im Eierſtokke beiſammen, aber um vieles größer antreffen; ſie werden alsdenn ihre völlige Größe §. 4. erreicht haben. Zur Begattungszeit kan man ſie in ihrer größten Vollkommenheit ſehen. Dieſe Fröſche begatten ſich auf dieſe Art, wie diejenigen, welche Swammerdam und Röſel beobachtet haben: das Männchen ſezt ſich auf den Rükken des Weibgens, ſchlägt ſeine Vorderſchenkel unter ihre Achſeln, beugt ſie unter ihre Bruſt, legt ſie vorwärts ſo übereinander, daß ſich ſeine Zehen kreuzen, und auf ſolche Weiſe hält er das Weibgen ſo lange feſt an ſich gedrükt, bis es alle Eier von ſich gelaſſen hat. Die Dauer ihrer Begattung richtet ſich nach der Witterung; iſt die Wärme gros, ſo wird die Begattung in vier bis fünf Tagen geendigt, iſt aber die Luft kalt, ſo währt ſie bisweilen acht, neun, ja wohl gar zehn Tage. Ich entſchloß mich, Fröſche, die eben in der Begattung begrifsen waren, in große mit Wasser angefüllte Gefäße zu setzen, und sie so lange darinne zu behalten, bis sie ihre Eier von sich gelassen hätten. Denn obgleich Valisneri (aber nur nach einer einzigen Beobachtung) versichert, daß die Frösche in der Begattung, wenn sie nicht in ihrer Freiheit wären, die Eier nicht von sich gäben; so habe ich doch mehrmals das Gegentheil gefunden. Swammerdam und Rösel haben die nämliche Beobachtung gemacht.

§. 7

Valisneri hat völlig recht, wenn er behauptet, daß das Froschweibgen seine Eier nicht von sich lasse, wenn es immerfort von dem Männchen abgesondert bleibt. Ich sage aber ausdrüklich immerfort; weil ich gefunden habe, daß wenn man das Weibgen alsdenn von dem Männchen trennt, wenn die Eier schon in die Gebärmutter gekommen sind, selbige ebenfalls weggelassen werden, obgleich das Weibgen, das sie von sich giebt, ohne Männchen zu bleiben gezwungen ist. Aber alle dergleichen Eier sind unfruchtbar.

§. 8.

Wenn man während der Begattung die Eier beobachtet, so trift man sie in den ersten Tagen allezeit im Eierstokke an: in den folgenden aber sind sie zwar zum Theil im Eierstokke, aber auch in den Kanälen, welche die Eier in die Gebärmutter führen, enthalten, und gegen den lezten Tag der Begattung sind sie alle in der Gebärmutter, bis auf die kleinsten, die noch am Eierstokke hängen, anzutreffen. Diejenigen Eier,

die

die man in den gedachten Kanälen, und in der Gebärmutter findet, sind mit einem durchsichtigen klebrigen Schleime überzogen, den man, wiewohl mit Unrecht, für den Saamen des Frosches ausgiebt.

§. 9.

Ich habe zwar zahlreiche Versuche angestellt, um zu erfahren, ob die Eier, die ich während der Begattung, aus dem Eierstokke, aus dessen Röhren, und aus der Gebärmutter selbst nahm, auch befruchtet wären: allein ich muß bekennen, daß mir kein einziger geglückt ist. Da nun aber auf diesen Umstand gleichwohl sehr viel ankömt, so habe ich, um darinne Gewißheit zu erlangen, alles mögliche angewendet. In dem Tagebuche meiner Beobachtungen finde ich, daß bei der großen Anzahl von hundert sechs und funfzig, während der Begattung eröffneten Froschweibgen, dennoch alle diese Eier unbefruchtet gewesen, und gar bald in Fäulniß übergegangen sind: da sich indessen alle diejenigen, die während der Begattung freiwillig aus der Gebärmutter des Froschweibgens durch den Mastdarm fortgegangen waren, in kurzem entwikkelt, und befruchtete Froschlarven zum Vorschein gebracht hatten. Ich habe meine Versuche noch weiter getrieben. Da mehr als eine volle Stunde zur gänzlichen Entschüttung der Eier erfordert wird, so nahm ich einige Minuten vor ihrem völligem Austritte, diejenigen, welche in der Gebärmutter noch zurück geblieben waren, und legte sie in das nämliche Wasser, worin sich diejenigen befanden, welche das Froschweibgen ganz natürlicher Weise von sich gelassen hatte: allein, da man in diesen gar bald lebende Larven bemerkte so giengen hingegen jene bald in Fäulniß. Aus diesen Versuchen war nun diese unumstößliche Wahrheit ganz natürlich zu erkennen, daß die Froscheier nicht innerhalb der Gebärmutter des Frosches, sondern außerhalb derselben befruchtet werden. Linne' hat also sehr geirrt, wenn er mit Zuverlässigkeit sagt: „In der „ganzen Natur erfolgt in keinem einzigen lebendigen „Körper eine Schwängerung, noch eines Eies Befruch„tung, außer dem Körper der Mutter." Artedi Ichtyologiæ. P. II. p. 32.

§. 10.

Durch diese Beobachtung wird auch zugleich die Meinung Friedrich Menzens, ehemaligen Professors zu Leipzig, widerlegt; denn dieser hatte sich vorgestellt, der Saame des Frosches, gienge während der Begattung aus der fleischigten Erhöhung, die das Froschmännchen an den Daumen seiner Vorderfüße hat. (§. 2) erst in die Brust und hernach durch tausend unbekante Umwege, in den Eierstok des Weibgens über, worin sodann endlich die Eier befruchtet würden *)

§. 11.

Wenn nun also ausgemacht ist, daß die Befruchtung bei unserm Frosche außerhalb der Gebärmutter geschieht, so entsteht die Frage, auf was für Art solche verrichtet wird? Man wird vielleicht antworten, daß

*) Generatio παράδοξος Ranarum conspicua.

daß das Männchen die Eier, so wie sie nach und nach bei dem Weibchen aus der Oefnung des Afters zum Vorschein kommen, mit seinem Saamen befruchte *); dieß ist wenigstens, in Ansehung andrer Frösche, die Meinung des berühmten Swammerdams, die auch Rösel in seiner Naturgeschichte der Frösche bestätigt, ob er gleich in der Folge zu erkennen giebt, daß er nicht bestimmen möge, ob die Eier in der Gebärmutter durch den von außen hineingekommenen Saamen befruchtet würden. Ich habe mich bemühet den Vorhang, hinter welchem dieses Naturgeheimniß versteckt ist, aufzuziehen. Sobald die Eier aus dem After des Weibgens zum Vorschein kamen, sahe ich, wie sich dasselbe im Gefäße hin und her bewegte, wie es im Wasser bald in die Höhe kam, bald in die Tiefe gieng, die hintern Schenkel verlängerte, und von sich streckte, wobei man einen gewissen leisen Laut vernahm; ich sahe, wie das Männchen seine hintern Schenkel mit denen es einen Zirkel machte, an sich zog, und viel sonderbare Wendungen zeigte, und in den Ton des Weibgens in abgesetztem Geschrei mit einstimte, so daß es sehr schwer seyn würde, hiervon eine deutliche Beschreibung zu geben. Eben in diesem Zeitpunkte bemerkte ich nahe bei dem After des Männchens eine etwas aufgeschwollene Hervorragung (Pointe) hervortreten, welche ich für das Zeugungsglied des Frosches

*) Bei den Fröschen, Kröten, Salamandern, und vielen andern Thieren, gehen die Eier durch die Oefnung des Afters ab.

sches hielt. Diese Hervorragung näherte und entfernte sich wechselsweise von den Eiern, die dem Ausgange des Afters am nächsten waren: doch aber konte ich nie entdekken, ob eine Feuchtigkeit aus derselben hervorkäme. Es ist indessen wahr, daß dieser Umstand nichts entscheidet, indem diese Feuchtigkeit, theils wegen ihrer unbedeutenden Menge, theils wegen ihrer Durchsichtigkeit. die sie im Wasser unsichtbar machen würde, unbemerkt fortgehen könte.

§. 12.

Um mich nun von diesem Phänomen, welches mir sehr viel Schwierigkeit machte, recht fest zu überzeugen, sezte ich einige in der Begattnng begriffene Frösche, die nun eben ihre Eier von sich gehen lassen wollten, in leere Gefäße; und obgleich diese Thiere sich außer ihrem Elemente befanden, so gieng dennoch die Begattung ungehindert vor sich: izt sahe ich, wie die obgedachte kleine stumpfe Spitze oder Hervorragung, nahe am After, aufgeschwollen war, und wie aus derselben ein dünner Strom oder Strahl einer hellen Feuchtigkeit herausschoß, die sich über die aus dem After des Weibgens herausgehenden Eier verbreitete: ich konte dieses zu wiederholten malen bemerken. Bisweilen ließ das Weibchen von Zeit zu Zeit nach, Eier von sich zu geben, sogleich unterließ auch das Männchen die Eier mit gedachter durchsichtigen Feuchtigkeit zu bespritzen. Ich hatte Gelegenheit, dieses bei sieben Paar sich begattender Frösche in meinen leeren Gefäßen zu beobachten; es gieng auch nie eher zu Ende, als bis die Weibgen alle ihre Eier von sich gegeben hatten.

hatten. Da nun die in den troknen Gefäßen erhaltenen, und sodann ins Wasser gebrachten Eier sehr geschwind auskrochen, so blieb mir weiter kein Zweifel mehr übrig, daß nicht die vom Männchen über die Eier gesprizte durchsichtige Feuchtigkeit, die wahre befruchtende Saamenfeuchtigkeit seyn sollte. Doch aber habe ich mich hernach von der völligen Gewißheit dieses Umstands noch besser überzeugt, da ich, nach meiner Vermuthung, diese Feuchtigkeit in den Saamenbläßgen antraf, und auch zugleich ganz deutlich sahe, daß die spitzige fleischigte Hervorragung, nichts anders als das Zeugungsglied (Penis) des Frosches ist.

§. 13.

Als ich mich vor dreizehn Jahren mit dem Abt Nollet über meine Schrift, von der Wiederherstellung verlorner Theile bei Thieren, unterredete, worin ich meine Entdekkung der Präexistenz der Froschlarven vor der Befruchtung bekant machte, ohne die Umstände anzuführen, unter welchen ich sie beobachtet hatte, so erklärte er sich hierüber folgendermaßen: „Ihre Meinung von der Präexistenz der Froschlarven vor der „Befruchtung erwekt bei mir ein tiefes Nachdenken: „schon vor dreißig Jahren habe ich und Reaumür über „diesen Gegenstand vielerlei Untersuchungen angestellt: „Wir haben damals ganze Wochen lang die Begattung „der Frösche beobachtet, ja ich erinnere mich, daß wir „einer gewissen Anzahl Männchen kleine Hosen von „feinem Wachstaffent anzogen, und sie hernach geraume Zeit lang beobachteten, aber doch nie so etwas

„ent-

„entdekken konten, was eine vorgegangene Schwänge„rung angezeigt hätte.“

Durch welchen widrigen Zufall nun diese beiden großen Naturforscher bei allem Scharfsinn, und besondren Anfmerksamkeit, in ihren Unternehmungen so wenig Glük gehabt haben, will ich hier gar nicht untersuchen. Allein dieß will ich nur anführen, daß der Versuch mit oberwähnten wachstafftnen Hösgen von mir wiederholt wurde, und die Froschmännchen sich doch begatteten; dabei war der Erfolg meiner Erwartung gemäß, denn kein einziges Ei brachte Junge, weil auch nicht ein einziges von der Saamenfeuchtigkeit des Männchens befruchtet worden war, denn ich konts die Feuchtigkeit, als ganz kleine, aber sehr sichtbare Tröpfgen, in den wachstafftnen Hösgen augenscheinlich bemerken.

§. 14

Nachdem ich nun die Art und Weise der Befruchtung der Eier vollkommen deutlich eingesehn hatte, so mußte ich um die ganze Erzeugungsgeschichte dieses Frosches zu beendigen, die Eier bis zur Erscheinung des Thieres selbst untersuchen. Die Eier, die das Weibgen während der Begattnng von sich gehen läßt, sind mit einer weißlichen schleimigen Feuchtigkeit vermischt, die eben so viel kleine runde, unter einander zusammenhängende Körpergen, als Eier vorhanden sind, vorstellt; und in der Mitte eines jeden solchen runden Körpergens ein Ei enthält. Das Ei wird von zwei sehr feinen Häutgen umgeben, die in gleicher Weite vom

Mit-

Mittelpunkte des Eies entfernt sind: reißt man das innere mit einer Nadel auf, so läuft eine wäßrige, durchsichtige Feuchtigkeit heraus: das Ei ist rund, seine Oberfläche glat, und hat zweierlei Farben: die eine Hälfte der Kugel ist schwärzlich, die andre weißlich, wie die Figur I. auf dem Kupfer I. vollkommen deutlich vorstellt. Bei Nummer 3. sieht man die natürliche Größe von funfzehen Froscheiern mit ihrem sie umgebenden Schleime, da man nämlich allezeit eins im Mittelpunkte eines kleinen Zirkels wahrnimmt, welcher aber nichts anders, als eines von den Häutgen ist, deren ich gedacht habe. Will man die andre Haut entdekken, so muß man, durch Beihülfe guter Vergrößerungsgläser, das kugelförmige Schleimkörpergen betrachten, welches unter Nummer 2. vorgestellt wird. C. ist die äußere, B. die innere Haut, D. die schleimige Feuchtigkeit, A. Nummer 1. das von seinen Häuten, und der äußersten Schleimhülse entblöste Ei.

§. 15.

Wenn die Wärme der Luft im lezten Zeitpunkte der Laichzeit beträchtlich zunimmt, so wird der forschende Beobachter gar bald Kennzeichen der kleinen Froschlarve entdekken: so bald nur das Ei zum Vorschein kömt, nimt es auch sichtbarlich an Größe zu, ohne daß sich seine runde Gestalt verändert, und erleidet alsdann folgende Veränderungen. Man sieht nämlich sogleich, daß das Ei länglich, dessen weisse Hülse ein wenig dunkel, und die schwarze, durch einen länglichen Eindruk einigermaßen vertieft wird, der sich mit zwei nach der Länge des Eies, in geraden Linien fortlaufenden

Er-

Erhöhungen endigt: und da sodann das Ei in der Länge zunimt, so wird es auch überhaupt verhältnißmäßig grösser; und seine innere Haut, von der es umgeben ist, muß sich erweitern. Man sehe Nummer 1. Figur II. in Vergleichung mit Nummer 2. Figur. I.

Sobald man die Entwikkelung dieser Eier mit forschendem Auge verfolgt; so nimt man gar bald wahr, daß es nicht sowohl Eier, wie der gröste Theil berühmter Naturforscher glaubt, sondern wahre Larven sind: die kleine Vertiefnng, und die obgedachten Erhöhungen, geben dem vermeintlichen Eie nun eine zugespizte Gestalt; alsdann schwillt die dunkelweisse Hälfte ein wenig auf, und die schwarze krümt sich: sehr bald sieht man nun, daß der zugespizte Theil der Schwanz, und das übrige der Körper, von der Larve ist; aber das Ei nimt nicht allein die Gestalt der Larve an; sondern der dem spitzigen gegenüberstehende Theil, welcher den Schwanz vorstellt, bekömt nun auch das Ansehn und Aehnlichkeit des Kopfes, in dessen innersten Theile, man die Spuren der Augen, aber doch uneröffnet, entdekt; man wird auch die zwei Erhöhungen, oder kleinen Warzen ähnlichen Körpergen, gewahr, die der Frosch braucht, wenn er vom Schwimmen ermüdet ist, sich an glatte Körper anzuhalten: ja man sieht auch sogar schon Spuren von der Oefnung des Mauls; und selbst den ersten Umriß der kleinen Floßen kan man entdekken.

§. 16.

In diesem ersten Zeitraum äußert sich das Leben der Froschlarve durch gar keine Bewegungen, wenn man

man sie gleich mit einer Nadel reizt, oder sie plötzlich, den durch ein Brennglas gesammelten Sonnenstrahlen aussezt: allein bald hernach scheint sie die reizenden Eindrükke innerlich zu fühlen, ohne jedoch dieses Gefühl durch sichtbare Bewegungen zu verrathen. Noch später hin bewegt sie sich von Zeit zu Zeit und man wird alsdenn deutlich gewahr, daß, was man sieht, nicht die Hülle, oder umgebende Haut, noch die Feuchtigkeit, worinne sie schwimt, seyn kan: man sieht auch jezt die Nabelschnur, welche aber noch kentlicher wird, wenn die Larve ihr Gefängniß verlassen hat. Hierbei ist merkwürdig, daß die Nabelschnur, die sonst bei andern Thieren in den Unterleib geht, hier in der Gegend des Kopfes anhängt. Die ihrer Entwikkelung sich nähernde Larve ist unter N. 2. Fig. II. zu sehen, und bei N. 1. Fig. III. sieht man beim Buchstabrn E. eine kleine Floße. N. 2. Fig. III. stellt eine vergrößerte Larve vor, wie sie auf dem Rükken aussieht. Die Larve bei N. 3. Fig. III. und die beiden andern Fig. IV. zeigen schon die Gestalt der Augen, und die unter dem Maule entspringende Nabelschnur.

§. 17.

Ohne Zweifel wird der Leser jezt schon sich wundern, daß die Larve, nach der hier gegebnen Beschreibung, nicht aus dem Ei hervorkömt, sondern das Ei nur in eine Larve verwandelt wird; oder daß vielmehr, um mich deutlicher auszudrükken, die Larve, die in sich selbst äußerst zusammengedrängt liegt, durch die Befruchtung entwikkelt, und dadurch mit thierischer Gestalt bekleidet werde. Die aufmerksame Betrachtung dieser Phänomene war mir so neu als unerwartet, weil ich sicher glaubte, daß diese zweifarbigen, in einen durchsichtigen klebrigen Schleim eingewikkelten runden Körpergen wahre Eier sein müßten. Dafür hatte man sie wenigstens bisher gehalten, und alle Naturforscher, besonders Valisneri und Rösel, hatten sie als Eier beschrieben. Ich mußte indessen doch dasjenige, was mich die Natur offenbar und aufgedekt sehen ließ, lieber glauben, als den Aussprüchen jener gelehrten Männer blindlings folgen: folglich bin ich mehr berechtigt, diese runden Körpergen Larven (Tetards) oder Froschfötus, als Eier zu nennen: und wie kan man den Körper ein Ei nennen, der zwar das Ansehn davon hat, sich aber dennoch wie ein Thier gestaltet, und weder irgend eine Haut, Schale, noch Hülle, wie alle andre Thiere, die aus einem Ei hervorkommen, zurük läßt.

§. 18.

Aber waren denn die kleinen runden Körpergen, welche durch die Kraft der Befruchtung in kleine Froschkörpergen verwandelt worden waren, schon etwas Wirkliches, vor der Befruchtung, da sie noch im Innersten ihrer Mutter verborgen lagen?

Diese Frage war zu wichtig, als daß sie ohne Untersuchung hätte bleiben sollen, so weit als es nämlich Versuche darinne bringen konten. Die allermühsamsten Unternehmungen, die allersorgfältigsten und genauesten Vergleichungen, zeigen nicht nur die aller-

allervollkommenste Gleichheit unter der Beschaffenheit und Grösse der Schleimkügelgen; unter den beiden Häuten nach ihrer Festigkeit, Lage, Gestalt und Farbe: sondern diese kleinen unbefruchteten Kügelgen, können auf keine Weise von den befruchteten unterschieden werden. Wenn man beide Arten Schleimkügelgen, mit ihrer doppelten sie umgebenden Haut in die Höhe hebt, so findet man sie gleichmäßig schwarz und weißflekkig gezeichnet, welche doppelte Farbe sich auch noch erhält, wenn man die Larve wahrnimt. Das Auffallendste aber ist die vollkomne Aehnlichkeit der äußerlichen Theile so wohl, als der innerlichen. Wenn man diese kleinen Kügelgen vor und nach der Befruchtung mit einer Nadel aufsticht, so geht durch die Oeffnung eine halbflüßige, etwas klebrige und gelblichweisse Substanz heraus; macht man die Oeffnung größer, so scheint der innere Raum ganz mit dieser Substanz angefüllt zu sein, die ihre Flüßigkeit dann erst nach und nach verliert, wenn sich die Larve der Entwikkelung nähert. Legt man diese Kügelgen, so bald sie aus der Mutter genommen worden sind, in Weingeist oder Essig, oder läßt man sie in Wasser kochen, und trent sie von ihren Hüllen oder beiden Häuten, so findet man, daß es eben so viel ziemlich verhärtete kleine Massen sind, welche im Bruche eine durchaus gleichartige Substanz zeigen. Wenn man, nach angestellter Untersuchung der innern Theile, nun auch die äußern Theile oder die Hülle, vor der Befruchtung genau betrachtet, so scheint sie eine kleine, durchsichtige zarte Haut zu sein, die nach der Befruchtung unversehrt bleibt, und hernach die wahre Haut für die Larve abgiebt, welche, nach Verhältniß ihrer Entwikkelung, an Größe und Stärke, auf eben diese Weise, wie die Haut andrer Thiere in Mutterleibe, zunimt. Allein, so wie diese Hülle, mit dem innern Theile der unbefruchteten kleinen, durch Weingeist, Eßig, oder Kochen erhärteten Kügelgen zusammen hängt, eben so findet man sie in den kleinen befruchteten Kügelgen; und der Zusammenhang nimt in eben dem Verhältniße zu, wie die kleinen Kügelgen ihre runde Gestalt verlieren, und zu Froschlarven werden.

§. 19.

Diese vorgefundenen Umstände beweisen also aufs deutlichste, daß zwischen den kleinen, so wohl befruchteten als unbefruchteten Kügelgen, eine vollkomne Gleichheit statt findet; die befruchteten Kügelgen aber sind nichts anders, als Froschlarven im Kleinen (§. 17.); dennoch sind die unbefruchteten ebenfalls von der nämlichen Art; woraus also nothwendig folgen muß, daß, bei der hier beschriebenen Froschart, das künftge Thier schon vor der Befruchtung vorhanden sei.

Dieser Hauptsatz giebt uns Anlaß einige sehr wichtige Folgen zu bemerken.

1) Daß die sogenanten Eier, ehe sie in ihre Kanäle kommen, in den Eierstökken befindlich waren, ja schon lange vor der Befruchtung sich daselbst befanden (§. 4, 8.); folglich auch schon die Embryonen der Frösche, in ihrer Mutter lange Zeit, ehe sie befruchtet wurden, vorhanden waren.

2) Ob

2) Obgleich diese Embryonen niemals, weder so geschwinde, noch in so großer Menge, vor der Befruchtung, als nach derselben sich entwikkeln; so ist doch diese Entwikkelung oder Ausbildung merklich, weil sie in der Gebärmutter wenigstens sechzigmal größer sind, als das Jahr zuvor, da sie sich noch im Eierstokke befanden: dieß hat mich die Beobachtung gelehrt.

3) Endlich sind auch nicht nur die Embryonen, sondern auch ihre Hüllen, und die Nabelschnur vor der Befruchtung in der Mutter vorhanden.

Zweites Kapitel.

Erzeugung des Laubfrosches.

§. 20.

Bei diesem und dem folgenden Kapitel, werde ich mich kurz fassen, um nicht dasjenige, was schon Rösel über diesen Gegenstand gesagt hat, zu wiederholen. Ich will nur einige Beobachtungen, die dieser Naturforscher übergangen hat, nachholen, und gewisse in seiner Geschichte der Frösche vorkommende Undeutlichkeiten oder Irrthümer berichtigen.

Dieser Frosch ist sehr klein, und auf dem Rücken von der schönsten grünen Farbe: er hält sich am Stamme der Bäume mittelst eines klebrigen Saftes fest, der aus dem untersten Theile seiner Füsse heraus schwizt. Während des Sommers hält er sich auf den Bäumen auf: im Frühjahr begiebt er sich in stehende sumpfigte

Wässer der Gräben, oder Moräste, und in diesen Gewässern pflegt er sich zu begatten.

§. 21.

Obgleich das Männgen dieser Frösche, bei der Begattung, sich an das Weibgen fest mit seinen vordern Schenkeln anklammert, so legt es doch dieselben nicht auf solche Art und Weise, daß sie unter die Brust zu liegen kommen, wie man diesen Umstand besonders bei dem grünen Wasserfrosche wahrnimt (§. 6.); sondern es strekt sie so weit aus, daß sie unter die Achseln des Weibgens treffen; und dadurch entgeht der weibliche Laubfrosch den Zufällen, welche dem grünen Wasserfrosche während der Begattung wiederfahren, dessen Weibgen öfters noch vor geendigter Begattung umkömt, indem auf der Brust Quetschungen, ja wohl gar Brüche, durch das heftige Zusammendrükken von dem Männgen verursacht werden.

§. 22.

Die Begattung dieser Frösche dauert bisweilen nach Rösels Bemerkung, drei Tage, bisweilen währt sie auch nur einen einzigen: ich habe sie in einer Zeit von etlichen Stunden sehen vorüber gehn: doch das kan Wirkung vom heissen Himmelsstriche sein, welcher die Begattung sehr befördert und ihre Dauer abkürzt.

§. 23.

Rösel berichtet, daß das Weibgen, indem es während der Begattung mit dem Männgen vereinigt ist,

ist, sich öfters unters Wasser begäbe und ziemlich lange unter demselben bleibe; er sagt auch: das Männgen bewege sodann den hintern Theil seines Körpers gegen denselben Theil des Weibgens, und diese Bewegung werde, indem die Eier abgehen, noch lebhafter wiederholt. Ich muß aber aller angewendeten Aufmerksamkeit ohnerachtet bekennen, daß ich weder den Theil, welcher nur dem Männgen eigen ist, noch auch eine Feuchtigkeit jemals habe zum Vorschein kommen sehen.

§. 24.

Ob ich nun gleich niemals eine Erhöhung oder warzenähnliche Hervorragung, die das Zeugungsglied vorstellen könte, zu entdekken im Stande gewesen bin; so habe ich dennoch, da ich diese Frösche außer dem Wasser sich begatten ließ (§. 12.), diesen Umstand besser beobachten können, als Rösel. Eine halbe Stunde nämlich zuvor, ehe noch das Weibgen seine Eier von sich ließ, bewegte sich das Männgen heftig, indem es den hintern Theil des Körpers so sehr ausstrekte, daß sein After mit dem After des Weibgens zusammen traf: und wenn es diesen Theil entfernte, so näherte es sich auch sogleich wieder mit demselben dem Weibgen: diese abwechselnde Bewegung war um so häufiger, wenn die Eier aus dem Körper des Weibgens abgiengen, und dauerte so lange, als der Ausfluß der Eier.

§. 25.

Bei dieser Beobachtung konte ich auch nicht das geringste Merkmal einer Saamenfeuchtigkeit gewahr werden: da ich aber den hintern Theil des Männchens ein wenig in die Höhe hob, sahe ich dergleichen, als eine durchsichtige Feuchtigkeit, welches der Saamen des Frosches war, hervorkommen: denn als ich mich der kleinen wachstafften Hösgen, welche das Männchen verhinderten seinen Saamen über die Eier zu sprizzen, bediente (§. 13.), so entwikkelten sich die Eier nicht und die Hösgen waren mit der Saamenfeuchtigkeit befeuchtet, wie dieses bei dem grünen Wasserfrosche sich auch ereignet hatte. (§. 13.)

§. 26.

Wir haben gesehen, daß die sogenanten Eier des grünen Wasserfrosches niemals befruchtet sind, als erst dann, wenn sie aus der Mutter des Weibgens geflossen sind: nun aber verhält es sich eben so auch bei dem Laubfrosche.

Ich habe eine Abweichung angetroffen: die Eier in der Gebärmutter, welche zunächst am Ausgange des Afters liegen, sind bisweilen befruchtet, ob sie gleich noch nicht aus dem Körper des Weibgens herausgekommen sind: diese Beobachtung verdient eine besondre Aufmerksamkeit. Rösel bemerkt ganz richtig, daß die Eier des Laubfrosches noch vor der Begattung in die Gebärmutter gelangen; allein wenn man sodenn die Eier aus dem Körper des Frosches nimt, und sie ins Wasser legt, um dieselben zum Auskriechen zu bringen, so geschieht das bei keinem einzigen. Eben dasselbe beobachtet man auch nach der Begattung, wenn das Weibchen noch nicht angefangen hat, Eier von

sich

sich zu lassen: das Gegentheil aber findet statt, sobald nun die Eier angefangen haben aus dem After auszufließen; wenn man das laichende Weibchen öfnet, und seine Eier ins Wasser legt, doch aber mit der Vorsicht, diejenigen, die der Oeffnung des Afters am nächsten waren, in einem besondern Gefäße zu beobachten; so wird man sehen, daß einige davon ausgebrütet werden, da inzwischen die andern verderben: aus dieser Beobachtung kan man nun ganz deutlich erkennen, daß die Saamenfeuchtigkeit sich ein wenig in die innern Theile des Afters zieht, oder von dem Männchen dahin gesprizt wird; oder, wie es mir wahrscheinlich vorkömt, daß die außerhalb befruchteten Eier, welche zunächst an der Oeffnung des Afters sind, wieder in den Körper des Froschweibgens zurückgehen, wenn der Beobachter es eben zu öffnen wegnimt, und wenn es aufhört, noch mehrere aus der Gebärmutter zu entlassen.

§. 27.

Nach Verhältniß dieses kleinen Frosches, sind auch dessen Eier sehr klein, eine Hälfte an denselben ist gelb, die andre ist schwarz; und wenn man sie aus den Canälen der Eier, oder aus der Gebärmutter nimt, so findet man sie mit dem klebrigen Schleim überzogen, den Rösel nicht bemerkt hat, weil er versichert, daß man ihn nur an den Eiern fände, die sich zwölf Stunden im Wasser befunden hätten.

§. 28.

Jedes Ei ist in eine kleine Schleimkugel eingeschlossen, wie man auf dem Kupfer unter den Nummern 1, 2, 3, Fig. V. Tafel I. sehen kan. Die kleinen Kugeln, so wie die Eier, die in ihnen enthalten sind, leiden im Wasser folgende Veränderungen. Die kleine Kugel wird größer, das Ei ebenfalls, und jene verlängert sich, so wie sich auch das Ei zu gleicher Zeit verlängert; es stößt an eine rund gestaltete Haut, die in der Schleimkugel ist; welche sich sodenn, auf einer Seite in zwei Theile trent. So wie das Ei grösser wird, so wird auch der dadurch entstandne Riß größer, endlich bleibt die Haut getheilt, und stellt zwei Abschnitte einer Kugel, oder zwei hohle Halbkugeln vor. Sodenn entdekt man allmälig noch eine zweite runde Haut, die aber viel feiner, und weniger sichtbar, als jene erstere ist. Sie ist ganz mit Feuchtigkeit angefüllet, und stellt gleichsam das Schafhäutchen der Froschlarve vor, wie sich in der Folge deutlich zeigen wird. Indem sich nun die beiden Hälften des Eies von einander absondern, oder doch nur in wenig Punkten noch vereinigt bleiben; so werden sie auch von der zarten Haut (amnios) getrent, sie dehnen sich nicht weiter aus, sondern die innere feine Haut, (amnios) wird nicht allein dikker, und sichtbarer, sondern dehnt sich auch genug aus, um vielmal größer zu werden: das Ei nimt ebenfalls zu, und theilt sein Wachsthum auch nach und nach der Haut mit, welche davon in gleichem Verhältniß, ausgespant, oder ausgedehnt wird.

§. 29.

Wenn sich die Larve vergrößert hat, so wird der eine äusserste Theil des Körpers dikker, und der andre

schwä-

schwächer: sodenn sieht man, während fortgesezter Beobachtung der Veränderungen des Eies, wie sich das Ei langsam zu bewegen anfängt, und sich wie eine Haspel umdreht, und sich nach und nach bis zum Berühren beider äußerster Theile biegt, hernach diese wieder aus einander zieht, und die erste Lage annimt. Diesen neuen befremdenden Anblik begleitet ein andrer: man sieht nämlich gar bald an der vergrößerten oder dikkern Spitze zwei Hervorragungen, deren sich die Larve bedient, um sich an allerlei Körper anzuhängen (§. 15.). Höher hinauf sieht man zwo Hervorragungen, welche die Augen bezeichnen, die man auch nach zwei Tagen daselbst wirklich zum Vorschein kommen sieht. Man kan leicht errathen, daß ich hierbei abermals genöthigt war, die Vorstellung eines Eies, mit der wahren Idee einer Larve zu vertauschen. Man wird No. 4. Fig V. eine kleine Schleimkugel vorgestellt finden, so wie auch die Haut, die sie einschließt, und in der Mitte die Larve, die sich entwikkelt. No. 1. 2. 3. Fig. VI. stellen die Haut, die sich nach und nach in zwei Hälften theilt, vor. No. 4. zeigt die zwei Hälften ganz offen, und läßt die Larve gänzlich frei in einen halben Zirkel gebogen. Bei No. 6, erblikt man das Amnios mit Feuchtigkeit angefüllt, in dem Zirkel das punktirte S, und darinne sieht man die Larve schwimmen. Die beiden Kappen sind noch mehr eröfnet bei Fig. VII. zu sehen: die zwei Häute sind hier sehr sichtbar, und die eine kan man schon von den Kappen gänzlich abgesondert sehen.

§. 30.

Sind diese Larven auch schon vor der Befruchtung da, wie diejenigen des Wasserfrosches (§. 19.)? Nur eine sehr genaue Vergleichung würde zu Beantwortung dieser Frage führen können. Man müßte die für befruchtet angesehenen Eier, mit denjenigen die es nicht sind, und welche schon vor der Begattung in die Gebärmutter gekommen, vergleichen (§. 26.); ich habe diese Vergleichung mit der sorgfältigsten Genauigkeit durchgesezt (§. 28.) und kan versichern, zwischen diesen beiden Arten von Eiern die vollkommenste Aehnlichkeit bemerkt zu haben: dieses bewegt mich also anzunehmen, daß auch bei dieser Art Frösche, die Embryonen, in dem Weibgen schon vor der Begattung vorhanden sind.

§. 31.

Diese Embryonen gehen in der Entwikkelung, während sie sich in der Haut, die ich das Schafhäutchen (Amnios) nenne, befinden, immer fort, und bleiben länger in dieser Haut liegen, als die Larven des grünen Wasserfrosches: gewöhnlicher Weise kriechen die Larven nicht unter sechs bis sieben Tagen aus, und dann fängt man an, die hervorkommenden Theile der künftigen Flossen an ihnen zu entdekken. Anfangs sieht man sie ganz langsam auf dem Wasser daher schwimmen: aber jemehr ihre Kräfte zunehmen, desto schneller wird ihre Bewegung. Fig. VIII. stellt Larven vor, die aus dem Amnios entschlüpft, und durch das Mikroskop vergrößert sind; man nimt auch

unter

unter dem Kopfe A A ihre Flossen nun schon deutlicher wahr.

§. 32.

Wenn ich meine Beobachtungen mit den Röselschen vergleiche, so finde ich einen merklichen Unterschied. Ich will den Hauptinnhalt seiner Beobachtungen, über die Erzeugung des Laubfrosches hier anführen.

§. 33.

Sobald als die Eier zu wachsen anfangen, entdekt man auch schon Larven, die nichts als einen Bauch zu haben scheinen, ob man gleich schon in ihnen Kopf und Schwanz deutlich bemerken kan. Jede Larve schwimt in einem Eiweise, oder in einer kleinen Schleimkugel, welche die Larve umgiebt (§. 28.); ihr Bauch besteht vorzüglich aus dem Gelben, welches Rösel uneigentlich das Froschei nennt. Er findet an dem Schwanze zwei Bläßgen, welche nichts anders, als die beiden Kappen sind, von denen ich §. 28. geredet habe; und diese Bläßgen sondern sich hernach so von einander, daß das eine an dem Kopfe, das andre an dem Schwanze liegt. Rösel vermuthet, daß die nun in Bewegung gesezte Larve, mittelst des Bläßgens am Kopfe, ihre Nahrung erhalte, er bekent aber auch dabei, daß er nicht wisse, wozu das andre Bläßgen am Schwanze diene.

§. 34.

Ob es gleich gewiß ist, daß die Larve bei ihrem ersten Wachsthum, einen ziemlich grossen Bauch hat; so so ist's doch falsch, oder wenigstens sehr uneigentlich ausgedrükt, wenn man sagt, der Bauch sei größtentheils von der gelben Substanz entstanden, indem diese gelbe Materie nichts anders, als die Larve selbst ist §. 29.; eben so könte man sagen, daß der Bauch eines Thieres bestehe aus dem Thiere selbst.

§. 35.

Die von jenem teutschen Naturforscher gegebne Beschreibung der beiden Bläßgen verräth, wenn ich es frei bekennen darf, sehr wenig Aufmerksamkeit; oder vielmehr, daß er seine Beobachtung nicht Schritt vor Schritt verfolgt, sondern in ihrer Beschreibung einen Sprung gemacht habe; denn auch ohne allzu große Gedult und Mühe, bemerkt man gar bald eine kleine Kugel, die von den lebhaften Bewegungen der Larve in zwei Hälften, oder wie Rösel sagt, in zwei Bläßgen getheilt wird, davon nicht eins auf das andre folgt, sondern beide zugleich erscheinen. §. 28.

§. 36.

Wenn Rösel diese Bläßgen mit kleinen Zängelgen untersucht hätte, so würde er bald gesehn haben, daß sie der Larve nicht dienen könten, Nahrung mit denselben zu nehmen: sondern daß man sie, in dem Augenblick ihrer Erscheinung, wegnehmen kan, ohne ihr zu schaden.

§. 37.

Allein die zarte Haut, (amnios) ist diesem Thiere so wesentlich eigen, daß man sie ihm, in dieser ersten Zeit, ohne ihm das Leben zugleich zu rauben, nicht

neh-

nehmen kan §. 38 39; da Rösel nichts davon sagt, so ist's ganz gewiß, daß er diese Haut gar nicht gekant hat: denn ob man sie auch gleich bei allen jungen Fröschen und Kröten antrift, so erwähnt er doch von derselben nicht das mindeste, ungeachtet sie Swammerdamm schon beobachtet hat; und Rösel sich doch bereden will, er betrete gänzlich die Fußtapfen des großen holländischen Beobachters.

§. 38.

Rösel hatte einen zufälligen Umstand bei den Larven, oder wie er sagt, bei den unbefruchteten Eiern, welche in ihrer Haut sterben, bemerkt: daß sie nämlich ihre Gestalt verändern, bisweilen eine längslichte, bisweilen ein birnförmige, bisweilen in der Mitte eine zusammengezogene, oder auch andre Gestalten annahmen: man findet vier solche verdorbene Larven Fig. V. bei den Buchstaben A. B. C. D.

§. 39.

Die Larven von dieser Art Frösche, schlüpfen nicht anders aus, als wenn man sie sehr gut in Acht nimt. Man muß sie nicht allein in reinem, sondern auch in dem nämlichen Wasser aufbewahren, aus welchem man sie genommen hat, nämlich in Sumpfwasser §. 22. Diese Vorsicht war bei andern Fröschen und Kröten eben nicht nöthig: Brunnenwasser schien mir schon allezeit zu meinen Absichten volle Gnüge zu leisten.

Drittes Kapitel.

Erzeugung der Kröte, die Rösel die Erdkröte mit rauhem warzigen Rükken und rothen Augen nennt: (Bufo terrestris dorso tuberculis exasperato oculis rubris.)

§. 40.

Obgleich Rösel in der Abhandlung von diesem häßlichen Thiere nur eine Art angiebt, so bin ich doch sehr geneigt zu glauben, daß man in unsern Ländern, deren zweierlei hat, wenn man wenigstens nach ihrer äußerlichen Gestalt urtheilen darf. Sie unterscheiden sich auch nicht allein durch die Farbe. Denn es giebt aschfarbige Kröten, mit wenig gefärbten Erhöhungen, da man hingegen auch andre von heller grüner Farbe hat, deren Erhöhungen in's Dunkelrothe fallen: allein ihrer besondern Abweichungen ohnerachtet, will ich doch in diesem Kapitel so thun, als wenn sie zu der nämlichen Art gehörten, weil ich bei ihrer Erzeugung nicht den mindesten Unterschied gefunden habe.

§. 41.

Diese Kröte ist unter allen Fröschen und Kröten, die ich kenne, diejenige, die zuerst die Zeugungstriebe fühlt: man trift schon einige in den ersten Tagen des Märzes gepaart an, ja sogar bisweilen zu Ende des Hornungs, wenn Schnee und Eis noch nicht einmal völlig geschmolzen sind: Das Männchen ist fünfmal kleiner als das Weibchen; daher ist es auch in der Begattung bei weitem nicht im Stande, die Zehen seiner

Vor=

Vorderfüsse unter die Brust des Weibgens zu legen, wie man dieses bei dem grünen Frosche sieht (§. 6.). Indessen hält es doch sein Weibchen so fest, daß es ihm nicht entkommen kan. Ich hielt verschiedne Paare von diesen Thieren in Gefäßen: allein dem Weibgen wolte dieser enge Aufenthalt nicht gefallen; sie suchten oft ihre Freiheit wieder, und nahmen die Männgen welche doch nicht losließen, auf dem Rükken mit sich fort.

§. 42.

Die Eier der Frösche und Kröten sind, ursprünglich, in den Eierstökken befindlich, aus welchen sie durch die Eierkanäle in die Gebärmutter kommen. In welchem von diesen Theilen sind nun aber die Eier der Kröte, mit rothen Augen und warzigem Rükken, enthalten, wenn sich die Begattung anfängt? Ich habe allezeit bei der Oeffnung gesehen, daß die Eier zu der Zeit in den Eierstökken waren, aber doch schon auf dem Wege in die Kanäle hinein zu dringen. Die Begattung dauert so lange, bis die Eier alle durch den After fortgegangen sind: und wenn man die Dauer der Begattung vom Anfange bis zum Ende genau angeben soll, so schien sie mir zehn, zwölf, bis vierzehn, bisweilen zwanzig Tage, ja bei kalter Witterung auch wohl noch länger zu dauern. Die Männgen dieser Art sind so hitzig, daß sie, nach geendigter Begattung und nachdem sie das Weibgen schon verlassen haben, dieselbe wieder von neuem unternehmen, und noch viele Stunden fortsetzen. Doch ist ihnen das nicht ganz allein und ausschlüßungsweise eigen, indem ich das

Nämliche auch bei andern Kröten, und selbst bei Fröschen, bemerkt habe.

§. 43.

Während der Begattung giebt das Männgen eine Art grunzenden Tones von sich, den ich sonst nie bei diesen Thieren gehört habe: und dieser Laut wird stärker, wenn man es von seinem Weibgen wegreissen will, oder auch, wenn sich eine andre Kröte nur nähert, welche es zornig ansieht, und sich dieselbe, indem es seine hintern Schenkel ausstrekt, fortzustoßen bemüht.

§. 44.

Einige Tage nach Anfang der Begattung, wird man, bei genauer Untersuchung, an dem sehr aufgetriebenen Bauche des Weibgens ein Auf- und Niedersteigen und heftige Bewegung wahrnehmen, während welcher die obern Theile breiter werden, und sichtbarlich bis nach unten sich ausdehnen. In andern Fällen fängt sich die Erweiterung unter dem Bauche an, und endigt sich in den Obertheilen. Man sieht alsdenn, daß das Weibgen im Begriff ist Eier zu legen, indem es eben itzt gleichsam Geburtsschmerzen erleidet: ohne Zweifel mögen sich zu der Zeit die Eier aus dem großen Sak des Eierstoks losreissen, und durch die krummen Eierkanäle, in die Gebärmutter gehn. Man sieht wenigstens, daß die Eier in diesen beiden Organen, während gedachter Bewegung sich befinden, wie man auch bei Eröffnung der Kröte mit völliger Ueberzeugung wahrnehmen kan.

§ 45.

§. 45.

Das Eierlegen dauert bei den Fröschen nicht lange, hingegen geht es bei den Kröten sehr langsam von statten: die Eier fangen an durch den After herauszugehen, und man sieht aus demselben zwei Schnuren einer durchsichtigen und klebrigen Substanz heraushängen, worinne sich eine Menge schwarzer Kügelgen befindet, welches eben die Eier sind. Diese Schnuren bewegen sich so langsam, daß man es kaum bemerken kan: aber nur nach Verlauf verschiedner Stunden, sind auch schon viele Ellen davon abgegangen.

Es ist gar nicht zu zweifeln, daß dieses Convolut von Eiern und klebrigem Schleime, diese Gestalt kleiner Schnuren auf dem Wege, den sie durch die Röhren oder Eierkanäle nehmen, bekommen; und dieses findet man auch, sobald die Eier durch einige Theile gegangen sind, wie mir die Oeffnung verschiedner Weibgen gezeigt hat. Die Dauer des Eierlegens ist unbestimt: doch scheint sie sich, nach meinen Beobachtungen, nie über dreißig Stunden zu erstrekken, und nie weniger als neun Stunden zu erfordern. Gewöhnlicher Weise dauert dieß Geschäfte mehr als zwölf Stunden; bei Fig. IX. Taf. 2. ist ein Stükgen einer solchen Schnur nach der Natur gezeichnet, und Fig. X. stellt ein noch kleineres Stükgen wenig vergrößert vor.

§. 46.

Um die Länge solcher aus der Gebärmutter eines Weibgens abgegangener Schnuren zu bestimmen, maß ich sie und fand zwei derselben drei und vierzig Pariser

Fuß lang, worinne ich 1207 Eier zählte. Man darf sich also nicht wundern, wenn diese Krötenweibgen nach dem Eierlegen so sehr an Umfang abnehmen.

§. 47.

Die Hitze, die ich bei dem Männgchen bemerkte, ließ mich hoffen, die Begattung zu sehen, wenn ich das sich begattende Paar, aus den stillstehenden sumpfigten Gewässern, worin sie sich im Frühjahr häufig einfinden, nähme, und es an trokne und enge Orte brächte. Der Leser soll gleich erfahren, was ich, mit Verlust vieler Zeit und Mühe, endlich entdekt habe.

§. 48.

Sobald das Weibgen, seine in zwei aus Schleim gleichsam zusammengesezten Schnuren, enthaltenen Eier, durch den After von sich zu lassen anfängt §. 45, erhebt sich das bisher zusammen gekrümt sitzende Krötenmänngen, dehnt sich aus, strekt die Schenkel in grader Richtung von sich, bringt sie sodann an die des Weibgens, und bleibt mit den auf dessen Brust fest angeschloßnen Vorderfüßen, in dieser Stellung, bis es ihm gelingt, mit dem After die Eier enthaltenden Schleimschnüre zu berühren, und sie mit seinem Saamen zu befeuchten.

§. 49.

Das Männgen benezt die Eier nicht nur mit seiner Saamenfeuchtigkeit; sondern bespritzt sie vielmehr mit derselben. Der Theil der Eierschnure, den das Männgen mit dem After berührt, ist mit seiner Saamenfeuchfeuchtigkeit, auf solche Art obenhin benezt, als wenn diese Schnure mit einem, in gewisse Feuchtigkeit eingetauchten Pinsel überzogen worden wäre.

§. 50.

Wenn nun das Männgen die angezeigte Bewegung gemacht, und mit seinem After des Weibgens ihren, und die da herauskommende Eier verschiedenemal berührt, und auch die außerordentlich heftigen Bewegungen einige Zeit ausgehalten hat; so wird es entkräftet: es krümt sich wieder, um auszuruhen, mit an sich gezogenen Hinterfüssen, bis wieder neue Partheen Eier aus dem After des Weibgens zum Vorschein kommen: sogleich fangen auch oberzählte Bewegungen von neuem an; und so dauern diese Erscheinungen abwechselnd fort, bis alle Eier dem Weibgen entgangen sind. Auf diese Art geschieht es, daß die beiden, obgleich ziemlich langen Eierschnüre, durchaus mit dem Saamen des Männgens angefeuchtet und befruchtet werden.

§. 51.

Es ist gar kein Zweifel, daß das Krötenmänngen die Eier, die es mit seinem After berührt, nicht auch befruchten solte; weil das eierlegende und gepaarte Weibgen, wenn man es vom Männgen absondert, nur unfruchtbare Eier legt: und wenn man auch Eier aus der Gebärmutter, aus den Eierkanälen, oder aus dem Eierstokke selbst nimt, so wird doch von allen diesen keines auskriechen, ob man sie gleich in einem zu dieser Absicht sehr schiklichem Wasser aufbehält; da doch in-

indessen alle diejenigen, welche während der Begattung fortgegangen, von dem After des Männgens berührt, und zugleich mit dessen Saamen befeuchtet worden, auch befruchtet sind. Wenn man ferner, sobald das Weibgen eine gewisse Menge Eier von sich gegeben hat, die Anfeuchtung derselben unterbricht, es sei nun durch die §. 13. angezeigten Hösgen, oder indem man das Männgen in der Befeuchtung hindert, wenn man es erschrökt, und durch die Furcht, sich zu setzen und seine hintern Schenkel an sich zu ziehen zwingt, alsdenn werden die abgehenden Eier unfruchtbar bleiben, da doch die andern von fruchtbarer Art sein werden.

§. 52.

Auch diese hier gemachten Beobachtungen beweisen zur Genüge, daß die Befruchtung außer der Gebärmutter vor sich gehe, und daß die Eier nicht eher befruchtet werden, als wenn sie durch den After aus der Gebärmutter heraus gegangen sind.

§. 53.

Solten aber auch wohl diese Körpergen, die wir bisher Eier genant haben, Larven sein, die noch unentwikkelt wären, und solten sie auch wohl, dieses vorausgesezt, schon vor der Befruchtung vorhanden gewesen sein, wie die Froschlarven, Kap. 1. und 2.? Diese beiden Fragen können nicht besser aufgelöset werden, als durch eine kurze Untersuchung und nähere Beschreibung dieser Eier.

§. 54.

Sie gleichen schwarzen Kügelgen die dem bloßen Auge, und auch wenn man sie durch ein nicht eben sehr starkes Vergrößerungsglas betrachtet, ganz rund zu sein scheinen Fig. IX. und X., Tab. II.; sobald man sie aber durch eine starke Linse untersucht, findet man sie mit vier Vertiefungen bezeichnet, die sich in rechten Winkeln durchkreuzen, wie die Schalen halbgeöffneter Maronen, Fig. XI. wiewohl diese kleinen Vertiefungen nicht blos, sondern mit einer sehr feinen Haut bedekt zu sehn sind, welche den ganzen Rest des Eies genau umgiebt. Wenn man diese Haut abzieht, so sieht man die scheinbare Haut des Eies, welche schwarz ist, und bei dem leichtesten Anrühren zerreißt, nebst dem Innern des Eies, das eine weisse und beinahe flüßige Substanz, die dem Ansehen nach durchaus gleichartig ist, enthält, und bei mikroskopischer Untersuchung lauter kleine runde Theilchen zeigt.

§. 25.

Soviel kan das Auge, was die Gestalt und die Zusammensetzung dieser Eier betrift, entdekken, es sei nun vor, oder nach der Befruchtung; man nehme sie aus der Gebärmutter oder aus den Eierstökken, oder auch, nachdem sie mit dem Saamen befruchtet worden sind: diejenigen Eier, die man aus dem Eierstokke nimt, haben den schleimigten Leim noch nicht an sich, sind viel kleiner als die andern, und von einer schwärzern Farbe.

§. 56.

Aus diesem allen kan man sehen, daß es keinen merklichen Unterschied zwischen den Eiern giebt, die noch im Innersten der Mutter befindlich sind, sie mögen noch unbefruchtet, oder schon aus der Mutter gegangen sein, und ihre Befruchtung erhalten haben.

§. 57.

Wenn man auf dasjenige, was die Natur in diesen befruchteten Eiern bewirket, Achtung giebt, so wird man sehen, daß sie, wie die Froscheier, Larven enthalten, die schon bei der Befruchtung vorhanden sind. Man sieht die Larven aufschwellen, sich verlängern, an dem einen Ende, welches der Schwanz ist, spitzig, an andern, wo der Kopf ist, rund werden, in welcher Gegend an den Seiten zwei kleine Fortsätze oder die künftigen Floßen entspringen, in welchen man auch schon den Kreislauf des Blutes, so wie in allen äußersten Theilen des Körpers, offenbar bemerken kan. In der Fig. XIV. sieht man einige von diesen kleinen Körpern, welche, indem sie die Gestalt der Eier verlieren, die der Larven annehmen. In der Fig. XV. ist ihre Gestalt besser ausgedrükt: da man im Gegentheil Fig. XII. die kleinen Körper erblikt, die, indem sie die Gestalt der Eier verlieren, diejenigen, welche die Larven haben, nicht annehmen, sondern ungestalt werden und vergehen: welches man deutlicher sieht, wenn man Fig. XIII. betrachtet. Dieß alles kömt daher, weil diese leztern Eier unbefruchtet sind.

§. 58.

§. 58.

Indessen da sich die Larve entwikkelt, schwillt die feine Haut auf §. 54.: sie ist das Schafhäutgen und allezeit mit einer durchsichtigen Feuchtigkeit erfüllt, worinne man die Frucht (Foetus) schwimmen sieht: da man nun das Schafhäutgen in den aus der Mutter genommenen Eiern antrift §. 54. und §. 55., so ist selbiges eben so, wie die Frucht selbst, schon bei der Befruchtung vorhanden.

§. 59.

Ob nun aber gleich in der Frucht oder der Larve, das Blut umläuft §. 57. und also folglich das Herz schlägt, so bemerkt man doch noch keine Bewegung in derselben, selbst wenn man sie reizt, oder ihr Beschwerlichkeit verursacht, sie fängt nur an sich leicht zu schütteln, und sich, nach Verhältniß ihrer Stärke, zu bewegen: endlich nach wenig Tagen reißt sie sich von ihren Hüllen los, und fängt an im Wasser herum zu schwimmen.

Viertes Kapitel.

Erzeugung der stinkenden Erdkröte.

§. 60.

Diese Kröte, welche noch etwas größer, als der grüne Wasserfrosch ist §. 3., hat einige Kennzeichen, die auch bey derjenigen gefunden werden, die Rösel die stinkende

kende Erdkröte (Bufo terrestris foetidus) nent: allein es giebt auch bei ihr solche Unterscheidungsmerkmale, daß man sie für ein besondres Thier halten kan: in der Grösse sind sie beide einander gleich, sie verbreiten einen häßlichen Geruch um sich her, sobald man sie in Bewegung sezt: auch sind sie sich in der Farbe ähnlich, denn sie fällt an dem untern Theile des Körpers weißlicht aus, und wird auf dem obern Theile des Thieres gelblichgrün; bis auf einen Streiffen, der goldgelb aussieht, und längst der Mitte des Rükkens, bei Rösels Kröten hinläuft, den aber meine Kröte nicht besizt. Allein das vorzügliche Unterscheidungszeichen, das sich unter beiden Arten findet, ist dieses, daß die teutschen Kröten, an den Zehen der hintern und vordern Füsse die Haut nicht haben, die man sonst bei so vielen Fröschen, und auch vielen Arten von Wasserthieren und Amphibien wahrnimt. Bei den Italienischen Kröten habe ich dieselbe Haut an ihren Hinterfüssen angetroffen; sie scheint ihnen zum Schwimmen zu dienen. Hieraus entspringt der Unterschied in der Bewegung auf ebnem Boden, der zwischen beiden Arten statt findet. Die Kröte, die Rösel beschreibt, hat einen solchen Gang, daß sie sich kaum, nach seinem Ausdruk, wie eine Maus über die Erde erhebt, diese aber, von der ich rede, springt wie der Frosch. Endlich hat Rösels Kröte das für sich eigen, daß sie beinahe wie der grüne Laubfrosch einen schnarrenden Laut von sich giebt, da meine Kröten mehr ein langtönendes Pfeiffen hören lassen.

§. 61.

§. 61.

Das Weibgen von den beiden andern Arten der Erdkröten ist fünfmal grösser als das Männgen §. 41. Allein in dieser Art ist das Männgen kaum um ein Drittel kleiner, als das Weibgen vor dem Eierlegen; und sobald dieses die Eier gelegt, hat es kaum noch die Grösse des Männgens, dem es auch an Farbe gleich kömt; doch ist das Weibgen auf dem obern Theile seines Körpers mit gewissen aschfarbigten Streiffen und Flekken gezeichnet, aus welchen einige rothe Warzen ähnliche Erhöhungen entspringen.

§. 62.

Diese Kröten bleiben das ganze Jahr hindurch auf der Erde, außer der Zeit, wo sie sich begatten: alsdann gehen sie in die Gewässer der Teiche, Pfützen, Moräste und Gräben: aber in lebendigen Wässern der Flüsse und Ströme, wo das Wasser einen gewaltsamen schnellen Strohm hat, lassen sie sich nie antreffen.

§. 63.

Diese Kröten verlassen die Erde, sobald nur der Frühling einige Zeit lang gedauert hat, gemeiniglich im May und in den ersten Tagen des Junius: die Zeit, in welcher sie ihre Begattungstriebe fühlen, ist noch nicht der Termin der Begattung selbst; denn die Erstere dauert einen Monath lang, dahingegen die Zeit der Begattung sehr kurz ist: allein in Monathsfrist sieht man immer einige sich begattende Paare; es zeigt sich nicht bei allen gleiche Lebhaftigkeit, denn einige bezeigen sich träger als andere: aber überhaupt haben alle diese Kröten, Wasser- und Laubfrösche, wie auch die Fische, eine bestimte Laichzeit.

§. 64.

Wenn man den drei und sechzigsten Paragraph mit dem ein und vierzigsten vergleicht, so findet man einen großen Unterschied der Begattungszeit, bei den verschiednen Arten von Kröten, und bei denen, von welchen hier die Rede ist. Die ersten begatten sich schon im März, sobald nur die Strenge des Winters ein wenig nachläßt: diese leztern aber erwarten einen weit höhern Grad von Wärme; ja sogar geschieht es, wenn die Wärme plözlich nachläßt, daß auch diese stinkenden Kröten das Gewässer verlassen, ihre Liebe vergessen, und sich wieder in die Erde verkriechen. Ich sahe einsmals gegen Ende des May 1777 auf der Fläche eines großen Teiches eine Menge solcher Kröten: einige hatten ihre Eier schon gelegt, andre waren noch in diesem Geschäfte begriffen, andre hatten sich nur kurz zuvor begattet: alle aber liefen im Wasser hin und her, sprangen auf einander los, verfolgten sich, und waren bei diesen Spielen so beschäftigt, daß ich sie mit einem Netze, ohne daß sie zu fliehen suchten, leichtlich fangen konte. Die Männgen verrichteten ihre Begattung, wie die grünen Wasserfrösche §. 6.; sie ließen einen grunzenden Ton während der Begattung hören, wie die beiden andern Arten Kröten §. 43.: Die Luft war helle und das Thermometer stand auf 16 Grad; allein ein zweitägiger Regen kältete die Luft so sehr ab, daß der zahlreiche Haufen der Kröten auf einmal verschwand:

schwand: den andern Tag traf ich keine einzige mehr an, so, daß ich auch keine zu meinen Versuchen habhaft werden konte. Ich fand sie in den Spalten und Ritzen einer benachbarten Mauer, woselbst sie so lange sich aufhielten, bis sie von der wieder eintretenden Wärme von neuem ins Wasser zu gehen, und daselbst wiederum das unterbrochne Liebesgeschäfte anzufangen veranlaßt wurden.

§. 65.

Verschiedne Naturforscher glauben, die Begattungszeit daure bei den Kröten vierzig Tage, ja man nimt auch dieses sogar von den Fröschen an: *) da ich beobachtet habe, daß die Dauer der Begattung, bei diesen Thieren, wenn sonst alle Umstände gleich sind, fast in umgekehrter Verhältniß mit der atmosphärischen Hitze steht, so kan ich mir leicht vorstellen, daß obige Meinung in kalten Ländern gegründet sein mag: aber in gemäßigten Climaten, wie z. B. in der Lombardey, dauert die Begattung der Frösche nur etliche Stunden §. 22. bei den Wasserfröschen wird sie aber schon auf eine ganze Woche bisweilen ausgedehnt §. 6. und die Begattung der beiden andern Arten von Kröten währt eine weit längere Zeit, wegen der noch kalten Jahrszeit, wo sie sich begatten, §. 42.; und aus entgegengesezten Ursachen kan man ersehen, warum die Begattung dieser Kröten nur von einer vier bis fünftägigen Dauer ist.

Die

*) Swammerdam.

Die Männgen sind zu der Zeit sehr hitzig, sie verlassen ihre Weibgen durchaus nicht eher, bis sie alle ihre Eier gelegt haben; und wenn man sie zwingt selbige loszulassen; so vereinigen sie sich wiederum sogar in den Gefäßen unter den Augen des Beobachters.

§. 66.

Gerade zu der Zeit, wo die Kröten eben auf dem Punkt waren sich zu begatten, ließ ich eine Anzahl derselben fangen, und sie in Gefäße, die mit einer bestimten Menge Wasser angefüllt waren, setzen, wobei ich nur dieses noch beobachtete, daß in einige allzeit ein Männgen und ein Weibgen und in andere lauter Weibgen gesezt wurden. Die Kröten begatteten sich einige bald, andre spät: ich öffnete einige Weibgen nach einer zwölfstündigen Begattung, und die Eier hatten den Eierstok noch nicht verlassen: bei einer folgenden Oeffnung eines Weibgens wo die Begattung schon zwei und einen halben Tag gedauert hatte, fand ich eben dieselben Umstände. Am Ende aber einer Begattung von drei Tagen, schienen mir die Eier in den Röhren eingetreten zu sein, und diejenigen, welche der Gebärmutter am nächsten waren, fiengen schon an mit dem Schleim, der sie sodenn ganz einhüllt, überzogen zu werden. Wenn nun die Begattung vier Tage gedauert hatte, waren auch alle Eier in der Gebärmutter anzutreffen und in denjenigen zähen dikken Schleim, mit dem sie aus der Mutter herausgehen, ganz eingewikkelt. Die von diesen reiffen Eiern nun ausgeleerten Eierstökke enthielten aber noch immer eine große Menge dergleichen die noch sehr klein waren. Diese Umstände

traf

traf man in denjenigen Weibgen an, welche sich begattet hatten: allein die Weibgen, die einsam und ohne Männgen gewesen waren, hatten alle ihre Eier in den kleinen Abtheilungen der Eierstökke beisammen liegen, ob sie gleich zwei ganze Wochen aufbewahrt geblieben waren.

§. 67.

Bei diesen Beobachtungen fand ich bei zwei Weibgen, die ich nach dem vierten Tage der angefangenen Begattung öffnete, daß die Eier, welche natürlicher Weise in der Gebärmutter anzutreffen sein solten, sich bei dem einen, im Unterleibe, und bei dem andern zum Theil in der Bauch= zum Theil in der Brusthöhle befanden: in keinem dieser beiden Fälle, hatten die Eier ihren schleimigten Ueberzug. Dieses läßt sich sehr gut daraus erklären, weil die Eier nicht durch die mit der Mutter verbundenen Röhren ihren Weg genommen hatten §. 66., es sei nun, daß sie gar nicht in dieselbigen geleitet, oder daß die Gebärmutter zerrissen worden; welcher Umstand auch die Ursache sein mochte, daß sie aus derselben in die Brust= und Bauchhöhle gekommen waren: man kan sich auch leicht vorstellen, daß die gewaltsame Zusammenpressung der Brust, die das Männgen dem Weibgen verursacht, und welche eben auf den Eierstok trift, zu dieser Zerreissung viel beiträgt, und hernach das Austreten der Eier in die Brust und den Unterleib veranlaßt.

§. 68.

Wir haben schon im §. 66. gesagt, daß die Eier bei zwei Kröten nach Verlauf von vier Tagen anzutreffen waren: der größte Theil der übrigen Kröten fieng am fünften Tage an Eier zu legen: sie kamen in der Gestalt zwei kleiner Schnuren zum Vorschein, wie ich bei Gelegenheit zwei andrer ähnlicher Arten dieser Amphibien im §. 45. angezeigt habe. Diese zwei kleine Schnuren giengen mit äußerster Langsamkeit ab: und dieser langsame Abgang ließ auch nicht eher nach, bis die ganze Gebärmutter ausgeleeret war, welches bei allen Weibgen noch vor dem siebenden Tage geschahe. In eben dem Verhältnisse, als die kleinen Schnüre dem After entschlüpfen, rückt das Männgen mit seinem Hintertheile näher, aus welchem ein Strahl von Feuchtigkeit kam, der die Eier benezte, und sie fruchtbar machte, diejenigen Eier, die von gedachter Feuchtigkeit nicht waren betroffen worden, verdarben. Ja noch mehr, so groß und lang auch die Eierschnuren waren, so blieben doch alle die zusammengeketteten Eier unfruchtbar, wenn das Männgen in seinem Befruchtungsgeschäfte durch angelegte Hösgen §. 13. gehindert wurde, oder wenn man es eben zu der Zeit wegnahm, wo die Eier aus dem Weibgen zum Vorschein zu kommen anfiengen.

§. 69.

Diejenigen Eier also, die beim Abgange aus dem Weibgen mit dem Saamen nicht befruchtet waren, wurden nicht ausgebrütet §. 68. welcher Umstand einen Beweis abgiebt, daß die Befruchtung außerhalb dem Körper des Weibgens geschieht. Ich habe aus begatteten Weibgen, Stükgen solcher Eierschnüre aus der Gebärmutter genommen, und sie ins Wasser gelegt, aber

aber niemals haben sie Junge gebracht. Das nämliche erfolgte auch, wenn ich die Eier aus der Röhre nahm, durch die sie eben in die Gebärmutter gelangen; sie blieben ebenfalls alle unfruchtbar: die Erfahrung hat mich auch gelehrt, daß diejenigen Eier, die in der Brust- und Bauchhöhle zerstreut liegen §. 66., gleichmäßig unfruchtbar bleiben.

§. 70.

Die kleinen Schnüre bestehen aus einer Kette unzählbarer Eier, wo dennoch eines von dem andern nur wenig entfernt ist: sie sind aber durch den starken klebrichten Schleim unter einander vereinigt, welcher auch allzeit bei den Embryonen der Frösche und Kröten gefunden, und in den Eierkanälen abgesondert wird. Wenigstens geschicht es an diesen Orten, wo sich die anfangs nakkenden Früchte damit bedekken. Ich füge für diese Kröten keine Abbildung bei, weil die im dritten Kapitel gegebne Beschreibung hinlänglich ist.

Allein ist denn dieser Leim zur Hervorbringung der Kröten nothwendig? Ich habe ihn von etlichen Eiern gänzlich weggenommen, andern habe ich nur einen gewissen Theil weggenommen, ohne das Schafhäutgen (Amnios) zu verletzen, welches in diesen und andern Kröten sehr sichtbar ist. Ich habe gefunden, daß Eier, die dieses Leims gänzlich beraubt waren, unfruchtbar blieben: aber diejenigen, die noch etwas davon an sich hatten, diese gaben auch Larven. Wenn das Schafhäutgen Schaden litte, wenn auch gleich die

Eier unverlezt blieben, so verdarben dieselben dennoch.

§. 71.

In dieser Art von Thieren, sind die kleinen Körper, die wir bisher Eier genant haben, philosophisch zu reden, nichts anders als die Larven selbst in der kleinsten Gestalt. Diese Eier zerbersten, und öffnen sich nicht, wie andre, um dem bisher eingeschloßnen Thiere den Ausgang zu verschaffen, worauf sodann nichts weiter, als die leere Schale, in welcher das Thier gestekt hatte, zurük bleibt: diese Eier bleiben an sich selbst ganz, indem sie nur am Maße und Umfange zunehmen; und an dem einem Ende spizig werden, woselbst der Schwanz der Larve entstehet, am andern aber kolbigt, und sich, durch die zum Vorschein kommenden Augen, das Maul und die daselbst entspringenden Flossen ziemlich deutlich als Kopf zeigen. Endlich werden diese kleinen Körper belebt, gehn aus dem Schafhäutgen, und schwimmen in dem Wasser. Mit einem Worte, sie lassen uns alle die Auftritte sehn, die ich von den Fröschen und Kröten, die ebenfalls, wie diese, Eiergestalten hatten, angeführt habe. Alle diese abwechselnden Erscheinungen bei unsern kleinen Kröten sieht man wenigstens binnen drei Tagen, wegen der wärmern Witterung. Bei den andern Kröten und Fröschen ist eine weit längere Zeit nöthig, weil sie sich in einer viel kältern Witterung begatten.

§. 72.

Diese kleinen belebten Körpergen untersuchte ich bei ihren veränderten Erscheinungen, mit der allergenauesten Aufmerksamkeit, sowohl was ihre innere, als äußere Beschaffenheit angieng, und verglich alles mit den Eiern, die in der Gebärmutter oder in den Röhren derselben, zurükgeblieben waren. Wenn man nun die verschiedne Größe, die sie ihrer Natur nach haben konten, ausnimt, so konte ich auch nicht den allermindesten Unterschied finden. Die Aehnlichkeit, die ich unter allen antraf, gab mir Anlaß, ähnliche Schlüsse, wie die obigen, daraus zu ziehen: daß also diese kleinen Körpergen, außer dem Körper der Mutter, eben sowohl wahre Larven wären, wie diese auch wahre Larven sind, die noch in der Mutter sich befinden; und daß also folglich die Frucht schon bei der Schwängerung, im voraus gebildet, vorhanden sei.

§. 73.

Was ich nun hier von der Frucht (Foetus) gesagt habe, läßt sich mit eben den Gründen von dem Schafhäutgen behaupten, weil ich gefunden habe, daß es auch die Früchte, die noch in der Mutter liegen, umgiebt, aber mit dem Unterschiede, daß es die Oberfläche der Frucht unmittelbar berührt, ohne einige merkliche Feuchtigkeit zu enthalten; sobald aber die Früchte aus der Mutter zum Vorschein kommen, steht auch das Schafhäutgeu von deren Oberfläche mehr ab, je nachdem sie mehr oder weniger aufgetrieben sind: nachher ist es ganz mit seiner Feuchtigkeit angefüllt. Ja ich glaube auch, daß die Nabelschnur schon bei der Be-

Befruchtung vorhanden sei. Zwar kan man sie mit bloßem Auge nicht bemerken, wenn die Larve im Wasser des Schafhäutgens schwimt: Allein es sind viel Gründe vorhanden, welche es wahrscheinlich machen, daß die Nabelschnur vor der Befruchtung schon da sei, weil sie mit dem einem Ende an dem untern Theile des Kopfes und mit dem Schafhäutgen zusammenhängt, von dem sie sich zwar absondert, aber doch noch einige Zeit an dem Körper des Thiergens gefunden wird: und sich nur nach und nach verliert, bis sie endlich ganz verschwindet.

§. 74.

In meiner Beschreibung von der Erzeugung der Frösche und Kröten, habe ich angeführt, daß ich, um die Larven auszubrüten, sie in Wasser gesezt habe, welches dem gleich kam, worein sie sonst von den Weibgen gelegt wurden. Doch habe ich auch dabei erinnert, daß nicht viel darauf ankäme, von welcher Beschaffenheit das Wasser wäre, wenn man auch sogar Brunnenwasser dazu wählte, nur der Laubfrosch wäre so ekel, daß er Wasser aus Pfüzen oder Gräben haben müßte §. 39.; zu dieser Beobachtung füge ich noch zwei andre, um künftig der Wiederholung überhoben zu sein: vors erste nämlich, daß die Gefäße nicht an allzuwarmen Orten stehen müssen, denn die Kälte würde dem erwünschten Erfolge weniger schaden, als die Hitze. Die Kröten der beiden ersten Arten, kommen schon vor Ende des Winters zum Vorschein, §. 41.; und ich habe in meinen vor dem Fenster stehenden Gefäßen das Wasser öfters dik gefroren gefunden, ohne

daß

daß die Larven davon gelitten hatten. Ich habe sogar das Wasser ganz gefrieren lassen, und die Larven waren doch unbeschädigt geblieben: und dann erst starben sie, wenn ihre Schleimhülle zu gefrieren anfieng: Dies geschahe aber nicht eher, als bis die Kälte weit unter den Gefrierpunkt gieng. Den schädlichen Einfluß der Wärme hingegen beobachtete ich fast an allen Larven jeder Art: sie starben, wenn sie nur etliche Stunden an die Sonne gesezt wurden, wenn das Thermometer auf dem fünf und dreißigsten Grade stand.

Eine zweite eben so wichtige Vorsichtsregel ist diese: das Wasser, worin man diese Thiergen aufbewahrt, öfters zu erneuern, weil man sonst Gefahr läuft, wie es mir öfters gegangen ist, daß die Larven gar nicht ausgebrütet werden, oder gleich wieder sterben: der klebrige Schleim, in welchen die Larven eingehüllt sind, verdirbt: und dies Verderben greift gar bald diese zarten und leicht zerstörbaren Geschöpfe an, löst sie auf, und vernichtet sie, ehe man noch ein Kenzeichen des Lebens an ihnen bemerkt, oder wenn sie nur erst anfangen merklich belebt zu werden.

Um das Begattungsgeschäfte der Frösche und Kröten gut zu beobachten, muß man sich so stellen, daß man von den Thieren nicht bemerkt wird, sonst erschrekken sie, und ihre Begattung hört sogleich auf.

Vielleicht wird mein Discours von so häßlichen Thieren, als die Kröten sind, zärtlichen Lesern schon längst Ekel erwekt haben; sie werden gewünscht haben, daß doch meine Wahl auf angenehmere Thiere möchte gefallen sein, oder auf solche, die man mit Vergnügen angreifen könte: Allein der Naturforscher macht, bei Beobachtung natürlicher Erscheinungen, keine Ausnahme, er untersucht alles mit gleicher Empfindung, denn ekelhafte und häßliche Gegenstände befinden sich nicht in der Natur, sie sind es blos in unsrer Einbildung: und jedes Geschöpf, so häßlich als es auch scheint, hat dennoch seine ihm eigne unverkenbare Schönheit. Sie ist das Werk des großen Baumeisters; und Petrarch sagt sehr schön: daß alle Dinge, die zusammen genommen zur Zierde und Schönheit der Welt dienen sollen, ganz vollkommen aus der Hand ihres ewigen Schöpfers gekommen sind.

§. 75.

Zum Schluß dieses Kapitels will ich nur noch zuvor einen Umstand, dessen Herr Bonnet in seinem Buche von den organisirten Körpern gedenkt, untersuchen. *) Er will nämlich gefunden haben, daß ein ausgetrokneter Teich, sich gleichsam wieder selbst mit Fischen, wie zuvor besezt, deren Ursprung ihm unbekant ist. Um dieses Phänomen zu erklären, glaubt er nicht, daß etwa Störche in den angelassenen Teich Fische hätten fallen lassen; sondern vermuthet vielmehr, daß diese neuen Fische aus befruchteten Eiern gekommen, die in dem troknen Schlamme zurükgeblieben und darinne unversehrt erhalten wären. Der Grund seiner Vermuthung beruhet auf dem Beispiele einer

Art

*) Traité des Corps organisés T. III. p. 345.

Art Polypen à panaches, die der unsterbliche Trembley entdekt hat, deren Eier auch noch nach vier Monathen sehr gut auskrochen, wenn man sie ins Wasser legte; ob sie gleich zuvor so lange Zeit trokken gelegen hatten. Die bekanten Kornwürmer (anguilles du bled rachitique) bestärkten ihn in dieser Meinung; denn man weiß, daß diese ihre Bewegung im Wasser wieder annehmen, wenn man sie auch viele Jahre schon trokken aufbewahrt hat. Herr Bonnet wünschte seine Meinung durch Erfahrung zu unterstützen; er wolte untersuchen, ob sich's mit den Fischeiern auch so verhielte, wenn man sie längere oder kürzere Zeit im Troknen aufbewahrt hätte.

Nachdem ich die Abhandlung von organisirten Körpern gelesen hatte, machte ich zwar hierüber Versuche, allein ohne Erfolg. Wenigstens gelang es bei drei Arten von Fischeiern nicht. Ich hatte selbige aus einen Flusse genommen, drei Monathe im Troknen aufbewahrt, und hernach ins Wasser gelegt, allein es kam kein Fisch zum Vorschein: doch wunderte ich mich hierüber gar nicht, weil die Vertroknung die Eier gänzlich verdorben hatte. Nach etlichen Jahren versuchte ich eben dieses mit frischgelegten Frosch- und Kröteneiern; aber ebenfals vergeblich. Aus diesen Versuchen erhellet, daß sich der Teich, dessen Bonnet gedenkt, nicht deswegen wieder mit frischen Fischen habe besetzen können, weil die in ihm zurükgebliebnen und vertrokneten Eier, ihre Entwiklungskraft gewisse Zeit über unverdorben erhalten hätten: und dies um destomehr, da ich gesehn habe, daß Fischeier, Frosch-

und Krötenlarven unvermeidlich verdarben, wenn man sie nur einige Tage im Troknen aufbewahrt hatte. Ich sage aber: einige Tage, weil ich sahe, daß Larven von Fröschen und Kröten nicht verdarben, wenn sie nur eine kurze Zeit, nachdem sie gelegt worden, außer dem Wasser blieben. Ich habe einige in zwei oder drei Tagen auskriechen und Zeichen des Lebens von sich geben sehen: nachher aber mußten sie deswegen sterben, weil sie in dem Schleime, der als ein Leim vertroknete, ganz ausgedört waren.

§. 76.

Wie soll man aber die Wiedererscheinung der Fische in gedachtem Teiche erklären, da man nicht glauben kan, daß sich die ausgetrokneten Fischeier in gutem Stande erhalten? Der Gegenstand, von dem ich handle, erlaubt mir die weitere Untersuchung aufzugeben. Würde es vielleicht, an statt diesen Umstand erklären zu wollen, besser sein, ihn ganz in Zweifel zu ziehn? kan man sich denn nicht auch vorstellen, daß diese Fische in die troknen Teiche getragen worden, und diese sodann erst wieder angelassen worden sind? Ist es ganz ausgemacht, daß die Fische nicht selbst dahin haben kommen können? oder daß ihre Eier nicht durch einen unbemerkbar kleinen Quell dahin konten gebracht werden? Wenigstens sind wir gezwungen diese oder eine ähnliche Erklärung anzunehmen, sobald als es ausgemacht ist, daß ausgetroknete Fischeier unfruchtbar sind, und daß Schuppenfische nicht anders als aus Eiern entspringen.

Fünftes Kapitel.

Zeugungsgeschichte des Wasser-Salamanders.

§. 77.

Ich habe zweierlei Arten von Wasser-Salamandern untersucht; die erste Art ist am untern Theile des Körpers sehr schön Pomeranzenfarbig mit unregelmäßigen schwarzen Flekken gezeichnet, die Seiten und der Rükken haben eine dunkle Eisenfarbe mit einigen untermischten aschgrauen Flekken, ihre Länge beträget etwas über vier Zoll, und die Dikke ohngefähr sieben Linien.

Die andre Art ist nicht allein viel kürzer, sondern auch weniger dik, und unterscheidet sich von ersterer Art, durch einen goldgelben breiten Streifen, welcher an den Seiten des Schwanzes hinläuft, und sich an demselben endigt, und bei den Weibgen längst dem Rükken bis an den Kopf läuft.

In diesen beiden Arten unterscheiden sich die Männgen von den Weibgen, nicht allein durch die äussern Geschlechtstheile, sondern auch durch eine hautige ausgezakte Hervorragung, die längst dem Rükken des Männgens hinläuft, welche man aber bei dem Weibgen nicht antrift: auch findet man, daß der Schwanz bei diesen Männgen mit einem doppelten silberfarbnen Streifen geziert ist, den man bei den Weibgen dieser Art nicht bemerkt.

Diese zwei Arten der Salamander sind es eben, die mir zum Theil zu den wichtigen Versuchen Gelegenheit gaben, die ich über die Wiederhervorbringung ihrer verlornen Glieder, über den Umlauf des Blutes, und andre bewundernswürdge Umstände gemacht, und in andern Schriften angeführt habe.

§. 78.

Diese kleinen vierfüssigen Thiere halten sich, während des Sommers, in stillstehenden Wässern auf: in fließenden Wässern trift man sie niemals an: bei Annäherung des Winters verbergen sie sich unter der Erde, in den Lükken und Zwischenräumen der Steine: es giebt auch einige, die sich im Winter in Gewässern aufhalten, welche aus der Erde quellen, und bei der strengsten Kälte, doch einen merklichen Grad von Wärme behalten. Diese Salamander, deren ursprünglicher und eigenthümlicher Wohnort das Wasser zu sein scheint, und die ich auch von diesem Elemente Wasser-Salamander nenne, können doch auch auf der Erde leben, und erhalten sich auch wirklich auf derselben: daher man sie mit allem Rechte Amphibien nennen kan.

§. 79.

Ein merkwürdiger Umstand ist das Verhältniß, welches zwischen der Zeit, wo diese Thiere im Herbste das Wasser, darinne sie sich bisher aufgehalten haben, verlassen, um sich in ihre Tiefen zu verstekken, oder aufs Land zu kommen, um daselbst einen Aufenthalt zu suchen §. 78., und demjenigen Zeitpunkte wahrnimt, wo diese kleinen Thiere im Frühjahre wieder ins Wasser

ser gehen. In der Lombardei werden schon alle Salamander mitten im October unsichtbar, obgleich das Thermometer im Schatten nur eine temperirte Wärme anzeigt: aber gegen die Mitte des Februars erscheinen sie schon wieder oberhalb des Wassers, und machen sich darinne lustig, ob es gleich zu der Zeit alle Nächte friert, und am Tage das Thermometer im Schatten verschiedne Grade unter dem Grade der temperirten Wärme steht. Daher geschieht es denn auch, daß die Salamander noch vor Ende des Winters ihren Aufenthalt verlassen, zu welchem sie schon im Herbste, bei noch ziemlich gelinder Witterung, zurükkehren. Solte das lange Fasten, das sie den Winter über aushalten, sie nöthigen hervor zu gehen, um Nahrung zu suchen? oder ist es der unwiderstehliche Naturtrieb sich zu begatten, dem diese wie alle andre Thiere gehorchen? Soviel ist gewiß, daß, obgleich zu dieser Zeit die Salamander ihre Geschwindigkeit, Leichtigkeit und Biegsamkeit, die sie sodann mit vermehrter Wärme bekommen, noch nicht zeigen, dennoch das Männgen sein Weibgen sucht, und mit ihm in Gemeinschaft zu leben anfängt: Man findet sie auch, außer dieser Zeit, fast nie beisammen.

§. 80.

Man muß freilich bekennen, daß die vorläufigen lustigen Bewegungen, die man im Februar bei diesen kleinen Thieren wahrnimt, nur Vorspiele sind ihrer bevorstehenden Begattung, die aber erst im März und in der ersten Hälfte des Aprils vor sich geht: Allein es verhält sich, wie mit den Fröschen und Kröten, wie ich oben

oben schon gezeigt habe. Kälte und Wärme haben an diesem Geschäfte sehr großen Antheil, und von den hohen und mindern Graden derselben hängt auch dessen Beförderung und Verzögerung ab. Das Männgen verfolgt das Weibgen, welches anfangs zu fliehen sucht, aber bald zu fliehen vergißt, da sich sogleich das Männgen ihm nähert: es stellt sich so, daß der unterste Theil seines Kopfes, den obersten Theil von dem Kopfe des Weibgens berühret, und auf solche Art mit beiden Körpern, ein Winkel beschrieben wird, dessen Spitze an den Köpfen ist. Ihre Stellung ist aber doch nicht immer gleich: denn anstatt daß das Männgen seinen Kopf auf den des Weibgens legt, so stellen sie sich zuweilen so, daß sie ihre Schnauzen mit einander vereinigen, und daß beide Körper, des Männgens und Weibgens, sehr nahe zusammen treffen, und also der Winkel, den ihre Köpfe und ihre Schnauzen machen, in dieser Stellung sehr spitzig wird. Nunmehr richtet das Männgen die auf dem Rükken befindliche, häutige und gezähnte Hervorragung §. 77. in die Höhe, bewegt sie heftig, dreht sie rechts und links, wie etwan ein muthig Pferd seine Mähne: sein Schwanz bleibt nun auch nicht mehr ruhig, sondern wikkelt und krümt sich zusammen, und schlägt mit demselben ganz sanft das izt unbeweglich sitzende Weibgen in die Seiten. Bisweilen nimt man wahr, daß sich das Männgen, um in dieser Stellung zu bleiben, und das Weibgen mit seinem Schwanze zu schlagen, an Gewächse, und an alles, was ihm zum Widerhalt dient, mit den Zehen seiner Vorderfüsse anhält, und in dieser Stellung mit dem Weibgen unterm Wasser bleibt.

Mit-

Mitten unter den schnellen Bewegungen des Schwanzes sprizt es, aus der Oeffnung des Afters, der izt weiter als sonst eröffnet ist, eine beträchtliche Menge von Samenfeuchtigkeit, die sich mit dem Wasser vermischt, und so zum After des Weibgens, der zu dieser Zeit auch mehr aufgetrieben und erweitert zu sein scheint, gelangt. Bei diesem Geschäfte berührt jedoch der After des Männgens den After des Weibgens nicht, ja im Gegentheil sind sie mit diesem Theile allzeit mehr oder weniger von einander entfernt, und man kan nicht einmal ein äußerliches Kenzeichen des verschiednen Geschlechtes an diesem Thiergen entdekken. Nachdem nun das Männgen seinen Samen versprizt hat, ruhet es einige Minuten aus: es entfernt sich bisweilen von dem Weibgen, um nur wieder zurük zu kommen, und sein Spiel mit dem Schwanze, und Ausspritzungen des Samens zu wiederholen. Ich habe sie Stundenlang auf diese Art sich abwechselnd begatten gesehen. In diesen verliebten Augenblikken kan man sie fangen und auf die Hand setzen, ohne daß sie es gewahr werden. Indem man das Männgen in Händen hat, und es sich auf diese Art zwischen den Fingern bewegt, läßt es einige kleine Tropfen Samen von sich, der sehr weiß, und einer sehr dikken Milch ähnlich ist.

§. 81.

Diese bewundernswürdigen Umstände, die ich damals, in Gewässern, wo Salamander anzutreffen waren, z. B. in großen und kleinen Teichen, beobachtet habe, sind auch nachher in kleinen Gefäßen, mit solchem Wasser, wie dasjenige war, worinne ich die

Er-

Erzeugung der Frösche betrachtete, von mir bestätigt worden, wobei mir die beiden in dem 87sten Paragraph beschriebnen Arten der Salamander ebenfals die nämlichen Phänomene dargestelt haben: so daß ich also glauben muß, daß in diesen beiden Fällen eine Befruchtung ohne Begattung statt habe, und ich kan versichern, daß ob ich gleich tausende von Salamandern in ihren Liebesgeschäften, bei den mannigfaltigen Versuchen, wozu sie mir Gelegenheit gaben, beobachtet habe, ich doch niemals eine wahre Begattung habe entdekken können.

Allein da man, wenns auf Ausnahmen von allgemein angenommenen Regeln ankömt, die allergrößte Behutsamkeit anwenden muß, um nicht in Irrthum zu gerathen, so habe ich alle Ungewißheit aus dem Wege zu räumen gesucht: ich bin öfters von der Begattung kleiner Eidexen in den Monathen April und May Zeuge gewesen, diese aber dauert nur einen Augenblik. Bei dem allerhellesten Wetter, und an Orten, die von der Sonne am meisten beschienen werden, geht das Männgen dem Weibgen nach, und wenn es dasselbe erreicht, so begattet es sich mit ihm; aber diese Vereinigung ist sehr kurz, und sie trennen sich wieder eben so geschwind. Die Salamander, die auch Wasser-Eidexen genant werden, weil sie selbigen sehr gleichen, könten sich ja wohl auch auf solche Art einen Augenblik begatten: Diese Ungewißheit zu entfernen, habe ich nichts unterlassen, was mir Aufschlüsse hierüber verschaffen konte, und so habe ich mich endlich überzeugt, daß bei diesen Thie-

ren

ren keine Begattung statt findet: ja ich habe beständig genau bemerkt, daß die Zeugungstheile des Männgens allzeit von jenen des Weibgens auf etliche Linien weit entfernt bleiben: woher also zu schließen ist, daß die Befruchtung nicht durch eine wahre Begattung geschieht, sondern durch den Samen, den das Mängen ins Wasser sprizt; der, mittelst desselben, zum After und durch denselben in den Bauch des Weibgens kömt.

§. 82.

Diese Beobachtungen machte ich im Jahre 1766 und 1767 und zeigte sie in meiner vorläufigen Abhandlung von der thierischen Wiederersetzung verlohrner Theile an, welche Schrift 1768. ans Licht trat. Ich sagte daselbst: „die Naturforscher haben noch nicht mit Gewiß„heit entdekken können, ob sich die Salamander, wie „die meisten andern Thiere, oder wie Frösche und Krö„ten, begatten mögen. Diese Untersuchung, die doch für „die Zeugungsgeschichte so wichtig ist, hat mich zu „weitläuftigen und zahlreichen Versuchen veranlaßt, „welche ich in diesem Buche anzeigen will."

Daß meine Beobachtungen neu wären, davon war ich überzeugt: und ich würde stets in dieser Meinung geblieben sein, wenn ich nicht sieben Jahre nachher, in Bomare's Wörterbuche der Naturgeschichte, in der Ausgabe von 1775, unter den Artikel Wasser-Salamander, gelesen hätte, daß Herr Demours sich mit eben diesem Gegenstande beschäftigt habe. Ich weiß nicht, ob seine Beobachtungen älter oder neuer,

als

als die meinigen sind, denn es wird nicht angezeigt, ob sie in einem besondern Buche enthalten, oder dem Herausgeber jenes Wörterbuchs nur zum Einrükken mitgetheilt worden sind. Ob man es sonst gleich ungern sieht, wenn andre Personen eben dieselben Versuche machen, mit denen man sich selbst beschäftigt, so muß ich doch gestehen, daß mir diese Entdekkung viel Vergnügen machte, da ich fand, daß durch die Beobachtungen dieses Französischen Naturforschers die meinigen noch mehr bestätigt wurden. Der summarische Inhalt seiner Beobachtungen ist folgender: „Nachdem das Männgen auf verschiedne Weise „mit seinem Weibgen gespielt hat, sucht es ihm den „Weg zu versperren, macht vielerlei krumme Wendun„gen, erhebt sich mit seinem auf dem Rükken empor„stehenden Kamm, eröffnet den After, preßt die Hoden „gewaltsam zusammen, schlägt sein Weibgen mit dem „Schwanze, und sprizt endlich seinen Samen von sich, „ohne das Weibgen zu berühren: der Samen verbrei„tet sich auf beiden Seiten, und macht einigermaßen „das Wasser weiß. Das Männgen sinkt sodann wie „betäubt in die Tiefe, erwacht aber sogleich wieder, „erneuert sein Spiel, und die Verspritzung des Samens, „und verläßt sodann das Weibgen."

Diese Beobachtungen kommen mit den meinigen vollkommen überein, indem sie beweisen, daß keine wahre Begattung unter den Salamandern statt finde; so groß auch übrigens der Unterschied zwischen einigen andern Beobachtungen des Herrn Demours, und den meinigen, die ich im §. 80 angeführt habe, ist. Das

öfters

öfters wiederholte Verspritzen der Saamenfeuchtigkeit, hängt größtentheils vom Temperament, Alter und Lebhaftigkeit dieser Thiere ab.

§. 83.

Ich habe in dem 81sten Paragraph angenommen, daß die Befruchtung durch den nahe bei dem Weibgen verspritzten Saamen des Männgens bewirkt werde: das will ich izt beweisen: allein man wird es noch deutlicher begreifen, wenn ich zuerst von den Eierstökken, deren Röhren und den Eiern selbst etwas gesagt haben werde.

Wenn man den Unterleib eines Salamander-Weibgens eröffnet, findet man zu jeder Jahrszeit zwei Eierstökke mit einer Menge Eiern angefüllt, die weiß und noch viel kleiner als der Hirse ohne Schale sind; sie schwimmen nicht etwan im Eierstokke, sondern sind an dessen Seiten angewachsen; bei Annäherung des Frühlings vergrößern sie sich unmerklich, und wenn sie zur Begattungszeit nun völlig reif geworden sind, so senken sie sich hinab in die Röhren des Eierstoks, (welches zwei weisse Kanälgen sind) die sich von den Vorderfüssen, (les bras) bis zum Anfange des Schwanzes erstrekken: sie werden nur durch den Rükgrad von einander abgesondert. Beide bestehen aus einer Menge kleiner Falten, die, wenn man sie aus einander zieht, und in gerader Linie ausdehnt, diese Röhren noch viermal länger machen, als der Salamander selbst ist.

§. 84.

Während der Begattungszeit der Salamander sind diese Kanäle mehr oder weniger mit Eiern angefüllt, die in einer Reihe liegen, und zwar vorzüglich in dem Theile der Röhre, der sich am After endigt: wenn man alsdann den Bauch des Weibgens sanft mit dem Finger drükt, oder auch nur von dem Thiergen selbst allerlei leichte Wendungen gemacht werden, kommen Eier aus dem After zum Vorschein, beinahe eben so, wie ich gezeigt habe, daß das Männgen die Saamenfeuchtigkeit unter den nämlichen Umständen von sich läßt §. 80. Die Eier werden, indem sie aus dem Eierstokke in die Röhren kommen, immer größer, und überziehen sich mit einem dikken klebrigen Schleime, wie man auch bei den Fröschen und Kröten wahrnimt; nur daß er bei diesen beiden Thierarten viel häufiger und klebriger ist, sobald das Männgen seinen Saamen von sich gesprizt, und durch den After des Weibgens Eingang gefunden hat: wegen der Nähe werden nur diejenigen Eier, die eben izt gelegt werden sollen, befruchtet, und die übrigen, die noch in den Röhren befindlich sind, bleiben unfruchtbar. Ich habe mich hierüber folgendermaaßen überzeugt.

Wenn die Männgen anfingen den Weibgen nachzugehen, so sezte ich diese leztern ganz allein für sich in Gefäße mit Wasser, und ließ sie Eier legen, welche aber alle unfruchtbar waren. Ich ließ ferner auch Männgen und Weibgen beisammen, wo sodenn erstere verschiednemal den Saamen wegsprizten: hierauf sezte ich die Weibgen allein in besondre Gefäße, und sahe nun-

nunmehr, daß aus den ersten 5 oder 6 Eiern wirklich nach einiger Zeit Junge auskrochen; dahingegen die später gelegten Eier unfruchtbar blieben.

Ich öffnete ein Weibgen gleich nach der Begattung, nahm die Eier aus ihren Röhren und legte sie ins Wasser, so daß diejenigen, welche nahe an der Oeffnung des Afters gelegen hatten, in einem besondern Gefäße aufbewahrt wurden. Nur diese brachten Junge, alle übrigen blieben unfruchtbar. Ob nun gleich diese Beweise höchst einleuchtend sind, will ich doch noch einen andern hinzusetzen.

Die Art von Salamandern, welche einen kleinen goldgelben Streiffen auf dem Rükken hat §. 77., legt ihre Eier nicht einzeln, wie die andre, sondern in Schnuren, welche bisweilen zwei Zoll lang sind, und ohngefähr zehn Eier enthalten. Nachdem ein Männgen dieser Art mit einem Weibgen gelaicht hatte, öffnete ich des Weibgens Unterleib, und nahm die Eier aus den Röhren derselben; sie klebten vermittelst des Schleims zusammen, und stellten zwei Schnuren vor, welche beim After in ihrer Vereinigung einen Winkel machten; diese kleinen Schnüre von Eiern legte ich ins Wasser, und bemerkte mit einem Faden den Theil der Schnur, der zu erst zum Vorschein gekommen war. Diejenigen Eier, die sich an diesem Theile und zunächst an selbigem befanden, waren befruchtet, alle übrige aber unfruchtbar.

§. 85.

Diejenigen Eier, von denen ich bewiesen habe, daß sie nicht befruchtet wären, werden jedoch nachher befruchtet. Je nachdem die Eier dem After am nächsten sind, gehen sie durch denselben heraus, diejenigen, die noch am weitesten entfernt sind, kommen ebenfalls tiefer, und gelangen an den Ort, wo sie befruchtet werden, wie die andern. Alle reife Eier reissen sich sodann vom Eierstokke los, kommen in die oft erwähnten Röhren, und werden über lang oder über kurz befruchtet. Ich habe davon einen deutlichen Beweis erhalten, als ich das wiederholte Eierlegen überrechnete, welches ich mit meinen Augen gesehen hatte: daher man auch schließen muß, daß die Männgen ihre Weibgen sobald nicht verlassen. Meine Beobachtungen haben mich gelehrt, daß die Begattungstriebe bey diesen Thieren bisweilen zwanzig, dreißig, ja wohl noch mehr Tage dauern, bis die Weibgen alle ihre vollkommen reifen Eier gelegt haben. So lange als noch einige in den Röhren zurükgeblieben, lassen die Männgen weder mit ihren liebkosenden Scherzen, noch mit abwechselnden Ergießungen ihres Saamens, nach §. 80. Ich habe aber nur von solchen Eiern geredet, die ihre Reife erlangt haben, denn nach der Laichzeit findet man in den Eierstökken eine große Menge sehr kleine Eier.

§. 86.

Bomare sagt an dem Orte, welchen ich §. 82. angeführt habe, daß die Wasser-Salamander ihre Eier mit der Schnauze und den Füssen aus dem After zögen, weil selbige, so wie sie heraus kämen, unter dem Schwanze hängen blieben. Nichts kan fabelhafter sein, als diese Erzählung. Wenn der Verfasser, statt Schriften der Naturforscher zu lesen, die Natur selbst beobachtet hätte, so würde er tausend mal die Eier aus dem After, ohne Beihülfe der Schnauze und der Füsse, haben abgehen sehen, ohne daß diese Thiere den mindesten Gebrauch von diesen Theilen dazu machten: er würde gesehn haben, daß unsre Salamander auch von den Krebsen der süßen Wasser in diesem Stükke sehr unterschieden sind, die nach dem Eierlegen, die gelegten Eier unter dem Schwanze behalten, und sich derselben dergestalt entledigen, daß sie, sobald selbige herausgehen, im Wasser untertauchen. Da ich aber tausende von Salamandern in Gefäßen voll Wasser beobachtet habe, so ist mir doch keiner darunter vorgekommen, bei dem die Eier am Schwanze geklebt hätten; wenn ich das Wasser aus den Gefäßen goß, so fand ich allzeit, daß sie an dem Boden desselben fest saßen, und eben das habe ich, auch bey den Salamandern gesehen, die ihre völlige Freiheit hatten.

Ich muß erinnern, daß Bomare irrt, wenn er das Geschrei der Wasser-Salamander mit dem Quaken der Frösche vergleicht; denn die Salamander sind ganz und gar stumm. Nur wenn sie auf die Oberfläche des Wassers kommen, um frische Luft zu schöpfen, geben sie einen pfeifenden Laut von sich, den man aber kaum vier Schritte weit hören kann.

§. 87.

Wir wollen nunmehr sehen, wie es mit der Entwikkelung der jungen Salamander aus ihren Eiern zugeht, und dieß wird den zweiten Theil ihrer Geschichte, der nicht minder wunderbar ist, ausmachen.

Wenn man die eben erst gelegten Eier ins Wasser bringt, so sinken sie zu Boden: bei warmer Witterung nimt man in kurzem auf dem Schleime, der die Eier umgiebt, kleine Luftbläsgen wahr, die sich in der Folge allmälig vergrößern, und durch welche die Eier auf die Oberfläche des Wassers in die Höhe gezogen werden. Diese Luftblasen zerbersten und verschwinden, und die Eier, welche von diesen Blasen in die Höhe gezogen wurden, sinken unter, und kommen nicht wieder in die Höhe: indem sie von dem anklebenden Schleime auf dem Boden feste gehalten werden. Bei genauer Untersuchung sieht man, wie die Eier gar bald ihre Gestalt verändern: bald nachdem sie vom Weibgen weggehen, sind sie von länglich runder Gestalt, die sich bald hernach noch mehr verlängert, und einer Niere oder der Hode aus einem Huhne gleicht: die Krümmung des Eies, so wie dessen Umfang, nimt stets zu, doch so, daß das eine Ende viel dikker, das andre aber spitziger wird; kurz, das Ei wird noch einmal so groß als zuvor: dikker scheint es nicht zu werden, aber in der Länge nimt es täglich so sehr zu, daß sich der Beobachter darüber verwundern muß, und solte folgender Umstand nicht zur Verwunderung Anlaß geben, wenn ich sage, daß das auf gedachte Art verlängerte Ei sich von Zeit zu Zeit mit vieler Geschwindigkeit bewegt, und wieder ruhig wird. Da von dieser Abwechslung einer geschwinden Bewegung und darauf erfolgter Ruhe, keine äußerliche Ursache vorhanden war, so mußte die Vorstellung eines animalischen Lebens bei mir ganz natürlich entstehen: das Ei sahe auch in Wahrheit ganz so aus, wie ein Salamander im Kleinen: da mir nun aber schon bekant war, daß die Frosch- und Kröteneier nichts anders als Larven junger Frösche und Kröten sind, so schlug meine angenommene Idee immer tiefer Wurzel. Wenn man das bewegliche Ei nicht aus den Augen ließ; sahe man, wie es das Ansehen oder Aehnlichkeit eines kleinen Salamanders immer mehr und mehr annahm: der Schwanz zeigte sich deutlich und gut gestaltet, man entdekte den Ursprung von Wirbelbeinen, die kleinen Floßfedern, in welchen man das Blut umlaufen sah, unterwärts kleine Hervorragungen an beiden Seiten, welche die Umrisse der Vorderfüsse sein mochten: ferner sahe man die Gestalt des Kopfes, der Schnauze, und der Augen an beiden Seiten des Kopfes, die izt noch das Ansehen sehr kleiner Erhöhungen hatten. Indem ich nun diese Beobachtung mit einem Vergrößerungsglase fortsezte, sahe ich auch, wie der kleine Salamander nicht mehr mit Schleime umgeben, sondern in einen kleinen Creiß eingeschlossen war, welcher das mit einer gewissen Feuchtigkeit angefüllte Schafhäutgen bildete. Des Thiergens Farbe war an dem Untertheile weiß, oben aber gelb mit kleinen schwarzen Flekken. No. 1. Fig. XVI. Taf. 3. stellt ein Salamanderei, wie es noch mit seinem Schleime überzogen ist, nach der Natur gezeichnet vor: No. 2, 3, 4, 5, bezeichnen das nämliche Ei, nachdem es von seinem Schleime befreiet ist, wie es bei seiner Verlängerung nach und nach krum wird. Bei No. 6. 7. sieht man, mit einer schwachen Vergrößerung, wie das sogenante Ei, bei fernerer Entwikkelung, die wahre Aehnlichkeit von einem Salamander annimt. Fig. XVII. o stellt den nämlichen Salamander stärker vergrößert vor, wie er noch im Schafhäutgen eingeschlossen liegt.

§. 88.

So lange der Salamander im Schafhäutgen liegt, findet man ihn nie in einer geradlinigten Lage, sondern er ist so zusammen gekrümt, daß der Schwanz dem Kopfe nahe kömt. Man sehe Fig. XVI. No. 6, 7, und Fig. XVII. D. E. Das kan aber nicht anders sein, weil der Raum des Schafhäutgens für den Salamander viel zu kurz ist. Indessen er aber sich in diesem Gefängnisse eingesperrt befindet, verändert er seinen Platz mit unglaublicher Geschwindigkeit, indem er den Kopf dahin legt, wo zuvor der Schwanz lag, und den Schwanz, wo vorher der Kopf war: das geschieht nun nicht allein durch äußerlichen Reiz, sondern auch wenn er in vollkomner Ruhe ist: so lange als er im Schafhäutgen Nahrung findet, so lange nimt er auch an Größe zu; bald darauf aber kan diese Hülle ihn nicht mehr fassen, und sie wird von den wiederholten Bewegungen, die sie dadurch erleidet, zerrissen, er entschlüpft aus gedachtem Schafhäutgen, und fängt, vermittelst geschwinder Bewegungen seines Schwanzes,

an,

an, im Wasser zu schwimmen. Ich habe diese Erscheinung öfters mit angesehen: es fiel mir allezeit dabei der Schmetterling ein, der auf ähnliche Art aus seiner Schale kriecht, wenn er zuvor seine Puppengestalt abgelegt hat.

Fig. XVII. XVIII. XIX. sieht man drei Salamander, die nur erst aus ihrer Hülle kommen. Es sind zweierlei Ansichten auf dem Rükken, in den Figuren XVII. und XIX. und in der Figur XVIII. sieht man sie von der Seite. In dieser Figur sieht man zwei andre Salamander, die von ihren Banden frei sind, und im Wasser schwimmen, so wie die, bei Fig. XVII. und XIX; sie haben schon den Ursprung ihrer Vorderschenkel unter der Gestalt eines Sturzes oder Stumpfes, die mit den Buchstaben C C. bei der Figur XVII. angezeigt sind. Der Buchstabe A. in eben der Figur weiset auf eine der ihn umgebenden Häute. Stellt man, wenn der Salamander ausgeschlüpft ist, eine genaue Untersuchung an; so findet man, daß äußerlich noch ein kleiner Ueberrest von Schleim dran hängt, innerlich aber scheinen die Hüllen, wegen des Schafhäutgens, ein wenig härter zu sein, welches höchst fein und durchsichtig, obenher aber klebrig ist, weil ihm die durchsichtige Feuchtigkeit, die es vorher in sich schloß, anhängt.

§. 89.

Ich habe die Zeit ausgerechnet, welche zu Verwandlung eines Eies in einen jungen Salamander erfordert wird, und habe gefunden, daß ohngefähr sieben Tage dazu erfordert werden. Sodann sind noch drei oder vier Tage für die kleinen Salamander nöthig, um sich von der Verbindung mit dem Schafhäutgen, und von dem Schleime zu befreien, damit sie alsdenn zu schwimmen vermögend sind.

Es ist weit schwerer diese kleinen Salamander zum Auskriechen zu bringen, als Froschlarven: denn ob man gleich diese Früchte (foetus) der Salamander, die man unrichtig für Eier hält, in dem Augenblik, als sie zum Vorschein kommen, ins Wasser legt, und man auch das Wasser, aus den Orten selbst, worin die Mutter die sogenannten Eier gelegt hat, genommen hat; so kommen doch, auch bei der Vorsicht einer oftmaligen Verwechslung und Erneurung des Wassers, nur wenige zum Vorschein. Indessen kommen doch weniger zum Leben, wenn man das Wasser nicht recht oft erneuert. Wenn endlich auch alle Umstände gleich sind, so ist die Anzahl der sich entwikkelnden Salamander doch weit geringer, als bei den Froschlarven.

§. 90.

Die Schwierigkeit, die man bei Erzeugung der Salamander erfährt, ist so groß nicht bei ihrer Erhaltung, wenn sie nur einmal gebohren sind: dann wachsen sie, und entwikkeln sich: sie können alles Wasser, es sei Brunnen- Regen- Fluß- oder Sumpfwasser, wenn selbiges nur rein ist, vertragen. Wenn man gewisse kleine Pflanzen, als Meerlinsen, in das Wasser, worin die Salamander aufbewahrt werden, legt, so

setzen

setzen sie sich daran, und nagen mit ihrer kleinen Schnauze daran, um sich die für ihre Nahrung schiklichen Theile davon zu nehmen. Indem sich die Salamander entwikkeln, kommen auch ihre Arme zum Vorschein §. 88.; bei ihrem Ursprunge haben sie eine spitzige Gestalt, und sind hinterwärts gebogen, wie man an den beiden kleinen Salamandern Fig. XIX. unten wahrnimt, vornehmlich aber an dem kleinen vergrößertvorgestelten Salamander Fig. XX. Die beiden Arme sind also die mit C D bezeichneten zwei kleinen Kegel, unter welchen man, nach dem Kopfe zu, die ästigen Flossfedern siehet: sie haben das Ansehen zweier kleinen Bündel von noch kleinern Floßfedern E. F. Die Floßfedern bei den Augen wachsen noch langsamer als die größern. Wenn man fortfährt diese kleinen Salamander im Wasser aufzubehalten, so sieht man eine Woche darauf, nachdem sie aus dem Schafhäutgen geschlüpft sind, drei andre kleine Spitzen hervorkommen, die von dem äußersten Ende der beiden Erstern wenig entfernt sind: man entdekt sehr bald, daß es die Finger an den Vorderfüssen der Salamander sind, die sie auch schon zu brauchen anfangen: die vordern Glieder erscheinen anfangs wie zwei Kegel: allein die hintern Glieder zeigen sich erst in vierzehn, ja wohl gar in vierundzwanzig Tagen, nachdem der Salamander seine Hülle abgelegt hat; die Natur entwikkelt nun auch durch hervorragende Spitzen die Zehen an den Hinterfüssen, wie die Finger an den Vorderfüssen, so daß der Salamander alsdenn unter dem Wasser, oder auch auf der Erde, wenn man ihn dahin sezt, gehen kan. Die Froschlarven verlieren wenig Tage nach ihrer Geburth ihre Floßfedern,

federn, die Salamander aber behalten solche lange Zeit; ich habe selbige noch im August an den Thieren angetroffen.

§. 91.

Aber sind denn die kleinen runden Körper, die man gemeiniglich Eier nent, wahre Früchte? (Foetus) Vielleicht sind sie es erst dann, wenn sie aus dem Körper der Mutter, und mit der Saamenfeuchtigkeit des Männgens benezt worden sind; vielleicht aber sind es schon Früchte in den Kanälen der Eierstökke; wovon wir gewiß wissen, daß der Saamen des Männgens nicht dorthin gelangen kan. Ich bin aufs zuverläßigste überzeugt, daß diese Körpergen wahre Thiere sind, selbst alsdann, wenn man sie aus den innersten Theilen der Eierstökke nimt; ob sie gleich in diesem Falle, wegen mangelnder Befruchtung mit dem männlichen Saamen, nicht entwikkelt noch belebt werden. Meine Leser werden dieser Ueberzeugung beipflichten, wenn ich ihnen sage, daß ich mit den befruchteten und unbefruchteten Salamandereiern alle die mühsamen Untersuchungen gemacht, die ich mit den Larven der Frösche und Kröten nach §. 18. angestellt hatte, und nicht den mindesten Unterschied bemerkt habe. Das ist es auch, was mich noch mehr auf den Schluß bringt, daß diese Thiere schon als Embryonen in Mutterleibe liegen müssen, ehe sie noch von dem Männgen befruchtet werden.

§. 92.

Ich habe von zwei Arten der Salamander, die im §. 77. beschrieben worden, und die ich jede für sich untertersucht habe, hier so geredet, als wenn sie nur eine und dieselbe Art wären, weil sie mir auch, in Rüksicht auf die Erzeugung, einerlei Resultate gewährten. Izt kan ich noch hinzusetzen, daß diese Resultate auch bei andern Wasser-Salamandern ganz die nämlichen gewesen sind; nämlich bei der großen Art, die anderthalb starke Zoll lang, und ohngefähr zwei Linien dik, dunkelgrau und mit schwarzen Punkten gezeichnet waren: diese Art habe ich erst drei Jahr nach denjenigen, von welchen bisher die Rede gewesen ist, beobachtet.

Alle diese, die Erzeugung der Frösche, Kröten, und Salamander erläuternde Erscheinungen habe ich nicht so vorgetragen, daß man daraus ersehen könte, daß meine Versuche und Beobachtungen häufig und oft genug wiederholt worden wären, um sichere und unveränderliche Resultate daraus ziehen zu können: allein dadurch habe ich die öftern und zahlreichen Wiederholungen schon gesagter Dinge vermeiden können: dabei kan ich aber dennoch versichern, daß ich kein Phänomen anführe, welches ich nicht sehr vielmal gesehn, und fleißig untersucht hätte, weil ich aus täglicher Erfahrung gelernt habe, daß die Wahrheit und Gewißheit in natürlichen Untersuchungen nicht anders erlangt wird, als durch beständige Uebereinstimmung vieler und oftmals wiederholter Versuche.

Sechstes Kapitel.

Bemerkungen.

§. 93.

Mein Endzwek in vorhergehender Abhandlung ist dieser gewesen, alles was ich durch Versuche gefunden oder entdekt habe, mit der aufrichtigsten Wahrheit zu erzählen, ohne alle eingemischte Bemerkungen, welche die Erzählung nur unterbrochen haben würden. Ich will aber nunmehr die Bemerkungen, welche ein großes Licht über den Gegenstand meiner Untersuchung verbreiten werden, hinter einander anführen. Wer wolte wohl zweifeln, daß philosophische Betrachtungen nicht die Seele der Naturforschung wären?

Erste Bemerkung.

Ist es nicht ein höchst merkwürdiger Umstand, daß beinahe alle Thiere, den Menschen ausgenommen, eine festgesezte Zeit im Jahre zu ihrer Fortpflanzung haben? Es ist bekant, daß die Kazen ihre bestimte Begattungszeit im Monath September, Jänner und May haben: die Wölfe und Füchse im Januar, die Hirsche im September und Oktober: der Sommer aber ist bestimt, eine sehr große Menge Fische und Vögel zur Begattung zu reizen. Herbst und Frühling sind die beiden Jahrszeiten, in welchen das unaussprechlich große Insekten-Heer sich vermehrt. Diese leztere Classe von Thieren ist Veränderungen unterworfen, welche die erstern nicht erfahren. Wenn die Jahrszeiten, wegen eingefallner Hize oder Kälte, von der natürlichen Ordnung abweichen, so wird der Zeugungstrieb bei Vögeln und vierfüßigen Thieren dadurch ein wenig gestört: aber bei den Insekten verhält es sich anders, denn wenn sie im Frühling spät ankommen, so begatten sie sich auch spät, und wenn sie sich früh sehen lassen, so begatten sie sich auch desto eher. Man bemerkt unter einerlei Himmelsstriche, daß die Insekten, die sich gern in Gebürgen aufhalten und an eine kältere Temperatur gewohnt sind, auch viel später sich begatten als die, welche in den Ebnen leben.

§. 94.

Die Amphibien, von denen ich gehandelt habe, gleichen hierin den Insekten. Sie haben ebenfalls angemessene Zeiten zu ihrer Vermehrung: doch hat hier die Wärme großen Antheil, die sie zur Begattung antreibt. Wenn man Rösels Beobachtungen über die Frösche und Kröten mit den meinigen vergleicht, so sieht man, daß diese Thiere den Trieb der Liebe in Italien eher als in Deutschland fühlen, weil das Clima in Italien viel wärmer ist. Rösel erwähnt in seinem Werke einer Wasserkröte, die er die Feuerkröte (Bufo igneus) nent, weil sie goldgelbe Flekke hat, die den ganzen Untertheil ihres Körpers zeichnen. Diese Kröte begattet sich in der Gegend um Nürnberg im Monath Junius; hier aber in der ebenen Gegend von Modena, Meyland und Pavia findet man sie nicht: ich habe sie, aber nur selten, an der Seite des Gebürges von Modena angetroffen, und im Monath May in der Begattung gefunden. Allein auf meiner Reise nach Genf und in der Schweiz im Sommer 1779 habe ich

ich deren eine große Menge angetroffen. Auf den Spaziergängen, die ich mit meinem Freunde Senebier auf die kleinen Gebürge, welche Genf umgeben, machte, war kein Graben, kein kleiner Teich oder Pfütze, wo wir nicht dergleichen Kröten in sehr großer Menge gefunden hätten: sie begatteten sich damals, ob es gleich in den lezten Tagen des Julius war. Ich habe auch sogar solche Kröten in der Gegend von Bern, Basel, Zürch und Lucern angetroffen, und ihre Begattung endigte sich damals, wie ich aus den Larven urtheilte, die nur erst aus dem Schleime kamen, und izt erst anfingen im Wasser herum zu schwimmen. Es ist bekant, daß die Begattung dieses Amphibies viel geschwinder in Italien von statten geht, als in Deutschland und in der Schweiz: man muß sich auch gar nicht wundern, wenn die Schweizerischen Amphibien die leztern oder die spätesten in dem Erzeugungsgeschäfte sind, denn sie halten sich auf den allerhöchsten Plätzen von ganz Europa auf, wo es nothwendig sehr kalt sein muß: wenigstens reifet das Getraide daselbst einen ganzen Monath später, als in den Ebenen Italiens, auch sieht man dort an den niedrigsten Orten solche Pflanzen wachsen, die man bei uns nur auf den Bergen antrift. Z. B. Tannen und Buchen.

Hingegen habe ich beim Laubfrosch, und bei der stinkenden Kröte, in dem Fluß bei Genua, das Gegentheil von demjenigen bemerkt, was ich von der gedachten Kröte erzählt habe, und beide Arten von Amphibien sahe ich im März 1780 aus der Erde hervorkommen, und sich mit einander in die Gewässer der daselbst

befind-

befindlichen schönen Gärten begeben, zu einer Jahrszeit, in welcher sich diese Thiere in der Oesterreichischen Lombardey noch in ihren unterirdischen Löchern verstekt halten.

Frösche, Kröten, Salamander und eine unzählbare Menge Insecten bedürfen, mehr oder weniger, zur Erwekkung des Begattungstriebes, einen gewissen Grad atmosphärischer Wärme, anstatt daß die Vögel und vierfüßigen Thiere derselben entbehren können, weil diese allezeit, auch bei der strengsten Kälte, innere Wärme behalten, woran es den Insecten und Amphibien fast gänzlich mangelt. Da also die leztern äußre Luftwärme zur Begattung bedürfen, so ist es natürlich, daß der Trieb dazu früher oder später bei ihnen erwachen muß, je nachdem diese äußre Wärme früher oder später von ihnen empfunden wird.

Zweite Bemerkung.

§. 95.

Ich habe in den bisher abgehandelten fünf Kapiteln gezeigt, daß die, von den Fröschen, Kröten und Salamandern zur Brutzeit von dem Weibgen gelegten kleinen runden Körpergen, nicht, wie man dafür hält, Eier, sondern kleine Thierchen oder Fötus sind: denn sie haben keine häutigen oder schalenartigen Hülsen um sich, wie die Jungen der eierlegenden Thiere, sondern sie erscheinen bloß und ohne Hüllen, wie man bei den Thieren, die ihre Jungen lebendig zur Welt bringen, wahrnimt, nur das Schafhäutgen (amnios) ausgenommen, das sie umgiebt. Man muß also diese Thierart von der Klasse der Eierlegenden ausnehmen, worunter sie, obgleich mit Unrecht, von den Naturforschern und Verfassern der Wörterbücher und Systeme gerechnet worden, und sie künftig zu denen zählen, die ihre Junge lebendig gebären.

Allein hierbei kömt ein Umstand vor, der Aufmerksamkeit verdient. Die bisher bekanten lebendiggebärenden Thiere, haben das mit einander gemein, daß sie ausgebildet zur Welt kommen, und die Gestalt, die sie gleich Anfangs haben, Zeit ihres Lebens behalten: Sie entwikkeln sich, ohne ihre Gestalt zu ändern: es ist sogar bekant, daß sie ihre Gestalt lange vor der Geburt haben, welches man bei zufrühzeitigem Abgange der Früchte sieht. Auf gleiche Art sind auch die in Eiern ans Licht kommenden Thiere nicht nur gebildet, sondern sie sind es schon lange vorher gewesen; dieses geben uns die Eier der Vögel, Schlangen, Krokodille und Schildkröten deutlich zu erkennen. Man zerbreche ihre Eier, und man wird die in ihnen verschloßnen Früchte, mehr oder weniger ausgebildet, je nachdem sie längere oder kürzere Zeit bebrütet worden sind, antreffen: Eben dieses habe ich auch in Insecteneiern, die dem Auskriechen nahe waren, gefunden. Wenn ich ihre häutigen Hüllen mit spizigen Instrumenten eröffnete, fand ich in denselben die Embryonen gebildet und in zukkender Bewegung. Indessen sehen doch die Früchte der Frösche und Kröten, wenn sie nur erst gebohren und noch eingehüllt sind, kleinen Kugeln ähnlich: und es geschieht nur erst nach

eini=

einiger Zeit, daß sich ihre Häute verliehren, und sie das Ansehn ihrer Thierart annehmen. Indem ich diese Umstände noch genauer erwäge, scheint es mir, als ob ich die wahre natürliche Ursache dieser wichtigen Wahrheit entdekt hätte.

Die Früchte andrer Thiere haben zwar schon vor ihrer Geburt die characteristische Gestalt ihrer Art: aber sie erlangen dieselbe doch erst, früher oder später, nach ihrer Befruchtung; in den ersten Augenblikken sind sie fest eingeschlossen, und bilden sich nur erst nach und nach. Dieß sieht man bei den Vögeln, die, ehe sie in den Eiern ihre eigentliche Gestalt bekommen, die allerwunderbarsten Veränderungen erleiden, wie solches Haller und schon vor ihm Malpighi gezeigt haben. Die Vervollkommnung der Gestalt der Frucht bei diesen Thieren erfolgt also erst in einer bestimten Zeit nach der Befruchtung. Allein, bei Fröschen und Kröten geschieht erst dann die Befruchtung, wenn die kleinen zarten Früchte (fœtus) aus der Mutter zum Vorschein kommen: es ist also gar nicht zu verwundern, wenn sie zu der Zeit eingeschlossen sind: sie müssen es seyn, weil sie vorher noch nicht, so wie die Früchte andrer Thiere, befruchtet sind.

Nur erst nach der Befruchtung, sobald sie zum Vorschein kommen sind, werden die Früchte zu Larven. Vielleicht ist die kugelförmige Gestalt, welche die Früchte dieser Amphibien in den Eierstökken haben, das Modell oder der Keim andrer Thiere, die bisher noch nicht befruchtet worden, wofern nicht diese Keime, die man als das Werk einer unermeßlichen Weisheit betrachten muß, auch unendlich mannichfaltig sind.

Dritte Bemerkung.

§. 96.

Ob man nun gleich die hier untersuchten Thiere mit Recht Amphibien nent, weil sie im Wasser und auch auf der Erde leben, so muß man, doch den gemeinen Frosch und Salamander ausnehmen: diese halten sich gewöhnlicher Weise außer dem Wasser auf, und begeben sich nur in dasselbe, um ihr Geschlecht zu vermehren. Gleichsam, als ob sie wüßten, daß ihre Früchte auf der Erde vertroknen und verderben würden, legen sie dieselben in's Wasser, wo sie allein sich entwikkeln und wachsen können: aber zu dieser wichtigen Absicht, lassen sie dieselben nicht aufs gerathe wohl in jedes Wasser: denn niemals werden sie ihre Eier in Flüssen oder reissenden Strömen von sich geben, sondern nur in dem Gewässer der Gräben, kleiner Teiche, und Moräste: kurz, sie erwählen stillstehende oder wenig bewegte Wasser, und die Ursache hiervon ist klar. Die Flüsse und reissenden Ströme würden sie nebst ihren Früchten fortreissen, da sie leichter als das Wasser sind, und durch die Bewegung, die ihnen das Wasser verursachte, und durch die Stöße, die sie am Ufer oder an andern entgegenkommenden Hindernissen erleiden könten, würden sie alsdenn Gefahr laufen, umzukommen. Alle diese Ungemächlichkeiten sind in ruhigen stillstehenden Wassern nicht zu finden: die kleinen Larven treffen daselbst ihre Nahrung an, die vor=

vornehmlich in Meerlinsen besteht, welche in fließenden, strömenden Wassern nicht zu wachsen pflegen.

Unsre Amphibien besitzen, oder scheinen doch diejenige Vorsicht andrer Thiere zu besitzen, ihrer Vermehrung alle Vortheile zu verschaffen, welches man vorzüglich in den Insecten bewundert. Man darf nur einen geringen Grad von Wißbegierde besitzen, um diesen kleinen Geschöpfen nachzuforschen, so wird man gar bald über die Sorgfalt sich verwundern müssen, die sie beweisen, ihre Eier an solche Orte zu legen, die den nachher ausgekrochnen Jungen mit Sicherheit ihre zuträgliche Nahrung verschaffen.

Ein unermeßliches Heer von Schmetterlingen, sowohl Tage- als Nachtvögel, entspringen aus Raupen, die auf verschiednen Pflanzen, sowohl auf Kräutern, als auch auf Gebüschen oder Sträuchern, genährt sind; und diese Schmetterlinge irren sich gar nicht in ihrer Wahl der Pflanzen, welche die in ihren Eiern verschloßnen Raupen nähren sollen; der Schmetterling der Eiche legt seine Eier nie auf einen Ulmbaum, oder auf irgend eine andre Pflanze: denn ein solcher Irrthum wäre für seine Jungen tödtlich, weil sie keine ihrer Natur gemäße Nahrung fänden. Auch die Vorsorge der Fliegen muß man bewundern und, da es vielerlei Arten von selbigen giebt, so legt auch eine jede ihre Eier an bestimmte Orte, einige in den Kern, oder die Rinde des Baums, andre auf die Blätter, noch andre in den Kelch der Blumen, wiederum andre in die Erde, und andre in's Wasser, in in die Misthaufen, in die Begräbnisse, in faulendes Fleisch, und noch viele andre endlich in den Körper und in die Haut lebender Thiere; den nämlichen Fleiß und Sorgfalt trift man bey den Leuchtkäfern, Keulenkäfern u. a. m. an.

Um mich endlich wieder meinem Hauptgegenstand zu nähern, muß ich mich auf die Beobachtung berufen, daß die meisten Fische, die in der See und in süßem Wasser leben, ihre Eier in die leichtesten Wasser, welche von der Sonne am kräftigsten erwärmt werden, nicht allein deswegen legen, damit sie desto eher ausgebrütet werden; sondern auch, weil diese Wasser voller Wasser-Insecten sind, die der jungen Fischbrut sogleich zur Nahrung dienen. Die Meer-Schildkröten, geben ein ander Beispiel, welches eine Aehnlichkeit mit denjenigen Thieren hat, von denen ich hier gehandelt habe: sie sind vornehmlich nur Amphibien, wenn sie sich vermehren wollen: sodann verlassen diese Thiere das Wasser, kommen aufs Land, um ihre Eier in den Sand zu legen, dahingegen die Frösche und Kröten das Land verlassen, um sich zu dem wichtigen Endzwekke der Vermehrung in das Wasser zu begeben.

Vierte Bemerkung.

§. 97.

In den vier ersten Kapiteln habe ich unter andern erwähnt, daß das Frosch- und Krötenmänngen ihre Weibgen während der Begattung mit ihren Vorderderfüssen heftig zusammen drükken. Dieser Umstand hat zu vielerlei Meinungen Anlaß gegeben. Valisneri glaubte, daß hiedurch die Eier aus dem Eierstokke abgelöst, und ihnen der Eingang in die Röhren erleichtert würde. Swammerdam hingegen findet in diesem Zusammendrükken der Röhren ein Hinderniß, welches die Eier auf dem Wege durch die Röhren zurükhalten müsse; er glaubt sogar, daß die Begattung erst dann anfange, wenn die Eier durch die Röhren gegangen sind. Hier finden wir demnach einen dunklen Umstand, den man nicht anders als durch Erfahrung aufklären könte. Man müßte nämlich ein Weibgen im ersten Augenblikke der Begattung öffnen. Wenn man nur bei einigen Arten stehen bleibt, zeigt schon die Begattung an und für sich, wenn man sie genau beobachtet, daß diese lebhafte Zusammendrükkung, die das Männgen mit seinen Vorderfüssen dem Weibgen verursacht, die Eier aus dem Eierstokke nicht losreissen kan, weil sich dessen Vorderfüsse nicht über die Brust ausstrekken, in welcher Gegend doch die Eierstökke befindlich sind, sondern viel tiefer, nämlich an die unterste Gegend des Bauches anlegen, wie ich das bei der Kröte, die Rösel die Feuerkröte (*Bufo igneus*) nent, deutlich wahrgenommen habe: und wie es auch Rösel auf seinen Kupfertafeln abgebildet hat. Als ich überdies zwei Weibgen vor der Paarung in besondre Gefäße sezte, so ließen selbige demohngeachtet ihre Eier von sich. Wenn man aber ja glauben wolte, daß das Zusammendrükken während der Begattung einen Einfluß auf das Austreten der Eier aus dem

Eierstokke haben könte, so müßte er nur vorzüglich bei denjenigen Arten seyn, deren Paarung ich in den ersten Kapiteln beschrieben habe, wo die Männgen mit den Vorderfüssen ihre Weibgen über der Brust umfassen, und züsammen drükken; zumal da einzelne und von ihren Männgen abgesonderte weibliche Wasserfrösche keine Eier legen, §. 7. In diesem Falle muß man also zugestehen, daß das Männgen, während der Begattung, den Ausgang der Eier befördert.

Ich kan freilich nicht sagen, worin dieses Mitwirken bestehe, noch auch, wie die Zusammenpressung der Brust des Weibgens, die Eier los machen und sie in die Röhren leiten könne. Allein bei dem Laubfrosche trägt diese Zusammendrükkung, ohnerachtet das Weibgen von dem Männgen in der Begattung über die Brust heftig gedrükt wird, zum Austritt der Embryonen in die Gebärmutter nichts bei, weil sie sich schon vor der Begattung daselbst befinden §. 26.

Indem ich mich mit der Geschichte der Erdkröte mit rothen Augen und warzigem Rükken beschäftigte, wußte ich noch nicht, ob sich das Weibgen ohne Männgen, von ihren Früchten (Foetus) entschütten könte: ich sagte blos: die Begattung finge sich an, ehe noch die Eier vom Eierstokke abgesondert wären §. 42. Aber hernach als ich zwei einzelne Kröten in zwei vollen Wassergefäßen aufbewahrte, haben sie zwei schleimigte Eierschnuren von sich gegeben, die grossentheils aus Früchten bestanden, und hernach verdarben, weil sie

von

von dem Männgen nicht waren befruchtet worden. Aus diesem allen folgt offenbar: Erstlich: daß die Meinung Swammerdams nicht allgemein anzunehmen ist, weil die Begattung erst dann geschieht, wenn die Früchte schon in der Gebärmutter vorhanden sind, wie es das Beispiel des Laubfrosches beweiset: Bei dem Wasserfrosche und der Kröte aber erfolgt die Begattung eher, als die Embryonen in die Gebärmutter treten: Zum andern: daß die Gewalt, mit welcher das Männgen sein Weibgen festhält, ganz und gar nicht im Stande ist, die Ablösung der Eier aus den Eierstökken zu bewirken, wie sich Valisneri vorstellt. Wenn wir übrigens in diesem Falle, wie bei vielen andern Gegenständen der Naturlehre, nicht im Stande sind allgemeine Gesetze zu bestimmen; so müssen wir uns blos mit Beobachtung der Abweichungen und der Mannichfaltigkeit in den Werken der Natur begnügen.

Fünfte Bemerkung.

§. 98.

Man könte fragen, warum die Begattung der Frösche und Kröten, besonders in kältern Gegenden, so lange, ja, nach Swammerdams Bemerkungen, in Holland wohl vierzig Tage dauere? woher es komme, daß während der Begattung diese Thiere nicht nur Nahrung zu sich zu nehmen, sondern auch für ihre Erhaltung besorgt zu sein vergessen, da sie sich denn in dieser Zeit leicht fangen lassen, und gar nicht an die Flucht denken?

Ich konte keine andern Ursachen entdekken, als die natürliche Nothwendigkeit, welche die verschiednen Geschlechter der Thiere antreibt, sich gerade zu dieser Zeit einander eifrigst aufzusuchen. Die Krötenmänngen, die noch hitziger als die Weibgen sind, wie dies allgemein der Fall ist, suchen dieselben, um sich zu begatten; wenn sich nun die Begattung angefangen hat, muß selbige auch so lange dauern, bis die Absichten der Natur erfüllt sind: das heißt, bis das Weibgen gelaicht, und das Männgen die Eier, durch Befeuchtung mit seinem Saamen, so lange als das Feuer bei ihm anhält, befruchtet hat: es scheint sogar, daß sich die Brunst des Männgens vermehre, je nachdem die Saamengefäße von neuem angefüllt werden. Es wäre auch möglich, daß die Eifersucht des Männgens die Ursache seiner Hitze wäre, und daß es sein Weibgen nur darum nicht verlassen wolte, damit nicht Nebenbuhler seine Stelle einnähmen. Die Geschlechtslust ist, während der Begattung, ihre einzige Leidenschaft: diese ist's, die sie den Hunger vergessen läßt, und ihnen die Augen vor drohenden Gefahren verschließt. Verschiedene Insecten zeigen uns eine ähnliche Bewustlosigkeit unter den nämlichen Umständen; und eben so verhält sichs auch mit den kleinen Meerschildkröten, von welchen die Fischer oft ganze Kuppeln auf einmal fangen, wenn sie einmal in der Begattung begriffen sind.

Sechste Bemerkung.]

§. 99.

Das anhaltende Feuer, welches die Männgen der Kröten bei ihrer langwierigen Begattung zeigen, hat mir zu einigen Versuchen Anlaß gegeben, von welchen man die Resultate vermuthlich mit Verwunderung vernehmen wird. Ich habe im 41sten Paragraph gesagt, daß, als damals die Kröten mit rothen Augen und warzigem Rükken, während der Begattung flohen, und aus meinen vollen Wassergefäßen entwischten, um auf trokken Land zu kommen, das Weibgen allemal das auf ihr sitzende Männgen, das nicht losließ, mit sich fort genommen habe. Vergebens hielt ich das Männgen mit dem einen Fuße, an den ich einen Faden gebunden hatte, eine Viertelstunde lang in die Höhe. So unbequem auch diese Stellung war, so machte sie doch keine Aendrung, und auch das Gewicht des Weibgens, welches doch viel schwerer war, konte das Männgen nicht bewegen loszulassen. Ich versuchte es mit einer Nadel bald an den Schenkeln, bald an den hintern Füssen, bald auf dem Rükken und an den Seiten, bald auch gar an dem Kopfe zu reizen. Das Blut floß, die Verwundungen verursachten Schmerzen, dennoch aber ließ das Männgen sein Weibgen nicht fahren. Ganz ohne Erfolg schnitt ich das Männgen an verschiednen Theilen des Körpers mit einer Scheere; ich schnitt sogar ganze Stükken Fleisch heraus, und doch konte meine Grausamkeit ihn von seiner Geliebten nicht losreissen. Endlich schnitt ich einen ganzen Schenkel ab, und auch izt gieng das verliebte Männgen nicht eher

von

von seinem Weibgen ab, als nach dreizehn Stunden, wo es endlich starb.

Ich sezte zu dem verwittweten Weibgen ein andres Männgen, welches die Begattung sehr bald begann. Ich schnitt ihm beide Schenkel ab, und es blieb dennoch an seinem geliebten Orte. Drei Stunden nach dieser grausamen Operation, als das Weibgen zwei Eierschnuren von sich ließ, befruchtete das Männgen selbige noch mit seinem drübergesprizten Saamen, und fuhr auch damit fort, ohnerachtet das Blut Stromweise aus den Wunden rann; und diese Befruchtung war auch nicht ohne Erfolg, denn der größte Theil der Eier entwikkelte sich sehr gut.

Indem ich zwei Kröten in der Begatttung antraf, riß ich sie mit Gewalt aus einander; ich schnitt dem Männgen die Schenkel ab, und ließ es bei seinem Weibgen: es begattete sich von neuem mit ihm, starb aber, ehe das Weibgen noch seine Eierschnuren von sich gab.

Endlich schnitt ich einem Männgen von Kröten dieser Art die Vorderfüsse ab; und sezte es zu einem Weibgen: nun weiß man, daß die Männgen ihre Vorderfüsse zum Zusammendrükken brauchen, aber es stund dennoch nicht an, sich zu begatten, indem es sein Weibgen mit seinen blutenden Stumpfen feurig umfaßte und die Begattung so lange fortsezte, bis es alle Eier befruchtet hatte.

§. 100.

§. 100.

Aehnliche Versuche, welche ich zu gleicher Zeit mit Fröschen und mit der stinkenden Kröte gemacht habe, will ich hier nicht weiter umständlich erzählen. Es wird genug sein, wenn ich sage, daß die Resultate sich ganz gleich gewesen sein, und daß weder das Abschneiden der Glieder, noch Verwundungen, die Begattung aufgehalten, und die Befruchtung der Eier verhindert haben. Nur das will ich noch anführen, daß, als ich einem in der Begattung sich befindenden Frosche den Kopf abgeschnitten hatte, er doch seine Vorderfüsse von dem Weibgen nicht zurük zog, sondern noch sieben Viertelstunden lang fortfuhr, die von dem Weibgen abgehenden Eier zn befruchten, welche fast ohne Ausnahme sich in Larven verwandelten. Die Begattung endigte sich, sobald das Weibgen aufgehört hatte, Eier von sich zu geben, und das Männgen starb vier Stunden darauf.

Ich opferte die Kröte, deren ich im 93sten Paragraph erwähnt habe, diesen Versuchen auf, welche ich zu Genthod bei Genf, auf dem Landhause des Herrn Bonnet, im August 1779 machte: Ich schnitt einem Männgen, indem es mit den Vörderfüssen sein Weibgen fest an sich gedrükt hielt, die beiden Hinterschenkel ab: und es ließ dennoch sein Weibgen erst nach vielen Stunden, nämlich nur einige Minuten vor seinem Tode, los. Der berühmte Johann Trembley, der bei diesem Versuche gegenwärtig war, warf die Frage auf: ob die Beharrlichkeit in der Begattung bei dem Männgen von Betäubung, oder Unempfindlichkeit, oder

von

von heftiger Brunst herkäme? Ob nun gleich diese Frage bestimt zu beantworten, fast kein andrer Weg übrig zu sein scheint, als in den Körper des Thieres hinein zu kriechen, oder sich vielmehr in das Thier selbst zu verwandeln, so bin ich doch der Meinung, daß des Männgens Eifer in der Begattung nicht sowohl Wirkung einer Unempfindlichkeit, als vielmehr eines feurigen Naturtriebes sei, der dieses Thier unempfindlich gegen Hunger, und gegen die ihm drohenden Gefahren macht. Diese Thiere scheinen mir keiner so großen Unempfindlichkeit fähig zu sein, indem sie sonst einen hohen Grad von Reizbarkeit und sinnlichem Gefühl zeigen, und den Schmerz, welchen die, während der Begattung ihnen zugefügten Wunden verursachen, durch Zukkungen sehr deutlich verrathen.

Siebende Bemerkung.

§. 101.

Swammerdam äußert in seiner Zeugungs-Geschichte der Frösche die Meinung, daß die Eier aus den Eierstökken, nicht unmittelbar in die Röhren derselben ihren Weg nähmen, sondern sogleich geradezu in den Unterleib gingen: er stützet sich hiebei auf die Beobachtung, daß bei einem Frosche, den er zergliederte, die Eier zum Theil im Eierstokke, zum Theil im Unterleibe befindlich; andre hingegen noch in den Röhren und in der Gebärmutter enthalten waren. Rösel führt das Beispiel eines Frosches, den er den braunen Erdfrosch nent, an, bei dessen Weibgen er die Eier in dem Unterleibe gefunden haben will: indessen läßt er doch Swammerdams Muthmaßung unent-

unentschieden. Ich habe von diesen Eiern oder vielmehr von diesen Larven schon im 67. §. geredet: allein, ich muß bekennen, daß ich dieser Meinung nicht beipflichten kan. Wenn der Unterleib der Weg für die Eier zu den Röhren der Eierstökke wäre, so müßte man auch in den begatteten Fröschen und Kröten daselbst Eier antreffen, wie man sie öfters in den Eierstoksröhren, und in der Gebärmutter vorfindet. Allein man sieht gerade das Gegentheil. Es ist keine Prahlerei, wenn ich, nach Ausweisung meines Tagebuchs, versichere, daß ich zwey tausend und sieben und zwanzig Frösche und Kröten in der Begattung, um diese und folgende Abhandlung zu schreiben, geöffnet habe: dennoch aber habe ich nur dreimal Eier im Unterleibe, oder in der Brusthöhle gefunden. Ich habe zwei Beispiele dieser Art im 67. §. angeführt, und werde noch eines im 122. §. beibringen. Ich bin also völlig zu glauben geneigt, daß die Früchte unmittelbar aus den Eierstökken in die Röhren kommen, und diejenigen, die man in der Brust oder im Unterleibe findet, kommen dahin, entweder, weil sie durch die Röhren nicht durchdringen konten, oder weil irgend eine Zerreissung vorhanden gewesen sein mochte, wie ich dasselbe im 67. §. dargethan habe. Der unpartheiische Leser mag selbst entscheiden.

Achte Bemerkung.

§. 102.

Die Eier der Kröten und Frösche sammeln sich, wenn sie den langen und geschlungenen krummen Weg der Eierstoksröhren zurükgelegt haben, in der Gebärmutmutter, aus welcher sie in den Mastdarm kommen, und denn durch den After abgehen. Bei einer gewissen Art Kröten scheint das Männgen den Abgang der Eier aus dem After zu erleichtern, indem es dieselben sammelt. Wenn das Männgen die Begattung beginnt, und die Brust des Weibgens mit seinen Vorderfüssen zusammen drükt, wartet es mit Ungeduld auf den Abgang der Schnure, die alle Eier in sich hält, denn diese Kröte giebt allezeit nur eine einzige Schnure auf einmal von sich: sobald als nun die Schnure zum Vorschein kömt, fasset das Männgen dieselbe mit den Zehen an: zieht anfangs nur die ersten, hernach aber allmälig die andern, mit den noch rükständigen Theilen der Schnure heraus. Das Männgen ist während der Zeit so aufmerksam auf dieses Geschäft, daß es sich fangen und auf die Hand setzen läßt: und wenn es ja aus Furcht nachläßt, so fängt es selbiges doch gar bald wieder mit allem Eifer von neuem an. Herr de Mours hat zufälligerweise eben diese Beobachtung bei einer kleinen Erdkröte gemacht; aber dabei nicht vermuthet, daß das Männgen, während es bei dem Weibgen, mit dem es begattet war, Geburtshelfers Stelle vertrat, auch dessen Eier mit seinem Saamen benezte. *)

Es ist zu bedauren, daß der französische Beobachter die Art dieser Kröte nicht besser beschrieben hat, denn ich glaube, daß sie gewiß verschiedner Art

von

*) Mem. de l' Acad. Royale des sciences. Ann. 1751.

von derjenigen Kröte ist, deren Geschichte ich entworfen habe. Ich habe noch nie eine Kröte als Geburtshelfer gesehn, ob ich gleich oft gesehn habe, wie sie die Eier durch ihren Saamen zum Leben fähig machen. Rösel will dergleichen auch nicht gesehn haben. Herr de Mours hätte müssen zusehen, ob sich auch die Eier entwikkelt hätten, um gewiß zu werden, ob sie auch befruchtet gewesen wären. Eine besondre Beobachtung verdiente wohl wiederhohlt zu werden, und scheint mir nur dazu zu dienen, die Wißbegierde eines nachdenkenden Naturforschers mehr zu reizen, als zu befriedigen.

Neunte Bemerkung.

§. 103.

Die tägliche Erfahrung zeigt, daß die Befruchtung bei einer sehr großen Menge von Thieren, in dem Innersten der Mutter vorgeht; dieses schien ein Naturgesetz zu sein, welches man seit langer Zeit für ganz ausnahmlos angesehen hat. Allein, so wie die Schlüsse, welche von Aehnlichkeiten (analogiques) hergeleitet sind, nicht immer die Probe halten, und auch viel andre Gesetze der Natur, die man für allgemein angenommen hatte, unerwartete Ausnahmen gefunden haben, so gehört auch dieses für allgemein angesehene Naturgesez in dieselbige Klasse. Swammerdam ist der Erste, welcher die Befruchtung außer dem Körper des Weibgens bekant gemacht hat. Rösel hat diese Entdekkung hernach durch Beispiele von andern Amphibien bestätigt; und ich habe das Vergnügen gehabt, diese außerhalb der Mutter bewirkte Befruchtung in noch mehrern Arten der Frösche und Kröten zu sehen. Ich habe sehr deutlich gesehn, wie die befruchtende Feuchtigkeit aus dem Männgen herauskömt, und über die Eier (fœtus) in dem Augenblikke, da sie aus Mutterleibe kommen, ergossen wird. Kapitel 1. 2. 3. 4.

§. 104.

Allein unter dem Geschlechte der Frösche und Kröten giebt es noch sehr viele andre Arten, als diese, die ich als äußerlich sich begattende beobachtet habe. Wenn wir gewisse neue Wörterbücher in dieser Materie nachschlagen, als z. B. Linne's Natursystem, so trift man deren eine ganze Menge, sowohl Innländische als Ausländische, an. Was werden wir also von deren Befruchtung denken, wenn es zu muthmaßen erlaubt ist? Man solte glauben, sie müßten sich wie die, welche ich beobachtet habe, befruchten. Allein wie sollen wir hievon gewiß werden, da dies nur allein durch Erfahrung geschehen kan? Unter allen Arten von Fröschen und Kröten ist eine ganz vorzüglich merkwürdig. Ich meine die Surinamische Kröte, welche von den Einwohnern des Landes Pipa oder Pipal genant wird, und ihre Jungen auf dem Rükken trägt.

Die berühmte Sibylla Merian, die zu Ende des verwichnen Jahrhunderts aus Holland nach Amerika ging, um daselbst die Insecten zu beobachten, ist die Erste, welche uns mit diesem bisher unbekanten Thiere bekant gemacht hat, nachher aber ist es auch von Ruysch, Folkes und Baker beobachtet worden, deren Beschreibungen uns von der Vollständigkeit der Merianischen überzeugen. Diese Männer haben, so wie die Merian, gezeigt, daß der Rükken dieser Kröte mit kleinen Zellen, oder hautigen Höhlen bedekt sei, davon jede eine kleine Kröte enthält. Ich habe ein Exemplar dieser Kröte bey dem Institute zu Bologna, noch ein besseres aber zu Genf 1779. in Gesellschaft meiner Freunde Bonnet, Senebier, Abraham und Johann Trembley gesehen. Es war daselbst eine solche Kröte, die man im Weingeiste seit langer Zeit aufgehoben hatte, und die mir recht nach Bequemlichkeit zu vielen Beobachtungen, vorzüglich aber die bekanten Höhlen auf dem Rükken, welche sehr zahlreich waren, und davon eine jede ihre besondre junge Kröte enthielt, zu untersuchen, Gelegenheit gab. Diese Beobachtungen, nebst vielen andern, die Herr Bonnet nach meiner Abreise angestellt hat, sind im Journal de Physique abgedrukt zu finden: und so wie man aus dieser Abhandlung die großen Kentnisse und den Scharfsinn des Verfassers sehr gut erkent, so findet man doch auch da eine rühmliche Probe seiner Bescheidenheit in Ansehung seiner Meinungen. Bonnet hatte nämlich in seiner Schrift sur les Corps organisés, nach der Beschreibung dieser Kröte, welche ihm ein Professor aus Leyden gemacht, die oben gedachten Höhlen geleugnet. Allein in leztrer Abhandlung giebt er dieselben nicht nur zu, sondern beschreibt sie auch, auf solche Art, daß gar kein Zweifel übrig bleibt. Er endigt diese Schrift mit sehr wichtigen, zur Aufklärung der Geschichte dieses so bewunderswürdigen und noch immer nicht genug bekanten Thieres aus Surinam dienenden Fragen. Man kan sich leicht vorstellen, daß Bonnet nicht unterlassen haben wird, auch über die Befruchtung der Pipa Fragen aufzuwerfen; allein diese können nicht anders, als im Vaterlande dieses Thieres entschieden werden. Man hat es noch nicht dahin bringen können, daß diese Kröte sich es in Europa, wie in ihrem Vaterlande zu leben gefallen ließe, wie etwa Vallisnieri aus dem afrikanischen Chamäleon ein in Italien einheimisches Thier gemacht hat.

§. 105.

Die Befruchtung geschieht nicht nur bei Kröten und Fröschen außer ihrem Körper, sondern man glaubt, daß sie auch auf gleiche Weise bei Fischen geschiehet. Wenn das Weibgen gelaicht hat, und das Männgen auf dem Zuge nachfolgt, befruchtet es die Eier mit seinem Saamen. Bei diesen Thieren findet man keine Begattung: und wenn ja die Männgen zur Zeit der Vermehrung sich den Weibgen nähern, wenn sie sich mit einander an ihrem Bauche zu reiben scheinen, so ist dieses doch keine Begattung zu nennen, sondern das Männgen verbreitet nur seinen Saamen über die Eier, die das Weibgen zu der Zeit aus sich herausgehen läßt. Dieses ist die Meinung des Grafen von Büffon; allein da er dieses in einem so entscheidenden Tone sagt, so solte man glauben, er gäbe hiervon zugleich die stärksten Beweise. Er gründet sich indessen blos auf die gemeine Sage, die bis auf die

Zei-

Zeiten Swammerdams überall gültig war. Dennoch hat man noch keine recht gründliche Beobachtung über diese Materie bisher erhalten können: man muß sich auch nicht verwundern, wenn andre Naturforscher diese Meinung nicht annehmen, und auch Haller glaubt, daß bei den Fischen eine wahrhafte Begattung statt finde. Er giebt verschiedne Beweise seiner Meinung an, die ich um der Weitschweifigkeit willen, übergehen muß, da man dieselben in seiner großen Physiologie selbst nachlesen kan. Wiewohl aber Hallers Meinung den Behauptungen des Grafen von Büffons weit vorzuziehen ist, so finde ich sie, nach meinem Urtheile, doch nicht entscheidend, weil der Zusammenhang nothwendiger Umstände und Versuche fehlt, um dieses Räthsel aufzulösen.

Sonderbar ist Linne's Meinung. Er glaubt, bei den Fischen schwimme das Weibgen dem vom Männgen ausgelassenen Saamen nach, um selbigen zu verschlingen, und auf solche Art befruchtet zu werden *). Zu Vallisnieri's Zeit hat es einen Arzt gegeben, welcher glaubte, und schriftlich behauptete, daß die Weibgen der Tauben, Sperlinge und andrer Vögel durch den Schnabel befruchtet würden. Der gemeine Menschenverstand alleine zeigt schon das Unvernünftige dieser Meinung, und ich brauche daher nichts weiter darüber zu sagen. Es ist nicht zu leugnen, daß man wohl gesehn hat, wie Fischweibgen den Saamen oder

*) Sponsal. Plantar.

Laich des Männgens verschlungen haben, aber sie fraßen ihn als eine Nahrung, eben nicht als ein Befruchtungsmittel, und das ist um desto mehr daraus zu ersehen, weil ihn die Männgen selbst mit vieler Begierde verschlingen. Wenn übrigens die Fiche beiderlei Geschlechts den Laich fressen, so fressen sie auch eben so gern ihre eignen Eier.

§. 106.

Hieraus folgt nun, daß man noch nicht weiß, wie die Befruchtung der Fische geschiehet: man darf sich aber darüber so sehr nicht verwundern, weil sich im Wasser nicht so gut und leicht Beobachtungen machen lassen, als in der Luft und auf der Erde. Wenn ich über dies Geheimniß der Natur bei mir selbst nachgedacht habe, so ist mir oft ein Gedanke eingefallen, den ich zwar, meiner andern Arbeiten wegen, noch nicht habe realisiren können, den aber doch meinen Lesern bekant machen will. Den Chinesischen Goldfisch *) kan man leicht in allen Gegenden Europens bekommen: man findet ihn häufig in den Gärten Italiens; und die Schönheit seiner Farben hat gemacht, daß er in Zimmern in vollen Wassergefässen gehalten wird. Diese Fische laichen verschiedene Male im Jahre, und da sie sehr zahm sind, so fürchten sie sich auch zu dieser Zeit nicht vor dem Beobachter. Ich hoffe, man wird meine Meinung und Absicht schon verstanden haben:

*) Cyprinus auratus penna ani gemina cauda transversa bifurca; Linn. Syst. Nat. T. 1.

den: Eine genaue Aufmerksamkeit auf diese Thiere, während der Laichzeit, würde einem jeden zu erkennen geben, ob sie sich begatteten, ihren Saamen über die Eier ausschütteten, oder auf eine andere Art und Weise sich befruchteten: und im Fall die Befruchtung außer dem Körper der Mutter, durch Anfeuchtung mit dem Saamen des Männgens, geschähe, so könte diese Anfeuchtung sich dem Auge des Beobachters nicht entziehen, weil die Saamenfeuchtigkeit weiß, und das Wasser, worinne die Fische schwimmen, hell und durchsichtig ist. Ich sage hier noch nichts von den Mitteln, zu erkennen, ob die Eier befruchtet sind, und auf was für Art sie es sind: ich hoffe, daß dasjenige, was hier über die Erzeugung der Amphibien gesagt worden ist, hinlänglich sein wird, einen geübten Leser zu unterrichten.

§. 107.

So unvollständig unsre Kentniß von der Befruchtung der Fische ist, so hat man dagegen neuerlich desto mehr Aufklärungen über die Erzeugung der Bienen bekommen. Wenn man sich auf die sinnreichen Beobachtungen des Herrn Debraw *) verlassen kan, so werden die Eier dieser Insecten erst nach dem Legen befruchtet. Man weiß, daß die Königin oder der Weisel, dieselbigen in die Zellen legt: der englische Beobachter will bemerkt haben, daß diese Eier mit

*) Philosoph. Transact. T. LXVII.

einer weißlichen Feuchtigkeit versehn würden, welche die Männgen *) dahin brächten, die sie durch den hintersten Theil ihres Körpers von sich geben, und dadurch die Eier fruchtbar machen solten; Wenn aber diese Feuchtigkeit mangelte, so wäre es auch ganz gewiß, daß die Eier nicht ausliefen. Dieser Beobachter traf die Vorrichtung, daß eine Scheibe vom Gebäude ohne Brutbienen blieb, doch aber den Weisel nebst Arbeitsbienen in sich faßte: Diese legte zwar ihre Eier in die Zellen: da aber keine befruchtende Feuchtigkeit der Männgen dazu kam, so wurde auch daselbst kein Ei befruchtet.

Debraw veränderte seinen Versuch auf nachstehende Weise: er zertheilte eine unbefruchtete Gebäudetafel in zwei Theile, wovon der eine unter eine gläserne Glokke gesezt wurde, dazu man den Weisel nebst Arbeitsbienen, aber ohne Männgen, brachte; hier fand man kein einziges Ei, das auskriechen wolte, hingegen sah man deren doch unter einer andern Glokke auskriechen, wohin man, nebst dem Weisel und Arbeitsbienen, auch Brutbienen oder Männgen gesezt hatte; Es bleibt also kein Zweifel übrig, daß nicht die weisse Feuchtigkeit der Saamen sei, der in die Zellen zu den Eiern gebracht wird, weil unser Beobachter auch in den Brutbienen diese Feuchtigkeit in Höhlen gefunden hat, die man für ihre Saamengefäße halten kan.

Es

*) Bei den meisten Schriftstellern heissen sie noch immer Trohnen, Trähnen, oder auch Brutbienen.

Es erhellet also offenbar hieraus, daß Swammerdam und Reaumür sich sehr in ihren Urtheilen geirrt haben. Der erste glaubte, die Eier des Weisels erhielten durch die Ausduftung der Männgen, welche von dem Weisel eingesogen würde, ihre Befruchtung; und der andre ließ sich von dem Anscheine betrügen, und hielt dafür, es müsse eine wahre Begattung statt finden. Die Vermuthung des Maraldi wird hier bestätigt. Dieser hat in seinen Beobachtungen über die Bienen angenommen, daß die Befruchtung der Eier erst dann, wenn sie in die Zellen gelegt worden, durch eine weisse Feuchtigkeit, von der ich eben geredet habe, bewirkt würde: allein er hat sich hierüber nicht weiter erklärt.

Wenn man nun das Alles, was ich über die äussere Befruchtung gesagt habe, zusammennimt, so wird man sehen, daß es sehr wenige Thiere giebt, bei welchen man sicher sein kan, daß dieselbe auf solche Art geschähe, und daß man es nur von den Fröschen, Kröten, und Bienen weiß. Es ist nicht unwahrscheinlich, daß die Aufmerksamkeit der Naturforscher diese Eigenschaft auch bei andern Thieren antreffen werde; denn es giebt eine große Anzahl von Entdekkungen, die über eine sehr ansehnliche Menge von Gegenständen verbreitet worden sind, ob sie gleich anfangs nur auf einen einzigen eingeschränkt zu sein schienen.

Zehnte Bemerkung.

§. 108.

Die besondre Art der Befruchtung des Salamanders erfordert, daß ich auch über diese einige Betrachtungen anstelle. Was man ihre Eier nent, sind nichts anders, als kleine Salamander, die sich noch nicht entwikkelt haben, §. 87. und welche schon in ihrer Mutter befruchtet werden, aber nicht durch Begattung, welcher der Körperbau widerspricht, sondern durch die Saamenfeuchtigkeit, welche das Männgen in's Wasser sprüzt, und welche bald durch die dazu bestimte Oeffnung in den Körper des Weibgens eindringt. Die berühmtesten Anatomiker und Naturforscher glauben, die Befruchtung geschähe bei den Thieren in den Eierstökken. Allein, mit den Salamandern ist es nicht so beschaffen, die Saamenfeuchtigkeit gelangt bis an die Oeffnung der Röhren der Eier in der Gebärmutter: weiter aber kan sie nicht dringen, die Eier selbst verschließen den Eingang, der Saamen befeuchtet nur die Eier, die auf dem Punkt sind, aus der Mutter heraus zu gehen: wenn diese heraus sind, so kommen nach ihnen andre, die nun auch nach der Reihe, mit dem von dem Männgen weggespritzten Saamen befruchtet werden, und auf solche Art werden nach und nach alle Embryonen belebt. M. s. §. 80 — 85.

Eilfte Bemerkung.

§. 109.

Ob gleich der vornehmste Gegenstand dieser Abhandlung die Erzeugung sein solte, so habe ich sie doch nur in Rüksicht auf einige Amphibien, deren Geschichte ich beschreiben wolte, betrachtet: nunmehr aber kan ich meine Ideen erweitern, wenn ich mich meiner Beobachtungen als wahrer Thatsachen bediene, die Grundlagen abgeben, und mich gegen die Gefahr, ein untaugliches Gebäude zu errichten, sichern. Vor allen Dingen aber muß ich von den vornehmsten Systemen der Erzeugung meine Gedanken eröffnen. Sie lassen sich auf zweierlei Erklärungsarten zurükbringen. Die eine ist diese, wo man die Erzeugung organisirter Geschöpfe mechanisch erklärt: das andre System enthält die Meinung, daß alle thierische Körper ausgebildet präexistirten, und nur die Befruchtung erwarten, um sich zu entwikkeln. Das leztre System hat zwey verschiedne Partheyen erzeugt. Einige Naturforscher glauben, daß beseelte Geschöpfe in der Mutter, und andre in dem Vater präexistirten. Ein jeder weiß, daß das erste System den Namen der Epigenesis führt, sehr alt ist, und daß es Herr Graf Büffon mit seiner Beredsamkeit, und seiner sehr bekanten Schrift, die den Titel führt: Molecules organiques wieder in Gang gebracht hat: allein es weiß auch jedermann, wie ihn der Herr von Haller in seiner großen Physiologie angegriffen und seine Irrthümer in einer besondern Abhandlung, die den Titel führt: Bemerkungen über das Zeugungs-

System

System des Herrn von Büffon, widerlegt hat. Die Beweise des Herrn Bonnet in dem Essai sur les corps organisés, sind nicht weniger gründlich. Indessen sind doch die Gründe dieser beiden eben gedachten Naturforscher bei aller ihrer Stärke nicht ganz entscheidend, weil sie das Dasein oder die Richtigkeit der organischen Elemente nicht untersuchen, die doch den Grund des Büffonschen Systems ausmachen. Ich mußte dieses voraus erinnern, und ich glaube schon an einem andern Orte gezeigt zu haben, daß Büffons System blos das Werk einer lebhaften Einbildungskraft sei, welche die Sachen auf solche Art schildert, daß sie statt der Körper Luftgestalten giebt, nach welchen diejenigen greifen, die sich dadurch täuschen lassen. Meine Werke von der Naturlehre der Pflanzen und Thiere *) scheinen dies zu beweisen.

Meine neuern Beobachtungen geben neue Beweise gegen den französischen Naturforscher an die Hand. Er giebt vor, der Fötus oder die Frucht in den Thieren sei bei der Befruchtung noch nicht ausgebildet vorhanden, sondern bilde sich durch die in der Gebärmutter geschehende Vereinigung organischer Theilchen des männlichen und weiblichen Saamens. Es ist ganz offenbar, daß meine Beobachtungen über die Frösche, Kröten und Salamandern dieser Theorie völlig entgegengesezt sind, weil ich dadurch gezeigt habe,

*) Opuscoli di fisica vegetabile & animale.

habe, daß die Früchte in den Weibgen dieser Thiere vor ihrer Befruchtung schon vorhanden sind, und ihr Dasein weit älter, als das Naturgeschäfte der Befruchtung ist, wie man aus den Paragraphen 18. 19. 30. 54. 55. 56. 57. 72. und 91. ersehen kan. Es scheint nicht widersprechend zu sein, daß es in diesem Stükke mit andern Thieren eben so beschaffen sein mag. So viel ist gewiß, daß alle Thiere, bei denen ich meine Versuche gemacht, kalt Blut haben, und daß man also zweifeln könte, ob es sich auch mit warmblütigen Thieren so verhalten möchte: aber es scheint mir, daß der Zweifel verschwinden muß, wenn sich die Umstände gleich sind. Ich rede izt von der Entdekkung des Herrn von Hallers, dadurch er der Welt gezeigt hat, daß bei den Vögeln der kleine Fötus schon im Ei vor der Befruchtung vorhanden sei. Diese Entdekkung ist zu weltkündig, als daß ich davon weiter reden solte. Wenn man nun also Beispiele des präexistirenden Fötus, oder der schon gebildeten Frucht, in den Weibgen unter den Thieren mit warmem Blute und auch mit kaltem Blute antrift, so kan ich nicht absehen, warum man dieses nicht auch von andern Thieren, eben so gut behaupten könte, wenigstens doch so lange, bis durch Erfahrungen das Gegentheil dargethan würde.

§. 110.

Meine Beobachtungen gewähren noch mehr Folgerungen. Die Naturforscher, welche die Präexistenz der Frucht (Foetus) annehmen, sind in ihrer Meinung getheilt. Einige wollen die Keime dem Vater, andre

der

der Mutter zutheilen: die ersten glauben, die Fötus, oder Früchte, in den kleinen Thiergen des männlichen Saamens zu finden, der während der Begattung in das Weibgen gebracht wird. Aber diese Meinung ist ganz irrig. Ich habe im §. 7. gezeigt, daß im grünen Wasserfrosche, wenn die eiförmigen Körpergen, oder die zur Reife gekommenen Fötus, in die Gebärmutter gelangt sind, auch in den Eierstökken dergleichen, nur aber kleinere, zurükblieben, und daß leztre zur Vermehrung im künftigen Jahre dienten: Eben dieses habe ich auch im 66sten und 85sten Paragraph bei der stinkenden Erdkröte und im Wasser-Salamander angezeigt: auch habe ich ebendasselbe in noch andern Amphibien entdekt, so, daß man wenigstens mit Gewißheit behaupten kan, daß die Früchte (Foetus) schon ein Jahr vor der Begattung im Eierstokke vorhanden sind. So weit ist also die angeführte Meinung, daß die Früchte (Foetus) während der Begattung aus dem Männgen in das Weibgen übergehen, von der Wahrheit entfernt.

Hier muß ich auf eine Frage, die entstehen könte, antworten.

Nach den Beobachtungen der Naturforscher ist es bekant, daß verschiedne Arten der Amphibien sich schon im andern Jahre ihres Lebens fortpflanzen: es ist auch sehr wahrscheinlich, daß die Fortpflanzung oder Begattung ziemlich lange Jahre und so lange sie Eier legen, immer fortdauert. Rösel wenigstens glaubt, daß sie sich über zehn Jahre und, bei den Fröschen, noch weiter hinaus erstrekken solle. Es ist höchst wahrscheinlich,

daß

daß es mit den Kröten eben auch auf solche Art beschaffen sein mag. Wir wollen also annehmen, sie sollen sich neun Jahr hintereinander vermehren, und diesem zu Folge müßten auch die Weibgen neunmal Eier legen. Wenn man diese Weibgen von ihrem ersten Jahre an untersucht, findet man keine Eier in ihren Eierstökken, sie erscheinen erst im zweiten Jahre, sodann aber entdekt man eine doppelte Abtheilung der Eier; nämlich man findet die, welche reif sind, und dies Jahr hervor kommen sollen, und diejenigen, welche noch nicht so weit in ihrer Vollkommenheit sind, und erst im folgenden Jahre erscheinen; im dritten Jahre trift man die dritte Ordnung an, und im vierten nimt man die vierte Ordnung wahr, und so bringt in der Folge immerfort ein jedes Jahr eine neue Ordnung von Eiern zur Reife.

Nun fragt sich also, ob denn diese Ordnungen, welche im andern und folgenden Jahren im Eierstokke erscheinen, schon in unsichtbarer Gestalt vorhanden sind? erfordern sie nichts, als nur Zeit, um sichtbar zu werden? oder erzeugen sie sich wirklich alle Jahre?

Die Antwort hierauf scheint mir nicht schwer zu sein: weil es ähnliche Bildungen (Formations) organisirter Geschöpfe im Thier- und Pflanzenreiche giebt, die Vertheidiger der Epigenese mögen dagegen einwenden, was sie wollen: und weil man in der ganzen Natur überall solche organische Entwikkelungen, wie viele berühmte Naturforscher gezeigt haben, wahrnimt, so ist es ganz natürlich zu glauben, daß die verschiednen Ordnungen der Eier (Foetus), die jährlich im Eierstokke erscheischeinen, nicht nach und nach entstanden, sondern schon mit dem Ursprunge der Mutter zugleich vorhanden gewesen sind, sich aber nur allmählig mit der Zeit entwikkelt haben, und vermöge einer Aneignung und Ernährung durch Säfte der Mutter mit der Zeit sichtbar werden. Diese Entwikkelung, welche man in den Eierstökken der Frösche und Kröten bemerkt, giebt sich auch durch ihre Gliedmaßen zu erkennen: die Larven waren damals ohne Schenkel, und diese erscheinen nicht eher, als bis das Thier alle ihm zugehörende eigene Kennzeichen seiner Art erlangt. Wollen wir nun behaupten, daß diese Schenkel nicht vorher schon vorhanden waren, und daß sie izt erst gebildet worden, wenn sich die Larven verwandelten? ist es denn nicht vernünftiger, diese zugleich mit den Larven daseienden Glieder gelten zu lassen, oder sie für gegenwärtig zu halten, ob sie sich gleich, wegen ihrer unendlich kleinen Gestalt, unsern Augen noch nicht sichtbar darstellen? und wenn man nun also gezwungen ist, auf solche Art zu schließen, warum wolte man denn dieses nicht auch in Ansehung der Eier (Foetus) thun?

Zwölfte Bemerkung.

§. 111.

Das System des Herrn Gautier, über die Erzeugung der Frösche, ist so sonderbar, daß ich dasselbe fast mit Stillschweigen übergehen könte: um mich aber nicht des Mangels an Aufrichtigkeit schuldig zu machen, kan ich nicht unterlassen dasselbe zu beleuchten. In einer Schrift unter dem Titel: Observations sur l' Histoire naturelle & la Physique, redet Gautier von

von gewissen kleinen Würmern, die er in einer Blase des Froschmänngens angetroffen haben will, und sezt hinzu, daß diese Würmer die wahren Werkmeister der Erzeugung wären; doch hier sind seine eigenen Worte: "nachdem das Froschmänngen das Weibgen „bestiegen, und es heftig an sich gedrükt hat, erwartet „es den Zeitpunkt, wo die Eier aus dem Weibgen her„vorkommen, sodenn entschüttet sich das Männgen „seiner Embryonen, wie ich sie wahrgenommen habe, „sie hängen sich an die Eier, und nähren sich einige „Tage von denselben, bis sie sich von stärkern Nah„rungsmitteln erhalten können. Diese Embryonen be„halten eben die Gestalt, die sie in der Blase des „Vaters haben. Nach Verlauf ohngefähr eines „Monates, in welcher Zeit sie ihre Gestalt, so wie die „Seidenwürmer in ihrem Gespinste, verändern, entwik„keln sie ihre Hinterschenkel, welche sie von einander „strekken: dieß sind die Hinterfüsse, welche beym Em„bryo noch mit einander vereinigt sind, und den „Schwanz der Larve ausmachen, die der Embryo des „Frosches ist.

Diese Schrift ist schon 1752. ans Licht getreten, und ich habe also diese Entdekkungen mit Bequemlichkeit durchdenken können. Ich habe sogleich die Blase in dem Bauche des Froschmänngens mit den in sich enthaltenen Würmern zu entdekken gesucht, und habe nach der gegebnen Beschreibung gefunden, daß dieses die Urinblase war; ich habe auch darinne Würmergen von der Stärke eines Fadens gefunden, sie sahen weiß, und ein wenig gelblich aus, hatten keine Ringe, waren anderthalb Linien lang, bewegten sich fast beständig, und waren auch mit einem Ende an die Blase gewachsen. Bis hieher sind wir völlig mit Gautier einstimmig; nur aber können diese Würmer keine Frosch-Fötus seyn:

1) Weil man diese Würmer so wohl in der Blase des Männgens als auch des Weibgens antrifft, da sie doch nur bey dem Männgen gefunden werden solten;

2) Man entdekt diese Würmer nicht in der Blase aller begatteten Frösche, wie ich dies bey einer Menge eröffneter Frösche gesehn habe;

3) Ich habe vielleicht zwanzig von diesen Würmern in begatteten Froschmänngen angetroffen, und habe doch mehr als tausend Eier in dem Weibgen, (gleich wie Swammerdam) gefunden.

4) Nach der Befruchtung müßte das Männgen weiter keine Würmer bei sich haben; aber ich habe deren Menge nicht vermindert gefunden.

5) Diese Würmer müßte man doch an der Frucht, an welche sie sich anhängen, und von ihr nähren, sehen, eben so gut, wie man die Frucht sieht; aber ich muß sagen, daß ich nie dergleichen entdekt habe, ob ich mir gleich deshalben alle Mühe gegeben habe.

6) Endlich tragen diese Würmer zur Erzeugung nichts bei, weil ich die Eier (Fœtus) künstlicher Weise mit der Saamenfeuchtigkeit des Männgens befruchtet habe, worinne kein Wurm war, wie man noch aus meinen folgenden Untersuchungen ersehen wird.

Die-

Dieses sind die Gründe, warum ich dem Herrn Gautier nicht beipflichten kan. Ich will gar nicht sagen, daß es eine Erdichtung wäre, ich will lieber glauben, daß er von einer falschen Erscheinung betrogen worden sein mag; welches ihm desto eher begegnen konte, da er auch die gemeinsten Dinge nicht einmal kante, wie man aus dem, was ich angeführt habe, leicht schließen kan, und vornehmlich aus dem Ausdruk, wo er den Schwanz der Larve aus derselben Hinterfüssen macht.

Solte man es glauben? Der Verfasser gedachter Schrift, trägt kein Bedenken in derselben zu sagen, daß die Weibgen der Frösche keine Gebärmutter hätten, daß bei allen Fröschen die Zunge am vordern Rande des Gaumens angewachsen wäre; die Hoden der Männgen nimt er für ihre Nieren, und so dergleichen Dinge mehr, deren sich die ersten Anfänger in der Anatomie schämen würden. Auf eine gleiche Weise ist auch dieser Schriftsteller von Röseln beurtheilt worden: denn leztrer sagt in seinem lateinischen Werke: Ich unterstehe mich nicht nur Gautier für einen sehr schlechten Zergliederer der Frösche auszugeben, sondern trage auch kein Bedenken zu sagen, daß er überhaupt keine große Kentniß von den Fröschen gehabt haben müsse.

Siebendes Kapitel.

Prüfung einiger andrer Einwürfe, die man wider das System der präexistirenden Keime (Foetus) in den Weibgen gemacht hat.

§. 112.

Doctor Pirri, Arzt und Philosoph, erklärt sich in einem sonst ganz gut geschriebenen, und unter dem Titel: Theorie de la putrefaction, nur neuerlichst herausgegebnen Werke, als ein Vertheidiger des Systems des Herrn Grafen von Büffon über die Erzeugung und hat auch Bemerkungen über die Wiederhervorbringung organisirter Theile seiner Abhandlung vorgesezt, worin er die stärksten Gründe für die Präexistenz der Keime zu schwächen sucht: vor allen andern aber greift er die Entdekkung des Herrn von Haller über bebrütete Hühngen, und diese, welche ich bei den Fröschen gemacht habe, an, deren ich auch schon ehedem in meiner Einleitung über die thierische Wiederhervorbringung verlohrner Glieder erwähnt. Ich will doch seinen doppelten Tadel mit seinen eigenen Worten beifügen.

„Der gelehrte Abt Spallanzani, sagt er „S. 7: belehrt uns von einem sehr wichtigen Umstande, der zugleich überaus vermögend ist, die Präexistenz der Früchte (germes) in den Eiern sowohl, als auch den Einfluß des Männgens zu bestärken. „Er hat den Augenblik abgepaßt, wo der Frosch aus „dem Weibgen die Eier zieht; sogleich eröffnete er den

„Frosch,

„Frosch, und vermittelst des Mikroskops, welches doch „schon so oft die Sinne und den Verstand getäuschet, „hat er die an's Tagelicht gekommenen befruchteten Eier, „wie auch die unbefruchteten in der Gebärmutter ent„deckt. Nun läßt er sie mit Larven erfüllt erscheinen, „die ihren Schwanz gegen den Kopf zurükgebogen, „und eine schwarze Farbe haben: nur ein einziger Un„terschied war noch vorhanden, nämlich die befruchte„ten waren voller Leben, die unbefruchteten aber im tie„fen Schlafe, und waren unbeweglich."

Ich habe mit allem Fleiß die eigenen Worte des Verfassers eingerükt, damit der unbefangene Leser sehen soll, wie wenig sie mit demjenigen, was ich in dem Vorberichte zu meiner Entdekkung gesagt habe, übereinstimmen; und damit man desto besser im Stande sei, zwischen meinem Gegner und mir zu entscheiden, will ich meine eigenen Ausdrükke in jenem Aufsatze wiederholen; wo ich, nach vorläufiger Erläuterung der vollkomnen Aehnlichkeit zwischen den befruchteten und unbefruchteten Eiern: und, nachdem ich bewiesen habe, daß sich die leztern nicht entwikkelten, auf der 51sten Seite hinzusetze: „Mit den befruchteten Eiern ist es „nicht so beschaffen; sie sind anfangs rund, verlängern „sich hernach, ohne an Masse zuzunehmen, wachsen „aber alsdenn augenscheinlich. Die weißliche Halbku„gel verdunkelt sich allmählig: und auf der andern „schwarzen Hälfte nimt man eine länglichte Vertiefung „wahr, die an beiden Enden in zwei Erhöhungen aus„geht, welche längst dem größten Durchmesser des „verlängerten Eies hinlaufen. In dem Verhältnis,

„als sich nun das Ei vergrößert, erweitert sich auch das „innerliche Häutgen, und die darin enthaltene Feuch„tigkeit nimt zu: die kleine Vertiefung und die beiden „Erhöhungen verlängern sich noch viel mehr, aber nicht „weit davon verliehren sie sich auf der einen Seite des „Eies, welches nun die Gestalt einer kleinen länglich„ten Kugel angenommen hat: an dem einem Ende „aber nimt man einen kleinen Anhang oder eine weitere „abgesezte Hervorragung wahr. Inzwischen sieht man, „daß so, wie die entgegengesezte weißliche Seite, die „auch diese Farbe behält, aufschwilt, die schwarze nun„mehr sich krümt: und die gedachte Hervorragung an „dem einem Ende länger wird; überhaupt aber sieht „man nach nicht gar langer Zeit, daß gedachter An„hang oder Hervorragung den Schwanz der Larve vor„stelt, und die entstandene Krümmung an der schwar„zen Seite nichts anders als der Rükken, und die ge„genüberstehende aufgeschwollene Seite der Bauch ist: „das andre Ende, dem Schwanze gegenüber, zeigt sich „nun als der Kopf der Larve, wo man auch vorn die „schon etwas kentliche Gestalt der Augen entdekt. Es „zeigen sich auch zwei Erhöhungen, deren sich der „Frosch bedient, um sich an glatte Körper zu halten, „und auszuruhen, der Anfang des Mauls, und endlich „auch zwei kleine Floßfedern, in welchen man schon den „Umlauf des Blutes bemerkt.

„In diesen ersten Augenblikken giebt die Larve „durch die Bewegung noch keine Lebenszeichen zu er„kennen, wenn man sie auch mit einer Nadel reizt, „oder auch die Sonnenstrahlen, im Brennpunkte eines „Glaslinse gesammelt, darauf fallen läßt.

„Die-

„Dieses sind also die nach und nach in den be„fruchteten Eiern vorkommenden Erscheinungen; wor„aus ganz klar zu ersehen ist, daß es keine Eier sind, „die der Larve ihr Dasein geben, sondern daß es die „ins Kleine zusammengezogenen Larven selbst sind, die „man siehet.

„Diesem nach ist es nun bewiesen, daß die Larven „schon bei der Befruchtung vorhanden sind; ich kann „aber diese Wahrheit noch deutlicher auf folgende Art „darthun. Die nicht befruchteten Eier sind von den „befruchteten in gar keinem Stükke unterschieden, die „befruchteten aber sind die Larven selbst im Kleinen. „Man muß also eben dasselbe von den nicht befruchte„ten Eiern sagen, und die Larven sind also auch bei der „Befruchtung schon vorhanden, und erfordern zu ihrer „Entwikkelung weiter nichts, als die befruchtende Feuch„tigkeit des Männgens."

Wenn man nun diese Stellen, mit dem, was Hr. Pirri vorgiebt, gegen einander hält, so sieht man gleich, daß er damals, als er aus meiner Schrift hat einen Auszug liefern wollen, sie gar nicht gelesen haben kann. Erstlich, läßt er mich ein Instrument brauchen, wovon ich doch gar nichts erwähne, und mich auch desselben gar nicht bediene, als nur, um die innern Theile der Froscheier zu untersuchen: denn was die äußern anbelangt, so sind sie groß genug, um sie mit bloßem Auge zu erkennen: und wenn ich mich auch eines Mikroskops bedient hätte, so würde ich doch in die Gefahr, die Hr. Pirri fürchtet, nicht gerathen sein.

sein. Es ist nicht zu läugnen, daß durch das Mikroskop manche Irrthümer entstanden sind, theils weil das Instrument nicht von der besten Art, theils weil auch der Beobachter nicht erfahren genug gewesen ist; allein man muß doch auch zugeben, daß wir diesem Hülfsmittel die schönsten Entdekkungen in der Naturgeschichte und Physik zu verdanken haben. Wolte jemand dieses in Zweifel ziehen, so würde man an seinem Verstande und Einsichten zweifeln müssen.

Herr Pirri sagt ferner: „daß ich sowohl in gelegten und befruchteten als in unbefruchteten Eiern „in der Gebärmutter, Larven gefunden habe." Diese Worte machen, daß meine Entdekkungen einen ganz andern Sinn bekommen, als ich ihnen will gegeben wissen. Ich habe gar nicht gesagt, daß sich Larven in befruchteten sowohl als unbefruchteten Eiern befänden. Aber ich habe geäußert, daß die eine und die andere Art selbst Larven wären: der Ausdruk des Hrn. Pirri sezt Eier voraus, der meinige aber ist gar nicht von Eiern zu verstehen.

Drittens soll die Larve, die ich entdekt habe, wie dieser Schriftsteller will, „den Schwanz über den „Kopf gebogen, und sich durch ihre schwärzlichte Farbe „ausgezeichnet haben." Was die Farbe anbelangt, so habe ich nicht gesagt, daß sie schwärzlich wäre, sondern nur, daß die eine halbe Rundung der Larve schwarz, und die andere Hälfte schmuzigweiß aussähe: meine Worte enthalten auch nichts, daraus zu ersehen wäre, daß der Schwanz dieses Thiergens über den Kopf zurükgeschlagen sei, sondern nur, daß es sich wie ein

ein kleiner Fortsatz oder Vorragung verlängere, und verhältnißmäßig mit der zunehmenden Larve fortwachse: daß sich dieses bei den befruchteten Larven, aber gar nicht bei den unbefruchteten ereigne, weil diese keinen Schwanz haben, obgleich Hr. Pirri sich einbildet, daß ich ihnen einen gegeben hätte.

Zum Vierten, führt mich Hr. Pirri ferner redend ein: „daß in befruchteten Eiern die Larven mehr „Bewegung und Leben zeigten, in unbefruchteten Eiern „aber im tiefen Schlafe lägen;" da ich doch vom tiefen Schlafe der unbefruchteten Larven gar nichts gesagt habe, sondern weit entfernt bin, einer Bewegung der Larven gleich nach ihrer Befruchtung Erwähnung zu thun, vielmehr sag ich das Gegentheil, wie man aus dem Vorberichte, den ich angeführt habe, ersehen kan.

§. 113.

Ich will nunmehr die Einwürfe des Hrn. Pirri untersuchen; ob ihrer gleich verschiedne sind, so können sie doch auf zwei Sätze gebracht werden, davon der eine folgender ist. Meine Entdeckung der Präexistenz der Larve vor der Befruchtung beruhe auf einer Erfahrung, die ich für gewiß angenommen habe, weil sie sich auf eine Beobachtung des berühmten Swammerdams gründe, der bewiesen hat, daß die Befruchtung bei den Fröschen außerhalb des Körpers geschehe, und daß die Eier, so wie sie allmählig aus dem After zum Vorschein kämen, vom Saamen des Männgens befruchtet werden. Hr. Pirri erregt wider diese

Beobachtung Zweifel, und beziehet sich auf Röseln: allein man muß ihn selbst hören: „Wer versichert uns, „daß die Eier der Frösche nicht, wenn sie gelegt sind, „befruchtet sein sollen, da Rösel selbst die Sache für „ungewiß hält, und vorgiebt, eine wahre Begattung „beobachtet zu haben, welches ihn eben zu glauben be„wegt, daß der Saamen des Männgens in die Gebär„mutter eindränge."

Da ich mich mit meinem Werke beschäftigte, war mir Rösels Ungewißheit in dieser Sache gar wohl bekant, aber nach Grundsätzen einer vernünftigen Logik konte seine Ungewißheit die Zuverläßigkeit einer Erfahrung nicht ungewiß machen, die auch Rösel selbst wohl kante. Denn, da er von dieser augenbliklichen Begattung spricht, zweifelt er dennoch nicht an Swammerdams Beobachtung, welches doch Hr. Pirri wissen solte. Rösel ist sogar so weit entfernt hieran zu zweifeln, daß er vielmehr an einem andern Orte seines Werkes diesen Umstand bekräftigt. Denn da, wo er von dem grünen Wasserfrosche handelt, sagt er, daß das Männgen, die vom Weibgen gelegten Eier, mit seinem Saamen in dem Augenblikke ihres Ausgangs aus dem After befeuchte. Er sagt nämlich: „Sobald das Weibgen seine Eier durch den After von „sich giebt, bespruzt sie das Männgen mit seinem Saa„men, welches ich selbst nicht allein in meinem Hause „gesehn, sondern daß es auch zu wiederholtenmalen geschieht, ich nicht ohne Bewunderung beobachtet habe. *)." Um diese Befruchtung außer dem Körper der

*) Hist. ranar. p. 56.

der Mutter recht anschaulich zu machen, stellt er auf seinen Kupfern ein Männgen in der Begattung mit seinem Weibgen recht nach dem Leben vor, und zwar so, wie die Eier abgehen, und der Saame sie befeuchtet, wie man auf der Fig. 2. Platte XIII. siehet. Hr. Pirri solte diese wichtige Beobachtung nicht verschweigen, oder vielmehr diesen Einwurf sich ersparen. Wenn ihm aber dennoch einige Zweifel übrig bleiben, darf er nur die ersten vier Kapitel gegenwärtiger Schrift lesen.

§. 114.

Ich wende mich nun zu einem zweiten Einwurf meines Gegners. Wenn ich von der Präexistenz der Larve vor der Befruchtung rede; so verstehe ich unter der Larve nichts anders, als die zarte Frucht des Frosches, oder den Frosch, der in der Hülle der Larve verborgen ist. Herr Pirri aber macht aus der Larve und aus dem Frosche zwei unterschiedne Thiere, und schlüßt daher: „dieser Umstand könne eben kein so gar „überwiegender triumphirender Beweis wider die Epi„genese sein, weil sich der Abt Spallanzani dessen nicht „bedienen kan, ohne in einen unglaublich großen Irr„thum zu verfallen. Er hat nämlich das Ansehen oder „die Gestalt der Larve mit der Gestalt des Frosches „verwechselt, und darin einen Fehler begangen, daß er „glaubt, der Frosch und die Larve wären nur ein und „dasselbe Thier.“

Ich habe vermuthet, daß meine Schrift über die thierischen Wiederhervorbringungen verlohrner Glieder,

der, allerlei Einwürfen ausgesezt sein würde, doch aber hätte ich nicht geglaubt, daß sie von solcher Art, wie die gegenwärtigen, sein würden; weil ich mich auf das Ansehn eines Swammerdams, Vallisnieri, Rösel und so vieler anderer, gegründet habe, die alle darinne einig sind, daß der Frosch und die Larve nur ein Thier seien. Es ist bekant, daß viele Insecten erst Wurm, sodann Puppe, und hernach ein fliegendes Thier werden: es ist aber eben so bekant, daß diese drei immer ein, und eben dasselbige Thier, unter dreierlei Gestalten sind; und zwar dergestalt, daß das fliegende Thier unter den Einwikkelungen, oder den Häuten des Wurms und der Puppe vorhanden war, woraus es sich sodann völlig entwikkelt. Die Larve ist, in Ansehung des Frosches, was die Puppe gegen das fliegende Thier ist: dieß hat Swammerdam deutlich erwiesen, da er den Frosch unter der Schale oder der Haut der Larve fand, wie der Schmetterling in der Hülse der Puppe gefunden wird. Ich hatte also Ursache zu glauben, daß Larve und Frosch einerlei Geschöpfe wären. Ueberdieß war mein Vorgeben auf zuverläßige Versuche gegründet, und dasjenige des Hrn. Pirri ist ganz grundlos. Dennoch aber hat mich das Ansehn des Herrn Pirri dahin vermocht, eine nochmalige besondre Untersuchung der Beobachtungen Swammerdams anzustellen, ob Larve und Frosch ein, und eben dasselbe Thier sei? Man mußte also vor allen Dingen zeigen, daß der innere Bau der Larve eben so, wie der Frosch, beschaffen sei. Fände man nun, daß eben das Nervensystem, eben die Schlag- und Blutadern, nebst den Muskeln, Herz, Leber, Lunge und

andern

andern Eingeweiden völlig 'auch dieselbigen, wie im Frosche, das Gehirn, und Rükkenmark gleichfals, endlich auch die Werkzeuge der Sinne, die Lage des Mauls, eben so wie im Frosche beschaffen wären; so würde freilich kein Zweifel weiter entstehen können, daß diese zwei Thiere, nur eines unter verschiedner Gestalt sind.

§. 115.

Ich habe diese Untersuchung kurz nachher, als ich die Schrift des Herrn Pirri gelesen hatte, im Frühling 1777, unternommen. Diese Jahrszeit war zu diesen Beobachtungen eben recht geschikt, die ich bei dem grünen Wasserfrosche, von dem im vierten Kapitel gehandelt wird, unternahm. Um Weitläuftigkeit zu vermeiden, werde ich nur die Resultate von meinen Beobachtungen, die ich sogleich, als sich die Larve innerlich betrachten läßt, bis zu dem Zeitpunkt, wo sie die Gestalt des Frosches annimmt, gemacht habe, hersetzen. Vom sechs und zwanzigsten Tage an, nach der Erscheinung der Larve, entdekte man durch die Haut des Bauches ihre in Krümmungen gewundene Gedärme, und die sehr merklichen Schläge des Herzens in der Brusthöhle. Indem ich die beiden Höhlen der Brust und des Bauches öffnete, fiel mir in der leztern das Gekröß in die Augen, welches, seiner Feinheit und Zartheit wegen, einem Spinnengewebe glich, worinne man, vermittelst eines Vergrößerungsglases, sehr feine rothe Faden als Schlagadern und Venen wahrnahm; die Nieren und die Lungen aus lauter Gefäßen zusammen gesezt, wie auch die Leber waren ganz deutlich zu sehen, die Gallenblase hing an derselben, und war mit einem durchsichtigen Safte, der keine Bitterkeit hatte, angefült. Das Herz, von kegelförmiger Gestalt, hatte seine gewöhnlichen Hölen, gegen den obern Theil sahe man den Ursprung der Aorta, wie sie sich in zwei Aeste theilte: man konte auch die niedersteigende Aorta und Hohlader mit ihren vornehmsten Aesten entdekken: die Rükken = Lenden = und Wirbelbeine, wie auch die Hirnschale, schienen noch keine knochige Härte zu haben: das Mark und Gehirn, das sie enthielten, war einer Gallert gleich: die Nerven des Körpers schienen von gleicher Beschaffenheit zu sein, man konte diejenigen, welche aus den Rükkenwirbelbeinen entspringen, erkennen; so gar bemerkte man die äußerlichen Nasenlöcher: die Regenbogenhaut im Auge war goldgelb; wenn man den Augapfel aus seiner Höle nahm und öffnete, so fand man darin die gläserne, wie auch die wäßrichte Feuchtigkeit, und die Crystallinse, die schon ziemlich hart und durchsichtig war, die Kiemen (ouïes), die man auch bei den jüngsten Larven bemerkt, lassen sich nur unter der Haut an der Brust entdekken.

Am sechs und dreißigsten Tage schienen alle die beschriebenen Organe noch immer eben dieselben zu sein, doch mit diesem Unterschiede, daß sie viel größer und fester waren: die Feuchtigkeit in der Gallenblase war zwar noch durchsichtig, hatte aber nunmehr einige Bitterkeit angenommen; die arteriösen und venösen Gefäße färbten sich allmälig roth; Hirnschale und Wirbelbeine waren knorpelich geworden; und das Gehirn, Rükmark und Nerven, waren nicht mehr so gallertartig.

Am

Am vierzigsten Tage sind alle gedachte Theile noch stärker und kentlicher; man sieht den Ursprung der hintern Schenkel, man sieht gleichsam schon im voraus die vordern, sie sind aber noch unter den allgemeinen Bedekkungen der Brust verstekt.

Vierzehn oder zwanzig Tage hierauf, auch bisweilen früher oder später, sieht man in Larven von einer und eben der Mutter, die vordern Schenkel zum Vorschein kommen, ihr Bau ist eben derselbe, er verändert sich auch nicht in den folgenden Tagen, wenn die Schenkel schon gebildet sind, wenn der Schwanz sich verliehrt, und die Larve die Gestalt des Frosches annimt.

Innerhalb achtzig Tagen, eher später als früher, hat der Frosch seine vollkomne Gestalt erreicht, und ist von andern nur in Ansehung seiner Grösse unterschieden: sein Bau ist aber eben derselbe, wie er in der Larve angetroffen wird, sie hat die nämlichen Werkzeuge, die nämlichen Schlagadern, Blutadern und Nerven, und die Knochen sind von derselbigen Struktur und Gestalt. Ich breche ab, um eine ekelhafte Wiederholung zu vermeiden: die Einförmigkeit und Gleichheit zwischen der Larve und dem Frosche ist also gewiß und ausgemacht: allein, wenn Herr Pirri dennoch einige Zweifel behält, weil der Frosch weder Floßfedern noch Schwanz hat, wie die Larve, und der Frosch vier Füsse hat, die man an der Larve auch nicht entdekt: so werde ich ihn erinnern, daß das Hühngen im Ei die Gestalt eines Wurmes zeigt, der einen dikken Kopf und langen Schwanz hat, daß dessen

sen Herz einem halben Ringe gleicht, daß das Brüten diesem Wurme Flügel und Füße giebt, und daß erst beim Auskriechen aus dem Ei sich die Nabelschnure verliehrt. Indessen glaube ich nicht, daß es sich jemand würde einfallen lassen, das Küchelchen im Eie, und das Huhn für zwei unterschiedne Thiere zu halten. Ich hoffe, meine Antwort wird befriedigend genug sein.

§. 116.

Herr Pirri bestreitet auch die Entdekkung des Herrn von Haller. Ich wünschte zu wissen, was mein alter Freund, dieser grosse Naturforscher, davon dächte, und übermachte ihm daher das Buch des Herrn Pirri, allein seine Krankheit verhinderte ihn schon damals, mir seine Meinung zu schreiben. Kurz vor seinem Tode erhielt ich nur noch diese folgenden wenigen Worte von seiner Hand: „Herrn Pirri über„gebe ich Ihnen, er ist in guten Händen, sie werden „die gerechte Sache der Natur schon vertheidigen. „Es zeigt allezeit Verwegenheit an, wenn jemand „Beobachtungen mit Vernunftschlüssen bestreiten will.“

Herr von Haller hat mir also seine Vertheidigung aufgetragen, und ich würde sie auch gleich übernommen haben, wofern bei Vergleichung der Entdekkung dieses großen Mannes mit dem dagegen gemachten Einwurfe, ich nichts gefunden hätte, daß, wo ich sie nicht ganz unterlassen wolte, ich selbige doch, ohne unsern Gegner zu beleidigen, aufschieben könte: ich hielt also für schiklich, diesen sinnreichen Naturforscher, Hrn. Pirri, zu vermögen, die Entdekkung des Herrn von Haller mit mehrerer Sorgfalt zu überdenken, weil es mir vorkäme, er müsse dieselbe noch nicht, wie sie es verdiene, gehörig in Erwägung gezogen haben, wie man bald sehen wird, wenn man deren Schilderung mit ihrem Auszuge vergleicht.

Der Herr von Haller drükt sich in dem dreizehnten Abschnitt seiner Beobachtungen über das bebrütete Hühnchen S. 187. also aus: „Das Gelbe „oder Dotter des Eies ist die Fortsetzung der Gedärme der „Frucht, die innere Haut des Dotters ist eine Fortsetzung „der innern Haut des engen Gedärmes, der innern Haut „des Magens, des Schlundes mit der Haut und Oberhäutgen; die äußere Haut des Dotters giebt auch „die äußere des Darmes ab, und verbindet sich mit „dem Gekröse und dem Bauchfelle: die Hülle, die das „Dotter in den leztern Tagen des Brütens umgiebt, ist „die Haut der Frucht selbst.“ Hernach macht er den Schluß: „Wenn das Dotter mit der Haut zusammenhängt, so ist es auch ein wahrer Bestandtheil der „Frucht; allein das Dotter ist in der Mutter vorhanden gewesen, ohne daß es von der Befruchtung abhängig gewesen wäre, und also muß auch die Frucht „mit ihm zugleich vorhanden gewesen sein.“

Dieser große Gelehrte redet von diesem Phänomene nochmals in seiner Physiologie im XXIX. Buche, wo er sich kürzer also ausdrükt: „Zulezt ist noch ein „offenbarer Beweis anzuführen, wodurch man erhärten kan, daß das Küchelchen schon müsse in der Mut-

„ter vorhanden gewesen sein. Denn das Gedärme „des Hühnchens ist eine zusammenhängende Fortse„tzung von der Haut, die das Dotter umgiebt, es ist „folglich die innere Haut des Gedärmes von gleicher „Art mit der Oberhaut, und die äußerliche endlich der „Haut des Dotters gleich.“

Hier folgen auch die eignen Worte, des Herrn Pirri: „Weil der Herr von Haller erwiesen hat, „daß die Haut des Eidotters, welche schon ursprünglich „in dem befruchteten Ei vorhanden wäre, sich in die „engen Gedärme des Küchelchens verwandele; so schließt „er hieraus, daß dieselbe schon vor der Befruchtung „des Eies müsse vorhanden sein.“

Ich wünsche, daß der römische Arzt selbst entscheiden möchte, ob seine Worte mit dem Sinne des Herrn von Hallers übereinstimten. Gewiß ist es, daß Herr Pirri der Beobachtung des Herrn von Hallers eine andre an die Seite gesezt hat, die er zu widerlegen gesucht: allein es ist auch dieses zu bedenken, daß die andre Beobachtung dem Herrn von Haller nicht so wichtig geschienen, als die erstere, weil sie ihm nicht so überzeugend vorkam: dies wolte ich nicht gerne unbemerkt lassen.

Es ist mir leid, mich gezwungen zu sehen, diese Unrichtigkeiten eines Gelehrten, den ich schätze, zu rügen, und mit welchem ich mich, seit der Bekantmachung seiner Schrift, in Verbindung eingelassen habe. Allein bei dem Gegenstande dieser Abhandlung kan ich es nicht

nicht vermeiden. Ich sehe auch diese Irrthümer nur als Wirkung der Uebereilung an, die ihm nicht Musse genug übrig gelassen hat, diese Gegenstände, so wie sie es erfordern, sorgfältig zu erwägen. Ja ich bitte ihn, diese Umstände nochmals mit Sorgfalt und mehrerer Geduld zu untersuchen, und die Beweise, die er in diesem Werke antreffen wird, zugleich mit anzuwenden; und sodenn zweifle ich gar nicht, er wird die Präexistenz der Frucht vor der Befruchtung nicht länger bestreiten wollen.

§. 117.

Nachdem endlich mein Gegner alle Einwürfe gegen den Herrn von Haller und mich vorgebracht hat, so sagt er, ohne das System der Einschachtelung (Systeme de l'emboitement), welches Herr Bonnet annimt, geradezu zu bestreiten, daß ihm dasselbe unglaublich vorkäme. Darüber kan man sich nicht wundern, weil Herr Pirri die Epigenesis vertheidigt. Dieses aber befremdete mich, in seinem Buche S. 32. eine Stelle von Bonnet zu finden, welche ihm selbst zu widersprechen scheint, weil er das System der Einschachtelung (de l'emboitement) bestreiten will. Was mich aber vorzüglich wundert, ist, daß Herr Pirri in seiner theoretischen Schrift von der Fäulniß auf S. 77. sagt, daß das Bonnetsche System der Keime, selbst nach dem Geständniß des Herrn Bonnet, von ziemlich zweifelhaften Beobachtungen und Bemerkungen, die nicht geradezu auf die Schlüsse führten, hergeleitet sei. Als ich dieses gelesen hatte, schrieb ich sogleich an Herrn Bonnet, um von ihm selbst zu vernehmen, wie sich diese scheinbaren Widersprüche reimen solten, und fügte zugleich einen Auszug von den Meinungen bei, die Herr Pirri über meine Entdekkung, und über die organischen Partikkelgen (molecules organiques) des Herrn von Büffon hegte. In kurzer Zeit darauf erhielt ich von meinem Freunde eine Antwort, wobei er mich bat, dieselbe öffentlich bekant zu machen.

Ich will sie mit den eigenen Worten meines vortreflichen Freundes herseßen:

Genthod bei Genf den 29. Nov. 1777. Bisher kante ich das Werk *) des Herrn Philip Pirri, wovon sie mir eine kurze Nachricht ertheilen, noch gar nicht: ich verwundre mich recht sehr über dasselbe. Was soll ich sagen? ists möglich, daß im achtzehnten Jahrhunderte sich ein Schriftsteller findet, der behaupten kan, daß die Larve und der Frosch zwei wesentlich unterschiedne Thiere sind? Dieser Schriftsteller muß den Swammerdam niemals gelesen haben. Aber wie kann jemand von den Fröschen etwas schreiben, ohne diesen großen Naturforscher gelesen, oder ihn wenigstens zu rathe gezogen zu haben? Der vortrefliche Vallisnieri, als Mitbürger von Herrn Pirri, würde ihn schon von seiner falschen Meinung abgebracht haben, wenn er nur diesen hätte einigermaßen durchblättern wollen. Ich muß gestehen, daß ich diese irrige Behauptung des Herrn Pirri fast

*) Traité de la putrefaction précédé de quelques considerations sur la reproduction des corps organiques. Rome 1776.

faſt gar nicht begreifen kan. Wahrſcheinlicherweiſe muß ihn eine uns unbekante Urſache zu dieſem Irrthume verleitet haben. Dieſe ganz beſondre Meinung verdient gar nicht die Mühe, die ſie ſich gegeben haben, ſie zu widerlegen: und ich bin verſichert, ein jeder Naturforſcher würde Sie gern davon frei geſprochen haben.

Sie geben mir zu erkennen, daß mich Herr Pirri durch Umwege angreift, und vorgiebt: Meine Bemerkungen über die organiſirten Körper, hätten ihn nie von der Präexiſtenz der Keime (germes) überzeugt. Ich verwundre mich im geringſten nicht, daß ein Naturforſcher, wie Herr Pirri, der dafür hält, daß Larve und Froſch zwei ganz weſentlich unterſchiedne Thiere ſind, durch meine Beweiſe für die Präexiſtenz der Keime nicht völlig befriedigt worden iſt. Es würde vielmehr Verwundrung bei mir erwekken, wenn er dieſelben eingeſehen und zugegeben hätte.

Ihr Vertheidiger der Epigeneſis iſt ſehr geſchikt, die Naturforſcher, welche die verſchiednen Meinungen noch nicht geprüft haben, zu überraſchen. Von einer Seite geſteht er, ſie hätten ſehr gut gezeigt, daß die organiſchen Elemente des Herrn von Büffon wahrhafte Thierchen wären: hernach behauptet er dennoch die Exiſtenz organiſcher Elemente, die man aber wegen ihrer großen Zartheit oder Feinheit nicht mit Augen erkennen könte. Allein, wie hat er ſich denn von ihrem Daſein verſichern können, wenn er ſie nicht hat wahrnehmen können? Sie ſagen

 mir,

mir, daß nach seiner Meinung das Dasein derselben durch Schlüsse erwiesen würde. Ich möchte doch also seine Schlüsse vernehmen, um von ihrer Richtigkeit zu urtheilen. Allein dasjenige, was sie mir von diesem Schriftsteller sagen, erwekt mir eben keine vortheilhafte Meinung von seiner Art zu schließen.

Ein Fehler in der Logik ist ein sehr verzeihliches Verbrechen; mit diesem aber läßt sich die Nachläßigkeit und Unrichtigkeit angeführter Meinungen der Schriftsteller nicht in eine Klasse setzen. Wenn Herr Pirri, um das System präexistirender Keime zu bestreiten, eine Stelle aus meinem Buche über die organisirte Körper verstümmelt, so thut er etwas sehr tadelnswürdiges, was an und für sich allein seine Sache verdächtig macht, wenn man davon nach seiner Art des Vortrags urtheilen soll. Er sagt: „Die geometrischen „Beweise von der Theilbarkeit der Materie in unendlich „kleine Theile sind mir nicht bekant. Aber soviel weiß „ich, daß es lauter überraschende Fallen sind, die man „unserm Verstande zum Nachtheile der Vernunft legt, „wie dieses auch Herr Bonnet mit vieler Aufrichtig„keit bekent, wo er sich Kap. 127. seines Buchs von den „organisirten Körpern, über das System der präexisti„renden Keime folgendergestalt erklärt: Die Theilbar„keit der Materie ins Unendliche, durch welche man „dieses System zu vertheidigen suchen könte, ist eine „geometrische Wahrheit, und ein physischer Irrthum. „Ein jeder Körper muß nothwendig bestimt sein, und „also sind es auch dessen Theile.“

Wer

Wer solte nicht, bei Durchlesung dieser Stelle aus meinem Buche von organisirten Körpern, glauben, daß ich selbst das System präexistirender Keime widerlegte? Und dennoch sind es eben die Worte, in welchen ich die Möglichkeit derselben zu beweisen suche. Um seine Leser zu bereden, daß ich über diesen Gegenstand mit ihm gleiche Gesinnung hege, läßt Herr Pirri vier Zeilen von meinem Artikel weg, unterdrükt alles Uebrige, und lobt meine philosophische Aufrichtigkeit. Ich für mein Theil aber, bin sehr unzufrieden, daß ich der Aufrichtigkeit des Herrn Pirri meinen Beifall versagen muß: die Wahrheit gebietet mir, gerade das Gegentheil von dem zu sagen, was ich zu beweisen gewünscht hätte. Ich hatte gesagt: „Das System der „Einschachtelung hat viel Wahrscheinlichkeit, man muß „aber nicht eine Zusammensetzung bis ins Unendliche „annehmen, welches ungereimt sein würde. Die Thei„lung der Materie ins Unendliche, durch welche man „jenes System zu behaupten suchen könte, ist eine ge„ometrische Wahrheit, und ein physischer Irrthum „u. s. w. ich fuhr sodenn auf folgende Weise fort: „Wir können durchaus nicht wissen, wo die lezten „Gränzen der Theilbarkeit der Materie sind: und diese „Unwissenheit ist es eben, welche uns hindern muß, „die Präexistenz der Keime für unmöglich zu halten. „Wir dürfen nur mit offnen Augen um uns her sehen, „so finden wir, daß die Materie unbegreiflich getheilt „sei. Die Leiter der körperlichen Wesen ist die Leiter „dieser Theilung. Wie vielmal ist nicht der Moder „in der Zeder enthalten, die Made im Elephanten, „die Wasserlaus im Wallfisch, ein Sandkörngen im

„Erdballe, und ein Lichtkügelgen in der Sonne. Es „ist bewiesen, daß eine Unze Gold, durch die Kunst so „sehr zertheilt werden kan, daß ein Faden daraus ent- „steht, der die Länge von achtzig bis hundert französi- „schen Meilen hat: man zeigt uns Thiere durchs Mi- „kroskop, deren viele tausende zusammen noch nicht den „kleinsten Staubtheilgen an Größe beikämen. Man „macht hundert Beobachtungen von ähnlicher Art, und „doch solte man die Theorie der Keime für widerspre- „chend ausgeben u. s. w.“ Ja was noch mehr ist: ich hatte im Artikel 142. eine lange Stelle von Bourguet eingerükt, um die Rechnungen zu widerlegen, durch welche Hartsöker die Einbildungskraft unterjochen wolte. Hat denn Herr Pirri nicht einmal soviel begriffen, daß ein Mangel an Aufrichtigkeit, welcher doch so leicht zu entdekken war, sein eigen Werk verdächtig machen würde?

Ich bin noch mehr über eine andre Stelle dieses Schriftstellers erstaunt, die ich in ihrem Schreiben gefunden habe, wo er sich folgendergestalt ausdrükt: „Die Entwiklung der Keime ist, nach dem Geständniß „des Herrn Bonnet, ein System, das aus den un- „bestimtesten Versuchen und Beobachtungen, die gar „keine Folgerungen gestatten, hergeleitet ist.“ Dieser so bestimte und doch so falsche Saz kan Niemand irre machen, als nur denjenigen, der meine Schrift gar nicht gelesen hat: denn welcher unter allen meinen Lesern solte nicht wissen, daß, nach meiner Behauptung, die Entwikkelung der Keime durch die zuverläßigsten Versuche, und zusammenhängendsten Beobachtungen be-

währt

währt ist? Alle meine Schriften beziehen sich auf die Lehre der Entwikkelung: es ist gewiß kein Schriftsteller, der sie so, wie ich, verfochten, und sie durch die stärksten Beweise bestärkt hat. Es kömt mir moralischer Weise ganz unmöglich vor, wie sich Herr Pirri in einer so offenbar klaren Sache habe irren können, und weil er einer solchen Deutlichkeit ohneracht̃et, sich doch erkühnt, mir eine Rede in den Mund zu legen, die demjenigen, was ich von diesem Gegenstande denke, ganz entgegen ist, so glaube ich mit allem Grunde schliessen zu können, daß er seine Schrift nicht aus Liebe zur Wahrheit verfaßt habe.

Doch genug von einem Schriftsteller, der sich so wenig um die Achtung des Publikums bekümmert, daß er sich muthwillig so großer und so gegründeter Vorwürfe schuldig macht. Wenn Sie mir folgen wollen, so müssen Sie seine Schrift nur mit wenig Worten abfertigen, und sie durchaus nicht umständlich widerlegen, denn das würde ihr einen Ruf geben, welchen sie gar nicht verdient. Die Krystallisirungen und chymischen Niederschläge, zu welchen unser Epigenesist seine Zuflucht nimt, um die Entstehung der Frucht (Foetus) zu erklären, sind lauter längst verbrauchte Dinge, deren Unzulänglichkeit, durch Beobachtungen der berühmtesten Naturforscher, hinlänglich erwiesen ist.

Zweite Abhandlung.

Erstes Kapitel.

Künstliche Befruchtung der stinkenden Erdkröte mit rothen Augen und warzigem Rükken.

§. 118.

Malpighi war der Erste, der sich's einfallen ließ, die Befruchtung der Thiere vermittelst der Kunst zu versuchen; er nahm Eier aus dem Eierstokke eines Seidenwurms, und befeuchtete sie mit der Saamenfeuchtigkeit des Männgens: allein mit diesem ersten Versuche wolte es nicht glükken, die Eier blieben unfruchtbar; Bibiena *) wolte dieses Experiment mit einigen Abänderungen wiederholen, aber er hatte gleiches Schiksal; Dennoch aber muß man, weil diese Unternehmungen mit den Eiern des Schmetterlings ohne Erfolg geblieben sind, nicht glauben, daß sie auch ohne Wir-

*) Act. Acad. Bonon. T. V. pars. I.

Wirkung bei den Thieren, wo die Befruchtung außerhalb ihres Körpers geschicht, wie bei Fröschen und Kröten, bleiben müssen. Als ich im Jahr 1767 meinem Freunde, dem Herrn Carl Bonnet, meine ersten Beobachtungen über die Präexistenz der Keime in den Fröschen mittheilte, ermunterte er mich in seiner Antwort, die Befruchtung durch künstliche Mittel in gedachten Amphibien zu versuchen: Da ich nun die Wichtigkeit dieser Versuche, in Absicht auf die thierische Natur und die Erzeugung überhaupt, gar wohl einsahe, entschloß ich mich auch fest, sie ohne Anstand zu unternehmen; und da ich meine Abhandlung über die Wiederhervorbringung thierischer Theile 1768. bekant machte, hielt ich diesen meinen Vorsatz nicht geheim, den ich aber erst 1777 und vorzüglich 1780 im Frühlinge ausführen konte. In diesen beiden Frühlingen habe ich erst meinen Absichten Genüge leisten können. Die Thiere, die ich zu meinen Versuchen brauchte, waren diejenigen, von welchen in den fünf vorhergehenden Kapiteln ist gehandelt worden.

§. 119.

Die Erdkröte mit rothen Augen und Warzen auf dem Rükken, ist eines von denjenigen Thieren, welche sich gleich anfangs im Frühjahr begatten, und diese war es auch, die mir zuerst Gelegenheit zur künstlichen Befruchtung gab. Ich habe oben gesagt, daß sich das Weibgen zweier Schnuren, die durchsichtig, schleimig und voller schwarzer Kügelchen sind, durch den After entledigt, diese enthalten die Larven, welche das Männgen, sobald sie nur zum Vorschein kommen, mit seinem

Saamen

Saamen befeuchtet. §. 45. 49. 50. 51. 57. da nun die Larven, bei ihrer Erscheinung außerhalb des Körpers, zur Befruchtung geschikt waren, versuchte ich, ob es angehen möchte, sie durch folgende Behandlung zu befruchten.

Ich nahm ein in der Begattung stehendes Krötenmänngen von seinem Weibgen, da dieses eben im Begriff war seine Larven zur Welt zu bringen, welches ich an dem Aufschwellen seines Bauches sehen konte, und sezte das Thier in ein mit Wasser gefültes Gefäße, woselbst es kurz darauf anfing, zwei schleimige Schnuren durch den After von sich zu geben. Als sie nun eines Fusses lang außer dem Körper heraushiengen, schnitt ich sie nahe bei dem After ab: die eine Schnur ließ ich in dem Gefäße, und die andere nahm ich heraus, um sie mit dem Saamen des Männgens zu benezen. Den Saamen bekam ich von eben demselben Männgen, das ich von seinem Weibgen losgerissen hatte. Einem Anatomiker ists nichts Schweres, nach eröffnetem Unterleibe die Saamenbläschen zu finden, die in dieser Art von Thieren unter den Hoden liegen, und einen Theil der Nieren umgeben; diese Bläsgen sind während der Begattung mit Saamen angefült; nachdem ich nun die Behältnisse des Saamens geöffnet, und die Saamenfeuchtigkeit, welche helle, wie Wasser war, herausgezogen, und in ein Uhrglas gebracht hatte, bestrich ich damit, vermittelst eines eingetauchten Pinsels, das Stük von der Eierschnur: und da die Menge des Saamens kaum zwei Gran betrug, und also nicht weiter langte, als zwei Drittel gedachter Schnure zu befeuch-

befeuchten, so ließ ich es auch dabei bewenden: ich bestrich dieses Theil in freier Luft, und legte sie hierauf ins Wasser, wie ich es mit dem andern unbefruchteten gemacht hatte. Dieses Experiment machte ich den 16ten März, wo die Witterung noch sehr kalt und sehr unbequem für die Entwikkelung der Larven war: deswegen mußte ich auch längere Zeit auf den Ausgang meines Versuches warten. In den ersten fünf Tagen, beobachtete ich meine Schnuren täglich etlichemal, ohne einen merklichen Unterschied daran zu bemerken; der Schleim hatte in beiden zugenommen, die Larven aber hatten ihre kugelförmige Gestalt behalten: Allein der sechste Tag gab mir Hoffnung, daß mein Versuch nicht ohne Erfolg sein würde, die meisten Larven, die in den zwei Dritteln der, mit dem männlichen Saamen bestrichenen Schnure enthalten waren, fingen an, sich zu verlängern, indessen die übrigen des lezten Drittels der Schnure ihre runde Gestalt behielten; eben so, wie die in dem andern Gefäße, die nicht mit Saamen waren bestrichen worden. Am siebenden Tage vermehrte sich meine Hoffnung noch mehr, und die Larven nahmen noch mehr in ihrer länglichten Gestalt zu: auch dikker wurden sie, und ihre Dikke und Länge vermehrte sich die folgenden Tage unabläßig: so, daß mir über die Entwikkelung der Larven und den guten Erfolg einer künstlichen Befruchtung kein Zweifel übrig blieb; am eilften Tage sahe ich, wie die Larven sich im Schafhäutgen bewegten; am dreizehnten waren sie schon aus demselben entschlüpft, und schwammen frei im Wasser. Im Gegentheil aber waren die unbefruchtetgelassenen Larven geblieben, wie sie waren, ja sie fingen an

auf

auf der Oberfläche zu verderben, und verfaulten in sehr kurzer Zeit gänzlich.

Ich war also dahin gelangt, dieser Art Thiere, auf eine künstliche Art das Leben zu geben, indem ich die Natur in ihren Mitteln nachahmte, die sie zur Vermehrung dieser Amphibien anwendet. Man kan sich leicht das Vergnügen vorstellen, das ich empfand, da ich einen so wenig erwarteten Erfolg meiner Bemühung erhielt; und es wird niemand zweifeln, daß ich dieß Experiment nicht öfters wiederholt und verändert haben werde, um alle diesen Gegenstand aufhellende Folgerungen daraus herzuleiten.

§. 120.

Alle Larven der zwei Drittel der befruchteten Schnure kamen nicht zum Leben: ich zählte hundert und dreizehn lebende, und drei und sechzig, die sich nicht entwikkelten, und stellte mir vor, daß diese leztern von dem Saamen, mit dem ich sie bestrich, nicht mochten getroffen worden sein, weil ich nur eine so geringe Menge von dieser Feuchtigkeit erlangen konte. Ich nahm mir vor, den Versuch mit einem andern Stükchen Schnure zu machen, und zwar in dem Augenblikke, wo es aus dem After des Weibgens, das schon etliche Stunden vom Männgen abgesondert war, zum Vorschein kommen würde. Dieses Stükchen war nur fünf Zoll lang; ich konte es auch gänzlich mit Saamen befeuchten, weil ich hinlänglich damit versehen war, indem ich alle denjenigen, den die Saamenbläsgen des Männgens, das ich von diesem Weibgen genommen,

ent-

enthielten, und noch von einem andern mir zu verschaffen gewust hatte; hier muß ich aber erinnern, daß, wenn man die Saamenbläsgen mit Saamen angefült finden will, man das Männgen sogleich, wenn es sich begattet, eröffnen muß, wo man dann insgemein eine Menge von zwei, auch bisweilen drei Gran antreffen wird. Im Gegentheil aber findet man in dem Männgen entweder nur sehr wenig oder gar keinen Saamen, wenn man es außer der Begattungszeit eröffnet: Die Saamenbläsgen sind alsdenn sehr schlaff, so, daß man sie kaum eröffnen kan. Die meisten Larven dieser Schnure, die ich reichlich befeuchtet hatte, waren lebendig worden; die Jahrszeit war nun auch weiter vorgerükt, und also nicht mehr so kalt, als bei meinem ersten Versuche §. 119., die Larven wuchsen schon am Ende des neunten Tages in die Länge, am zehnten Tage bewegten sie sich, und am eilften sahe ich sie schon schwimmen; hundert und sieben Larven waren lebendig worden, und nur acht Stük waren zurük und unbelebt geblieben, entweder weil sie nicht befeuchtet, oder sonst von fehlerhafter Beschaffenheit waren. Ich hatte das auch bei den natürlichen Befruchtungen wahrgenommen, daß unter einer großen Anzahl sich entwikkelnder Larven auch immer einige waren, die nicht zum Leben kamen.

§. 121.

Diese zwei Befruchtungen wurden durch gedachte Handgriffe an zwei Schnuren, die aus dem Weibgen abgiengen und ins Wasser fielen, veranstaltet: ich hatte die natürliche Befruchtung der Kröten und Frösche, wie

wie solche in diesem Elemente vorgeht, nachgeahmt: nunmehr aber hatten mich meine Beobachtungen gelehrt, daß diese Versuche auch außer dem Wasser im Troknen glükken, wenn man diese begatteten Thiere zwang, sich an einem solchen Orte aufzuhalten: Eben durch diesen Weg habe ich auch die natürliche Befruchtung entdekt §. 47. 48. 49., es schien mir nun, daß die durch Kunst nachgeahmte Befruchtung auch auf solche Art angehn müßte, doch aber wolte ich mich durch einen Versuch gerne davon vergewissern: ich sezte also eine Kröte in ein leeres Gefäß, sie brachte zwei Schnuren zum Vorschein, davon nahm ich die eine, die ich ins Wasser legte, nachdem ich selbige zuvor mit Saamen aus einem Männgen befeuchtet hatte, und die andere unbefeuchtete Schnure thai ich auch hinzu. Nach Verlauf von zwölf Tagen waren die Larven des leztern Stükgens alle verdorben, da indessen die andern im Wasser umherschwammen.

Ich war nun darauf aufmerksam, ob die künstlich befruchteten Larven später, als die natürlich befruchteten ausliefen. Jezt hatte ich zwei begattete Paar Kröten, ich ließ ein Stükgen Schnure aus dem Weibgen zum Vorschein kommen, welches auch von dem Männgen befruchtet wurde: alsdenn nahm ich diese Thiere von einander, und schnitt zwei Schnuren sehr nahe am After des Weibgens ab; hierauf wartete ich, bis noch ein ander Stükgen Schnure zum Vorschein kam, das ich erst in einer Viertelstunde abschnitt, und welches ich mit Saamen, der aus den Saamenbläsgen des Männgens, das ich diesem Weibgen entrissen hatte, genomnommen war. Dieses künstlich befruchtete Stükgen Schnure legt' ich in das nämliche volle Wassergefäße, aber die Larven dieser zwei Stükgen Schnure entwikkelten sich, wurden belebt, und krochen zu einerlei Zeit aus. Dieser Versuch wurde in Fröschen und Kröten bestätigt.

§. 122.

Bisher haben wir die Natur künstlicher Weise in der Befruchtung der Larven, sobald sie aus der Mutter kommen, nachgeahmt, und zwar auf diese Weise, wie es bei der natürlichen Befruchtung zu geschehen pflegt. Was würde denn geschehen, wenn diese Befruchtung innerhalb des Körpers geschähe? Wir wissen, daß die Larven anfangs in den Eierstökken verschlossen sind, hernach in die Röhren derselben kommen, und endlich in die Gebärmutter gelangen; sind diese nun geschikt sich zu entwikkeln, wenn sie an diesen dreien Orten sich noch befinden, und daselbst befruchtet würden? Diese Fragen aufzulösen, machte ich den Anfang damit, daß ich Larven aus der Gebärmutter dazu wählte. Dieses Organ ist durch eine Haut in zwei Hölen getheilt, die mit Larven angefült sind: wenn sie aus den Röhren kommen, werden sie darinne in ihre schleimige Schnuren eingehült, und die Schnure ist wie ein Faden auf einen Knaul gewikkelt, sie ist aber leicht abzuwinden, man zieht sie ganz aus der Gebärmutter, indem sie, leicht befestigt, an der Spitze einer Spindel gehalten wird. Wenn ich also den Unterleib vieler begatteter Weibgen geöffnet hatte, sobald ich wuste, daß ihre Gebärmutter mit dieser auf einen Knaul gewundener Schnure angefült war, welches sich allezeit so verhält, wenn sie durch den After abzugehn anfängt: alsdenn zog ich einen Theil durch den After heraus, und befeuchtete sie mit dem Saamen des Männgens, that sie in ein Gefäße mit Wasser, und brachte den Rest der Schnure, welcher noch in der Gebärmutter war, zu gleicher Zeit in ander Gefäß mit Wasser, aber diese leztern entwikkelten sich nie, da diejenigen, die ich befeuchtet hatte, allezeit belebt wurden und ausschlüpften. Die Larven also, die in die Gebärmutter schon gekommen waren, hatten auch die zur Befruchtung nöthige Reife erlangt.

Während der Zeit, als ich diese Versuche machte, fiel mir ein Umstand vor, der es verdient, daß ich ihn anführe; nachdem ich den Saamen dieser Kröten oft durchs Mikroskop betrachtet hatte, fand ich in demselben eine Menge Saamenwürmer, die ebenfals länglicht wie bei den Fröschen aussahen, und welche in ihrer Bewegung von Ort zu Ort ein Zittern zeigen und ihren Körper in etwas winden oder drehen; doch aber habe ich diesen Saamen auch zweimal ohne Würmer gesehen, und wenn ich die aus der Mutter gezogene Larvenschnuren, mit diesem Saamen ohne Würmer benezt hatte, so wurden sie eben so gut befruchtet, als wenn sie mit Saamen, der Saamenwürmer hatte, befeuchtet worden waren.

§. 123.

Hierauf unternahm ich die Versuche mit denen in den Röhren der Eier noch eingeschlossenen Larven, welche darinne sind, während sich die Weibgen begatten. Hier soll der Erfolg dieser meiner Versuche erscheinen.

Wenn

Wenn sich die Larven ganz nahe in der Nachbarschaft der Gebärmutter befanden, so entwikkelten sich die meisten von denen, die ich mit Saamen von dem Männgen befeuchtet hatte, aber diejenigen, welche dem Eierstokke näher in dem engern Theile der Röhren, der gegen das Herz zu liegt, zurük waren, diese, sage ich, entwikkelten sich nicht, ob ich sie gleich mit Saamen befeuchtete. Es scheint, daß man diesen Unterschied auf diese Art erklären könte: der klebrige Schleim, der die Larven zusammen hält, und der auch die zwei Schnuren bildet, verlängert sich in diesen Röhren, indem die Larven durch dieselben hindurch gehen, so, daß sie, wenn sie in dieselben eintreten, noch gänzlich ohne die klebrigte Feuchtigkeit sind; daher es auch kömt, daß die Larven, welche am längsten auf ihrer Reise durch diese Röhren zugebracht haben, oder die schon auf dem Punkt sind, in die Gebärmutter einzutreten, sich auch schon mit einer weit größern Menge Schleim überzogen finden. Dieser klebrige Schleim ist, wie ich schon angezeigt habe, von der Natur auch mit zur Nahrung der Larven bestimt. Diejenigen also, die mit hinlänglicher Menge Schleim überzogen, oder schon nahe an der Gebärmutter zu finden sind, werden nicht so vergeblich, wie etwan bei denen geschieht, denen dieser Schleim fehlt, mit Saamen benezt; weil die leztern doch, ob sie auch schon befruchtet sein möchten, aus Mangel der Nahrung verderben. Noch mehr aber wurde ich von der Nothwendigkeit dieses Schleims bei der ersten Erzeugung der Larven überzeugt, weil alle diejenigen, von denen ich den Schleim nahm, kein Leben bekamen, ob sie gleich mit des Männgens Saamen befeuchtet worden waren: nur eine geringe Anzahl wurde belebt, sobald ich einen Theil des Schleims von den noch unbelebten Larven wegnahm. Einmal, als ich ein sich begattendes Weibgen öffnete, fand ich die Larven im Unterleibe, sie waren schwarz wie sie bei ihrer Reife aussehen, aber sie waren nicht mit Schleim überzogen, weil sie nicht durch die Röhren der Eier gegangen waren. Diese Früchte kamen auch nicht zum Leben, ob ich sie gleich mit männlichen Saamen benezt hatte.

§. 124.

Aus eben der nur gedachten Ursache können die Larven, welche aus dem Eierstokke genommen werden, wenn man sie gleich auf angezeigte Art befeuchtet, sich nicht entwikkeln. Die Eierstökke bestehen aus zwei größern Theilen, die von kleinern zusammengesezt sind: dieses Behältniß ist mit den zarten Larven ganz angefült, und sie bleiben so lange an diesem Orte, bis die Mutter auf dem Punkt ist, ihr Geschlecht fortzupflanzen: alsdenn reissen sie sich von den kleinen Stielen, die sie mit dem Eierstokke verbinden, los, um durch die Röhren in die Gebärmutter zu gelangen. Ich nahm nun auch verschiedne Larven, die vom Eierstokke sich loszureissen auf dem Punkt waren, befeuchtete sie mit männlichen Saamen, aber allzeit ohne Erfolg. Dieser Versuch erwekte bei mir eine besondre Idee. Ich hatte bemerkt, wie einigen Frosch- und Krötenweibgen der Unterleib an den Orten, wo die Eierstökke lagen, während der Begattung aufplazte, und daß sie, ungeachtet dieses fatalen Zustandes, nicht sogleich starben, sondern doch noch ihre zwei Lar-

Larvenschnuren von sich gaben, die auch alle belebt wurden, wenn sie nur zuvor, entweder künstlicher oder natürlicher Weise, waren befruchtet worden. Allein dieser Umstand ist nur dabei zu beobachten: man muß diese Thiere trokken und nicht im Wasser halten, welches sonst, mit seinem Eindringen in den Unterleib, sie tödten würde, ehe sie ihre beiden Larvenschnuren zur Welt gebracht hätten.

Was für Würkung würde wohl erfolgen, sagte ich zu mir selbst, wenn ich einem Frosch den Bauch öffnete und den männlichen Saamen in die Eierstökke bringen könte; würden denn auch wohl die Larven, welche sodenn durch den After zum Vorschein kämen, nachdem sie ihren Weg durch die Röhren der Eierstökke, und in die Gebärmutter selbst genommen hätten, sich entwikkeln? Ob ich mir nun gleich von diesem Versuche nichts versprach, so wolte ich ihn doch unternehmen. Ich machte also bei zwei Weibgen eine Oeffnung an ihrem Unterleibe, sprizte sodenn durch eine kleine Sprize einen starken Tropfen Saamen einem jeden Weibgen durch die gemachte Oeffnung in den Eierstok; ich machte eine leichte Oeffnung in die Haut die den Eierstok umgiebt, und brachte noch einen neuen Tropfen Saamen dahinein, daß die Larven unmittelbar davon getroffen werden konten. Eine von diesen beiden Kröten starb in fünf Stunden nach der Operation samt ihren Larven, die sie noch im Eierstokke behalten hatte, die andre aber brachte eine Partie zum Vorschein, die mit ihrem dikken Schleime überzogen waren, als wenn sie von einer gesunden Mutter zur Welt gekommen wären.

 Diese

Diese Larven hob ich sorgfältig im Wasser auf, aber es wolte keine einzige davon lebendig werden; dieser Umstand belehrte mich, wie nöthig der oberwähnte Nahrungsschleim für diese kleinen Geschöpfe wäre, weil sie doch umkamen, wenn sie auch befruchtet waren, ob sie gleich nachher mit Schleim überzogen erschienen.

§. 125.

Nunmehr hatte ich wegen der künstlich nachgeahmten Befruchtungen weiter keinen Zweifel, da ich selbige so oft mit glüklichem Erfolge wiederholt hatte; aber nun dachte ich darauf, wie ich die Befruchtung mit der, aus den Hoden des Froschmänngens ausgepresten Feuchtigkeit bewirken wolte, weil die Hoden eigentlich die Werkzeuge sind, in welchen der Saamen sich erzeugt und zur Erzeugung tüchtig wird. Die gar kleine Gestalt dieser Körper gestattete nicht, daß ich diesen Saft recht rein bekommen konte: ich hatte also keinen andern Weg vor mir, als die Hoden in Stükgen zu zerschneiden und den Saft aus denselben zu pressen, um mich dessen zur Befruchtung zu bedienen. Die beiden Hoden liegen in den Kröten mit rothen Augen und warzigem Rükken, über dem obern Theile der Nieren; ihre äußere Farbe ist gelb, die Gestalt länglich, an einem Ende sind sie etwas stärker als am andern, und sehen den Hoden junger Hähne gleich: in der Begattungszeit sind sie durch und durch weich, und voll von ziemlich dikkem und obenhin klebrigtem Safte: nachdem ich mir ein Theil dieser Feuchtigkeit in einem Uhrglase gesammelt hatte, benezte ich mit diesem Safte, vermittelst eines Pinsels, hundert Larven, theils solche,

die

die ich aus der Mutter genommen, theils solche, die das Weibgen auf dem natürlichen Wege von sich gegeben hatte. Der Erfolg hätte nicht glüklicher sein können, denn sie kamen nach Wunsche zum Leben: und bei Wiederholung dieses Versuches hatte ich auch allzeit gleiches Glük. Ich stelte eine Vergleichung zwischen der befruchtenden Eigenschaft des Saamens und der Feuchtigkeit der Hoden an und fand, daß die durch diese beiden Feuchtigkeiten befruchteten Larven gleichmäßig geschwind zum Leben gelangten, nur mit dem Unterschiede, daß die Feuchtigkeit aus den Hoden deren wenigere belebte, ohne daß man dennoch bestimmen konte, ob es vom Mangel hinlänglicher Wirksamkeit, oder wegen ihrer Zähigkeit geschähe, die ihr das Vermögen raubte, sich eben so über die Larven, wie die Saamenfeuchtigkeit selbst, zu verbreiten.

§. 126.

Indem ich mit der Ausarbeitung dieses Kapitels im Monath Mai 1780 beschäftigt war, brachte mir ein Fischer eine Art von Kröten, deren Erzeugung ich noch nicht beschrieben habe, weil ich sie zuvor noch nicht kante: ich glaube aber doch, daß es nicht überflüssig sein wird, eine kurze Beschreibung von ihr zu geben. Diese Kröte ist viel kleiner, als die stinkende Erdkröte, sie hat zwar die Farben derselben, aber unter dem Bauche ist sie etwas weisser: diese zwei Kröten machen indessen doch zweierlei Arten, in Ansehung ihres Baues und ihrer übrigen Eigenschaften halber. Die Haut der stinkenden Erdkröte, ist auf dem Rükken wie Fischhaut (chagrin), ihre Gestalt ist länglicht, und im Gehen hüpft sie, wie die Frösche: die andere hat eine glänzende Haut, der Körper ist gedrängter, und sie macht lauter kleine Sprünge. Das Männgen der erstern macht ein Geschrei, wie ein Mensch, der mit dem Munde pfeift, die Andre aber hat bei ihrem Geschrei einen dumpfigten Ton; welches doch beweist, daß das Werkzeug der Stimme unterschieden ist. Auch sind die Zeugungsglieder bei den Weibgen unterschieden. Die stinkenden Erdkröten geben durch den After zwei Schnuren von sich, die andre Kröte aber giebt nur eine einzige; die stinkende Eigenschaft hat der ersten den Namen gegeben: die andern aber riechen wie Knoblauch. Endlich noch ein Unterschied: die stinkende Kröte hält in der Begattung mit den Pfoten das Weibgen über der Brust fest an sich gedrükt, die Andre schlägt die Pfoten bei dieser Gelegenheit über den Bauch: diesem nach, läßt sich diese Kröte weder mit der andern, die rothe Augen und einen warzigen Rükken hat, noch mit Rösels seinen vergleichen, (Bufo igneus) weil die leztre am untern Theile des Körpers mit goldgelben Flekken, oder feuerfarbig gezeichnet ist, davon man bei der andern nicht die mindeste Spur antrift.

Die erste, die ich bekam, begattete sich mit dem Weibgen, welches seine Schnure durch den After von sich gab: diese Naturscene war eben dieselbe, wie sie Herr Demours mit angesehen hatte §. 102. Ich sezte dies verliebte Paar auf die flache Hand, es wurde anfangs sehr dadurch erschrökt, bald aber darnach fuhr das Weibgen wieder fort seine Schnure von sich zu geben, wie es auch der französische Beobachter gesehn hat: doch habe ich nicht bemerkt, daß das Männgen die Stelle eines Geburthshelfers vertrete, und mit seine Hinterzehen die Schnur aus dem After heraus-ziehe. Dagegen aber sah ich etwas, wovon er nichts bemerkt hat, daß nämlich das Männgen die Schnure, so wie sie nach und nach durch den After zum Vorschein kam, mit seinem Saamen besprizte. Ich sezte diese Beobachtung dreizehn Minuten lang fort: dann aber öffnete ich sogleich beide, das Männgen so wohl als das Weibgen, um folgende Versuche anzustellen.

Sobald ich die Gebärmutter des Weibgens eröff-net hatte, zog ich sogleich den Rest der Schnure heraus, deren Länge ohngefähr eine Elle betrug: diese theilte ich in vier Theile: davon ich den ersten ganz unbenezt ließ, den andern aber mit Saamen aus den Saamen-bläsgen des Männgens; den dritten, mit dem aus den Hoden des Männgens ausgepresten Safte, und den vierten Theil mit eben der Feuchtigkeit, womit das Männgen die aus dem After hervorkommende Schnure besprizt hatte, befeuchtete. Ich hatte mir zu dieser Absicht ein paar Tropfen in einem Uhrglase aufgehoben. Diese vier Theile der gedachten Schnure wurden in vier besondre mit Wasser gefülte Gefäße gelegt, und in ein Fünftes that ich das Stükgen von der Schnure, welches das Männgen selbst befruchtet hatte.

Die Resultate waren durchgängig dem, was ich schon bemerkt hatte, vollkommen gleich, bis auf den Theil der Schnure, welcher gar nicht, weder mit Saa-men noch mit dem Safte aus den Hoden, war befeuch-tet worden: in den drei andern Stükgen, waren schon am dritten Tage belebte, und ausgekrochne Larven zu erkennen. Nun wäre nur noch übrig zu zeigen, daß die Befruchtung, auch bei diesen Thieren, außer dem Körper des Weibgen geschehe, und ihre Larven künstlich befruchtet werden können. Da ich nun vier Paar dieser Kröten bekommen hatte, so gelang es mir, die Richtigkeit dieser beiden Umstände bestätigt zu sehen, und zu den Versuchen, von denen ich in der Folge Anzeige geben will, bediente ich mich zwei andrer sich begattender Paare.

§. 127.

Mit einer kleinen Ausschweifung, über die Art, wie sich diese Amphibien vermehren, will ich dieses Kapitel schließen. Wenn die Schnure, wovon ich §. 126. geredet habe, sich in den Röhren der Eier befindet, oder in die Gebärmutter gelangt, so ist sie innerlich mit schwarzen Kügelgen angefült, welche, wenn man sie innerlich und äußerlich sorgfältig betrachtet, alle die Kennzeichen der andern Larven der Kröten, deren ich erwähnt habe, zeigen, wenn sie sich in den Röhren der Eier, oder in der Gebärmutter aufhalten. Wenn man aber diese Kügelgen, sogleich nach der Befruchtung beobachtet, so wird man merken, daß sie von denen, die noch unbefruchtet, weder äußerlich noch innerlich unterschieden sind: nur dieses ausgenommen, daß hernach die kleinen schwarzen unbefruchteten Kügelgen weiß werden, und auf der Oberfläche sich runzeln, an verschiednen Orten aufspringen, sich nach und nach im Wasser, das davon unrein wird, auflösen, und endlich verschwinden. Die befruchteten Kügelgen ver-

verändern sich auch, aber auf eine ganz andre Weise; auf eines jeden Kügelgens Oberfläche finden sich zwei Vertiefungen oder krumme vereinigte Linien ein, die einen Winkel einschließen. Unterhalb dieses Winkels zeigt sich eine Erhöhung, und zu eben dieser Zeit wird die kleine schwarze Kugel dik und lang, und läuft an dem einen Ende spitzig zu. Einige Stunden darauf haben die verlängerten kleinen Kügelgen noch mehr sich verändert. Die beiden Linien, die den Winkel bestimmen, sind krümmer, die Erhöhung ist kentlicher, und die Spitze länger; man sieht auch, gegen die beiden Enden gedachter beiden Linien, zwei sehr kleine Erhebungen, die aber nicht sogleich zum Vorschein kommen. Einen Tag, oder einige Zeit nachher entdekt man diese Theile, die sich nun entwikkeln. Die Vertiefung zwischen den zwei Linien, ist das Maul der Larve, dessen sie sich sogar zu bedienen anfängt, die Erhöhung ist die Höhe des Rükkens, die Spitze der Schwanz, die beiden Erhabenheiten sind die Floßfedern; diese Theile aber fallen noch mehr in die Augen, wenn die Larven sich deren zum schwimmen zu bedienen anfangen. Diese neue Kröte ist also eben den Gesetzen der Natur, wie andre Thiere, und besonders die Amphibien, unterworfen; die Frucht ist in der Mutter schon vorhanden, und der Saame des Männgens trägt nur zu deren Belebung und Entwikkelung das Seinige bei.

Zweites Kapitel.

Die künstliche Befruchtung des Wasser-Salamanders und der stinkenden Erdkröte.

§. 128.

Die natürliche Befruchtung des Wasser-Salamanders geschieht nicht außer dem Körper des Weibgens, wie bei den Fröschen und Kröten, sondern in dem Körper §. 80. 81. 84. Ich konte die Eier nicht befruchten, wenn sie die Mutter schon gelegt hatte, sondern ich muste es auf einem andern Wege versuchen. Diese Thiere haben keine Gebärmutter: die Früchte gehen aus den Eierstökken, durch die Röhren derselben gerades Weges in den Mastdarm und kommen durch den After zum Vorschein; eben durch diesen Weg zieht sich auch der vom Männgen ausgesprizte Saamen bis in die Eierstoksröhren, und beschwängert die Eier, die sich zunächst am After befinden. Ich habe dieses schon §. 84. gezeigt, auch hat man an diesem Orte gesehn, daß die entferntesten Früchte, die sich noch nicht im Mastdarm, oder noch zu hoch oben in den Röhren des Eierstoks befinden, noch nicht befruchtet sind: sie müssen weit tiefer herabkommen und an derjenigen Stelle treten, die schon befruchtet worden sind. Dann kommen diese erst durch den Mastdarm zum Vorschein. Ich muste also die in dem obern Theile der Eierstoksröhren befindlichen Eier mit dem männlichen Saamen befeuchten, wie ich auch wirklich schon, aber ohne Erfolg, gethan hatte. Dennoch aber blieb ich bei dieser Erfindung. Ich eröffnete nämlich die Eierstoksröhren in der Länge, und zu gleicher Zeit auch die Saamengefäße (vaisseaus déférens) des Männgens, nahm die milchähnliche Feuchtigkeit aus diesen heraus, und benezte damit die Eier, die noch vom After am weitesten entfernt waren, und that sie ins Wasser. Sie fielen, wie die natürlich befruchteten, zu Boden, wo sie der ihnen natürlicher Weise anklebende Schleim gleichsam anleimte. Nicht eine einzige kam zum Leben. Allmählig verschwand der Schleim, die Eier giengen aus einander, und lösten sich im Wasser völlig auf. Ich will nicht erst die häufigen Wiederholungen dieses Versuchs erwähnen, den ich auf tausenderlei Art, theils in Ansehung der Menge des Saamens, theils was die Art, die Eier damit zu befeuchten betrift, welches ich bald reichlich, bald sparsam that, angestelt habe. Allein ich war einmal so unglüklich, wie das andere. Ich will nicht unerinnert lassen, daß ich besorgte, es möchten die Eier, die sich noch in den Röhren der Eierstökke befänden, nicht mit dem zur Befruchtung erforderlichen Schleim überzogen sein, wie man bei den Larven der Frösche und Kröten sieht, wenn man sie aus dem obern Theile der Röhren des Eierstoks nimt, §. 123. Auf der andern Seite besorgte ich, wenn sie schon zu tief und zu nahe am After lägen, sie möchten schon von dem Männgen befruchtet worden sein. Ich dachte also auf ein ander Mittel meine Zweifel zu heben. Ich bekam schon im April sieben Salamanderweibgen, die ich den Winter über im Wasser glüklich erhalten hatte, ohne daß die ganze Zeit ein Männgen zu ihnen gekommen war; nichts desto weniger legten sie ihre Eier, die aber alle umkamen, weil sie nicht befruchtet waren. Ich dachte also darauf, diese Eier, so wie sie aus dem After des Weibgens abgiengen, weil sie alsdenn noch mit ihrem Schleime überzogen sein mußten, und auch noch nicht befruchtet waren, zu befruchten. Die Bemerkung hatte ich schon gemacht, daß die Weibgen, wenn die Zeit ihrer Vermehrung vorhanden war, ihre Eier von sich ließen, wenn man sie nur mit den Fingern ein wenig am Unterleibe drükte, und so gab auch durch diesen Handgriff das Männgen seinen Saamen durch den After von sich. §. 80. 84. Ich machte meinen Versuch mit meinen Jungfersalamandern, und wie nun ihre Eier zum Vorschein kamen, so befeuchtete ich sie mit etlichen zu dieser Absicht gesammelten Tropfen von dem Saamen einiger Männgen. Aber auch dieses Kunstgriffs ohnerachtet, habe ich doch keinen einzigen Salamander aus allen diesen im Wasser sorgfältig aufgehobenen Eiern erzeugen können.

§. 129.

Durch alle diese fruchtlosen Versuche wurde ich muthlos gemacht, ich wolte schon dieses Unternehmen, welches ich in der Ausführung unmöglich fand, aufgeben, als ich bei fernerm Nachdenken entdekte, daß ich einen Hauptumstand vergessen hatte. Ich habe gesagt, daß das Männgen seinen Saamen ins Wasser lasse, und daß er hernach mit demselben sich ins Weibgen ziehe, und bis zu den Eiern in den Eierstoksröhren, die nahe am Mastdarme liegen, hinauf dringe, §. 80. 81. Natürlicherweise ist der Saame sodann nicht mehr rein, sondern mit mehr oder weniger Wasser vermischt, und dieses schien mir auch ein bedenklicher Umstand zu sein, daß also wohl der Saame in seinem ganz reinen Zustande zur Befruchtung nicht geschikt sei, sondern daß er sich zu diesem Zwek im Wasser verbreiten müsse. Als ich nun wiedrum bei einem Versuche sieben von obgedachten Salamanderjungfern §. 128. an ihrem Unterleibe gedrükt hatte, so brachte ich sieben und zwanzig Eier zum Vorschein, welche ich mit Wasser, worinne eine gute Menge Salamandersaamen aufgelöst war, benezte: davon giengen siebzehn Stük verloren; zehn Stük aber entwikkelten sich und es giengen die nämlichen Veränderungen mit ihnen vor, welche sich ereignen, wenn sie auf natürliche Art befruchtet werden. Ich habe dieselben im 77. 78. und 79. Paragraph beschrieben. Durch dieses Hülfsmittel ahmte ich die Natur glüklich nach, und bewirkte durch Kunstgriffe die gesuchte Befruchtung, die ich auch nachher durch viele ähnliche Versuche bestärkt fand, ob ich gleich allzeit eine große Anzahl Früchte, die sich nicht entwikkelten, verlohr: welches mich aber auch nicht Wunder nimt, indem ich eben dasselbe auch bei den natürlichen Befruchtungen wahrnahm §. 89.

Wenn ich den ausgepresten Hodensaft mit Wasser vermischte, war er eben so kräftig die Früchte zu beleben, davon immer ein Drittel zur Entwikkelung kam, als wenn ich sie mit dem Saamen befeuchtete. Die Seltenheit dieser, durch künstliche Befruchtung entwikkelten Larven, befriedigte mich mit dem ersten Versuche; denn nun konte ich meine künstliche Befruchtung auf andre Thierarten, und besonders auf die stinkende Kröte anwenden.

§. 130.

§. 130.

Oben, wo ich von der künstlichen Befruchtung der Erdkröte mit rothen Augen und warzigem Rükken handelte, habe ich zugleich gezeigt, daß sich dieselbe nicht allein bei den Larven außer dem Körper der Mutter bewirken ließe, sondern daß sie auch bei den Eiern geschehen könne, die noch in der Gebärmutter, ja beinahe noch am Ende der Eierstoksröhren befindlich sind. Diese Befruchtung geschieht entweder mit Saamen, oder mit dem aus den Hoden gepresten Safte. Ich habe alle diese Versuche mit der stinkenden Kröte gemacht, und allzeit einerlei Resultate erhalten.

Die große Menge dieser Thiere, die mir die Fischer brachten, die häufigen Larven, die man bei ihnen in der Gebärmutter antrift, und die leichte Art sie zu befruchten, veranlaßten mich, diesen Gegenstand durch wiederholte Versuche noch näher zu bestimmen.

Verschiedne Arten von Amphibien zur Welt zu bringen, ohne daß das Männgen etwas dazu beitrüge; dies war ein Hauptversuch, der auf mancherlei Art verändert zu werden verdiente, und wichtige Entdekkungen versprechen muste.

Ich nahm mir vor zu versuchen, was denn wohl geschehen möchte, wenn ich die Natur von ihrer gewöhnlichen Weise zu wirken abhielte: deswegen habe ich erstlich, die Saamenfeuchtigkeit, und den Hodensaft zu verändern, hernach auch ähnliche Veränderungen in den Larven, die ich befruchten wolte, hervorzubringen,

bringen versucht. Mir schien diese doppelte Untersuchung eine doppelte Belehrung zu versprechen.

In den bisher erzählten Versuchen bediente ich mich zur Befruchtung der Larven des Saamens, oder der aus den Hoden lebender Thiere genommenen Feuchtigkeit. Ich befestigte das Thier auf ein Bretgen, mit dem Bauch aufwärts gekehrt, mit seinen vordern und hintern Füssen mit kleinen Nägelgen: und nach Eröffnung des Unterleibs suchte ich die Saamenbläsgen, die man sogleich hinter den Gedärmen, in Gestalt zwei kleiner, an beiden Seiten der Urinblase gelegner Bläsgen, erblikt; wenn die Urinblase geöffnet, und der Urin heraus gelassen wird, so erscheinen die Saamenbläsgen desto deutlicher. Durch diese Untersuchung entdekt man auch die Hoden, die blaulicht sind, und über den Nieren liegen: ich nahm alsdenn, nach Beschaffenheit meiner vorhabenden Versuche, Saamen oder Saft aus den Hoden, benezte die Larven, die ich befruchten wolte, mit diesen Feuchtigkeiten. Ich wolte gerne wissen, was denn erfolgen würde, wenn ich mich der Saamenfeuchtigkeit erst dann, wenn das Thier schon eine längere oder kürzere Zeit todt wäre, bediente. Ich glaube irgend wo in meinen Schriften angezeigt zu haben, durch was für ein Mittel Kröten und Frösche und andre Thiere, welche ein sehr zähes Leben haben, augenbliklich getödtet werden können. Ich stoße nämlich eine Pfrieme in die Nakkenwirbelbeine, und der Tod folgt im Augenblik: die Zerstörung eines Theiles des Rükmarks verursacht Zukkungen, auf welche sogleich der Tod folgt: da hingegen diese Thiere, wenn man ihnen

 den

den Kopf abgeschnitten hat, oft noch sehr lange leben. Nachdem ich auf gedachte Weise eine stinkende Erdkröte getödtet hatte, öffnete ich sie erst nach drei Stunden: ich fand die Saamenbläsgen ein wenig eingefallen: sie hatten nicht soviel Saft in sich, als man darinnen findet, wenn sich das Thier begattet: mit diesem aus dem todten Frosch genommen Saamen, benezte ich einige Larven, die sich noch in der Gebärmutter befanden, wie ich denn zu allen folgenden Versuchen solche genommen habe, die noch in derselben befindlich waren. Diese Larven entwikkelten sich sehr leicht, und es schien, als hätte der Saame nichts von seiner Kraft in dem, drei Stunden lang todt gelegenen Thiere verlohren. Eben dieses habe ich auch bei einer Kröte, die sechstehalb Stunden todt war, ehe ich die Saamenfeuchtigkeit heraus nahm, beobachtet, nur mit dem Unterschiede, daß, weil die Menge der Saamenfeuchtigkeit sehr geringe war, auch nur eine sehr kleine Anzahl von Larven befruchtet werden konte. Hatte die Kröte sieben Stunden lang todt gelegen, so waren die Saamenbläsgen so zusammen gefallen, daß man fast gar nichts von Saamen darin antraf, womit man noch hätte Larven befruchten können.

§. 131.

Die unmittelbaren Folgerungen dieser beiden Versuche sind: Erstlich, daß sich der Saamen in getödteten Kröten nach und nach vermindert, und endlich ganz verliehrt, welches auch den Einrichtungen und Gesetzen des organischen Körpers gemäß ist. Hernach, daß eben der Saame, indem er an Menge sich vermindert,

dert, doch seine befruchtende Kraft, wenigstens noch sieben Stunden lang, beibehält. Dauert nun aber die befruchtende Kraft in dem Saamen getödteter Kröten noch länger, als sieben Stunden? Durch meinen vorigen Versuch hatte ich dieses noch nicht erfahren können: also sezte ich mir vor, Saamen aus den Bläsgen zu nehmen, und ihn in einem kleinen Gefäße oder kleinem Röhrgen so lange aufzuheben, bis ich ihn zum Gebrauch nöthig haben würde. Ich sammelte daher den Saamen von drei Kröten, den ich in einem kleinen gläsernen Röhrgen aufbewahrte, das ich mit Siegellak, damit er nicht verfliegen solte, zumachte; und mit diesem benezte ich verschiedne Larven. Sechs Stunden schadeten der befruchtenden Kraft des Saamens noch nicht: aber von der siebenden an schien er mir gelitten zu haben. Von den Larven, die ich damit benezte, kamen nur zwei Drittel zum Leben. Nach acht Stunden war die befruchtende Kraft des Saamens noch merklicher vermindert. Neun Stunden aber hatten ihm alle Kraft benommen: denn unter fünf und sechzig damit befeuchteten Larven, kam auch keine einzige zum Leben. Indessen gebe ich dieses Zeitmaas nicht für ganz bestimt und allgemein aus: es scheint mir viel auf Temperatur der Luft und Witterung anzukommen. Ist es zu warm, so verliehrt die Saamenfeuchtigkeit ihre befruchtende Kraft, wenn sie auch noch nicht siebendehalb Stunden lang außer dem Körper des Thieres aufbehalten worden ist. Ist aber die Witterung frisch, so behält der Saamen seine Kraft über eilf Stunden, wie ich diesen Umstand im Mai 1780 beobachtet habe, zu welcher Zeit man auch zu Paris diese plözlichen und

 merk-

merkwürdigen Veränderungen in der Temperatur der Luft empfunden hat. Da ich bemerkt hatte, daß die Kälte die befruchtende Eigenschaft des Saamens begünstigt, so war ich drauf bedacht, ihr einen noch grössern Grad der Kälte in einer Eisgrube zu verschaffen: in dieser Temperatur behielt der Saame seine Kraft über vier und zwanzig Stunden. Die Natur dieses Safts läst uns leicht erkennen, warum ihm die Wärme so nachtheilig ist: Der Saamen ist, sowohl als andre thierische Substanzen, der Fäulniß unterworfen, welche von der Hitze befördert und von der Kälte gehemt wird. Ueber diesen Gegenstand hab ich mich umständlicher in meinen Abhandlungen über die Naturlehre der Thiere und Pflanzen erklärt. Daselbst habe ich gezeigt, daß die Hitze die Saamenthiergen des, aus verschiedнen Thierarten genommenen Saamens tödte, und indem dieser verdirbt, sich andre, nämlich die Infusionsthiergen, darinne entwikkeln: und diese Fäulniß des Saamens aus der Kröte ist ebenfals, geschwinder oder später, nach Verhältniß der Hitze, zu bemerken, und daher kömt es ohne Zweifel, daß sie unfruchtbarer sind, wenn die Luft sehr heiß ist.

Ich habe gesagt, daß eine starke Hitze dem Saamen der Kröte binnen siebendehalb Stunden die befruchtende Eigenschaft benehme. Das Thermometer zeigte damals achtzehn Grad über dem Frierpunkte an: Ich wünschte zu wissen, wie es sich verhalten würde, wenn dieser Saame, an statt siebendehalb Stunden in der Temperatur von achtzehn Graden zu stehen, sich in einer Wärme von dreißig oder zwei und dreißig Graden befän-

befände. Binnen zwei Minuten schadete dieser Grad der Wärme der befruchtenden Kraft des Saamens nichts, aber die Wärme von fünf und dreißig vernichtete sie gänzlich.

§. 132.

In Rüksicht auf die Versuche, die ich mit dem Safte der Hoden aus getödteten Kröten machte, ließ ich damals die Hoden eine gewisse Zeit in dem getödteten Thiere, wie ich es mit dem Saamen gemacht. Es zeigte sich, daß, nach Verlauf von sieben Stunden, der Saamen aus dem Bläsgen beinahe gänzlich verschwunden war, da indessen die Hoden aus eben demselben Thiere noch viel Saft enthielten, der auch noch kräftig genug war, Larven zu befruchten: aber nach Verlauf eines ganzen Tages war bei dem Safte aus den Hoden alle Kraft verlohren gegangen. Nachdem ich nun diesen Versuch bei andern Gelegenheiten wiederholt hatte, sahe ich ganz deutlich, daß die Unfruchtbarkeit dieses Saftes gar sehr von der Hitze der Luft abhänge, und einer Anlage zur Fäulniß zuzuschreiben sei. Von einer etwas starken atmosphärischen Hitze verlohr dieser Saft seine Befruchtungskraft in neun bis zehn Stunden: und nach vier und dreißig Stunden blieb er in einer Eisgrube noch immer bei seiner völligen Kraft. Allein wenn wir diese Versuche mit den, im vorhergehenden Paragraphen angeführten zusammen halten, so ersehen wir daraus, daß bei gleicher Temperatur, der Saft aus den Hoden seine Befruchtungskraft länger, als der Saame selbst, behalte. Mag er wohl etwan, in den Hoden eingeschlossen, später in die Fäulniß übergehen?

gehen? Ich kan dieses nur muthmaßen, ob ich gleich in dieser Absicht noch keine Versuche angestelt habe.

§. 133.

Wenn man die Hoden aus den Kröten heraus nimt, und sie in freier Luft liegen läst, so halten sie sich und vertroknen, ehe sie noch in Fäulniß übergehen. Ich war begierig zu wissen, ob ihre befruchtende Kraft verlehren ginge, wenn sie getroknet würden: aber ich fand, daß ihnen auch die Troknung ihre Kraft nicht benahm. So lange noch ein wenig von dem Safte übrig war, erhielt sich auch das Vermögen, die Larven zu befruchten. Die Hoden wurden durch die Austroknung ganz hart und einer feinen hornigen Haut ähnlich: sie bekamen zwar durch das Einweichen im Wasser ihre vorige Gestalt wieder, und, beim Anfühlen, schienen sie auch wieder voll Saft zu sein, aber die Feuchtigkeit diente nicht mehr zur Befruchtung. Dies kan uns aber gar nicht Wunder nehmen, weil die Vertroknung den grösten Theil des Saftes wegnimt, und auch vermuthlich das wirksame Principium davon verraucht ist.

Eben diese Unfruchtbarkeit, die die Vertroknung oder Fäulniß in dem Safte der Hoden zu wege bringt, verursacht auch eine allzustarke Hitze; wenn man die Hoden nur einige Minuten in Wasser oder Luft hält, worinne das Thermometer fünf und dreißig Grad steht; so verliehren sie ihre Befruchtungskraft.

Wenn ich nun alles das mit dem, was im vorhergehenden hundert und dreißigsten, und hundert ein und

dreißig-

dreißigsten Paragraph gesagt worden, vergleiche; so kömt es mir vor, als ob einerlei Ursache, sowohl den Saamen selbst, als auch den Saft der Hoden unfruchtbar mache: welches auch ganz natürlich ist, weil der Saamen großentheils aus dem Hodensafte besteht, in welchem ich auch fast allzeit kleine Saamenthiergen gefunden habe: und das giebt uns auch zu erkennen, warum die Larven, die mit dem Hodensafte solcher Kröten, welche lange abgesondert hatten leben müssen, auch fast niemals belebt wurden; es war nicht allein die allzu kleine Menge, sondern auch die mangelnde Kraft schuld daran. Es war auch vergeblich, Larven mit dem Safte solcher Kröten zu befruchten, die zur Erzeugung noch nicht alt genug und zur Begattung fähig waren: auch derjenige Saft, der in Thieren, die zur Erzeugung untüchtig geworden sind, gefunden wird, hat seine befruchtende Eigenschaft verlohren.

§. 134.

Bei allen bisher beschriebenen künstlichen Befruchtungen, habe ich allzeit reine Saamenfeuchtigkeit, wie auch Hodensaft, ohne alle Vermischung aus verschiednen Amphibien angewendet; nun untersuchte ich auch, was sich bei den Befruchtungen zeigen würde, wenn ich gedachte Befruchtungssäfte mit andern verschiednen Dingen vermischte.

Ich glaubte, der geringe Unterschied zwischen dem Safte aus den Hoden und dem Saamen selbst, würde, wenn man diese Substanzen vermischte, und die Befruchtung mit dieser Vermischung anstelte, derselben

selben nicht hinderlich sein, wie es auch die Erfahrung oftmals bewies.

Ob gleich das Wasser von diesen beiden befruchtenden Säften eine sehr verschiedne Flüßigkeit ist; so schien es mir ebenfals, die Befruchtung nicht hindern zu können; und dieses um desto mehr, da in der natürlichen Befruchtung dieser Amphibien, der Saame vom Männgen ins Wasser gelassen wird, und derselbe erst sodenn, nach der Vermischung mit demselben, auf die Larven fält. Bei den Salamandern geschieht die Befruchtung gar nicht eher, als bis die Vermischung des Saamens mit dem Wasser geschehen ist §. 129., und in der That, diese Flüßigkeit konte auch die befruchtende Kraft des Saamens der Kröten nicht besser zur Belebung ihrer Larven unterstüzen: aber hierbei will ich es izt bewenden lassen, um gewisse Betrachtungen, die mir dieser Umstand darbietet, darüber anzustellen. Ich will solche Versuche anführen, wo ich noch andre Flüßigkeiten angewendet habe.

Wenn ich die Saamenbläsgen bei den Krötenmänngen öffnete, sahe ich oft, daß der sonst wie Wasser helle Saft, mit Blut gefärbt war, welches durch die Wunde des Unterleibes dahin gekommen war. Ich mischte also diese Feuchtigkeit vorsezlich mit Blut, und bestrich zweimal eine Parthie Larven damit, und die Befruchtung erfolgte eben so gut, als wenn der Saamen ganz rein gewesen wäre: ich muß sogar sagen, daß das mit dem Saamen gemischte Blut gerint, und daß man es so gut davon nehmen kan, daß der Saa-

men

men vollkommen rein wird. Ich nahm einige dieser kleinen geronnenen Partikkelgen Blut aus dem Saamen; und auch diese befruchteten die Larven mit den ganz wenigen daran klebenden Saamentheilgen sehr gut.

Die andern Säfte unsrer Kröten, von Männgen und Weibgen, als Galle, Speichel, aus der Leber genommene Feuchtigkeiten, aus den Lungen, Nieren, ja sogar der Urin, der doch für scharf und verderblich zu achten ist, haben die befruchtende Eigenschaft des Saamens nicht vertilgt.

Der Urin sogar vom Menschen, wenn nicht mehr als die Hälfte der Mischung genommen wurde, hat dem Saamen dieser Thiere nichts geschadet; wenn Larven damit benezt wurden, entwikkelte sich der größte Theil, und die Zahl der Larven nahm ab, so wie man die Beimischung des Urins vermehrte, und wenn man die Menge desselben verdoppelte, kam gar keine Larve zum Leben.

Weinessig brachte eben die Wirkungen, wie der Urin, hervor.

Der Speichel war der Befruchtung ganz unschädlich, wenigstens in mäßig beigemischter Menge.

Aber man wird vielleicht fragen: vermischte sich denn auch der Saamen mit der hinzugethanen Feuchtigkeit, ganz genau, oder schwammen dessen Partikkelgen nur wie Oel auf dem Wasser herum? denn im leztern Fall würde die Befruchtung keine Verwunderung erwekken; allein ich kan versichern, daß die Mischung volkommen, und seiner Auflösung ähnlich war, wie mich nicht allein die ungewafneten Augen, sondern auch die Beobachtung durchs Mikroskop belehrten.

Der mit Wasser vermischte Saamen machte eine vollkommene homogene Flüssigkeit aus, so, daß man sie für rein Wasser halten konte: rother Weinessig färbte den Saamen auch ein wenig roth; aber der weisse Weinessig ließ ihn bei seiner Durchsichtigkeit: in beiden Fällen hatte der Weinessig seine Schärfe verloren, welches auch von der genauen Mischung eine Anzeige gab: eben das erfolgte auch, wenn ich dem Saamen Urin beimischte.

Diese Versuche mit dem Safte aus den Hoden wiederholte ich ebenfals, und nahm wahr, daß ihm die Vermischung an seiner befruchtenden Kraft nichts benahm; und da dieser Saft die Flüssigkeiten, denen man ihn beimischte, in etwas blau färbte, so konte ich an seiner innigen Beimischung nicht zweifeln. Es schien also auch in dieser Rüksicht, daß der Saft in den Hoden dem wahren Saamen sehr ähnlich sein müsse. Ich will hier nichts davon anführen, daß, ohnerachtet der sehr kleinen Menge der Saamenpartikkelgen, in der zur Befruchtung genommenen Flüssigkeit, dennoch die Entwikkelung erfolgt ist.

§. 135.

Nunmehro muß ich noch die verschiednen Umstände anzeigen, in welche ich die Larven versezt habe, ehe sie befruchtet worden sind.

Wenn

Wenn ich die Weibgen auf die im 130sten Paragraph angezeigte Weise getödtet hatte, ließ ich die Larven eine gewisse Zeit in der Gebärmutter, damit ich wüste, wie lange dieselben in der Gebärmutter des todten Thieres liegen könten, ohne das Vermögen zu verliehren, befruchtet oder belebt zu werden. Acht Stunden hinderten ihre Entwikkelung und Belebung nicht; aber nach dreizehn bis vierzehn Stunden hatte ihnen der Aufenthalt in ihrer todten Mutter viel geschadet. Von zwei hundert befruchteten Larven blieben mehr als achtzig unbelebt. In der sechzehnten Stunde des Aufenthalts der Larven in der todten Mutter, waren nur drey todte darunter; ich zeige diese Anzahl mit Fleiß an, weil mir eben so viele auch in einer vierten getödteten Kröte vorgekommen sind, wiewohl diese Larven noch nicht so lange in der Gebärmutter des todten Thieres geblieben waren. Dieser Umstand bestärkt auch die Maxime der geübtesten Naturforscher, welche glauben, daß oft wiederholte Versuche, zur Bestätigung eines Grundsatzes in der Naturlehre nicht allein vortheilhaft, sondern auch nothwendig sind.

Die Zusammenschrumpfung der gedachten drei Larven, ihr verdikter Schleim, die angehende Fäulniß, die sich durch den Geruch verrieth, waren allzusichere Anzeigen, die es glaublich machten, daß sich diese Larven, wenn sie mit Saamen benezt worden wären, nicht entwikkelt haben würden. Allein ich konte wenigstens vermuthen, daß, wenn ich diese Versuche, bei einer minder warmen Witterung, als die damalige war,

wo

wo das Thermometer im Schatten auf dreißig bis zwei und dreißig stand, wiederholen würde, die Larven sich sodenn auch unverdorben in der Gebärmutter erhalten könten. Ich nahm daher meine Zuflucht zu einer Eisgrube, worinne ich sonst schon die befruchtenden Säfte aufbewahrt hatte, §. 131. und 132. In dieser kalten Atmosphäre erhielt ich zwei todte Kröten ein und vierzig Stunden: die aus ihrer Mutter gezogene Larven befeuchtete ich mit Saamen, und sie kamen völlig zum Leben.

§. 136.

Ich habe nicht Muße genug gehabt, zu untersuchen, was mit den Larven, die mit verschiednen Feuchtigkeiten benezt wären, vorgehen würde. Ich habe nur blos das Wasser versucht: und da diese Flüssigkeit der Aufenthalt der Mütter ist, und auch die Larven darinne zum Leben gelangen; so scheint es mir gar nicht schädlich für sie zu sein. Larven, die ich aus der Gebärmutter einer lebendigen Kröte gezogen, und dieselben vier Stunden hatte liegen lassen, befruchtete ich mit wirklichem Saamen; andre mit Hodenfeuchtigkeit: aber in einigen Tagen faulten sie alle, und die Fäulniß ließ sich auch gar bald bei andern befruchteten Larven verspüren, die nur drei Stunden im Wasser, eben so, wie in denen, die nur zwei, ja sogar nur eine Stunde darinne gelegen hatten. Dieses ganz unerwartete Phänomen machte mich begierig zu wissen, wie lange diese Larven nach der Befruchtung, ohne zu verderben, dauern würden. Der ganze Zeitraum betrug nicht mehr als dreizehn Minuten, nach welcher Zeit

die

die meisten Larven, der Befruchtung ohngeachtet, verdarben, wie ich mehr als hundertmal gesehn habe.

Allein bringt denn das Wasser in so kurzer Zeit so große Wirkung hervor, da man doch die Larven an einem troknen Orte, oder in der Gebärmutter, viele Stunden erhalten kan, ohne daß sie darum unfruchtbar werden? Um diese Schwierigkeit zu heben, müßte man sorgfältig beobachten, was für eine Veränderung die Larven, oder der sie umgebende Schleim, während ihres Aufenthalts im Wasser, erleiden möchten. Ich habe schon oft angeführt, daß die Larven mit ihrem Schleime, wie zwei runde sehr lange Schnuren gestaltet wären, welche das Weibgen von sich läst. Diese Schnuren fallen, sobald sie nur das Wasser berühren, zu Boden: aber wenn es warm ist, kommen sie nach wenig Stunden in die Höhe, und schwimmen allzeit oben auf; und das geschieht, weil sie aufschwellen, und leichter werden: man kan ihr Aufschwellen deutlich wahrnehmen, wenn man ein gut Augenmaß von den Schnuren, vor ihrer Untertauchung, genommen hat: dieses Wachsthum kan durch nichts anders, als durch das Wasser verursacht werden, welches in den Schleim der Schnuren eindringt, sie erweitert, vergrößert, und sie in einen größern Raum ausdehnt, weil diese Schnuren im Troknen sich eben nicht merklich vergrößern, und diejenigen, die im Wasser gelegen haben, auch Feuchtigkeit genug beim Zusammendrükken von sich geben. Daher kömt es dann auch, daß das Wasser die Befruchtung hindern kan, weil der Saame, um die Larven zu befruchten, den Schleim,

der

der sie umgiebt, auf die eine oder die andre Art erst durchdringen muß, ehe er zu denselben gelangt. Vielleicht sind gewisse Oeffnungen da, die im troknen Zustande dem Saamen einen freien Durchgang durch den Schleim, und sodenn bis zu den Larven verstatten. Allein, wenn diese Zugänge verschlossen sind, welches geschehen muß, wenn sie das Wasser ausfült, so wird auch hernach, wenn die Schnuren eine Zeitlang im Wasser gelegen haben, der Saamen weder bis zu den Larven dringen, noch sie befruchten können.

§. 137.

Diesem Hinderniß ist, bei der natürlichen Befruchtung, gleichsam von der Natur vorgebeugt worden. Die Männgen der sich begattenden Frösche und Kröten spritzen ihren Saamen auf den Schleim, der die Larven, so lange sie sich im Wasser befinden, überzieht; aber der Aufenthalt in demselben dauert, nachdem sie zum Vorschein gekommen sind, nur einige Augenblikke: und ich habe bemerkt, daß, so wie die Larven nur durch den After zum Vorschein kommen, dieselben auch sogleich von dem Männgen mit seinem Saamen benezt worden, so, daß die Larven nicht sobald den Eindruck vom Wasser verspüren, als sie schon vom Saamen benezt sind. Ja es kömt mir vor, als ob die Männgen, die Fruchtlosigkeit ihrer Bemühung, diejenigen Larven zu befruchten, welche sich schon einige Zeit im Wasser befunden haben, voraus sähen. Denn sie wollen selbige nie befruchten. Ich ließ einige Weibgen abgesondert im Wasser. Nachdem sie einige Larven=

benschnuren von sich gegeben hatten, so gab ich ihnen Krötenmänngen zur Gesellschaft, die sich sogleich mit dem Weibgen begatteten, und die aus dem After des Weibgens kommende Larven befruchteten: aber die schon im Wasser vorgefundenen, unbefruchtet ließen. Ich habe schon gesagt, daß es schiene, als sähen diese Thiere im Voraus, was vorgehen würde; aber ich habe nicht behauptet, daß diese Amphibien die Larven, welche zur Befruchtung untüchtig sind, von den fruchtbaren zu unterscheiden wüsten. Die Art ihrer Begattung bringt es schon so mit sich, daß die Larven, die beim Ausgange aus dem After demselben am nächsten sind, auch sogleich, ehe sie in's Wasser gehen, befruchtet werden, so, daß die Absicht der Natur, welche die Fortpflanzung ihrer Art ist, ohne ihr Wissen von ihnen befördert wird: woraus nun dieses folgt, daß, obgleich die Befruchtung bei Fröschen, Kröten, und nach der allgemein angenommenen Meinung auch bei den Fischen, außerhalb dem Körper des Weibgens vorgeht, doch die Larven nicht eher befruchtet werden, als bis sie sich im Grunde des Wassers befinden, wie ich dies bei allen Arten der Frösche und Kröten, von denen ich bisher geredet, beobachtet habe. Denn ob ich gleich verschiedne Stükgen von den aus der Gebärmutter gezognen Larvenschnuren mit einigen Männgen ins Wasser that, so habe ich doch nie eine einzige zum Leben kommen sehen, obgleich die Saamenbläschen gedachter Männgen mit Saamen gänzlich angefült, und sie auch während der Begattung von ihren Weibgen weggerissen worden waren. Ich konte also diesem zufolge schließen, daß zu der Zeit auch nicht ein Tröpfgen

Saamen sich ins Wasser ergossen haben muste, weil auch dieses Tröpfgen hinlänglich wäre, die Larven zu beleben.

Drittes Kapitel.

Von der künstlichen Befruchtung, bei dem Laub- und Wasserfrosche.

§. 138.

So klein auch die Anzahl der Versuche, in Rüksicht auf die künstliche Befruchtung der Wasser-Salamander gewesen ist, so kan ich doch eine eben nicht viel größre, in Ansehung des Laubfrosches liefern, und zwar nicht allein der Schwierigkeit wegen, die man in der Entwikkelung ihrer Früchte erfährt, wie man aus dem 129sten Paragraph ersieht, sondern auch noch aus der seltenen und geringen Anzahl dieser Thiere. Ich habe überhaupt, während dieser meiner Versuche, nicht mehr als vier Stük bekommen können. Daher muß ich dem Leser sagen, daß ich die künstliche Befruchtung nur bei vier Laubfröschen in ihrer Begattung durch den Saamen des Männgens, und durch die Feuchtigkeit aus den Hoden habe bewerkstelligen und bestätigen können.

Ich will mich also nicht länger hierbei aufhalten, sondern mich nunmehro zu den grünen Wasserfröschen wenden, die man sehr häufig in den Gegenden um Pavia antrift, diese haben mir alle Mittel an die Hand gegeben, soviel Versuche zu machen, als ich nur gewünscht

wünscht habe. Ehe ich aber weiter gehe, will ich zuvor die Zeugungswerkzeuge des Männgens hier beschreiben, wie ich auch schon des Weibgens ihre in der ersten Abhandlung den Leser habe kennen lernen.

Wenn man dem Frosche den Unterleib öffnet, und die Gedärme herausnimt, erblikt man sogleich die Blase, Saamenbläsgen und die Hoden: erstere liegt sehr nahe am After, und scheint in zwei Theile abgesondert zu sein, ob sie gleich nur eine einzige Höhle hat, wie man aus dem abgehenden Urine ersieht, der nur aus einer Abtheilung kömt, aber beide mögen wohl durch eine innere Oeffnung Gemeinschaft haben. Wenn die Urinblase angefült ist, verdekt sie einigermaßen die Saamenbläsgen, sobald aber diese ausgeleert ist, fallen sie in die Augen. Sie liegen etwas höher als die Urinblase, und bestehen aus einer sehr dünnen Haut, durch welche man den Saamen, der dem Wasser an Farbe gleicht, sehen kan; jedes dieser Bläsgen, hat eine ziemliche Verlängerung, die sich in die Epididimen der Hoden verlaufen oder einsenken, und die wir die Saamen abführenden Gefäße nennen wollen. Bei den Wasser-Salamandern hat man bisweilen vier Hoden angetroffen: und ich habe auch an dieser Beobachtung nicht gezweifelt, doch aber habe ich dieses bei den Salamandern und Fröschen nicht gefunden. Unser Frosch hat nur zwei Hoden, die gelb wie Eidotter aussehen, äußerlich sind sie, wie der Kröten ihre, körnigt, und sind voller Feuchtigkeit: besonders findet man dieses, wenn die Männgen in der Begattung sind, denn zu der Zeit strotzen sie von Saamen, §. 120.

§. 139.

Diese beiden Säfte, den Saamen, und die Feuchtigkeit aus den Hoden, wendete ich zu den künstlichen Befruchtungen in meinen ersten Versuchen an. Ich befruchtete Larven aus lebendigen Froschweibgen, mit Saamen aus lebendigen Froschmänngen: hernach veränderte ich diese Versuche mit Säften, die nicht mehr frisch, sondern der Fäulniß schon nahe, oder auch mit Larven, die von verschiedner Beschaffenheit waren: ja endlich vermischte ich sogar diese Feuchtigkeiten mit andern fremden Substanzen: dem wesentlichen nach waren die Resultate, völlig den vorigen, die ich mit allen ihren Veränderungen erzählt habe, gleich. Ich werde mich also nur auf diese gegenwärtigen einschränken: die beiden befruchtende Säfte des grünen Wasserfrosches, haben, bei allen übrigen gleichen Umständen, ihre befruchtende Eigenschaft viel länger außerhalb des Körpers erhalten; als die von den Kröten. Zum andern haben sie nicht so lange einer großen Hitze widerstehen können: Die Wärme von zwei und dreißig Grad benahm, in wenig Minuten, dem Saamen der Kröten seine Befruchtungskraft noch nicht, wie doch bei den Fröschen geschahe. Zum dritten; die Saamenfeuchtigkeit dieses Frosches, erhält seine befruchtende Eigenschaft noch weit länger, als die von den Kröten, ob ihr auch gleich eine größre Menge Urin beigemischt wird, als der leztern. Endlich behalten auch die Larven dieses Frosches, ihre Fähigkeit befruchtet zu werden, weit längere Zeit, wenn sie in der Gebärmutter des todten Thieres gelassen werden, als die Larven der Kröten.

§. 140.

§. 140.

Nunmehro will ich die Neugierde mit einigen ganz neuen Versuchen unterhalten. Ich wolte gerne Kröten, Salamander, oder Frösche befruchten: zu dieser Absicht bestrich ich, mit einem in die Befruchtungsfeuchtigkeit eingetauchten Pinsel, den Schleim, der die Larven überzog, oder wenn ich diesen Saft in einem Uhrglas hatte, legte ich die in ihren Schleim eingehülten Früchte ganz hinein: und auf solche Art wurden sie über und über befeuchtet. Aber ist es denn auch wohl zur Befruchtung nöthig, daß die Früchte auf solche Art ganz und gar mit der Saamerfeuchtigkeit umgeben werden müssen? Ich konte darinne nicht anders, als durch den Versuch gewiß werden, und der Versuch war von Wichtigkeit. Bei den Fröschen findet man, daß der Schleim, der die Larven umgiebt, nicht in lange Schnuren geformt ist, wie man es bei der Kröte mit rothen Augen, oder der stinkenden Kröte findet §. 45. 68., sondern er ist in kleine runde Kugeln geformt, welche die Larven in sich halten. Diese aus der Gebärmutter genommenen Kügelgen, lassen sich leichtlich von einander absondern: ich nahm deren einige, und badete sie über und über in Saamen, andre badete ich nur auf dem halben, und noch andre auf dem dritten Theile ihrer Fläche: hernach that ich diese Larven alle in's Wasser, und sie kamen beinahe auch alle zum Leben: dieser Umstand lehrte mich, daß es zu ihrer Befruchtung hinlänglich sei, nur eine Parthie von ihrem Schleime zu benetzen: Die Larven sind auf der einen Seite ihrer kugelförmigen Gestalt schwarz, auf der andern aber weiß §. 14., sie werden auf der schwarzen

Seite, so gut wie auf der weissen Seite, durch die Benetzung mit oft gedachten Befruchtungssäften, befruchtet: mit einem Worte, es ist völlig einerlei, auf welcher Seite diese kleinen Kugeln mit der Saamenfeuchtigkeit benezt werden, die Larven werden davon gleichmäßig befruchtet.

Ich habe gesagt, daß es der kleinste, ohngefähr der dritte Theil der Oberfläche der Kugeln gewesen wäre, den ich mit der Saamenfeuchtigkeit benezt hätte: aber auch hiermit bin ich noch nicht zufrieden; ich habe in der Folge immer einen noch kleinern Theil von den Kugeln mit Saamen befeuchtet, endlich nur einen so kleinen Punkt, wie man mit einer Schreibfeder, ja sogar wie eine in Saamen eingetauchte Nadel mit einer einzigen Berührung macht; dennoch aber, so geringe auch die Menge der Saamenfeuchtigkeit war, mit der die Kügelgen berührt wurden, so entstund nichts desto weniger die Befruchtung mit eben dem geschwinden Erfolg, als wenn die Kügelgen gänzlich mit Saamen wären benezt worden. Meine Neugier gieng so weit, daß ich gerne wissen wolte, ob auch ein solches Tröpfgen Saamen, das die in den Kügelgen eingeschloßnen Larven befruchtet hätte, auch andre, die diese nur berührten, befruchten würde. Zu dieser Absicht legte ich in zwölf mit Wasser angefülte Uhrgläser, vier und zwanzig aus der Gebärmutter eines Frosches genommener kleiner Kügelgen, so daß in jedem Glase deren zwei zu liegen kamen, einander berührten, und durch ihren natürlichen Schleim an einander klebten; hierauf tauchte ich eine Nadel mit der Spitze in Saamenfeuchtigkeit, und berührte in jedem Glase nur eines von den Kügelgen, so, daß das andre unberührt blieb. Da ich nun gleichwohl zwei und zwanzig Larven lebendig werden sahe, mußte ich glauben, daß jedes Saamentröpfgen zwei Larven belebt hatte. Diesen Versuch wiederhohlte ich mit gleich glüklichem Erfolge, und veränderte ihn auch sogar mit Vermehrung der Larven. Im ersten Falle war die Anzahl entwikkelter Larven allzeit gewöhnlicher Weise doppelt von derjenigen Zahl der durch das Berühren mit Saamen befruchteten Larven. Im andern Falle hat es nie fehlgeschlagen: und sogar, wenn ich eine jede kleine mit Saamen berührte Kugel, von zwei andern dergleichen berühren, oder an dieselbe anstoßen ließ, so kamen öfters die Larven aus diesen beiden Kügelgen zum Vorschein. Hieraus muß man also doch schließen, daß der Saamen des grünen Wasserfrosches so höchst kräftig ist, daß ein Tröpfgen von undenklich kleiner Art hinreichend sei, mehrere Larven zu befruchten.

§. 141.

Beim Nachdenken über das Phänomen dieses erstaunenswürdigen Versuches, schien es mir, daß das kleine Saamentröpfgen die Larven nicht anders könte befruchtet haben, als es müsse zuvor durch einen Theil der kleinen Schleimkügelgen durchgedrungen sein: demnach würde es auch der Mühe werth sein, zu untersuchen, was denn wohl erfolgen würde, wenn die Dikkigkeit dieses Schleims doppelt groß wäre, und man dennoch eben die geringe Menge Saamen beibehielte: ich legte zu dieser Absicht einzelne kleine Kugeln in die Uhrgläser; mit den höchst feinen Spitzen außerordentlich subtiler Zängelgen zog ich den Schleim von jedem Kügelgen herunter, und war so glüklich, einen Schleimfaden, ohne ihn zu zerreissen, ohngefähr von einem Zoll zu erhalten: diesen Faden hielt ich in wagerechter Linie angespant, und berührte das eine Ende mit der Spitze einer in Saamen eingetauchten Nadel: nun erwartete ich hierauf den Erfolg mit Ungeduld. Vielmal verdarben die Larven, aber oft entwikkelten sie sich auch glüklich: und in diesem Falle muste man doch sagen, daß das kleine Saamentröpfgen, durch die Länge des Fadens durch gedrungen sei, weil bei der wagerechten Lage, in welcher ich den Faden hielt, der Saamen doch nicht in der Länge seiner Oberfläche hinunter geflossen sein konte. Der folgende Versuch ist dem izt beschriebenen ähnlich. Ich that in eine Glasröhre, die an dem einen Ende zugeschmolzen, und in perpendiculairer Richtung war, ohngefähr fufzig von unsern Schleimkügelgen; auf diese machte ich eine Lage Schleim, den ich von andern dergleichen Kügelgen genommen hatte; dieser Schleim mochte ohngefähr ein Zoll in seiner Dikke der Lage nach haben, und stieg im Glase auf und ab, so, daß er die Gestalt eines Trichters annahm, dessen Spitze in der Mitte stand. Auf diese ließ ich einen kleinen Tropfen Saamen fallen, und nachdem er sich verzogen hatte, welches sehr bald geschahe, nahm ich den Schleim weg, und legte die Kügelgen ins Wasser: wenn nun das Tröpfgen des Saamens nicht zu klein gewesen war, so kamen fast alle Larven zum Vorschein, außer dem aber war die Anzahl sehr geringe.

Diesen

Diesen Versuch machte ich noch einmal, aber mit diesem Unterschiede, daß ich statt des gedachten Schleims Eiweis vom Huhne an dessen Stelle nahm; aber auf diese Weise wolte sich keine Larve entwikkeln. Und sogar ein Theil von dem Eiweis, der sich mit dem Schleim der kleinen Kugeln vermischt, und seine angehende Fäulniß demselben mitgetheilt hatte, gieng auch zu den kleinen Kugeln und den Larven selbst über.

Die zwei ersten Versuche dieses Paragraphen, geben die grosse Wirksamkeit des Saamens der Frösche zu erkennen, weil sie auch in kleinster Menge an einem einzigen Punkte einzudringen fähig ist, und durch den Schleim der Kügelgen, ohne seine Befruchtungskraft zu verlieren, es mag nun derselbe durch die feinen Oeffnungen (pores) des Schleims, durch welche er auch ganz leicht geht, hindurch dringen, oder der Saamen mag auch durch kleine unsichtbare Röhren eingesogen werden, die von der Natur dazu bestimt sind, den Saamen gleichsam begierig in sich zu ziehen, und ihn bis zu dem Körper der Larven hindurch zu lassen. Das Eiweis, das zur Nahrung des Kügelgens bestimt ist, muß nothwendig von dem Schleime, der die Larven nähren soll, in seiner Beschaffenheit weit abweichen; daher kan man leicht einsehen, warum der Saamen des Frosches einen Weg quer durch den Schleim der Larven, aber nicht durch das Eiweis findet.

§. 142.

So wunderbar alle hier erzählten Umstände klingen, so sind deren doch noch immer mehrere nachzu-

 holen.

holen. Ich habe im §. 134. gezeigt, daß die Saamenfeuchtigkeit ihre befruchtende Kraft nicht verliehrt, wenn man sie gleich mit Wasser vermischt. Diesen Versuch wolte ich gerne zu meiner Belehrung recht genau anstellen. Hier sind dessen Resultate. Ich vermischte Froschsaamen mit gleichem Theile Wasser. Diese Mischung war eben recht geschikt, Larven zu befruchten: nun nahm ich zwei Theile Wasser zu einem Theile Saamen, und der Erfolg blieb einerlei; denn es entwikkelten sich zwei Drittel von den Larven. Zu jedem Versuch nahm ich den Saamen aus den Saamenbläsgen eines Frosches, der ohngefähr drei Gran betrug; das Wasser aber hat darum für sich keine Befruchtungskraft, sondern es löset nur den Saamen auf, und ein jeder Theil enthält auch eine gewisse Menge in sich. Ja, nachdem ich das Wasser in vierfacher Menge mit dem Saamen vermischt hatte, so kamen doch dreihundert Larven zum Leben, da indessen bei einer Vermischung des Saamens mit Wasser zu gleichen Theilen kaum hundert zum Vorschein kamen. Der glükliche Erfolg dieses Versuchs brachte mich auf den Einfall, nur drei Gran Saamen mit einem Pfunde Wasser zu vermischen, in dieser Mischung sahe ich eine ganze Colonie Larven, die ich aus der Gebärmutter zweier Froschweibgen genommen hatte, sich beleben, und lustig bewegen.

Allein da die Verwunderung, von der man eingenommen wird, oftmals der Richtigkeit der Beobachtung Eintrag thut, so suchte ich selbige durch folgende Bemerkung zu vermindern. Wenn ich die Larven in ein

Pfund

Pfund Wasser legte, so giengen sie wie gewöhnlich zu Boden, und blieben unten vermittelst ihres Schleims kleben: würde denn nicht also auch die Saamenfeuchtigkeit der Frösche, welche vermuthlich schwerer als Wasser ist, auch zu Boden gefallen sein, wo selbst die Früchte der Frösche beisammen sind? auf diese Art würde die Befruchtung der Larven, nicht durch die Verbreitung des Saamens in der großen Menge Wassers, sondern durch seine ins kleine zusammengezogene Kraft erfolgen: wenn diese Voraussetzung wahr ist, so fält unsre Verwundrung weg. Davon nun gewiß und überzeugt zu werden, erfand ich folgendes Mittel. Ich vermischte wiedrum den Saamen von einem andern Froschmänngen mit einem Pfunde Wasser, und ließ diese Mischung eine Stunde ruhig stehen: wenn nun die specifische Schwere des Saamens die Schwere des Wassers überwöge, so würde derselbe auch gewiß zu Boden gefallen sein: nach Verlauf einer Stunde stelte ich unbefruchtete Larven nach einer gewissen unterschiednen Höhe im Wasser feste, einige ganz unten auf den Boden, andre bestrichen ihn kaum, und noch andre stunden noch etwas höher, bis endlich die lezte Parthie dem Wasser gleich stand: ich fand hierbei nicht, daß die Befruchtung bei den untersten Larven größer oder häufiger als bei den übrigen gewesen wäre, sondern sie schien mir bei allen gleich zu sein. Hieraus aber läßt sich schliessen, daß der Saamen auch durch das Wasser auf gleiche Weise müsse verbreitet werden; daß diesem zu Folge drei Gran Saamen sich in einem Pfunde Wasser gleich durch so verbreiten könne, daß von seiner Befruchtungskraft nichts verlohren geht.

§. 143.

Man wird leicht errathen, daß ich auch hierbei nicht stehen blieben bin, sondern daß ich auch den Versuch durch Vermehrung des Wassers bei dieser Mischung so weit getrieben habe, bis das Verhältniß des Saamens so geringe war, daß er endlich seine befruchtende Kraft gänzlich verlohr. Indem ich alle Umstände des vorigen Versuches vollkommen beobachtete, vermehrte ich blos die Menge des Wassers, und nahm jezt statt eines Pfundes achtzehn Unzen; allein die Larven entwikkelten sich in jeder Höhe des Wassers so gut, als bei dem vorigen Versuche. Diese Menge von achtzehn Unzen, schien mir aber die größte, für drei Gran Saamen zu sein, die man, ohne die befruchtende Eigenschaft zu schwächen, nehmen durfte, weil in dem Falle, wo ich zwei Pfund Wasser zu drei Gran Saamen mischte, die Anzahl der sich entwikkelten Larven abnahm, und noch schwächer wurde die Zahl, wenn ich drei Pfund Wasser zu drei Gran Saamen that; vier Pfund Wasser aber verminderten allerdings die Menge der sich entwikkelten Larven noch weit mehr. Endlich war es höchst bewundernswürdig, daß sich noch immer einige Larven entwikkelten, wenn auch schon die Menge Wasser zwei und zwanzig Pfund gegen drei Gran Saamenfeuchtigkeit betrug.

§. 144.

Wir haben nun gesehn, wie wenig Saamen erfordert wird, die Befruchtung zu bewirken. Ein Tröpfgen von lauterm Saamen an einer Nadelspitze, ist schon dazu hinlänglich genug. §. 140. Aber auch nur

drei

drei Gran in zwölf, ja in achtzehn Unzen Wasser aufgelöst, behalten noch immer ihre befruchtende Kraft. §. 142. 143. Hier folgen neue Erscheinungen, welche über diese Wahrheit noch mehr Verwunderung erregen. Man wird leicht begreifen, daß die Partikkelgen Saamen, die in einem kleinen kaum sichtbaren Tropfen von diesem gemischten Wasser, wovon achtzehn Unzen nur fünf Gran Saamen enthält, stekken, äusserst geringe, und kaum merklich sein müssen: und dennoch sind auch die fast undenklich kleinen Theile zur Befruchtung hinlänglich genug. Ich tauchte nun in diese Mischung eine Nadelspitze, und berührte damit nur an einem Punkte verschiedne schleimigte unbefruchtete Kügelgen. Als ich die Fläche dieses an der Nadelspitze hängenden Tröpfgens ausmaß, betrug es meinem Bedünken nach kaum $\frac{1}{50}$ von einer Linie: indessen entwikkelten sich dennoch viele Larven aus den Kügelgen, die ich mit dem an einer Nadelspitze hängenden Tröpfgen berührt hatte, ja ich fand sogar, daß diese öfters eben so geschwind zum Vorschein kamen, als diejenigen, die ich zu einer Zeit gänzlich in reinen Saamen eingetaucht hatte.

§. 145.

Da ich verschiedne Pfunde Wasser stehen hatte, wo in jedes drei Gran Froschsaamen gemischt war, so wolte ich dieselben, ohne folgende Versuche zuvor damit angestelt zu haben, nicht wegschütten. Ich versuchte, ob dieses Wasser seine Befruchtungskraft verlohren hätte, indem ich eine Menge Larven hineinthat. Soviel als ich Schleimkügelchen in ein Pfund von sol-

chem

chem Wasser thun konte, that ich zusammengerechnet eine Minute in diese Mischung, und viele tausend kamen darinne zur Entwikkelung; ich legte noch andre hinein, und zu meiner Verwunderung entwikkelten sich auch die Larven dieser hinzugethanen Kügelchen, eben so gut, als die erstern: diesen Versuch wiederholte ich vielmals, und ich wurde eher von dieser Wiederholung ermüdet, als die Befruchtung aufhörte. Ich will nur funfzig Parthien von Larven, die ich aus funfzig Gebärmüttern von Fröschen genommen, und in dies Wasser gelegt habe, anführen, und zugleich anzeigen, daß das Wasser, nach der Befruchtung der funfzigsten Parthie, noch eben so kräftig zu dieser Absicht war, wie zuvor, wie ich durch Befruchtung noch andrer Larven gefunden habe. Hernach untersuchte ich, ob denn die Befruchtung mit noch grösserer Geschwindigkeit vor sich ginge, wenn die kleinen Kügelchen in dem befruchtenden Wasser länger liegen blieben, als wenn sie darinne nur wenige Stunden lägen. Ich theilte also ein Pfund von diesem Wasser in gleiche Theile: tauchte in die eine Hälfte viele von diesen kleinen Kügelchen nur eine Secunde lang, und legte sie sogleich darauf in rein Wasser, andre aber ließ ich in dem gemischten; aber die Länge der Zeit hatte auf die geschwindere Entwikkelung der Larven keinen Einfluß, denn ich fand, daß sie sich in beiden Fällen zu gleicher Zeit entwikkelten.

Endlich war dieser Umstand höchst bewundernswürdig, zu sehen, wie lange diese Mischung von Wasser und Saamen ihre befruchtende Kraft behielte, und ich fand, daß dieselbe sogar noch länger, als bei dem lau-

lautern Saamen, dauerte; dieses Wasser konte die Larven, welche man darein tauchte, fünf und dreißig Stunden, nach der Mischung eines Pfundes mit drei Gran Saamen, noch immer bewirken. Diesen Versuch machte ich in einem Zimmer, wo das Thermometer zwischen siebenzehn und neunzehen Grad stand. In einer Eisgrube aber, wo das Thermometer drei Grad unterm Eispunkt stand, erhielt sich die befruchtende Kraft, sogar sieben und funfzig Stunden. Ich habe §. 131. erinnert, daß die Saamenfeuchtigkeit durch Fäulniß ihre befruchtende Kraft verliere, und daß dieselbe in einer großen Menge Wasser verbreitet, viel schwerer in Fäulniß geht, und also auch weit länger fruchtbar bleibt.

§. 146.

In den Versuchen, die ich vom 140sten bis zum 145sten Paragraph angeführt, habe ich nur von den künstlichen Befruchtungen mit dem Froschsaamen geredet, und noch nichts davon erwähnt, wenn man den Hodensaft anwendet; allein ich habe nur, um Verwirrung zu vermeiden, davon geschwiegen, denn ich machte mit diesem Safte zu gleicher Zeit Versuche, die den nur angeführten ähnlich waren: ich konte also die Resultate beider Feuchtigkeiten und ihrer Abweichungen leicht bemerken, aber ich muß bekennen, daß ich nie eine gefunden hätte, die nur im mindesten beträchtlich gewesen wäre: beide Feuchtigkeiten zeigten auch immer ähnliche Wirkungen. Was die befruchtende Eigenschaft des Saamens, mit dem Hodensaft verglichen, betrift, so halte ich doch für nöthig, zu dem §. 125. eine

eine Erläuterung zu geben. Ich sagte an diesem Orte, daß der Hodensaft der Erdkröte, mit rothen Augen und warzigtem Rükken, eine geringere Anzahl Larven, als der Saamen dieses Thiers, befruchtete: aber ich redete von den Safte, der mit keinen andern Feuchtigkeiten vermischt war, und sezte hinzu, daß ich nicht wüste, ob dieser Fehler von der geringen Kraft, oder der Dikkigkeit herkäme, die nothwendig die Verbreitung über die Larven verhindern müsse. Die Mischung des Hodensafts mit andern Feuchtigkeiten, sowohl von Fröschen als Kröten, vorzüglich mit Wasser, hat mir die wahre Ursache seiner schwächern Kraft bei seiner Dikkigkeit zu erkennen gegeben: in der That, wenn man Hodensaft in einem Uhrglas ausgedrükt hatte, und dazu eine gleiche Menge Saamen eines Frosches oder einer Kröte nahm, und solches mit einer größern oder kleinern Quantität Wasser vermischte und die Art Versuche, welche ich anstellen wolte, befolgte, so war es ganz sicher, wie ich auch schon oft gesehen hatte, daß das Wasser gleichmäßig fruchtbar war, wenn ich es mit dem Hodensaft mischte, als wenn es mit dem Saamen selbst vermischt wäre.

§. 147.

Die unerhört große Menge beider Arten von Kröten, die mir Stoff zu den vorigen zwei Kapiteln gegeben, hat mir auch das Mittel gewährt, die so zahlreichen folgenden Versuche, die ich mit dem grünen Wasserfrosche angestellt hatte, fortzusetzen; und ich habe auch gar keinen Unterschied in ihren Resultaten gefunden: diese Frösche und Kröten machen eine Klasse aus. Sie begatten

gatten sich auch auf einerlei Weise, ihre Art wird auch durch einerlei Mittel fortgepflanzt, die Zeugungstheile sind unter diesen Thieren sich auch gleich, die Männgen benetzen auch die Früchte der Weibgen auf die nämliche Weise mit ihrem Saamen, und ihre Früchte sind ebenfals in einen ähnlichen Schleim eingewikkelt, und präexistiren gleichmäßig bei der Befruchtung; alle diese Züge von Aehnlichkeit machen, daß man die Gleichförmigkeit der Resultate in diesen verschiednen Arten künstlicher Befruchtungen leicht einsieht: dennoch aber alles das, was ich über die durch Kunstgriffe in der Befruchtung erlangt habe, will ich nur noch diese zwei Bemerkungen machen.

Die erste ist diese, daß die Kunstbefruchtungen nicht immer einerlei Erfolg haben. Ich benezte mit Froschsaamen fünfhundert Larven und auf gleiche Weise verfuhr ich auch mit dem Saamen einer Kröte; die Menge des Saamens war in beiden Fällen sich gleich, die Larven beider Weibgen waren aus der Gebärmutter genommen: ich zweifelte nicht am guten Erfolg der Befruchtung; aber man muß darum nicht glauben, daß die Anzahl entwikkelter Larven gleich groß sein müsse; bisweilen entwikkelten sich alle fünf hundert Larven des Frosches und der Kröte, und ein andermal kamen von dieser Anzahl nicht die Hälfte zum Leben; doch das, was sich bei künstlichen Befruchtungen zuträgt, ereignet sich ebenfals auch in den natürlichen, wie ich davon überzeugt worden bin, wenn ich Kröten und Frösche während ihrer Begattung in Gefäßen aufhob, um die Erzeugung zu beobachten. Man kan dieses eben so gut im Freien sehen, und vorzüglich in morastigen Gräben, wo diese Amphibien häufig beisammen sind und sich durch ihr Geschrei entdekken: man trift in diesen Wassern viele Haufen von Larven an, von welchen einige schon aus ihrem Schleime entschlüpft sind, indessen andre noch in demselben als lebendige Gefangene bereit sind, den Augenblik ihrer zu erlangenden Freiheit zu benutzen: kurz, es ist nichts seltenes, unter diesen Haufen verschiedne Schleimkügelgen zu finden, die weder helle noch durchsichtig sind, wie diejenigen, welche belebte Larven bewohnen, sondern ohne Glanz und mehr von grauer als weißlichter Farbe sind. Oefnet man sie, so zeigen die Larven keine Bewegung, sind nicht länglich, sondern vollkommen denen gleich, die keine Befruchtung angenommen haben; der schlechte Zustand, worinne sie sich befinden, giebt zu erkennen, daß sie sich nie entwikkeln werden. Eben dieses findet man auch bei den schleimigten Schnuren, welche die Kröten auf der Oberfläche des Gewässers, im Frühling und Sommer, in den Tiefen der Teiche, Gräben und Moräste von sich lassen.

Man kan von diesem Fehler der Befruchtung in den künstlichen und natürlichen Befruchtungen zwei Ursachen angeben; die eine kan von dem Saamen, die andre von den Larven herkommen. Wenn der Saamen in allen seinen Theilen nicht gleiche Vollkommenheit hat, so wird er auch nicht gleichmäßig befruchtend sein, und die Befruchtung nicht auf gleiche Weise bewirkt werden; der nämliche Umstand wird sich auch ereignen, wenn einige Larven gewisse Fehler haben,

welche

welche die Wirkung des befruchtenden Saftes hindern können.

Die zweite Bemerkung ist von dem Unterschiede hergenommen, den man in der Entwikkelungszeit der Larven findet. Wenn sie aus einerlei Theile bei Fröschen oder Kröten genommen, und auch sogleich vermittelst der Kunst, mit Saamen befruchtet worden sind, so werden sie doch nicht in einerlei Zeitraume belebt; der Unterschied wird bisweilen viele Stunden, ja wohl gar einen Tag betragen: doch ist dieses wahr, daß derjenigen Larven, welche viel später als andere zum Leben kommen, nur ganz wenige sind, und dieser Umstand hat mir zur Regel gedient, wenn ich wissen wolte, ob ihre Langsamkeit sich zu entwikkeln, von der Ursache einer allzu geringen Quantität Saamens, mit welchem sie benezt worden, entstanden wäre. Allein die Beobachtung hatte mich schon gelehrt, daß die langsam sich entwikkelnden Larven nur von geringer Anzahl waren, während der Zeit auch unter einer großen Menge, die auf das reichlichste in Saamen gebadet worden waren, sich ebenfals auch solche fanden, deren Entwikkelung später von statten gieng: daher erhelte deutlich, daß die wenigere oder mehrere Menge des Saamens auf die geschwindere oder langsamere Belebung der Larven keinen Einfluß hatte: und ohne Zweifel sind diejenigen Larven, welche sich nicht so geschwind entwikkeln, solche, wo entweder der Saame zu unkräftig, oder die Larven an sich selbst fehlerhaft, und zur Befruchtung, oder sich zu beleben und zu entwikkeln weniger geneigt sind.

§. 148.

Ich will dieses Kapitel mit einer kurzen Antwort auf eine Frage, die man in Ansehung der künstlichen Befruchtungen öfters an mich gethan hat, beschließen. Man hat nämlich gefragt, ob denn auch die Salamander, die Larven, welchen meine Hand das Leben gegeben hätte, den Larven und Salamandern, die von der Natur entwikkelt wurden, in allen Verhältnissen volkommen ähnlich wären? und ob auch die durch Kunst entwikkelten Würmer, indem sie ihre Figur verliehren, die Gestalt ihrer Art annehmen, wie es bei den Larven und kleinen Salamandern geschieht, welche allzeit ihren Aeltern gleichen? Als man zum erstenmale diese Frage an mich that, hatte ich nur erst einige Resultate aus meinen Versuchen gezogen, die ich 1777 angestelt, und im §. 118. angeführt habe. Damals war ich noch nicht so volkommen gefaßt, auf die an mich geschehene Frage eine befriedigende Antwort zu ertheilen, aber die Aehnlichkeiten unter den Larven und kleinen Salamandern, künstlicher und natürlicher Befruchtungen, schienen mir so auffallend zu sein, daß, da ich diese Amphibien, welche ich auf diesem zweifachen Wege erlangte, bis zu einem gewissen Punkte hatte wachsen sehen, ich sie nicht weiter zu beobachten mich verbunden achtete. Endlich fand ich auch keine Ursache, die das Naturgesez in den künstlich belebten Larven ändern solte. Allein diese Versuche, welche ich damals vernachlässigt hatte, habe ich sodann nachgeholt, indem ich in besondern Gefäßen alle hier genante Amphibien aufbewahrte, und ich kan versichern, daß bei der allersorgfältigsten Untersuchung ich auch nicht den allermindesten

Unter-

Unterschied angetroffen habe. Die einen und die andern, haben in dem, von der Natur bestimmten Zeitraume, ihre Veränderungen aus Larven in Frösche, oder aus Larven in Salamander erlitten; sie haben ihre Schenkel bekommen, und ihre Floßfedern verloren. Es ist also ganz ausgemacht, daß die künstlichen Befruchtungen in dem organischen Baue dieser Thiere nicht die mindeste Veränderung hervorbringen; sondern alles geht in solcher regelmäßigen Ordnung vor sich, als nach den natürlichen Befruchtungen zu geschehen pflegt.

Viertes Kapitel.

Bemerkungen.

§. 149.

In den drei vorhergehenden Kapiteln habe ich stets die Rolle des Naturforschers behauptet, der sich nur blos als Historiker verhält, und der die Phänomene, wie sie die Natur darbietet, und sie sich seinen Augen vorstellen, erzählt, ich habe um soviel mehr Vergnügen hievon gehabt, da ich mir schmeicheln darf, viele neue Erscheinungen bekant gemacht zu haben; allein die Vernunft gebietet mir, daß ich nunmehr über diese Naturbegebenheiten Betrachtungen anstelle; wie solches auch einem philosophischen Naturforscher zukomt, indem er dieselben zergliedert, unter einander vergleicht, und sich dieselben zu Nutze macht; Grundsätze, welche die Erzeugung der Thiere betreffen, zu erklären, und besonders gewisse Phänomene, welche dies bewundrungswürdige Naturgeschäfte begleiten, aufzuklären.

Erste Bemerkung.

Einer von den vornehmsten Endzwekken dieser vorhergehenden Abhandlung ist der gewesen, zu zeigen, daß die Weibgen der Frösche, Kröten und Salamander ihre Jungen, in ihrer volkommenen Gestalt, vor der Befruchtung des Männgens, schon bei sich haben: die Beweise hievon kan man in den §. 18, 19, 30, 54, 55, 56, 57, 72, und 91. finden: und diese Wahrheit habe ich auch noch im §. 127. bestätigt. Ferner ist auch im §. 90 und 91 gezeigt worden, daß das System, nach welchem man die Befruchtung durch Saamenthiergen annimt, und die Epigenesis, von selbst über den Haufen fallen. Kurz, die in dieser Abhandlung erzählten Versuche, beweisen den Ungrund dieser Systeme sehr deutlich.

Diejenigen, welche glauben, daß die Saamenthiergen die wirkenden Ursachen der Erzeugung sein, müssen nothwendig annehmen, daß sie allzeit, wenn die Begattung fruchtbar ist, in dem Saamen vorhanden sind. Daher müste folgen, daß der Saamen des Männgens, wenn er keine Thiergen enthielte, auch keine Fruchtbarkeit besäße. Aber das stimt mit der Sache selbst durchaus nicht überein.

Denn erstlich, ob ich gleich den Saamen dieser Amphibien mit dem Mikroskop untersucht, habe ich doch

in

in demselben dergleichen Thiergen nicht entdekken können: unter andern habe ich den Fall gehabt, wo der Saamen von zwo Kröten ganz ohne Thiergen war, und dennoch die damit bestrichnen Larven sehr gut befruchtete, und zwar eben so, wie es bei andern Kröten geschahe, wo ich die Saamenthiergen häufig entdekte §. 22.

Zum andern: wenn ich mit Frosch- und Krötensaamen Menschenurin oder Weineßig vermischte, so glaubte ich doch diese Thiergen durch diese Beimischung getödtet zu haben: indessen aber verlohr der Saamen seine befruchtende Kraft dennoch nicht, §. 134.

Drittens, verliehrt der Saame seine Kraft eben so wenig, wenn man auch davon nur einige Gran mit zwölf, ja gar mit achtzehn Unzen Wasser vermischt, und die Larven nur mit einigen davon genommenen Tröpfgen befeuchet: ob ich gleich in diesen Tröpfgen durch's Mikroskop keine Thiergen habe entdekken können, §. 142., 143. 144., ohne Zweifel, weil sie in dem weiten Raume dieser Flüssigkeit zu sehr aus einander vertheilt sind.

Zum vierten, befruchtete ich mehrmals die Larven mit altem Saamen, den ich sogar erst nach dem Tode des Thieres aus demselben genommen hatte, und worinne ich öfters todte Thiergen, die oben auf dem Saamen schwammen, entdekte; und dieß ist mir auch mit der Feuchtigkeit aus den Hoden begegnet.

Endlich wäre's mir leicht gewesen, Larven mit einem Tropfen Saamen, der von Thiergen wimmelte, zu befruch-

befruchten, ohne dergleichen dennoch dazu anzuwenden, wenn ich einen Tropfen Saamen, auf den Objektenträger (Porte objet) unter das Mikroskop legte: alles wimmelt von Thiergen in dieser kleinen Menge Feuchtigkeit: allein die allmählige Verdunstung, die sich allzeit von dem Rande anfängt, treibt die Thiergen alle in den Mittelpunkt, wie es auch bei allen Infusionsthiergen geschieht: und je mehr die Verdunstung zunimt, desto merklicher wird ihre Flucht, ob zwar auch noch viele unterweges an dem vertrokneten Rande umkommen. Mit einer Nadelspitze, die ich nahe an dem vertrokneten Rande eintauchte, konte ich verschiedne Tröpfgen, die völlig ohne Thiergen waren, davon nehmen. Um mich nun volkommen zu überzeugen, ließ ich noch erst diese Tropfen auf den Objektenträger fallen, und wenn ich gar kein Thiergen durch's Mikroskop entdekte, bestrich ich mit einem so genau untersuchten Tröpfgen die Larven; und ich hatte das Vergnügen zu sehen, daß dieselben nach einigen Tagen belebt waren. Die lange Uebung und Fertigkeit, die ich in Untersuchung der Saamenthiergen erlangt haben, so wohl von Menschen, als von Thieren, giebt mir die Versicherung, daß ich mich in diesen, allerdings sehr delicaten Untersuchungen nicht betrogen habe. Dieses alles aber giebt uns den volständigsten Beweis, daß das System des Leuvenhoek und seiner Schüler grundfalsch ist.

§. 150.

Viele Naturforscher und Aerzte haben dieses System angegriffen; unter welchen vorzüglich mein

Lands-

Landsmann, der berühmte Vallisnieri, hervorleuchtet; allein ich kan es frei zu sagen mich nicht enthalten, daß ihre Gründe mehr auffallen, als überzeugen, wie der große Bacon sich ausdrükt. Der unsterbliche Haller, scheint mir der einzige zu sein, welcher die Erzeugung durch Saamenthiergen auf eine sieghafte Art bestritten hat. Und zwar ist dieses durch die bekante, vortrefliche Entdekkung der Gedärme des Hühngens geschehen, welche in dem Eie nichts anders sind, als die Fortsetzung der Haut des Eidotters; so, daß wie das Gelbe im Eie, schon in der Henne bei der Befruchtung vorhanden war, auch das Hühngen in dem Dotter schon zugegen sein muste: daher also folgen müsse, daß das Hühngen nicht von den Saamenthiergen, die während der Zeit der Begattung vom Hahne in die Henne übergiengen, seinen Ursprung hätte. Die Richtigkeit dieser Folge hat dennoch nicht den zu Vorurtheilen geneigten Philosophen entgehen können, welche eingewendet haben, daß ja wohl ein Ende von den Häuten des Eidotters möglich wäre, welches zu den Häuten des kleinen vom Vater abgestamten Saamenthiergens paßte, und daß diese beiden zusammen gefügten Enden die Fortsetzung vorstelten, welche der Berner Philosoph zwischen der Haut des Dotters, und der Gedärme des Hühngens entdekt hätte. Allein Haller hatte diese Voraussetzung in seiner großen Physiologie, und der Herr Bonnet nach ihm, als einen sehr unphilosophischen Saz in seiner völligen Blöse dargestelt: Allein, es mag sich auch verhalten wie es will, so kan doch dieser Saz bei meinen Beobachtungen über die Larven nicht statt finden, weil es klar erwiesen ist, daß dieselben in ihrer völligen Gestalt schon vor der Befruchtung in der Mutter zugegen sind: und weil die künstlichen Befruchtungen, von denen ich im 149sten Paragraph geredet habe, dieser kleinen Saamenthiergen, die doch der Grund zu den obangeführten Enden der Häute sein sollen, gänzlich beraubt sind.

§. 151.

Diese besondre Art durch Handgriffe gemachter Befruchtungen, stelt auch die Unrichtigkeit der Epigenesis in ihr volles Licht, und widerlegt zugleich das vom Herrn von Büffon wieder aufs Tapet gebrachte und vertheidigte System seiner organischen Elemente, die uns eine eingebildete organische Welt darstellen, welche unserm großen Weltkörper ähnlich sei, welche Idee auch schon lange vor ihm Descartes hatte, da er eine höchst feine Materie überall zum Grunde legte. Die kleinen Saamenthiergen zogen sogleich Büffons Aufmerksamkeit auf sich, und feuerten seine bilderreiche Einbildungskraft an, daß er auch diese mit dem Nahmen organischer Elemente belegte.

Ich will hier gar nicht darthun, wie sehr diese Verwandlung der Natur zum entehrenden Nachtheil gereicht, ich habe es schon ehedem weitläufig, in dem zweiten Theile meiner Werke von der Natur der Thiere und Pflanzen, gethan. Allein wenn man nun die wunderbare Vorstellung des Herrn von Büffon annähme, so wird allezeit der seiner Thiergen beraubte Saamen, auch nach dieses großen Naturforschers Idee,

von

von seinen Elementen entblößt sein; und da nun, nach seinen Grundsätzen, die Befruchtung anders nicht, als durch die, auf unterschiedne Weise geordneten und vereinigten organischen Elemente geschieht, so ist es ganz ausgemacht, daß derjenige Saamen, der keine organischen Elemente enthielte, auch zur Befruchtung gänzlich untüchtig sein müste. Allein die Saamenfeuchtigkeiten aus Fröschen und Kröten, von welchen ich im 149sten Paragraph geredet habe, waren von solcher Beschaffenheit, welcher Umstand aber doch der fälschlich angenommenen Behauptung geradezu und offenbar entgegen wäre.

Zweite Bemerkung.

§. 152.

Die Widerlegung der angeführten Systeme bestärkt es noch mehr, daß die kleinen Maschinen der Früchte ursprünglich dem Weibgen zugehören, und daß das Männgen nichts als die Feuchtigkeit dazu hergiebt, die nur gedachte Maschinen in Bewegung sezt, und denselben das Leben verschaften: allein, damit will ich dennoch nicht behaupten, daß dieselben, vor der Verbindung mit dem Männgen, ohne alle Bewegung sein solten. Von dem Zeitpuncte an, da man die Larven nur im Eierstokke erkennen kan, bis zu dem Punkte, wo sie der Befruchtung ganz nahe sind, haben sie auch schon wenigstens eine solche Größe angenommen, die ihre erste Gestalt um viele Male übertrift; dieses Wachsthum sezt Nahrung voraus, diese aber Umlauf der

Säfte, und leztrer kan ohne Bewegung des Herzens nicht vor sich gehen. Ich stelle mir demnach vor, daß vor der Befruchtung schon ein Prinzipium des Lebens und der Bewegung vorhanden sein müsse: aber beide sind unendlich fein, in Ansehung der Zähigkeit ihrer Feuchtigkeiten, wie dieses auch schon vor mir Haller und Herr Bonnet angenommen haben. Hieraus folgt nun, daß die Larven zu dieser deutlichen Entwikkelung, zu diesem merklichen Leben nicht gelangt sein würden, wenn der Saamen nicht so stark auf sie gewirkt hätte. Dieser ist es blos allein, welcher, dem Ansehen nach zwar ohne Gestalt, ohne Bewegung, und ohne Kraft ist, die Entwikkelung ihrer Glieder, und ein merkliches Leben, samt der Bewegung hervorbringt; aus diesem Grunde habe ich mich in dieser Schrift des Ausdruks bedient: die Larven entwikkeln sich, bekommen Leben, oder werden belebt, u. s. f.

Aber damit der Saamen auf die Larven seine Wirkung äußern kan, muß er in ihre kleinen Körper eindringen; es scheint, daß der bloße Eindruk, der nur auf die Haut gemacht wird, nicht zureichend ist: allein kan denn unser Auge die Oeffnungen, durch welche die Saamenfeuchtigkeit in den Körper der Larve gelangt, entdekken? Ich habe mit gröster Sorgfalt diese Frage gründlich zu beantworten gesucht, und die Beweise des Herrn Bonnet haben meinen Eifer dazu noch mehr angefeuert. Ich legte also auf den Teller des Mikroskops einige kleine Schleimkügelgen vom Frosche, die ich sogleich durch ein starkes Glas betrachtete; die Schleimhülle erschien so durchsichtig, daß ich die Larven

ven für ganz nakkend gehalten hätte, wenn mir nicht die sie umgebende Haut schon bekant gewesen wäre; ich entdekte weder Oeffnungen noch Kanäle, die Larven gewährten mir den nämlichen Anblik. Ein noch viel stärkeres Glas ließ mich nichts mehr entdekken. Ich befreite die Larven von ihrem Schleime, und wenn sie volständig waren, fand ich doch nichts von dem, was ich suchte; endlich wolte ich wissen, ob ich glüklicher sein würde, wenn ich sie ihrer innern Theile beraubte; ich verwundete sie mit einem sehr spitzigen Instrumente, und, indem ich sie ein wenig drükte, preßte ich aus ihnen eine halbflüssige Feuchtigkeit, die sie enthielten, daß weiter nichts als die Haut der Larve übrig blieb; diese Haut legte ich anfangs unter eine schwache, hernach unter eine stärkere Linse, und nunmehr konte man eine Menge heller Punkte wahrnehmen, welche ich für soviel kleine Oeffnungen halten konte; diese Entdekkung bestätigte sich an den Larven der Kröten. Hieraus folgt, daß es eine Menge kleiner Oeffnungen in den Larven giebt, welche die Saamenfeuchtigkeit des Männgens einsaugen können. Diese kleinen Oeffnungen, die ich auf der Haut der Larven entdekt habe, erklären das angezogene Phänomen, nämlich die Befruchtung der Larven, welche durch das Berühren des Saamens auf allen Punkten der Oberfläche einer Larve geschieht; es mag nun dasselbe am Kopfe, am Bauche oder Schwanze geschehen, weil der Saamen, wenn er durch den Schleim gedrungen ist, auf der Haut der Larve überall Oeffnungen findet, welche ihn zu derselben leiten und sie befruchten müssen.

Dritte Bemerkung.

§. 153.

Alle diejenigen, welche geglaubt haben, daß die Früchte (Foetus) nicht durch die Beschwängerung hervorgebracht, sondern schon vor ihr vorhanden wären, und sehr lange zuvor in dem Weibgen verborgen lägen, erklären ihre Belebung, indem sie annehmen, daß der männliche Saamen, in die Keime eindringe, zum Herzen gelange, dasselbe berühre, seine Höhlen auf eine sanfte Weise reize, und es antriebe, durch die Bewegung der Zusammenziehung und Ausdehnung, die Säfte in ihren verschiednen Gefäßen in Umlauf zu setzen; woraus die Erweiterung der Gefäße, die Vermehrung der Flüssigkeiten, welche in denselben sich bewegen, die Reizbarkeit des Herzens, welche allmählig zunimt, und die allgemeine Ausdehnung der festen Theile, welche das Wachsthum des Thieres in seiner Masse und Größe verursacht, gefolgert werden muß. Unter denen, welche diese Materie in diesem Gesichtspunkte betrachtet haben, sind Haller und Herr Bonnet vorzüglich anzuführen; aber lange schon vor ihnen hatte dieses Anton Vallisnieri vermuthet, und dieses ist um desto merkwürdiger, da er keine Beweise haben konte, welche die Präexistenz der Keime festgesezt hätten. Mich machen folgende Umstände geneigt, die Ideen dieser grosen Männer aufzunehmen: nämlich, die offenbaren Beweise des Schlagens des Herzens der Froschlarve, ehe sie noch eine Anzeige von Bewegung giebt; die Entwikkelung der Gefäße, und des ganzen Thieres, welches eine Folge der Bewegungen dieses Muskels ist,

seine

seine große Reizbarkeit, welche von der Beschaffenheit ist, daß ihm ein mechanisches und reizendes Mittel seine Bewegung wiedergiebt, wenn alle andre Muskeln gar keiner mehr fähig sind, dieses alles sage ich, nimt mich vor diese Männer ein. Die Saamenfeuchtigkeit werde ich, diesem zu folge, für die reizende Flüssigkeit halten, welche, indem sie zum Herzen der Larve dringt, dasselbe antreibt, stärker und öfter zu schlagen, und den Anfang zu einer sehr merklichen Vergrößerung der Theile, und zu dem Leben, das auf die Befruchtung folget, verursachet.

Beides hänget von der Wärme der atmosphärischen Luft ab. Der aufgeklärte Leser sieht im Voraus, daß, je wärmer die Witterung, desto geschwinder die Befruchtung, und je kälter erstere ist, desto langsamer leztere von statten geht. Die zu Anfang des Frühlings befruchtete Larven, wie z. B. der Erdkröte mit rothen Augen und warzigem Rükken, haben zu ihrer Entwikkelung verschiedene Tage nöthig; und wenn die Wärme so gering ist, daß das Thermometer nur einige Grade über dem Eispunkt steht, bleiben die Larven zehen bis eilf Tage zurük. Umgekehrt aber verhält sich die Entwikkelung der Larven bei der stinkenden Kröte und den Fröschen; denn diese wird schon im Mai und Juni bewirket; und ich habe einstmals bei der Wärme von ein und zwanzig Graden bemerket, daß diese Thiergen schon in vier und zwanzig Stunden belebt wurden; da indessen die nämlichen Larven, welche von dem Wasserfrosche kamen, sich erst nach fünf Tagen entwikkelten, weil damals das Thermometer nur dreizehen Grade anzeigte. Die Wirkungen der Wärme und Kälte sind, bei den Früchten der Wassersalamander, der schuppigten Fische, der Schildkröten, Crocodille und Eierlegenden Thiere, als auch bei den Larven der Frösche und Kröten, von einerlei Folgen: man findet, daß es sich eben so mit den Eiern der Vögel verhält, die zu ihrer vollkommenen Ausbrütung die Wärme ihrer Mutter, welche gewöhnlich zwei und dreißig Grad hält, erfodern, wie man denn auch mit gleichem Grad von Wärme das Ausbrüten bewerkstelligen kan: und da diese Küchelgen, bei gedachtem Grade von Wärme, nur erst nach ein und zwanzig Tagen auskriechen, so kommen sie, bei einem geringern Grad von Kälte, später, wie der berühmte Naturforscher zu Lion, Herr Villars, solches in Eiern, aus welchen Küchelgen nicht eher als in fünf und zwanzig Tagen auskrochen, bemerket hat, dahingegen Herr d'Arcet, bei vermehrter natürlicher Wärme, die völlige Ausbrütung schon nach Verlauf von dreizehn Tagen beobachtete.

Vierte Bemerkung.

§. 154.

Ich habe über die Eigenschaft des Saamens der Frösche und Kröten eine besondere Beobachtung gemacht, welche mir beweiset, daß derselbe ein wahres Reizungsmittel für das Herz der Larven ist. Dieser Saamen hat zwei Eigenschaften, welche ihn von andern ähnlichen Feuchtigkeiten unterscheiden, nämlich seine, dem Wasser ähnliche Durchsichtigkeit und seine Flüssigkeit ohne Zähigkeit. Er verdunstet auch, wie das Wasser, und ist nicht geistig, wenigstens entzündet er

sich

sich nicht, wenn man ihn auch an eine Flamme hält; er löscht glühende Kohlen aus, ist ohne Geschmak, und scheint von mittelsalziger Eigenschaft zu sein; denn er brauset weder mit sauren noch laugenhaften Salzen. Diese Eigenschaften des Saamens der Frösche und Kröten, scheinen mit einem reizenden Mittel wenig Aehnlichkeit zu haben, wenn man sich darunter eine auf der Zunge fühlbare, brennende oder geistige Feuchtigkeit vorstelt; aber Haller und seine Schüler nehmen dieses Wort nicht in dem Sinne, sondern sie begnügen sich damit, daß diese Feuchtigkeit fähig sei, die Fibern des Herzens mehr oder weniger zu reizen, und auf solche Weise dasselbe in Bewegung zu setzen, und diejenige, welche ihm schon eigen war, zu vermehren, wie man dieses sehen kan, wenn man obgedachten hohlen Muskel mit Blut, mit Wasser, und sogar nur mit Luft anfüllet und diese Feuchtigkeiten durch die Höhle des Herzens durchzugehen zwinget. Das ist die Wirkung, die der Saame zu Wege bringet, und er wird es immer weit kräftiger thun, als die in der Larve zirkulirenden Feuchtigkeiten, weil ihre Bewegung sehr schwach ist.

Fünfte Bemerkung.

§. 155.

Um Larven zu beleben, ist eine kleine Menge Saamen hinreichend, ja eine viel geringere Menge, als man sich vorstellen solte. Wir haben gesehen, daß es unnöthig ist die Larven in Saamen ganz zu baden, und daß ein Tropfen zureicht §. 140., ja, was noch mehr ist, drei

Gran

Gran Saamen, mit zwölf, oder gar achtzehen Unzen Wasser vermischt, das Befruchtungsvermögen dieser Mischung in solchem Maaße mittheilen, daß die darein gelegten Larven, in demselben belebt werden §. 142, 143. Unterdessen, da diese drei Gran Saamen in der ganzen Menge Wasser verbreitet sind, so sieht man leicht ein, wie bei dieser großen Vertheilung desselben seine Theilgen aus einander gesezt sind, und wie wenige derselben die Larven berühren können. Es giebt noch andere Umstände, welche ebenfals die befruchtende Eigenschaft des Saamens beweisen, wenn sie auch gleich in sehr geringer Menge vorhanden ist; wie ich das auch schon gezeiget habe, daß ein Wasserkügelgen im Durchmesser von $\frac{1}{50}$ einer Linie, welches von den achtzehen Unzen Wasser, dem man drei Gran Saamen beigemischt hatte, genommen war, dennoch Larven befruchten konte §. 141, 144. Ich wolte nun das Verhältniß zwischen der Größe einer noch unbefruchteten Froschlarve, welche ohngefähr $\frac{2}{3}$ einer Linie im Diameter hält, und der Größe der Saamenpartikkelgen, die in einem Wasserkügelgen von $\frac{1}{50}$ verbreitet sind, bestimmen: bei dieser Untersuchung fand ich, daß die Größe der Larve sich zur Größe des Saamenpartikkelgens, in einem Wasserkügelgen verhält, wie 1,064,777,777 zu 1; woraus man sieht, wie klein die Masse des Saamens in Betrachtung der Masse einer noch unbefruchteten Larve gefunden wird. Dieses Resultat veranlaßte mich noch zu einer anderweitigen Untersuchung: nämlich, wie groß das Gewicht der in einem Wasserkügelgen verbreiteten Saamenpartikkelgen wohl

sein

sein möchte, und hier fand ich, daß es $\frac{1}{2,994,687,500}$ eines Granes betrug: endlich war ich bedacht, aufs genaueste zu erfahren, wie groß der Umfang dieser Saamentheilgen sei; und indem ich sie auf ihre bestimte Größe von Cubiclinien reducirte; so fand sich, daß sie beinahe $\frac{1}{3,002,120,420.}$ einer Cubiclinie gleich kam. *)

Sechste

*) Diese Anmerkung soll die Methode zeigen, deren ich mich bedient habe, zu obigen drei Resultaten zu gelangen, indem ich mit Meteus das Verhältniß der Peripherie des Zirkels zum Durchmesser annahm, wie 355 zu 113. Der körperliche Inhalt einer Kugel, deren Diameter $\frac{2}{3}$ einer Linie beträgt, wird dem $\frac{8}{27} \times \frac{355}{113 \times 6} = \frac{1420}{9153}$ einer Cubiclinie gleich sein, so ist das die Größe einer noch unbefruchteten Larve. Der Inhalt einer Kugel von $\frac{1}{50}$ einer Linie im Durchmesser, ist $\frac{1}{125000} \times \frac{355}{113 \times 6} = \frac{355}{84,750,000}$, dies ist die Größe des mit Saamen vermischten Wassertropfens, mit welchem ich die Larven befeuchtete.

Die Summa eines Cylinders, dessen Grundfläche im Durchmesser 37 Linien, und die Höhe 35 Linien

Sechste Bemerkung.

§. 156.

Man könte die Frage aufwerfen, wie ein so geringer Theil Saamen auf das Herz der Larven, mit solcher Kraft wirken solte, daß das reizende Principium dieser Feuchtigkeit die Pulsschläge befördere, indem es die

Be-

Linien hält, ist gleich, $\frac{37\times37\times35\times355}{113\times4}$, welches nach aller Strenge, den körperlichen Inhalt von den oberwähnten achtzehn Unzen Wasser beträgt, worin ich drei Gran Saamen gethan hatte.

Die Summa eines Cylinders, der in seiner Grundfläche eine Linie, und in der Höhe zehn Linien hält, ist $\frac{10\times355}{113\times4} = \frac{3550}{452}$ gleich, und dieses ist der Umfang von 3 Gran Saamen, ehe er in's Wasser gethan wird.

Wenn man nun annimt, der Saame wäre im Wasser gleichmäßig vertheilt, so wird der Umfang des mit Saamen vermischten Wassers und der Umfang des mit Saamen vermischten Kügelgens dem Gewichte des ganzen Saamens, und dem Gewichte des mit Wasser vermischten Saamens proportionel sein; daß also dem zu folge, da das Gewichte des Saamens drei Gran beträgt, man durch die Regel de Tri, das Gewichte des im kleinen Wasserkügelgen

gen

Bewegung der Säfte vermehrt, und die ganze kleine thierische Maschine belebt, sie auch muntrer und stärker mache; Allein ich könte viele Beispiele im animalischen Reiche anführen, welche diese Voraussetzung sehr gültig machen; ein sehr kleines Tröpfgen Vipergift, das man in eine Wunde bringt, vertilgt die Reizbarkeit und Empfindung in dem Muskel- und Nervensysteme, und tödtet das Thier, so klein oder groß es auch sein mag; es sei nun Sperling, Hund, Mensch, Pferd, Rind, u. s. a. mehr. Wenn man nur einen Augenblik

gen vertheilten Saamens dem $\frac{1}{2,994,687,500}$ eines Grans gleich findet.

In homogenen Körpern ist das Gewicht der Größe proportionel; indem man das Gewichte, und die Größe von allen, nämlich von dem Saamen alleine, und von dem mit einem Wasserkügelgen vermischten Saamen, durch eine Regel de Tri erlangt hat; so wird man auch die Größe des im Wasserkügelgen enthaltenen Saamens sehr nahe dem $\frac{1}{3,002,120,420}$ einer Cubiclinie gleich finden.

Wenn man nunmehro die Größe der Larve mit derjenigen des Saamens, der in einem kleinen Wasserkügelgen enthalten ist, und womit eine Larve berührt wird, unter einander vergleicht; so findet man, daß erstere sich zu der andern wie 1,064,777,777:1. verhält.

das Verhältniß, zwischen der Größe dieses Gifttröpfgens, und zwischen derjenigen der Thiere, die es tödtet, in Betrachtung zieht, vornehmlich wenn vom Pferde oder Rinde die Rede ist; so wird man es alsdenn, wie ich glaube, weniger bewundern, daß der kleine Theil Saamen, den so kleinen Larven das Leben giebt, weil durch ein so klein Tröpfgen Gift, vielen größern Thieren das Leben geraubt wird. Allein wir haben die Beweise viel näher zur Hand, welche noch mehr auf unsre Sache passen, und die Wirkung dieser kleinen Parthie Saamens, die Larven zu beleben, und in denselben eine sehr große Reizbarkeit des Herzens zu erwekken, noch weit kräftiger bestärken. Ein Gran Storax erfült, wenn man es auf Kohlfeuer streut, das ganze Zimmer mit seinem Geruche: also sind überall durch den ganzen Raum des Zimmers Partikkelgen von diesem einzigen Gran Storax zu finden, die, ihrer außerordentlichen Subtilität ohnerachtet, noch immer die Geruchsnerven reizen, und wohl auch bisweilen so stark in ihrer Wirkung sind, daß Frauenzimmer dadurch zum Niesen gebracht werden.

Wenn nun also so höchst feine Partikkelgen den Geruch so kräftig reizen, ist es denn zu verwundern, wenn einige Saamenpartikkelgen nach ihrer Art das Herz der Larve reizen, welches natürlicherweise ohnehin sehr reizbar, und noch viel mehr reizbarer als das unsrige ist.

Sie-

Siebende Bemerkung.

§. 157.

Dieser kleine Theil Saamen, der die Larven belebt, hat aber dennoch seine bestimten Kräfte. Ich habe genau bemerkt, wie oft derselbe zur Belebung fähig wäre §. 144., 145.; woraus man schließen kan, daß er nicht allzeit gleiche Kräfte besäße, und daß ich die Larven bisweilen vergeblich damit benezte: aber ich habe davon noch einen strengern Beweis gehabt. Ich brachte auf ein Stükgen Glas einen Tropfen Saamen, und zog ihn vermittelst einer Nadelspitze über ein Theil der Fläche desselben, und machte daraus einen sehr subtilen und fast unsichtbaren Faden, eines Zolles lang, sodann nahm ich verschiedene Schleimkügelgen, welche ich diesen Faden berühren lies, einige zur Hälfte ihres Umfangs, andre zum Drittel, oder auch nur zum vierten Theile: die Larven aus den Kügelgen, die nur zur Hälfte gedachten Faden an sich genommen hatten, kamen nicht alle um, einige wurden belebt, keine aber von denen, die nur von dem Faden zum dritten oder vierten Theil ihrer Fläche waren benezet worden, konten zum Leben kommen. Dieser Versuch stimt mit dem, aus dem §. 143. überein, wo ich sagte, daß, wenn, an statt drei Gran Saamen, mit achtzehn Unzen Wasser zu vermischen, man diese mit zwei oder drei Pfund vermengen wolte, die Anzahl der sich entwikkelnden Larven, weit kleiner sein, und, daß sie sich in Verhältniß des vermehrten Wassers weit mehr vermindern würde. Daher ist es ganz ausgemacht, daß der Saamen nur wirken kan, wenn er in bestimter Quantität angebracht wird, und wenn man ihn vermindert, hört er auf, fruchtbar zu sein, ohne Zweifel, weil er nicht vermögend ist, dem Herzen die zur Belebung nöthige Kraft zu ertheilen.

Uebrigens glaube ich, daß die Menge des befruchtenden Saamens vor diese Thiere unglaublich geringe ist, und beinahe dieselbe, wie ich sie im 155. Paragraph angegeben habe; so, daß die überflüßige Menge unnütze ist, indem man die Befruchtung als eine untheilbare Operation betrachten kan. Wenn der Ueberfluß dieselbe beförderte, so würde es nicht anders geschehen, als durch eine übereilende Belebung der Larven und ihrer Entwikkelung, dieses würde in Verhältniß der grösern Anzahl von Saamenpartikkelgen, welche das Herz mit mehrerem Eindruk zur Bewegung antrieben, erfolgen; allein das ist der Erfahrung zuwider, welche mich gelehret hat, daß die Larven in gleicher Zeit belebt werden, sie mögen in Saamen gänzlich gebadet, oder nur an einem Punkte, von einer unendlich geringen Quantität berührt worden sein §. 144., daher sehe ich nicht ein, wozu die Uebermenge des Saamens, die mir ganz unnütze scheint, dienen solte; und man wird auch begreifen, wie ein so kleines Saamenpartikkelgen gar wohl zur Befruchtung hinreichend sein kan, wenn man die höchstbewundrungswürdige Engigkeit der Gefäße in Larven, in Betrachtung ziehen will, durch die doch der Saamen dringen muß, und welche diesen Ueberfluß des Saamens unnütze machten, weil er sich doch nicht in diese ziehen könte.

Achte

Achte Bemerkung.

§. 158.

Hier fält mir eine Frage ein, die wohl jeder an sich selbst thun möchte. Weil nun eine sehr geringe Quantität Saamen zur Erzeugung unsrer Amphibien nöthig ist, so fragt sich, ob dieser Umstand nicht auch bei Erzeugung eines Fisches, Vogels, vierfüssigen Thieres, oder auch eines Menschen, statt finden solte, oder kan man nicht allgemein sagen, daß diese kleine Menge Saamen, welche die Natur zur Entwikkelung unserer Amphibien brauchet, auch mit eben derselben Sparsamkeit bei allen andern Thieren angewendet werde? Diese ohne Zweifel höchst wichtige Frage, ist um destomehr fähig, unsere Wißbegierde zu reizen, je weniger wir dieselbe aufzulösen im Stande sind, weil uns dazu die nöthigen Beweise gänzlich fehlen. Ich finde die Sache möglich, ja selbst wahrscheinlich, und zwar durch ein Beispiel, welches ich schon angeführt habe, aber nicht weiß, ob es hier so zugehe. Der Grund meiner Unwissenheit beruht auf der Menge der Mittel, welche die Natur, ihre Endzwekke zu beweisen, anwendet. Und warum solte sie nicht verschiedene Dosen Saamen, die Thiere zu befruchten, nach der verschiedenen Natur ihrer Arten, anwenden? Um über diesen Umstand etwas zu erfahren, muß man dasjenige, was sich in unsern Amphibien bemerken läßt, mit dem, was man in den verschiedenen Thierarten beobachten kan, vergleichen, wie z. B. in einem gewissen Insekte, Fische, Vogel, vierfüssigem Thiere; alsdann wird man sich richtige Begriffe über diesen Gegenstand machen können; allein das ist es eben, was unsrer Kentnis entgehet. Wir haben, soviel mir bekant ist, nur zwei Beispiele von künstlichen Befruchtungen, die eine, welche Herr Jacobi in den Abhandlungen der Akademie zu Berlin, im zwanzigsten Theile, vorgetragen hat, und die andere, welche von mir herrühret; allein ich kann wohl sagen, ohne diesem Naturforscher Unrecht zu thun, daß man aus seiner Entdekkung keine philosophische Folgerung ziehen kan, da er nur zwei Fische durch die Kunst befruchtet und beobachtet hat, nämlich einen Salm und eine Forelle. Er lies den zur Reife gekomnen, aber noch unbefruchteten Rogen dieser zwei Fische ins Wasser fallen, und hernach schüttete er soviel, aus einem männlichen Fische genommene Milch oder Saamenfeuchtigkeit in dasselbe, bis es anfing weis zu werden; dann fingen, nach Verlauf von fünf Wochen, die Fische zu leben an. Das ist der Auszug aus der Abhandlung des Herrn Jacobi: und man kan nicht anders sagen, als daß dieser Gegenstand dadurch nur sehr wenig Aufhellung bekomt: denn er hat vergessen die zur Befruchtung nöthige Quantität der Saamenfeuchtigkeit zu bestimmen, und eben an dem Orte, wo der philosophische Naturforscher mit seinen Untersuchungen angefangen haben würde, hat dieser Beobachter die seinigen abgebrochen.

Die natürlichen Befruchtungen belehren uns nicht mehr als die künstlichen: um davon zu urtheilen, ist es genug, nur einige Kenntniß von der Erzeugung des Menschen und der Thiere zu haben; und ich wüste zu dieser Absicht zu gelangen, keine andere Mittel, als die Wiederholung der Versuche, wegen anderer Thierarten,

arten, die ich zuerst mit oftgedachten Amphibien angestelt habe: diese Versuche werden, indem sie das Problem auflösen, auch ganz gewiß verschiedene, das Thierreich betreffende Punkte aufklären. Meine Untersuchungen haben sich nur auf Thiere eingeschränkt, deren Befruchtung zuverläßig außer dem Körper geschiehet. Allein ich will hiedurch andere Naturforscher auffordern, ihre Versuche und ihren Nachforschungsgeist auf andere Classen, die weit zahlreicher an Thieren sind, deren Befruchtung in dem Körper der Mutter geschieht, und welche, wie jedermann bekant ist, unter die Eier legenden oder lebendig gebärenden Thiere gehören, zu wenden. Wenn man versichert ist, daß einige von den ersteren sich noch nicht begattet haben, so müste man den Zeitpunkt abpassen, wo sie ihre Eier legen, und sodann mit dem Saamen des Männgens auf die Eier, einige von den Versuchen unternehmen, die ich in dieser Abhandlung angeführet habe. Es scheint mir nicht einmal schwer zu sein, sie auf lebendig gebärende Thiere, ob zwar ohne Zweifel durch ganz verschiedene Mittel, anzuwenden, welche ihre Wirkung innerhalb ihres Körpers äußern, und ich kan nicht einsehen, warum man an einem glüklichen Erfolge zweifeln solte. Die dem Ansehen nach allerschwersten Versuche, haben die Wünsche des unternehmenden Beobachters mit glüklichem Erfolge befriedigt, welche zu einer glüklichen Aufklärung, die in der Naturkunde bisher entstanden ist, vieles beigetragen haben.

Neunte Bemerkung.

§. 159.

Nach der Meinung des Herrn Bonnet, wirket der Saamen nicht blos als ein reizendes Mittel in der Frucht, sondern auch als ein Nahrungsmittel. Hier folgen seine Beweise. Das Werkzeug der Stimme bei den Mauleseln hat, ob man es gleich von der Begattung eines Esels mit einem Füllen herleitet, dennoch eine große Aehnlichkeit mit demjenigen des Vaters. Wenn die Frucht in dem Weibgen vor der Begattung schon vorhanden ist, so ist es ein Pferd in kleinster Gestalt, und ist weder eine Mauleselin noch ein Esel. Das Werkzeug der Stimme solte doch dem von einem Pferde gleichen. Diesem zufolge müste der Saamen das Werkzeug der Stimme in der zarten Frucht verändert, und dasselbe dem von seinem Vater ähnlich gemacht haben; aber die Theile dieses Werkzeugs wachsen und entwikkeln sich noch mehr in dieser Aehnlichkeit, obgleich das Pferd nichts, außer den Saamen dazu hergegeben hat. Diese Feuchtigkeit muß demnach die Theile dieses Organs nothwendig nähren, und sich in desselben Substanz verwandeln, weil das Wachsthum die natürliche und unmittelbare Wirkung der Nahrung ist. Also ist der Saamen nicht allein ein Reizungsmittel, sondern auch eine Nahrung *). Der Genfer Naturforscher (Hr. Bonnet) bedient sich, um seine Meinung zu bestärken, des Beispiels, vom Wachsthum des

*) Betrachtung der Natur. Vorrede.

des Barts, des Kammes der Hähne, des Geweihes der Hirsche, ein Wachsthum, welches zuverlässig der Wirkung der Saamenfeuchtigkeit eigen ist.

Haller, welcher in seiner großen Physiologie eben diesen Gegenstand abhandelt, ist mit dem Herrn Bonnet nur in einem Punkte einerlei Meinung, er giebt zu, daß alle die gedachten Phänomene von der Saamenfeuchtigkeit herrühren, wenn man sie als ein reizendes, nicht aber als ein nährendes Mittel betrachtet. Was die Haare, Geweihe, Hahnenkämme, in Ansehung ihrer Entwikkelung betrift, so ist dieselbige durch den ins Blut des Menschen, des Hirsches, des Hahnes eingedrungenen Saamen, hervorgebracht worden, welcher auch das Herz mit seiner laugenhaften Schärfe stärker zu schlagen reizet, die dikkern Säfte aufzulösen und sie in den kleinen Gefäßen, wo sich die Keime *) der Haare, Geweihe und Kämme befinden, fortzutreiben vermag.

Was das Organ der Stimme bei dem Maulesel betrift, so ist seine Entwikkelung der reizenden Kraft des Saamens zuzuschreiben, welcher, in Ansehung der Ausdehnung und Vervollkommung seiner Theile, stärker in dem Esel, als in dem Pferde ist **). Also erklärt Haller dasjenige lediglich durch die reizende

*) Anfangsgründe der Physiologie. Buch 27. Abschnitt 3.

**) Ebendaselbst. Buch 29. Abschnitt 2.

zende Wirkung des Saamens, was Herr Bonnet von der nährenden Eigenschaft desselben herzuleiten glaubt. Ueber diese kleine Irrung in den Meinungen dieser beiden großen Männer mag ich nicht entscheiden: in Ansehung ihrer vorzüglichen Verdienste, achte ich mich mehr verbunden, ihr Bewundrer, als ihr Richter zu sein; ich will nur blos dieses anführen, daß es mir vorkomme, als ob bei der Erzeugung der Frösche und Kröten der Saamen dieser Thiere kein Nahrungsmittel abgeben könne, und um sich davon zu überzeugen, kan man nur dessen sich erinnern, was ich §. 155. über die Verhältnisse der Größen des Saamens, der die Larve befruchtet, und der Larve, die die Befruchtung erhalten hat, gesagt worden ist, da sich dieselbe, ihrer Größe nach, ohngefehr verhält, wie 1: 1,064,777,777. Wenn die Larve durch die befruchtende Feuchtigkeit genährt worden wäre, so würde ihr Wachsthum nicht größer sein, als der Umfang der geringen Menge Saamens, welche doch beinahe für nichts zu achten ist. Ueberdies, wenn die Nahrung der Larven, in den ersten Zeiten ihrer Entwikkelung, von dem Saamen herkäme, so müsten diejenigen am meisten wachsen, und sich desto eher entwikkeln, welche in einer großen Menge Saamen gebadet würden; allein wir wissen, daß sie gleichmäßig belebt werden, und sich entwikkeln, wenn sie von dieser Feuchtigkeit nur leicht berührt, oder von ihr reichlich über und über befeuchtet worden sind, §. 145. Ja, wenn ich meine Versuche zu Rathe ziehen darf, so kan ich den Saamen anders nicht, als ein reizendes Mittel, ansehen.

In-

Indessen, obgleich diese Gründe stark genug sein möchten, daraus zu folgern, daß der Saamen ein wahres Reizungsmittel für das Herz der Larve sei, so habe ich dennoch diese Hypothese durch folgenden Versuch befestigen wollen. Indem ich darüber nachdachte, daß der Reiz eines Körpers die Kraft seiner Theile haben müste, und daß die Wärme ein Mittel sei, welches dazu beitragen könne, so war ich darauf bedacht, den Saamen zu wärmen, und alsdenn die Larven damit zu benetzen, um zu sehen, ob sie nunmehr noch eher belebt werden würden. Ich mischte also zwei Gran Saamen von einem Frosche einer Unze Wasser bei, und wärmte es, nach dem Thermometer bis zu dreißig Grad. In diese Mischung legte ich zwanzig Larven, einen Augenblik darnach nahm ich sie wieder heraus, und legte sie in anderes Wasser, welches nur die Temperatur von siebenzehn Grad hatte; hierauf, um eine Vergleichung anzustellen, befeuchtete ich eben so viel Larven, mit dem nämlichen Wasser, da es verkühlt war, und die Wärme der freiern Luft angenommen, welches mir zur Befruchtung der anderrn Larven gedient hatte: dieser besondere Versuch entsprach meiner Erwartung: die befruchteten Larven fiengen in dem warmen Wasser an, zehn Stunden eher belebt zu werden, als die in dem kalten; ein Phänomen, welches ich keiner andern Ursache zuzuschreiben wüste, als der grössern Kraft, und folglich dem stärkern Reiz des Saamens, welchen die Wärme verursachet hatte.

Zehnte Bemerkung.

§. 160.

Diese reizende Kraft, die die Frucht beleben kan, behält ihre Eigenschaft, wenn auch gleich der Saamen schon einige Zeit aus dem Thiere genommen ist, sowohl wenn man ihn ungemischt, in einem Gefäße, als auch mit andern Feuchtigkeiten vermengt, aufbewahret, §. 131. 145. Es ist erstaunlich, daß ein Tropfen Saamen, in einer ungeheuren Menge Wasser verbreitet, nicht seiner ganzen Kraft beraubet wird, §. 142. 143. Allein ob wohl der Saamen andrer Thiere auch seine befruchtende Wirkung, wie der von unsern Amphibien, behalten möchte? ist eine andre Frage: der Mangel an Erfahrungen gestattet die Vermuthung; vielleicht ist es nur eine Ausnahme der eingeschränkten Natur bei dieser Thierart, bei welcher die Befruchtung außer dem Körper, und sogar im Wasser geschieht; ihre Saamenfeuchtigkeit muß also wohl eine Vermischung vertragen, welcher die Saamen solcher Thiere, die innerhalb des Körpers befruchtet werden, nicht ausgesezt sind; allein es könte sich wohl auch zutragen, daß der Saamen andrer Thiere, ohne Nachtheil mit Wasser vermischt werden dürfte. Ich habe in meinem Werke über die Naturlehre der Thiere und Pflanzen beobachtet, daß der Saamen von Menschen und aus vierfüssigen Thieren sich verschiedene Stunden außerhalb dem Körper frisch erhalte. Diese Wahrheit unterstütze ich mit dem Beweise, daß ich die Saamenthiergen voller Leben und Munterkeit habe schwimmen sehen, wenn nur die Saamenfeuchtigkeit bei

bei einem gewissen Grad von Wärme erhalten wurde. Da nun aber der Saamen des Menschen und vierfüssiger Thiere seine Eigenschaften gewisse Zeit behält, ob er auch schon aus dem Körper genommen ist, warum solte er nicht seine reizende Kraft, welches der Anfang der Befruchtung in den Thieren ist, behalten?

Fünftes Kapitel.

Ist die Befruchtung wohl eine Wirkung des flüchtigsten Theils des Saamens?

Giebt es wohl andere Feuchtigkeiten, die zur Befruchtung fähig wären?

Versuche auf eine künstliche Weise Bastarte hervorzubringen, und zwar durch den bei unsern Amphibien angewendeten Handgrif.

Durch Kunst erlangte Befruchtung in dem Seidenwurmschmetterling und in Hunden.

§. 161.

Es ist lange darüber gestritten worden, und ist immer noch nicht entschieden, ob der in's Auge fallende grobe Theil des Saamens bei dem Menschen und Thieren zur Befruchtung diene, oder ob es ein sehr feiner oder ein flüchtiger ausdunstender Theil, welchen man sonst Saamengeist (aura spermatica) nent, wäre, welcher dieses Naturgeschäfte bewirkte: man kan nicht läugnen, daß Aerzte und Naturforscher, welche die leztere Parthei ergreifen, nicht dazu aus einer scheinbaren Nothwendigkeit mehr, als durch Gründe und Versuche ver-

veranlaßt würden. Sie stützen sich auf die Beobachtung gewisser Zergliederer, welche die Mutterscheide einiger schwangern Frauen sehr zusammengezogen, oder völlig verschlossen gefunden haben; sie berufen sich auf andere Beobachtungen, welche es wahrscheinlich machen, daß der Saamen nicht in die Gebärmutter eindringe. Sie betrachten die Oeffnung der Röhren (tube de Fallupe), die zum Eierstok führen, welche sie so enge gefunden, daß ein sehr feines Stilet einzudringen, und kaum die Luft durchzulassen, vermögend war, woraus sie schließen, daß der männliche Saamen, wenn er auch in die Erzeugungsorgane des andern Geschlechts gebracht wird, doch nicht bis zu den Eierstökken, worin die Embryonen sich eigentlich befinden, gelangen könne; sondern daß sie nur durch den flüchtigen Theil des Saamens, welchen man Saamengeist nennet, befruchtet werden müssen: endlich glauben sie, daß die Befruchtung durch diesen Dunst, der sich in die Eierstökke, durch den Weg des Kreislaufs der Säfte oder durch die Oeffnungder Gebärmutter und ihrer Röhren, ziehet, verursachet werden müsse.

Ohngeachtet dieser Gründe ergreifen viele andere Schriftsteller dennoch die gegenseitige Meinung, und glauben, die Befruchtung werde vermittelst des groben Theils vom Saamen bewirket; sie vermuthen demnach, daß die Oeffnung der Mutterscheide und ihrer Canäle (tube de Fallupe), durch die während der Begattung erzeugte Wärme, sich erweitern, und bekräftigen diese Vermuthung durch den in der Mutter angetroffenen, und bis zu den Eierstökken gelangten Saamen;

und rechnen nicht auf die Beobachtungen, welche doch zu erkennen geben, daß die Gebärmutter oftmals, unmittelbar nach der Begattung, keine Saamenfeuchtigkeit enthalte, es sei nun, daß man die Gebärmutter zu späte, da die Saamenfeuchtigkeit schon wieder herausgeflossen sein mag, untersucht habe, oder auch, daß die Menge dieser Feuchtigkeit, welche in die Gebärmutter gedrungen, so gering war, daß sie sich dem forschenden Auge des Beobachters entzogen hatte.

Alle diese für und wider die Sache angeführten Gründe, scheinen mir diese Frage noch nicht zu entscheiden; denn es ist nicht ausgemacht, daß der Saamengeist nur allein zu den Eierstökken dringe; wie es auch nicht gänzlich das Ansehen hat, ob auch gleich der gröbere Theil des Saamens bis zu den Eierstökken gelanget, daß derselbe die Befruchtung bewirke, und diese nicht von dem flüchtigen Theile der Saamenfeuchtigkeit gemacht werde. Es wäre also doch der Mühe werth, um diesem Streite ein Ende zu machen, daß man auf ein schikliches Mittel bedacht wäre, das Geistige von dem gröbern Theile des Saamens abzusondern, und es so zu veranstalten, daß die Embryonen damit, mehr oder weniger, möchten umgeben werden: denn wenn sie sodann zum Leben gelangten, so wäre es ein offenbarer Beweis, daß der flüchtige Theil des Saamens befruchten könne; oder auch wenn sie unbelebt blieben, würde es auch eben so gewiß sein, daß der geistige oder flüchtige Theil alleine unzulänglich sei, und man die Wirkung der gröbern Partikkelgen des Saamens damit verbinden müsse. Diese Methode des Verfahrens, welche mir bisher gänzlich unbekant gewesen zu sein scheint, ist es, welche ich davor gehalten habe, daß man dieselbe anwenden solte.

§. 162.

Der Leser wird sich erinnern, daß ich anderwärts gezeigt habe, wie der Saamen immer bei seiner befruchtenden Kraft sich erhält, ob er gleich in einer sehr großen Menge Wasser aufgelöst ist. Ein klein Tröpfgen Wasser von $\frac{1}{50}$ einer Linie, aus einer Menge von achtzehn Unzen Wasser genommen, worinne drei Gran Saamen aufgelöst sind, ist gänzlich fähig, Larven zu befruchten. §. 144. Dieser Versuch schien die Meinung von dem Saamengeiste, oder Dunste, zu begünstigen, der aber auch nichts anders ist, als der Saame selbst, wenn er zum höchsten Grade verdünnt ist; allein die Erfahrungen, die ich nun anführen will, beweisen gerade das Gegentheil.

Um Larven mit diesem Saamendünste oder Geiste recht reichlich zu befruchten, that ich in ein Uhrglas, beinahe eilf Gran Saamen, aus verschiedenen stinkenden Erdkröten. In ein ander etwas kleineres Glas, that ich sechs und zwanzig Larven, die, wegen Klebrigkeit ihres Schleims, an dem innern hohlen Theile des Glases kleben blieben. Dieses kleinere Glas sezte ich gleichsam wie einen Dekkel mit seiner Hohlung auf das erstere, worinne der Saamen war, und ließ diese beiden Gläser in gedachter Lage in meinem Zimmer, wo die Luft eine Temperatur von achtzehn Grad des Thermometers hatte, fünf Stunden stehen. Die Saamen-

feuch-

feuchtigkeit war also bei dieser Stellung gerade unter den Larven, die volkommen von der aufsteigenden Saamendunst hätten müssen befruchtet werden; zumal da der Zwischenraum unter den Larven und dem Saamen aufs Höchste nur eine Linie betrug. Nach fünf Stunden untersuchte ich die Larven, und fand sie mit einer Feuchtigkeit überzogen, davon auch der Finger beim Berühren feuchte wurde, welcher Umstand, von einem Theil des ausgedunsteten, und nun um anderthalb Gran verminderten Saamens herkam. Die Larven waren also mit anderthalb Gran Saamendunst, oder mit dem flüchtigen Theile des Saamens, benezt worden: denn aus den Gläsern konte dieser feine Theil nicht verflogen sein, weil sie genau auf einander pasten; aber diesem allen ohnerachtet verdarben doch diese Larven alle mit einander im Wasser.

§. 163.

Ob nun gleich dieses Experiment, vor die Meinung des Saamendunstes nicht günstig, so war es aber doch nur das einzige dieser Art, welches ich mir zu wiederholen vornahm. Anderthalb Gran Saamenfeuchtigkeitdunst, gegen den Saamen selbst gerechnet, hätte einige tausend Larven befruchten können, und also folglich auch deren sechs und zwanzig: ich vermehrte die Menge derselben, und es ging alles auf gedachte Art, glüklich von statten, nur vermehrte ich izt den Grad der Wärme. Ich that also eilf Gran vom Saamen in ein Uhrglas, und klebte mittelst ihres Schleims sechs und zwanzig Larven in den hohlen Theil eines etwas kleinern Glases, beobachtete genau, daß die Larven gerade über den im ersten Glase befindlichen Saamen, und recht in die Mitte des Glases zu stehen kamen; nun sezte ich, wie im vorhergehenden Paragraph, die beiden Gläser über einander, und legte sie ins Fenster an die Sonne, deren Wärme ich aber durch ein noch vorgesetztes Glasstükgen so temperirte, daß das Thermometer an diesem Orte nicht über fünf und zwanzig Grade steigen, und nicht etwan der Befruchtung, wenn sie erfolgen könte, schaden solte: nach vier Stunden waren die Larven von dem Dunste des Saamens so sehr befeuchtet, das man kleine Tröpfgen ganz merklich daran wahrnehmen könte; aber dem allen ohnerachtet, kamen doch keine lebendigen Larven auf diesem Wege zum Vorschein.

Diesen zweiten Versuch wiederholte ich völlig unter den vorigen Umständen noch einmal, nicht sowohl mich von dem erhaltenen Resultate zu überzeugen, als vielmehr zu sehen, ob der Ueberrest dieses Saamens, davon doch ein Theil unter der Gestalt eines Dunstes verlohren gegangen war, noch seine befruchtende Kraft behalten hätte. Die eine Hälfte dieser mit Saamendunst befeuchteten Larven verdarb in dem Wasser, worein ich sie legte; aber mit der andern Hälfte, welche ich mit dem Ueberreste der Saamenfeuchtigkeit benezte, war ich glüklicher, denn die Larven kamen alle zum Leben.

Aus diesen beiden Beispielen ziehe ich nun zwei Schlüsse: der erstere ist der, daß der Saamendunst von der stinkenden Erdkröte nicht befruchten kan:

der

der andre, daß der Rest des Saamens, nachdem er durch eine sehr merkliche Ausdünstung anderthalb Gran verlohren hat, dennoch seine befruchtende Eigenschaft behält.

§. 164.

Diese beiden Schlüsse sind durch folgende Versuche sehr gut bestätigt worden. Bei dem ersten Versuche habe ich angezeigt, daß der Raum zwischen der Saamenfeuchtigkeit und den Larven nicht mehr als eine Linie betrug, §. 162. und eben denselbigen Raum hatte ich auch bei den vorhergehenden Versuchen gelassen. Nunmehro wolte ich diesen Zwischenraum vermindern, und ihn nur auf eine Drittellinie bringen, damit der Dunst die Larven unmittelbar berühren solte, ich glaubte, er müste auf diese Weise kräftiger in seiner Wirkung sein. Allein, seine Kraft war darum nichts desto weniger eben so unwirksam wie zuvor.

Durch den Saamendunst versteht man denjenigen Theil, der von der Saamenfeuchtigkeit in die Höhe steigt. §. 162. Einige Naturforscher haben davorgehalten, daß dieser befruchtende Dunst nur aus den subtilen Theilen, die man durch den Geruch empfindet, bestehe; andre, daß er von den feinsten Theilen des Saamens selbst herkäme, und noch andre, daß er als der geistige flüchtige Theil dieser Feuchtigkeit anzusehen wäre: allein in diesem dreifachen Verstande ist der Saamendunst zur Befruchtung nicht weniger unvermögend: denn man muß sich ja nicht etwan vorstellen, daß, wenn der geistige Theil die befruchtende Kraft besäße, derselbe aus den Gläsern, ohne auf die Larven zu wirken, verflogen wäre. Endlich aber diesen Verdacht gänzlich aus dem Wege zu räumen, paste ich den Rand des obern Uhrglases genau in das untere ein, und verwahrte dieselben um und um mit einem Kitte, damit die Gemeinschaft der äußern Luft mit der innern gänzlich durch dieses Mittel aufgehoben würde. Ja ich nahm sogar, statt des obern Uhrglases, einen kleinen kurzen gläsernen Trichter, dessen Rand an den innern Rand des untern Uhrglases eingekütttet, und die Spitze des Trichters zugeschmolzen war: dahinein nun, in die obere Höhle des Trichters, brachte ich einige Larven, und in die Hohlung des Uhrglases that ich den Saamen, den ich aber in der innern Fläche des Glases so verbreitete, daß es gleichsam davon ganz überzogen war, damit ich dadurch die Verdunstung auf's bestmöglichste vermehren wolte: die kegelförmige Gestalt des Trichters sammelte nun den Dunst gänzlich in einen Punkt, und dieser Punkt war eben der Ort, wo sich die Larven befanden. Diese neue Erfindung von einer Vorrichtung ließ ich sechs Stunden in einer Wärme von vier und zwanzig Grad stehen; man sahe durch den gläsernen Trichter, wie die Larven mit Dunst ganz überzogen wurden, und vorzüglich die, welche sich ganz zu oberst in der Spitze befanden: allein nichts desto weniger wurden diese Larven nicht befruchtet, sondern sie verdarben alle mit einander im Wasser; indessen befruchtete ich andre Larven, wie ich in dem Versuche §. 163. gethan hatte.

Nun

Nun hatte ich den Saamendunst in verschloßnen Gefäßen angewendet, izt wolte ich versuchen, was er im ofnen thun würde, um dem Zweifel zuvor zu kommen, ob nicht etwan auch die freie Luft einen Einfluß auf die Befruchtung haben möchte: allein diese meine Unternehmungen, in Absicht auf die Befruchtung, waren eben nicht glüklicher als die Vorigen.

§. 165.

Der leztere Versuch dieser Art, den ich machte, bestand darinne, daß ich einige Gran Saamenduft sammelte, und ein Duzend Larven darein legte; ein ander Duzend aber von Larven, benezte ich mit dem kleinen Ueberreste, der nach der Ausdünstung zurükgeblieben war, und welcher nur ein halb Gran wog: von diesem lezten Duzend kamen eilf Stük zum Leben, vom erstern aber, die mit dem Dunste des Saamens ebenfals über und über befeuchtet worden waren, wurde keine einzige belebt.

Wenn man nun alle diese Versuche und Erfahrungen zusammen nimt, so erhellet hieraus ganz offenbar, daß die Befruchtung der stinkenden Erdkröte nicht durch den Dunst des Saamens, sondern durch den sichtbaren gröbern Theil desselben verursacht wird. Man kan sich leicht vorstellen, daß ich diese Versuche nicht allein mit gedachter Kröte angestellt, sondern, daß ich auch denselben mit der Erdkröte mit rothen Augen und warzigem Rükken, ja auch mit dem Wasserfrosche wiederholt habe, so wie solche im §. 162. 163. 164. 165. angeführt sind; dennoch aber erhielt ich immer mit den vorigen einerlei Resultate. Ich kan auch sogar noch dieses hinzusetzen, daß, ob ich gleich mit dem Laubfrosche nur einige Versuche gemacht, ich dennoch bemerkt habe, daß dieselben genau mit allen den übrigen übereinstimten.

§. 166.

Weil ich nun gefunden hatte, daß bei unsern Amphibien der ausgedrukte Hodensaft mit dem Saamen selbst zur Befruchtung von einerlei Kräften war, so wolte ich auch mit dem Dunste von diesem Versuche unternehmen. Da dieser Saft auch gleichmäßig befruchtende Eigenschaften besaß, er mochte vor sich alleine, oder mit Wasser vermischt sein; so versuchte ich denselben auch auf diese beiderlei Art, indem ich in allen Stukken die bisher beschriebene Methode befolgte; allein ob ich gleich Larven mit Dunste aus dem Hodensaft befeuchtet hatte, so blieben sie doch allezeit ohne Leben, daß ich also ganz deutlich sahe, es war der Dunst des Safts aus den ausgepresten Hoden eben so unfruchtbar, wie der der eigentlichen Saamenfeuchtigkeit selbst.

Diese Versuche machte ich 1777. zum erstenmale, und theilte sie auch damals dem Herrn Bonnet mit, wie aus dem Extrakt meiner Briefe zu ersehen ist, welchen er in die wichtigen Anmerkungen des dritten Theils seiner Werke in der neuesten Auflage eingeschaltet hat. 1780 habe ich sodann alle diese Versuche, mit gleich glüklichem Erfolge, von neuem wieder angestelt.

Es

Es erfolgt also hieraus unwidersprechlich, daß in zweierlei Art Kröten und in eben so vielerlei Art Fröschen die Befeuchtung mit dem Dunste des Saamens keine Befruchtung bewirkt, sondern daß darzu der größere körperliche, nicht aber der geistige und flüchtige Theil erfordert werde.

Nun könte man fragen, verfährt denn aber die Natur auch mit dem Erzeugungs- oder Befruchtungsgeschäfte bei allen andern Thieren, und bei dem Menschen eben auf diese Art? Die geringe Anzahl von Erfahrungen, die wir vor uns haben, gestattet uns nicht, nach logicalischen Regeln einen so allgemeinen Schluß daraus zu ziehen; man kan sich höchstens nur vorstellen, daß dieses Naturgeschäfte, wahrscheinlicher Weise, auf diese Art vor sich gehen mag, und das um desto mehr, da wir keine Beweise vom Gegentheile haben, und da auch das Problem von dem Einflusse des Saamendunstes, wenigstens ganz sicher und deutlich in einigen Thierarten, und, nach gröster Wahrscheinlichkeit, auch wohl in vielen andern, verneinend entschieden werden kan.

§. 167.

Ich will noch eine Bemerkung anführen: aus dem was ich gesagt habe, erhellet, daß der zur Befruchtung fähige Theil des Saamens nicht eine geistige und flüchtige Feuchtigkeit ist, welche in freier Luft ihre Kraft verliehrt, und in eine kraftlose Substanz verwandelt wird, wie man bei vielen, durch chemische Handgriffe erzeugeten Feuchtigkeiten wahrnimt, die man auch deswegen sehr sorgfältig verwahren muß: ich habe den Saamen ganze Stunden lang in freier Luft stehen lassen, und ob er gleich gröstentheils verraucht, war er doch nicht unfruchtbar, ja dieser Ueberrest war in seiner Befruchtungskraft eben so stark, wie der nur aus dem Thiere genomne Saamen selbst. Man kan diese Flüssigkeit mit dem Wasser vergleichen, beide behalten, auch nach einer langen Verduftung, ihre Eigenschaften. Allein es findet sich doch noch immer unter diesen ein sehr großer Unterschied; samlet man den ausgedünsteten Theil des Wassers, so ist er ganz dem gleich, wovon er herkam; der Dunst der Saamenfeuchtigkeit hingegen hat, ob er gleich ebenfals, unter flüssiger Gestalt erscheint, und auch dann der Feuchtigkeit, von welcher er entsprang, ähnlich ist, nicht mehr das Vermögen, Larven zu befruchten, und man muß gestehen, daß diese Theilgen, indem sie sich von dem Saamen losreissen und aufsteigen, gewisse üble Eigenschaften bekommen, welche sie unfähig machen, die zarten Herzen der Larven zu reizen, und ihnen das Leben zu geben; unterdessen können wir, wegen Feinheit dieser Partikkelgen, nicht einsehen, auf was Art und Weise sich diese übeln Eigenschaften erzeugen und worin sie bestehen.

§. 168.

Ich muß noch ein anderes Problem, das so neu als wunderbar ist, aufzulösen trachten; es ist mir dasselbe von Herrn Bonnet in einem seiner Briefe, wo er sich über die Kunstbefruchtungen mit mir unterhält, aufgegeben worden; und, ob er wohl alles, was die

Idee

Idee Sonderbares enthielt, alzuwohl erkante, so wolte er mir dieselbe dennoch mittheilen, damit ich sie auch durch einen Versuch prüfen möchte. Diese Vorstellung recht deutlich zu machen, kan ich nicht besser thun, als wenn ich den Auszug aus dem Briefe meines Freundes hier wörtlich einschalte, welcher am funfzehnten August 1778 geschrieben ist. „Ich kan ihnen einen Einfall, den „ich neulichst gehabt habe, nicht verbergen: Herr Se„nebier wird mit Ihnen über den schönen Versuch „des Herrn Achard zu Berlin gesprochen haben. Er hat „sich bemühet, die Elektrizität anstatt der Ofenwärme, „zum Ausbrüten der Hühner anzuwenden, er ist auch, we„nigstens zum Theil, glüklich gewesen. Wenn das elek„trische Fluidum das Küchelgen im Ei entwikkeln kan, „so kan es auf keine andere Art geschehen, als, daß der „Umlauf der Säfte beschleunigt, oder, welches gleich„viel ist, die Reizbarkeit des Herzens vermehrt wird. „Ich glaube hinlänglich bewiesen zu haben, daß die „Saamenfeuchtigkeit den Keim (germe) belebe, indem „sie die Reizbarkeit des Herzens erwekt. Ich wünschte „daher, daß sie doch versuchen möchten, das elektrische „Fluidum beim Saamen der Frösche und Kröten zu „Befruchtung ihrer Eier anzuwenden. Wenn sie mit „einem so ganz neuen Versuche glüklich sein solten, so „würde diese Befruchtung noch künstlicher ausfallen, „als diejenigen, welche sie bisher so glüklich gemacht „haben. Sie können sich wohl vorstellen, daß ich vor „den glüklichen Ausgang nicht stehe: es hat nicht das „Ansehen, daß der Saamen durch das elektrische Flui„dum ersezt werden solte. Doch aber giebt es in dem „weiten Reiche organischer Wesen, so viel ungesehene

„und

„und neue Dinge, daß man nicht behutsam genug sein „kan, wenn es darauf ankomt, über die Unmöglichkeit „irgend eines Versuches den Ausspruch zu thun; vor„nehmlich wenn es auf den Gegenstand, von welchem „wir uns unterhalten, ankömt.

„Würden wir wohl auf die erstaunenswürdigen „Eigenschaften des Polypen gefallen sein? und hätte „man wohl, nach dieser Entdekkung von dem Polypen, „die Wiederhervorbringung des Kopfs der Schnekken „vermuthet?"

Dieses meldete mir der scharfsinnige Naturforscher; allein verschiedene andere Geschäfte verhinderten mich damals, die angefangenen Beobachtungen künstlicher Befruchtungen fortzusetzen, und die mir aufgegebne ganz besondre Untersuchung vorzunehmen. Ich machte diese hier mit sehr weniger Hofnung eines glüklichen Ausganges, nicht allein wegen der von meinem Freunde angeführten Ursachen, sondern auch der großen Ungleichheit halber, die zwischen den Eiern des Herrn Achards statt fand, welche schon vor dem Elektrisiren befruchtet worden waren, und meinen Larven der Kröten und Frösche, die noch keine Befruchtung erlitten hatten. Nachdem ich auf den Conductor einer elektrischen Maschine ein metallen Gefäße mit verschiednen Larven gedachter Amphibien gesezt hatte; so elektrisirte ich sie, ohne ihnen Stöße oder Funken zu geben. Ich sezte dieses Elektrisiren dieser Larven zwei Tage hintereinander fort, und wendete jeden Tag dazu drei Stunden an, aber sie verdarben alle. Ich wiederholte den Versuch mit Verlängerung des Elektrisirens, auf vier Stunden,

den, drei Tage hindurch, aber auch izt war ich nicht glüklicher, und erlangte eben so wenig meinen Endzwek ob ich gleich die Larven noch drithalb Tage, drei Stunden hindurch elektrisirte.

Anstatt die Larven in einen kleinen metallenen Gefäße auf den Conductor zu setzen, bevestigte ich sie an die Spitze eines metallenen Stäbgens, welches an demselben hervorragte, weil der elektrische Dampf sodann mehr verdichtet ist, und folglich auch kräftiger sein muß: allein diese Art zu elektrisiren, ob sie gleich zwei Tage hintereinander achtzehn Stunden angewendet wurde, konte meine Larven doch nicht beleben; unterdessen da die Luft warm war, gaben die Larven binnen drei Tagen Zeichen ihrer Entwikkelung von sich.

Während der Zeit, als ich unbefruchtete Larven elektrisirte, so that ich dies ebenfals mit befruchteten, um den Unterschied, den die Elektrizität hervorbringen möchte, zu erfahren. Die elektrisirten Larven entwikkelten sich eher als die, welche die Elektrizität nicht erlitten hatten; dies stimt auch sehr wohl mit dem überein, was man, über die Beförderung des Wachsthums durch den Einfluß des elektrischen Fluidums, geschrieben und gezeigt hat, woraus ich schlüssen muß, daß, wenn die Elektrizität den Lauf der Säfte in befruchteten Larven geschwinder macht, sie keine Wirkung bei denen, welche nicht befruchtet sind, hervorzubringen vermag, weil der, durch dies Fluidum verursachte Stos weder sanft noch zuträglich genug für den Zustand der Larven, in diesen ersten Momenten ihrer Entstehung,

noch

noch auch demjenigen, von der Saamenfeuchtigkeit ähnlich ist.

§. 169.

Ehe mir noch Herr Bonnet seine Gedanken mitgetheilt hatte, nämlich da ich meine ersten Beobachtungen über die Kunstbefruchtungen anstelte, machte ich mir Hofnung, eine gewisse Feuchtigkeit zu entdekken, welche die Stelle des Saamens vertreten könte. Indem ich Larven der Erdkröte mit rothen Augen und warzigtem Rükken befruchtete, nachdem ich schon die Wirkung des aus den Saamenbläsgen genommenen Saamens versucht hatte, fiel mir ein, die Wirkung einer andern Feuchtigkeit, oder eines Saftes von dem nämlichen Thiere zu versuchen.

Derohalben benezte ich verschiedene Larven, einige mit Blut, andere mit Galle, oder dem ausgedrükten Safte verschiedner Eingeweide, als des Herzens, der Leber, und der Lunge.

Ich bemerkte alles sorgfältig, was mir dabei vorkam; ich hatte jede Art Larven, so wie dieselben verschiedentlich benezt waren, auch in besondere Gefäße gethan. Diejenigen, welche mit Blut und dem ausgepresten Safte des Herzens befeuchtet worden waren, kamen wirklich zum Leben. Man wird leicht einsehen, wie groß bei diesem Anblik mein Erstaunen war; aber man wird auch begreifen, daß ich mit diesem Versuche, ohne ihn zu wiederholen, mich noch nicht befriedigte. Ich stelte ihn von neuem an, aber mit unglüklichem Erfolg, denn es wolte sich keine einzige Larve entwikkeln;

keln; ich wiederholte diesen Versuch verschiedne Male, aber nie ward eine von meinen Larven belebt; ich schloß also damals, daß das Blut und der Saft des Herzens keine Kraft, Larven zu beleben, besitzen müste.

Allein, wie ging denn die Befruchtung in dem ersten Versuche zu? Ich fand hernach, daß es von meiner Nachläßigkeit eine Folge war, die ich erst nachher entdekte; die Larven waren aus der Gebärmutter eines Frosches mit einem Zängelgen genommen worden, dessen ich mich bedient hatte, einige Tropfen Saamen aus den Saamenbläsgen eines Männgens zu nehmen; und da ich damals die Kraft des kleinsten Tröpfgens Saamen, Larven zu beleben, noch nicht kante, so hatte ich das Zängelgen abzutroknen unterlassen, so, daß, als ich mit demselben die Larven berührte, sie blos durch dies Berühren befruchtet und zum Leben gebracht wurden, und diese Erklärung ist um soviel richtiger, da ich Larven aus der Gebärmutter anderer Frösche mit dem mit Saamen benezten und nachläßig abgetrokneten Zängelgen nahm, so sah ich immer einige Larven zum Leben kommen, da ich indessen nie eine unter viel hunderten belebt antraf, wenn sie mit gutabgetrokneten, oder noch nicht zum Berühren der Saamenfeuchtigkeit gebrauchten Zängelgen aus der Gebärmutter genommen worden waren. Dieses Beispiel war für mich eine solche Lektion, die mir in allen meinen Versuchen zu statten kam, und welche allen denen, welche sie wiederholen oder ähnliche anstellen wolten, ebenfals sehr nüzlich sein kan.

§. 170.

Da ich nun sahe, daß alle gedachte Säfte und Feuchtigkeiten zur Befruchtung der Larven untauglich waren, so dachte ich auch gar nicht weiter darauf, statt des Saamens, andre Säfte dazu zu brauchen: nur als ich das Unvermögen des elektrischen Fluidmus bemerkt hatte, welches ich zwar im voraus vermuthete, wolte ich doch gerne ein andres Reizungsmittel versuchen, weil ich mich nunmehr überzeugt hatte, daß die Befruchtung im Thierreiche, vermöge eines Reizes, den die Saamenfeuchtigkeit im Herzen der Embryonen erwekt, bewirkt würde. Zu dieser Absicht bediente ich mich des Weineßigs und des Brandeweins, darzu ich, um diese Flüßigkeiten zu schwächen, Wasser und Urin goß, und verschiedene Dosen dieser Feuchtigkeiten anwendete; allein, anstatt daß die Larven davon belebt werden solten, wurden sie vielmehr desto geschwinder von gedachten Flüssigkeiten vernichtet: ich versuchte die nämlichen Wirkungen mit Limonien- und Citronensaft, den ich mit Wasser geschwächt hatte. Man weiß, daß aus der äußern frischen Citron- und Cedratschaale, wenn man sie drükt, eine geistige und feurige Dunst geht, die sich an der Flamme entzündet, diese subtile feurige Flüssigkeit sprüzte ich auf einige Larven, daß der ganze Schleim, der sie umgiebt, davon gut befeuchtet wurde: allein auch diese Feuchtigkeit war zur Befruchtung, wie die andern Säfte, ebenfalls untauglich.

§. 171.

Die alte und neue Geschichte des Thierreichs lehrt, daß die Saamenfeuchtigkeit von einerlei Thierart die Embryonen der andern befruchten könne, und zwar wegen der Aehnlichkeiten, die man unter den Arten antreffen kan, und daß hernach die davon herkommenden einzelen Thiere Bastarte (Mulets) genent werden.

Auf solche Art kommen bei den Vögeln, durch die Begattung des Stiegliz mit dem Canarienvogel, wie auch des weissen Pfaues mit dem gemeinen, und des Phasanes mit dem Huhne, Thiere zum Vorschein, die von der Art ihrer Eltern ganz unterschieden sind. Unter den vierfüßigen Thieren sind die vom Esel und der Stute, oder vom Pferde und der Eselin erzeugten Maulesel ganz bekant; und Herr Bourgelat läßt über die Fortpflanzung der Begattung des Hundes mit dem Wolfe gar keinen Zweifel mehr übrig, ja es ist auch nicht einmal unumgänglich nothwendig, daß die Arten sich sogar sehr ähnlich seyn müssen. Die neuesten Beobachtungen eines französischen Naturforschers versichern uns von der Erzeugung der Thiere (Jumarre), die durch die Begattung eines Esels und einer Kuh, oder vom Ochsen und einer Eselin *) gefallen sind, ob es gleich Herr von Büffon **) förmlich geläugnet hat.

Diese

*) Vollständige Samlung der Werke des Herrn Bonnet Dritter Theil.

**) Naturgeschichte. Vierzehnt. Theil.

Diese Erfahrungen machten mir Hoffnung, daß ich ähnliche Kunstbefruchtungen bei den Embryonen einer Art, durch die befruchtende Feuchtigkeit der andern hervorbringen würde.

Ich sezte mir schon in meiner vorläufigen Abhandlung über die Wiederhervorbringung thierischer Theile vor, die Wirkungen solcher widernatürlicher Begattungen, zwischen den Wasserthieren, oder unsern Amphibien, die sich ganz ungleich wären, zu untersuchen, um durch die daher entsprungene dritte Thierart, das Geheimniß der Erzeugung in ein helleres Licht zu setzen.

Ich habe diese Versuche zwar unternommen; aber ich muß gestehen, ohne Erfolg. Ich benezte mit Salamandersaamen verschiedne Embryonen von Fröschen und Kröten: dieß that ich auch umgekehrt, mit dem Saamen des Frosches und der Kröte befeuchtete ich Embryonen von Salamandern, aber es wolte keine einzige Frucht belebt werden. Ich hatte freilich nun mehr Hoffnung, wenn ich Thiere, die sich untereinander mehr verwandt wären, zu meinen Versuchen anwendete, wie die Frösche und Kröten, die nicht nur beide Amphibien, sondern sich auch, nach ihrem innern und äußern Körperbau, ähnlich sind, und sonst in andern Dingen, die Begattung selbst nicht ausgenommen, vieles mit einander gemein haben.

Ich bestimte also die stinkende Erdkröte, die sich mit dem Frosche zu gleicher Zeit begattet, zu meinen Versuchen, und nahm den Saamen der erstern zur Benetzung der Larven des grünen Wasserfrosches wie auch des Laubfrosches: zu gleicher Zeit benezte ich auch mit dem Saamen von diesen beiden Fröschen die Larven einer stinkenden Kröte; ich machte den doppelten Versuch mit den Fröschen und Larven von dieser Art Kröten, deren ich im §. 126. erwähnt habe. Diese Saamenfeuchtigkeiten wendete ich bald ungemischt, bald auch im Wasser aufgelöst an, ich wolte auch zu dieser Absicht den Saft aus den Hoden dieser Thiere anwenden: allein, ohnerachtet der so auf verschiedne und vielfältige Weise ähnlichscheinenden Kennzeichen, die bei dieser beiderlei Art Thieren ganz offenbar und auffallend sind, konte doch die eine Art von der andern nicht befruchtet werden.

Ob nun gleich anfangs Versuche dieser Art, in Ansehung ihrer Wirkungen, unnüzlich scheinen möchten, so sind sie dennoch sehr belehrend; denn sie zeigen uns an, daß man gar nicht mit Sicherheit, von der Aehnlichkeit zweier Arten auf die Erzeugung einer dritten Art schlüssen dürfe. Es scheint zwar, als ob man eine solche von Thieren, die sich unter einander sehr ähnlich sind, erlangen müste, dennoch aber ist diese Gleichheit nicht immer ein sicherer Beweis ihrer Fortpflanzung, wie man aus den Beispielen dieser Amphibien gesehn hat. In diesem Fache der Naturforschung, wie in tausend andern, kan man die Ideen nicht immer realisiren: sondern man wird gezwungen, von einer Art zur andern überzugehn, um darüber den Ausspruch der Natur ins besondre zu vernehmen, und ihre Antwort abzuwarten. Ich glaube fast, daß diese ungewöhnlichen Verbindungen auch deswegen unfruchtbar ausfallen, weil man den Saamen von verschiedenen Thieren dazu anwendet; dieser muß doch wohl in seiner Natur unterschieden und unvermögend sein, die Embryonen, für die er nicht das rechte Verhältnis hat, zu durchdringen, und ihrem Bewegungsvermögen den ersten Stoß oder Erschütterung zu geben. Wie wolte man nun aber die beiden Eigenschaften des Saamens, in Rüksicht auf die Embryonen, anders erkennen, als durch die Erfahrung?

Im übrigen, da unsre Amphibien gleichsam selbst im voraus die vergebliche Anwendung ihres Saamens von einem Thiere der einen Art auf eine andere Art fühlten; so habe ich auch nie die einen mit den andern in Begattung angetroffen, ob ich gleich in ihrer Begattungszeit eine Kröte mit ihrem Weibgen, und einem Froschweibgen in ein Gefäße sezte: so ließ doch die Kröte das Froschweibgen unbemerkt, und gieng gar bald zu dem Seinigen; und als ich sodann auch diese Thiere während ihrer Begattung von einander nahm, und das Krötenmännngen in diesem Zeitpunkte nebst einem Froschweibgen in ein und eben dasselbe Faß sezte, nachdem ich zuvor das Weibgen der Kröte herausgenommen hatte, so näherte sich das Krötenmänngen doch nicht dem Froschweibgen, sondern wich ihm aus und entfernte sich von demselben: und da ich diese Thiere etliche Tage beisammen zu bleiben zwang, hatte es doch nie den Anschein, daß sie sich noch begatten würden, obschon das Froschweibgen seine Larven von sich ließ, und doch sonst natürlicher Weise die

Männ-

Männgen am allerhitzigsten sind. Diese hier unerwartete Kälte und Abneigung der stinkenden Kröte gegen den Laub- und grünen Wasserfrosch habe ich mit Verwundrung angesehen; ich habe aber auch den nämlichen Auftritt zwischen Männgen dieser beiden Arten von Fröschen mit dem Weibgen der stinkenden Kröte bemerkt. Mir war die ganz bekante Meinung derjenigen, welche glauben, daß sich Frösche mit Kröten begatten, nicht unbekant, und daß viele Personen, die erstern, während der Begattungszeit, zu speisen, gänzlich unterlassen: allein ich kan zuverläßig versichern, daß ich dergleichen Verbindungen oder Begattungen unter Fröschen und Kröten nie angetroffen habe; und da es Rösel in Teutschland nicht anders, als ich in Italien, gefunden hat, so verwerfe ich auch diese Meinung gänzlich, weil sie keinen andern Grund, als Leichtgläubigkeit, und daraus entsprungene gemeine Sage, zu haben scheint.

§. 172.

Nunmehr glaubte ich, diese Abhandlung beschliessen zu können, allein da ich den §. 158. wieder durchlas, entstand bei mir das unwiderstehliche Verlangen, noch einen neuen Versuch zu machen. Ich ersuchte die Naturforscher, bei einigen Thieren Befruchtungen zu versuchen, es möchten eierlegende, oder lebendige Junge gebährende sein, wo die Befruchtung in ihren Körpern vorgienge. Es war eben im Monat Julius, als ich mich damals in Modena befand; und also gerade zur Begattungszeit der Seidenwürmer: ich wolte also doch versuchen, ob denn in diesem Insekt Befruchtungen, wie sie mir bei verschiednen Amphibien geglükt hatten, angestelt werden könten. Der mißlungene Versuch des Malpighi und Bibiena war mir schon bekant; da mir indessen die Sache nicht unmöglich vorkam, so glaubte ich, es wäre meine Schuldigkeit sie zu wiederholen. Man kan die noch unbefruchteten Eier des Schmetterlings auf zweierlei Art bekommen, entweder man sammelt sie sogleich, als sie gelegt sind, oder man nimt dieselben aus der Mutter selbst, worinne sie sich befinden, heraus, wenn nur die Weibgen mit Behutsamkeit von dem Männgen zuvor abgesondert sind. Die Saamenfeuchtigkeit bekömt man aus den Zeugungstheilen dieses Insekts. Als ich nun auf beiderlei Art eine gute Menge unbefruchteter Eier beisammen hatte, bestrich ich sie mit männlicher Saamenfeuchtigkeit, bisweilen reichlich, bisweilen auch nur mit einer ganz geringen Quantität; aber ich erlangte meine Absicht nicht. Die Wärterinnen der Seidenwürmer wissen, daß die befruchteten Eier [illegible] blau aussehen und die andern gelb bleiben: die Eier hatten vor der Benetzung mit Saamen, diese Farbe, und behielten sie auch nach derselben; aber ihre Rundung gieng verlohren, sie wurden an dem einen Ende stumpf und hohl, welches Zeichen ihrer Unfruchtbarkeit waren. Ich machte freilich meine Versuche mit einer solchen Art von Seidenwurmschmetterlingen, deren Eier nur im Frühlinge auskriechen: und dieses war eben die Art, welche die Naturforscher zu Bolognien zum Gegenstande ihrer fruchtlosen Versuche angenommen hatten.

Ich

Ich wolte nun noch mit einer andern Art von Seidenwürmern den Versuch wiederholen, welche man in vielen Städten der Lombardei erzeugt, um drei Generationen von diesen Würmern, während des Zeitraumes zwischen dem Frühling und Herbste zu bekommen. Ihre Eier widerstunden meinen sorgfältigen Bemühungen nicht so gar sehr, denn es kamen verschiedne kleine Würmer aus den, mit männlicher Saamenfeuchtigkeit bestrichnen Eiern zur bestimten Zeit zum Vorschein; und ich konte auch nicht glauben, daß ich wäre getäuscht worden, weil ich, sobald die Schmetterlinge nur ausgekrochen waren, sogleich Weibgen unter eine gläserne Glokke, deren ich mich bei der Luftpumpe bediene, sezte, die Männgen aber außer derselben ließ, da sodann entweder der Anblik oder der Geruch der Weibgen, dieselben an den äußern Rand der Glokke lokte, um welchen sie auch beständig herum zu flattern nicht müde wurden.

Die Männgen dieser Insekten in der Nähe der Weibgen zu halten, schien mir nothwendig zu sein, um eine hinlängliche Menge Saamenfeuchtigkeit zu bekommen, und sobald die abgesonderten Weibgen ihre Eier zu legen anfiengen, befeuchtete ich sie gleich mit dem Saamen des Männgens. Diese bestrichenen, anfänglich gelben Eier wurden, in einigen Stunden, almählig blau, und beinahe violet, und nach einer Woche sahe ich die kleinen Würmer zum Vorschein kommen: indessen daß andre Eier, die mit keiner Saamenfeuchtigkeit benezt worden waren, gelb blieben, feucht wurden und verdarben; in zwei verschiednen Versuchen hatte ich das Glük, sieben und funfzig kleine Würmer, durch künstlich nachgeahmte Versuche, zu bekommen.

§. 173.

Dieser glükliche Erfolg machte mir Hoffnung zu noch mehrern. Eierlegende Thiere konten künstlich befruchtet werden: ich war auch schon so glüklich gewesen, auf eben dieselbe Weise, lebendige Junge gebährende, die natürlicher Weise außerhalb dem Körper des Weibgens die Befruchtung bekommen, in befruchteten Zustand zu setzen: Es war mir nur noch dieses übrig, daß ich untersuchte, ob's denn nicht möglich wäre, auf eine künstliche Weise denjenigen Thieren Befruchtung zu geben, welche dieselbe in dem Körper des Weibgens bekommen. Zu diesem Endzwek suchte ich also ein Thier von beträchtlicher Größe aus, wie z. B. eine Katze, Schaf, und einen Hund. Diese Idee hatte mich schon lange beschäftigt, und ich habe auch dieselbe schon in dem Inhalte der Italienischen Encyclopedie, unter dem Artikel, künstliche Befruchtung *), angezeigt. Unter diesem Artikel redete ich von einigen Mitteln zur Befruchtung der Thiere und Pflanzen, und drükte mich endlich auf folgende Weise aus: „ich habe bisher nur „von eierlegenden Thieren geredet, solte man keine „Mittel ausfindig machen, diese Befruchtungen auch „auf die Thiere, die ihre Jungen lebendig gebähren, „ausdehnen zu können?“ Im §. 158. bin ich wieder auf den Einfall gekommen, und habe den Naturforschern

*) Siena. 1770.

schern die Ausführung bestens empfohlen, ich hielte sie nicht mehr für schwer, nachdem ich den glüklichen Erfolg bei den Seidenwürmern gesehen, welche in der Mutter befruchtet werden, und entschloß mich einen Versuch mit einer Hündin zu machen.

Die Hündin, welche ich dazu erwählte, war von der Race der Budel und von mittelmäßiger Größe *). Sie hatte schon vormals geworfen, und ich zweifelte nicht, daß sie bald hitzig werden würde. Ich sperrte sie in ein Zimmer ein, wo sie eine gute Zeit zubringen muste, und um recht sicher zu gehen, gab ich ihr selbst zu fressen und zu saufen, und lies den Schlüssel zu diesem Zimmer nicht aus meinen Händen. Am dreizehnten Tage seines Arrest's gab der Hund sichere Zeichen von sich, daß er läufisch wäre, welches das Auflaufen der äußern Geburtstheile, wie auch das daraus fließende Blut zu erkennen gaben. Am zwanzigsten Tage schien die Hündin sehr hitzig und nach der Begattung begierig zu sein: und in diesem Zeitpunkte versuchte ich meine Kunstbefruchtung auf folgende Manier.

Ich hatte einen Hund von der nämlichen Art wie die Hündin war; von diesem bekam ich, durch einen freiwilligen Ausfluß, eine Quantität Saamen, die neunzehn Gran wog, diese sprüzte ich sogleich in die Gebär-

*) Canis aquaticus pilo crispo longo instar ovis. Linn. System. Natur.

mutter der Hündin; indem ich mich darzu einer kleinen sehr spitzigen Sprütze bediente, welche ich durch die Oeffnung des innern Muttermundes bis in die Mutter brachte: und da die natürliche Wärme des Saamens eine nothwendige Erforderniß zum glüklichen Erfolge der Befruchtung sein mag, so war ich darauf bedacht, der Sprütze den Grad der Wärme vom Saamen des Hundes, der ohngefähr dreißig Grad Reaum. beträgt, zu geben. Zwei Tage nach der Einsprützung hörte die Hündin auf, läufisch zu sein, und nach zwanzig Tagen schwoll ihr der Unterleib: nach Verlauf von sechs und zwanzig Tagen, ließ ich meine geschwängerte Hündin in Freiheit: der Unterleib nahm immer zu, und am zwei und sechzigsten Tage nach geschehener Einsprützung, warf meine Hündin drei Junge, nämlich, zwei Hunde und eine Hündin, welche sehr munter und lebhaft, auch nach ihrer Gestalt und Farbe, nicht nur der Mutter, sondern auch dem Hunde, von dem ich den Saamen erhielt, ganz ähnlich waren. Der so glükliche Erfolg bei diesem Versuche erwekte mir ein so außerordentliches Vergnügen, als ich bei allen meinen Versuchen noch nicht empfunden hatte.

§. 174.

Ich sagte, daß neunzehn Gran Saamen in die Mutter wären eingesprüzt worden, aber diese ganze Quantität war gar nicht völlig bis in die Gebärmutter gelangt, denn da wohl sechs Gran an der inwendigen Fläche der Sprütze hängen geblieben, so glaube ich, daß es kaum dreizehn Gran gewesen sein mögen, die in die Höhle der Mutter eingedrungen sind; hieraus folgt aber

aber noch nicht, daß diese dreizehn Gran zur Befruchtung ganz angewendet worden sind. Weil wir wissen, daß die Befruchtung in den Eierstökken geschieht, so muß die befruchtende Feuchtigkeit, welche in dieselbe gelangt, zuvor durch die sogenanten Muttertrompeten hindurch gehen, es müssen auch davon einige Theile an der inwendigen Fläche derselben, und an den Wänden der Gebärmutter hängen bleiben. Diese Umstände bestärken auch, was meine Versuche schon gelehrt haben, daß nämlich in großen, wie in kleinen Thieren, nur eine geringe Quantität zur Befruchtung der Embryonen erfordert wird. Dieser Schluß wird durch die bei den Vögeln gemachten Beobachtungen noch wahrscheinlicher, denn wir wissen, daß ein Hahn durch eine einzige Begattung, alle Eier, die eine Henne binnen zwanzig Tagen legt, befruchten kan; und da derselbe zwölf bis funfzehn Hühnern genugsame Dienste leistet, so könte er auch diesemnach täglich dreihundert Küchelgen das Leben geben. *)

Ich beschließe mit einer kurzen Betrachtung. Meine leztere Entdekkung macht mich zu glauben geneigt, daß man auch große Thiere erzeugen kan, ohne daß eben beiderlei Geschlechter dazu erfordert werden, wenn man sich des mechanischen Mittels, das ich angezeigt habe, bedienen will, und dabei die günstigen Umstände, die zu diesem Geschäfte gehören, zu benutzen, und alle nöthige Vorsicht, die zum glüklichen Erfolge erforder-

*) Buffon. Hist. Nat.

forderlich sind, anzuwenden weiß. Ich kan mich von dem Erstaunen und der Verwundrung, in die ich bei weiterm Nachdenken über die Phänomene, die ich erlangt, und hier beschrieben habe, kaum losreissen; und werde das Vergnügen haben, mit Plinius zu sagen: Mihi intuenti saepe persuasit rerum Natura, nihil incredibile existimare de ea.

Zwei Briefe.

Von Herrn Bonnet aus Genf, an den Verfasser über die zwei vorhergehenden Abhandlungen.

Vorbericht.

Ehe ich meine beiden Abhandlungen über die künstliche Erzeugung und Befruchtung verschiedner Thiere zum Druk gegeben hatte, schikte ich vorher nur einen kurzen Inhalt französisch, an meinen geschäzten Freund Bonnet, weil es mir häufige Arbeiten nicht gestatteten, einen Auszug daraus zu machen. Die große Abkürzung der überschikten Schrift gab zu einigen daraus gezogenen Folgerungen Anlaß, die dem Publikum sowohl, als mir wilkommen sein musten. In diesem Inhalte hatte ich nichts mehr, als nur die Kapitel der Materien anzeigen, und die Begierde nach den einzelnen und besondern Umständen erst dadurch erwekken wollen. Ich hielt davor, dieß würde indessen meinen Freund völlig befriedigen, welchem ich das volständige Werk auch ohne Anstand schikken wolte. Allein diese Hoff-

Hoffnung wurde vereitelt. Die Durchlesung des Inhaltes reizte Bonnet auf die ganze Schrift zu dringen: er schrieb mir dieser Ursache wegen einen sehr freundschaftlichen Brief, welchen ich, wie ich glaubte, auf eine meinen Freund befriedigende Art beantwortete, welche Antwort sodann wieder noch einen andern, eben so freundschaftlich, wie den erstern, abgefasten Brief veranlaste. Dieser Umstand hat zu diesen zwei Briefen des berühmten Genfer Naturforschers Gelegenheit gegeben; welche nicht nur, wegen ihrer unmittelbaren Beziehungen auf diese Abhandlungen, sondern auch wegen der Bemerkungen, Endzwekke, und philosophischen Untersuchungen, die dabei vorkommen, sehr schäzbar sind, zumal da sie, wegen der Eleganz des Styls, ihrem Verfasser Ehre machen.

Der erste Brief bezieht sich oft auf die Paragraphen meiner ihm überschikten analytischen Anzeige, die man aber anders nicht verstehen kan, als wenn man die numerirten Paragraphen dieser Abhandlung zu Hülfe nimt, die alle in dem Briefe angezogen sind: Diese Erklärungen werden den Sachen gewiß ein noch weit stärkeres Licht geben, und man wird erst dann den großen Werth der Erläuterungen und Beurtheilungen einsehen, die dieser große Philosoph zur Absicht gehabt hat.

Der andre Brief aber, ist an und für sich schon klar und verständlich; bezieht sich auf gewisse Erläuterungen, die Herr Bonnet von mir verlangt, und denen ich gewisse Anmerkungen, um einige Stellen deut-

licher

licher zu erklären, beigefügt hatte, denn es schien mir hier und da noch einige Dunkelheit in meiner Schrift zu herrschen, die vorläufige Erörterungen bedurfte.

Erster Brief.

Von Herrn Bonnet.

Genthod 1780. den 29. Nov.

Ich war eben im Begriff an Sie zu schreiben, als ich Ihren schäzbaren Brief vom siebenden dieses Monats erhielt, wofür ich Ihnen den verbindlichsten Dank abstatte. Meine Gesundheit hat im abgewichenen Jahre stark gelitten, und ich habe währenden Sommer zwei heftige Flußfieber gehabt, die, da eines auf das andre kam, mich lange Zeit zum Patienten machten, und vorzüglich meine Augen sehr angriffen. Der heftige Husten, von dem ich so sehr geplagt wurde, trieb das Blut äußerst häufig gegen den Kopf. Ich habe deswegen, während dem Monath Julius, August, und in der ersten Hälfte des Septembers, alle Arbeit müssen liegen lassen. Ich war eben mit meinen Anmerkungen zu der Naturbetrachtung äußerst beschäftigt, als mich meine Krankheit überfiel; da ich schon bis zum zehnten Abschnitt damit gekommen war. Ich konte aber doch nach geendigter Krankheit meine Arbeit nicht sogleich wieder vornehmen, weil zu derselben gar zu vielerlei Untersuchungen und Anstrengungen erfordert wurden, die meine zurükgebliebene Schwäche noch nicht vertragen wolte. Ich nahm mir daher vor, nur verschieschiedene Abhandlungen, die schon zu verschiednen Zeiten im Journal der Naturlehre des Abt Roziers an's Licht getreten sind, von neuem durch zu sehen. Bei dieser Gelegenheit nahm ich mir vor, einige neue Aufsätze über die Bienen, Schnekken und Salamander zu machen. Sie sollen den fünften Theil meiner Werke von der Ausgabe in Quart ausmachen. Und um die Presse nicht feyern zu lassen, habe ich meinen Verlegern die Erlaubniß ertheilt, den Druk immer so, wie ich Manuscript überschikte, vorzunehmen. Der erste Theil der Betrachtung der Natur war schon abgedrukt, als man den fünften Theil zu drukken anfieng. Die Betrachtung wird den vierten Theil ausmachen, möchte aber wohl um ein Drittel noch stärker werden. Man hat sich daher gezwungen gesehn, diesen Band in zwei Abschnitte zu theilen; es werden also drei Bände in Oktav gemacht werden müssen. Sie können wohl glauben, daß ich Sie oft bei mir zu sehen wünsche, und es gereicht mir zum größten Vergnügen, Ihre vortreflichen Entdekkungen dem Publikum mitzutheilen. Allein, wie sehr muß ich nicht bedauern, daß mir der Aufsatz Ihrer neuen überaus wichtigen Versuche, die sie mir gütigst mitgetheilt haben, nicht eher zu Gesichte gekommen ist. Da in der siebenden und achten Abtheilung der Betrachtung, von der Wiederhervorbringung lebender Geschöpfe gehandelt wird, und diese Stükke schon abgedrukt sind, so kan ich gegenwärtig nicht wohl von den in Ihrer Synoptischen Tabelle angezeigten höchst wunderbaren Versuchen und Entdekkungen Gebrauch machen. Allein ich sehe im voraus, daß es mir eben so schwer nicht sein wird, in

den

den noch ungedrukten Kapiteln deren gar viele einzuschalten. Ich will also ohne Verzug die vornehmsten Artikel Ihres Aufsatzes, so wie Sie dieselben numerirt haben, durchgehen.

I. *) Ich sehe hieraus gar wohl, wie Sie durch sehr viele Versuche zu einer unwidersprechlichen Gewißheit gelangt sind, daß der Fötus in dem grünen Wasserfrosche, in dem Laubfrosche, in der großen Erdkröte mit rothen Augen und warzigtem Rükken, in der stinkenden Erdkröte, und in zweierlei Arten Wassersalamandern, schon vor der Beschwängerung oder Befruchtung genanter Thiere präexistire, oder im Eierstokke vorhanden sei. Dieses noch kurze Verzeichniß, wird ganz gewiß verlängert werden, wenn man nur diese sonderbaren Untersuchungen auf andre Thierarten ausdehnen wird. Und Ihnen wird immer in der Zukunft das gröste Verdienst zugeschrieben werden müssen, weil Sie der Erste sind, der zu solchen vortreflichen und reichlichen Entdekkungen die Bahn gebrochen hat. Es ist wohl der Mühe werth, alle sichere Mittel anzuwenden, um die ursprüngliche Präexistenz des Embryo in großen vierfüßigen Thieren und Vögeln, unumstößlich zu erweisen. Es ist Ihnen gar wohl bekant, daß ich an dieser Sache nicht gezweifelt habe; und mich haben alle Betrachtungen, die ich schon in vori=

*) Diese Nummer I. in diesem erstern, wie auch die nämliche Nummer im andern Briefe, sind die einzigen, welche keine Beziehungen auf die Nummern meiner Abhandlungen haben.

vorigen Jahren, ja in meiner Jugend, über die Erzeugung angestelt, immer auf diese Vorstellung gebracht, so, daß ich sie auch stets als ein algemeines Naturgesetz betrachtet habe. Es käme nur darauf an, Mittel zu erfinden, wie man die Keime (germes) unter das Auge bringen wolte, die ohne Zweifel schon in den Bläsgen des Eierstoks lebendige Junge gebährender Thiere vorhanden sind, ehe noch das Männgen sich genähert hat. Es ist sowohl der äußersten Feinheit, als auch der überaus großen Durchsichtigkeit zuzuschreiben, daß man die Embryonen vor ihrer Befruchtung nicht erkennen kan. Daher würden alle Mittel, welche die Durchsichtigkeit vermindern, die Embryonen gleichsam verhärten, feste und undurchsichtig machen könten, auch geschikt sein, unsre Vergrößerungsgläser jeder Art zur Betrachtung anwendbar zu machen.

Es fehlt uns noch an genugsamer Erfahrung und Geschiklichkeit, um dergleichen Versuche so anzustellen, daß wir die Lehre von der Erzeugung, die noch so sehr im Dunkeln liegt, in ein recht helles Licht setzen könten: ich sehe aber im Voraus, daß, woferne Sie sich in die Tiefen dieses Geheimnisses hinablassen solten, Sie auch große und noch unbekante Schätze daher ziehen würden: denn die Natur ist mit Ihnen, und Sie mit ihr allzu bekant, weil Sie solche Fragen an sie zu thun wissen, welche sie am liebsten beantwortet. Allein solten wir auch nicht dahin gelangen, die Keime (germes) großer vierfüßiger Thiere, und Vögel vor ihrer Befruchtung deutlich mit unsern Augen zu entdekken, so werden wir doch darum nichts desto weniger ganz vernünftig schlüssen, wenn wir nach dem allen, was wir von dieser wichtigen Materie aufs zuverläßigste wissen, auf die Präexistenz des Keims vor der Begattung schlüssen, oder für ausgemacht halten, daß deren Entstehung nicht auf der Verbindung des Männgens mit dem Weibgen beruhe, sondern sich vielmehr vom ersten Ursprunge der Dinge herschreibt. Der Hällerische Beweis von der Präexistenz des Küchelgens ist nicht so ganz überzeugend: denn er stelt uns nicht den Keim selbst, vor der Befruchtung, vor Augen: er beweist nur den Zusammenhang ihrer Häute mit dem Dotter, welches ganz unwidersprechlich bei der Befruchtung schon vorhanden ist. Mir scheint es, man habe in dieser Untersuchung zu zeitig nachgelassen, und nicht geglaubt, daß uns dieselbe so wichtig werden könte. Ich bin aber ganz gewiß versichert, daß wenn man eben die anhaltende Gedult, die nämliche Sorgfalt und Vorsicht, die Sie bei den so mühsamen Untersuchungen der Infusionsthiergen und Amphibien angewendet haben, bewiesen hätte, man würde auch dahin gelangt sein, viel stärkere Beweise der Präexistenz der Frucht, in dem Weibgen eierlegender und lebendige Junge gebährender Thiere, zu erlangen. Es ist dieses ein solches Unternehmen, welches den Physiologen noch gar nicht eingefallen ist, und welches in dem Augenblikke, da sie darüber nachdenken, und es auch ins Werk richten werden, uns auch einen solchen Beweis, wie wir ihn verlangen, an die Hand geben wird. Man muß nur nie auf eine alzuübereilte Weise eine Untersuchung für unmöglich erklären, und zwar gerade aus der Ursache, weil uns zwischen den zur Hand seienden Mitteln, und den Dingen, die wir beweisen wollen, das

Verhältniß zu mangeln scheint: denn hat man wohl alle Verbindungen der Hülfsmittel erschöpft, und kan man denn also auch versichert sein, daß uns alle Verhältnisse der Mittel zu dem Gegenstande, dessen Existenz man annimt, und wovon man gerne zuverläßig gewiß sein möchte, bekant sind? Die Geschichte der Naturlehre, und insonderheit der Physiologie, würden mir eine Menge Beweise zu Unterstützung dieser Betrachtung an die Hand geben. Was vor eine Menge Erfindungen haben diesen beiden Wissenschaften nicht den grösten Zuwachs verschaft, davon die Alten beinahe nichts hoffen durften, wenn sie es auch vermuthet haben solten? Würden sie zum Beispiel wohl vermuthet haben, daß man einsmals auf eine künstliche Weise die zarten Früchte verschiedner Thiere befruchten, und daß man so glüklich sein würde, das Küchelgen im Ei, ohne thierische Wärme, ohne Ofen, zum Leben zu bringen? Und was soll ich zu den verwundernswürdigen Operationen in der Wundarzneikunst, zu den wahren Wundern in der Heilkunst, sagen? die man nur glauben kan, wenn man Augenzeuge davon ist. Wir sind, von physikalischer Unmöglichkeit zu urtheilen, ganz unvermögend und unsre Aussprüche haben keinen festen Grund: und dieses kömt daher, weil wir nach unsern erlangten Begriffen urtheilen, die aber mit der Natur in gar keinem Verhältnisse stehen. Die Natur ist von unermeßlicher Größe und Umfange, die möglichen Verbindungen der Geschöpfe sind beinahe ganz unübersehlich, und unser Verstand eingeschränkt, und immer in seinen Aussprüchen zu flüchtig und übereilt. Das Gefühl unsers Unvermögens, oder mittelmäßigen Einsicht, solte uns dahin bringen, an nichts von dem, was in der Naturlehre vorkömt, zu zweifeln: man solte zu sich selber sagen, daß das, was man selbst nicht entdekken kan, mit der Zeit von andern bekant, und aller Welt vor Augen gestelt werden wird. Doch ich will nur aufhören über einen Gegenstand zu philosophiren, der an sich so reichhaltig ist, daß er wohl ein ganzes Buch voll praktischer Bemerkungen veranlassen könte: ich muß nunmehr, mein lieber Malpighi, Ihr viel in sich haltendes Verzeichniß Ihres bald an's Licht tretenden Werkes vor mich nehmen. Ich will mich, wie ich schon gesagt habe, an Ihre beigesezten Nummern halten.

II. 13. Hier finde ich Ihre Erfindung „eines „wunderbaren Versuchs, die Befruchtung des grünen „Wasserfrosches zu verhindern." Sie haben diesen Versuch nicht angezeigt, und eben dieses reizt meine Neugier. Ich mache izt von ihrem freundschaftlichen Anerbieten Gebrauch, denn Sie haben mir versprochen, alle Fragen, die ich bei Durchlesung Ihrer Tabelle an Sie thun würde, zu beantworten. Sie können leicht glauben, daß ich von Ihren Antworten mit allem Vergnügen den rechten Gebrauch machen werde. Sie sollen mir das Orakel sein, das ich um Rath fragen will, und ich kan gewiß sein, daß dessen Antworten richtiger, bestimter und belehrender, als des Orakels, sein werden. Was ist das also denn für ein Versuch, und durch welches Mittel haben Sie die Befruchtung in ihrem grünen Wasserfrosche verhindert? sehr wahrscheinlicher Weise wird er Ihnen, bei Untersuchung der Befruchtung, ein neues Licht aufgestekt haben: denn hier ist nichts als isolirt anzusehen.

III. 26. Hier verstehe ich nicht den Sinn Ihrer Ausdrükke; „daß die außer der Mutter bewirkte Befruch„tung der Eier, doch in dieselbe, so wenig es auch sein „mag, hinein dränge:“ geschähe es etwan, daß die Wirkung des Saamens, vermittelst der schleimigten Feuchtigkeit, welche die Eier überzieht, sich fortpflanzte? Aber was suche ich sie denn zu errathen?

IV. 59. Es ist mir angenehm zu wissen: „daß Sie „die Circulation des Blutes in den Larven, und sogar, „als sie selbst noch keine Bewegung von sich gaben, sehr „deutlich gesehn haben.“ Ohne Zweifel gehn noch viel andre innerliche Bewegungen in diesen Embryonen vor, ehe sie noch genugsam entwikkelt sind, ihre sehr feinen Gliedmaßen zu bewegen. Wenn die Früchte ursprünglich in einander verschlossen sind, so haben sich eine Menge innere Bewegungen seit der Schöpfung ereignen müssen. Allein das verwundernswürdige Spektakel ist auch nur für solche scharfsinnige große Männer, deren ihr durchdringendes und forschendes Auge die verborgensten Triebfedern der Maschine der ganzen Natur entdekt. Man hat immer viel von dem (emboitement) der Früchte geredet: dieses Wort ist zu dem Begriffe unschiklich: die Früchte (germes) sind keine kleine Schachteln, da eine in die andre gestekt wären: sie waren ganze Theile von den Ersten ganz und völlig organisirten, wie sie unmittelbar aus der Hand des Schöpfers gekommen sind. Ich habe mich darüber in einer meiner neuen Anmerkungen über die Betrachtung ausgelassen. Es liegt viel daran, den Sinn der Ausdrükke fest zu bestimmen.

V. 75. Sie sind also fest überzeugt, „daß die Eier „der schuppigten Fische ihre Kraft, wenn sie vertrok„net sind, verlöhren.“ Sie haben auch das nämliche bei den sogenanten Eiern der Larven gefunden, und schlüssen daher, daß die Erklärung eines nach seiner Austroknung wieder besezten Teiches falsch sei. Diesem zu Folge hatte ich mich im Artikel 318. meiner Betrachtungen über organisirte Körper geirrt, wo ich mir vorgestelt hatte, es müste jener Umstand den troknen Fischeiern zugeschrieben werden, wie dieses mein hochgeschäzter Freund, Herr Trembly, bei den Polypen mit Federbüschen beobachtet hatte, die, wenn man sie bei Feuchtigkeit erhielt, in vielen Monathen ihre befruchtende Kraft nicht verlohren; dennoch aber forderte ich damals doch alle Naturforscher wegen der Fischeier, (oder wie man sie sonst nent) des Laiches, auf, indem ich sagte: „es würde dieses eine „artige Untersuchung abgeben, wenn man troknen Fisch„laich aufheben, und ihn sodenn in verschiedene und „schikliche Oerter thun wolte. Man würde aus diesem „Experimente ersehen, ob es wohl durch dies Mittel „möglich wäre, daß die Kraft der Fortpflanzung unter „diesen Umständen fortdauern möchte. Bis izo hat „man die Natur noch nicht in ihrem Verfahren ganz „genau bestimmen können, sie hat in ihren Geschäften „eine gewisse Mannichfaltigkeit, die der Naturforscher „kennen zu lernen, alle Mühe anwenden muß, und „die ihm sodann die Erfahrung bekant macht.“ Sie sind also einer von den Eingeladenen, der gekommen ist, und geantwortet hat, obgleich Ihre Versuche meinen Vermuthungen nicht entsprochen haben; allein, da Sie mir aber Ihr Verfahren, dessen Sie sich bedient, nicht angezeigt haben, so kan ich nicht urtheilen, ob es von den gemeinsten Naturfällen in Teichen und Fischhältern abweichen mag. Es giebt hierbei vielerlei kleine Nebenumstände, die das Resultat auf mannichfaltige Art verändern können. Sie errathen ziemlich dasjenige, was ich mir auch schon vorgestelt habe. Deßhalben bin ich aber dennoch nichts desto weniger geneigt, meine schwache Vermuthuug als falsch und unrichtig anzusehen.

VI. 80. „Ganz besondre Art, welcher sich der „Wasser-Salamander zur Befruchtung des Weibgens „bedient, ohne sich mit ihm zu begatten." Ich muß gestehen, daß ich nie eine Begattung der Salamander gesehn habe, und bin also auf dieselbe höchst neugierig. Melden Sie mir doch, was diese Begattung Ungewöhnliches in sich hat, denn izt bin ich seit geraumer Zeit geneigt, das Allerwunderbarste in der Natur zuzugeben. Ich bin gleichsam gezwungen, Wunder zu sehen. Die Wiederhervorbringung der verlohrnen Glieder des Salamanders, gehören in der That unter sehr große Wunder der Natur, die mich schon seit verschiednen Jahren beschäftigen, und welche ich noch bis izt nicht aufgeben kan. Ich würde vermuthlich die Begattung dieser Amphibien haben zu sehen bekommen können, wenn ich dergleichen von beiderlei Geschlechte in verwahrte Gefäße gethan hätte: allein ich hatte damals blos in meinen Untersuchungen die Absicht, die sonderbaren organischen Hervorbringungen zu beobachten, die ich so sehr mit meinen eigenen Augen zu sehen wünschte.

VII. 84, 85. In diesen beiden Artikeln handeln Sie von der natürlichen Befruchtung der Salamandereier. Ich gestehe gerne hierinne meine völlige Unwissenheit, und bitte Sie deshalben um einige Belehrung.

VIII. 96. „Was für einer Vorsicht bedienen sich die „Amphibien in Rüksicht auf ihre Vermehrung.“ Mich kan nichts bei Beobachtungen der Thiere so sehr unterhalten, als ihre kluge Vorsicht. Wir misbrauchen dieselbe öfters, und machen uns davon ganz falsche Vorstellungen, die gar nicht unter Philosophische Betrachtungen gehören. Ich habe dieses in meiner Betrachtung und andern Orten schon nachdrüklich gesagt. Wir haben eine wunderbare Bereitwilligkeit, mit unsrer Vorsicht nach unsern eigenen Vorstellungen zu Hülfe zu kommen. Wenn die Thiere Beurtheilung über uns anzustellen im Stande wären, sie würden uns bis in ihre Classe heruntersetzen, denn sie würden uns nach ihrer Weise empfinden und handeln lehren. Man hat hierinne bis zum alleräussersten verstoßen. Ich habe die Mittelstraße zu treffen gesucht, und glaube sie gefunden zu haben. Sie können hierinne den besten Richter abgeben.

IX. 97, 98, 99. Hier finde ich noch etwas, welches den Fleiß der Thiere angeht, dabei ich mich mit desto größerm Vergnügen verweile, weil es die Begattung der Kröten betrift, der ich in der Betrachtung ein ganzes Kapitel eingeräumt habe. Sie untersuchen in diesen Artikeln, „aus was für Ursachen die Frösche, Kröten,

„Kröten, ihre Weibgen so fest, und so lange an sich „halten.“ Ich habe wohl geglaubt, daß die so langen Umarmungen, (wenn man so sagen darf) einen gewissen, obgleich noch unbekanten Endzwek haben müsten, aber ich hatte davon keine sichre Erfahrung, die mich über diesen Punkt hinlänglich hätte belehren können. Ich erwarte also hierüber Ihre freundschaftliche Erläuterung mit Verlangen. Ich vermuthete, daß diese Umarmungen die Bewegung der Eier oder Larven aus dem Eierstokke in die Röhren, und aus denselben in die Mutter erleichtern solten, und vielleicht auch den Fortgang der Larven aus dem After. Sie lassen mir überall in ihrem Aufsatze viel übrig zu errathen. Ich wage so bisweilen einen Ausspruch, ohne zu hoffen, daß ihn die Natur immer bestätigen werde.

X. Wichtige Beobachtung vom Herrn Demours über die Begattung der Kröten, davon ich Gebrauch machen würde, wenn es Ihnen beliebt hätte, eine gewisse kritische Prüfung darüber anzustellen? Solte sich auch wohl der Beobachter haben hintergehen lassen? unterdessen hatte er doch seine Stellung gut genommen.

XI. 105, 106. Sie scheinen nicht der Meinung zu sein, die man schon lange, wegen der Befruchtung des Laiches von den schuppigten Fischen, angenommen hat. Sie reden von Ungewißheit: Worauf beruhet die Ungewißheit? Ziehen Sie denn etwan in Zweifel, daß das Männgen seine Milch über den Laich des Weibgens verbreitet? oder glauben Sie nicht, daß es sich zu wiederholten Malen an dem Bauche seines Weibgens reibe? oder scheinen Ihnen beide dieser Umstände zweifelhaft zu sein? Ich müßte Ihnen sodann sagen, daß ich von diesen beiden Punkten nur allzu gewiß überzeugt wäre. Hierüber habe ich nirgends gewisse und zuverlässige Beobachtungen angetroffen. Man muß sich oftmals verwundern, daß Naturforscher so lange und so ruhig in Ungewißheit über die allerwichtigsten Punkte bleiben können, und sich nicht durch Beobachtungen und Versuche, die oftmals gar nicht schwer sind, daraus zu reissen suchen. Unser von Natur so äußerst geschäftige Geist, ist doch bisweilen träge." Eine unbedeutende Unternehmung, eine kleine Vorrichtung, um etwas zu erfinden, kostet öfters eben so viel als eine Reise. Einen solchen Beobachter, wie Sie sind, der stets in Bewegung, und dessen Geist immer beschäftigt ist, giebt es gar nicht mehr außer Ihnen. Sie haben uns in fünf bis sechs Jahren mehr Entdekkungen geliefert, als ganze Akademien in einem halben Jahrhunderte. Aber ich bin für mein Theil darüber im geringsten nicht verwundert: weil ich das Feld, wo Sie ärndten, seinem Reichthum nach, so wie auch den Arbeiter auf demselben, nur allzu gut kenne. Als Sie mich vor ohngefähr acht Jahren um Rath fragten, welchen Untersuchungen in der Naturgeschichte Sie sich vorzüglich widmen solten; so sahe ich schon im voraus, wie viel dereinst diese Wissenschaft Ihnen zu verdanken haben würde. Ihre vortrefliche Abhandlung von den Infusionsthiergen, hat meine Art von Weissagung, die ich mir selbst von Ihnen gemacht hatte, gar bald erfült; und Ihre wichtigen Briefe über die wunderbare Wiederhervorbringung des Erdwurms, der Schnekke und des Salamanmanders waren noch mehrere Beweise. Ich habe daher allzeit mit erneuertem Vergnügen, auch in meinem abgesonderten ländlichen Aufenthalte, Ihre Riesenschritte bewundert, die sie auf der einmal betretenen Bahn machten, und die sie auch ununterbrochen, mit so vieler Bewundrung, Glük, und Ruhme, noch immer fortsetzen.

XII. 108. Die Anzeige dieses Artikels giebt mir zu erkennen, „daß die Befruchtung der Salamander sich „gänzlich von andrer Thiere ihrer unterscheidet.“ Aber ich sehe noch nicht, worinne der Unterschied liegt. Die Abweichungen der großen Naturgesetze sind dasjenige, was die Aufmerksamkeit des Philosophischen Naturforschers am allermeisten reizt. Sie setzen ihn destomehr in Verwundrung, weil sie den unermeßlichen Reichthum von Mitteln, den der Schöpfer besizt, noch mehr zu Tage legen, und die unendliche Mannichfaltigkeit untergeordneter Mittel beweist, durch welche seine Weisheit zuerst die Entwikkelung lebender Geschöpfe vorbereitet. Die Einrichtung unsrer Welt vertrug es nicht, daß alle Generationen auf einmal in derselben zugleich in ihrer völligen Entwikkelung vorhanden wären. Unser Erdball hätte sie weder fassen noch nähren können. Daher ist eine in die andre verschlossen, und zwar immer in einem sich vermindernden Verhältnisse, welches sich im Abgrunde des unendlich Kleinen verliehrt. Die Generationen entwikkeln sich immer eine aus der andern, und die Ordnung, in welcher sie sich vermehren, steht mit der Stufenfolge der Thiere im genauen Verhältniß. . . . Also versinken allmählig

die

die Generationen in eine undurchdringliche Finsterniß, und gelangen endlich dahin, wo sich das Unsichtbare vom Sichtbaren unterscheidet, und wo vermittelst der Befruchtung, sie sich nach und nach bis zur Volkommenheit ihrer Art, zu der sie gehören, erheben. So wie aber die lebendigen Geschöpfe so sehr vervielfältigt und verschieden sind, so sind es auch die Gesetze der, ihrer Entwikkelung gegebenen Vorschriften und Einrichtungen, nicht weniger. Daher entspringt auch die Menge und Verschiedenheit der Gestalten, die sie nach und nach bekommen, und der Art und Wirkungen ihrer Befruchtung. Die Bestimmung dieser Termine und Abweichungen macht den interessantesten Theil der Geschichte der Erzeugung aus.

XIII. 123, 124. Aus den zahlreichen Versuchen, die Sie über die künstlichen Befruchtungen angestelt haben, folgt also, daß man dieselbe in Keimen, die sich noch im Eierstokke befänden, auch nicht in denen, welche im obersten Theile der Muttertrompeten stekten, nicht bewirken könte. Ich glaube, die Ursache liegt darinne. Der Saamen wirkt hier als ein Reizungsmittel. Ueber dieses giebt es auch ein gewisses ursprüngliches Verhältniß zwischen der geheimen Kraft, welche die Reizbarkeit, oder die Zusammenziehung der Muskelfiber verursacht, und dem wirklichen Zustande derselben. Wenn sie noch nicht den Grad der nothwendigen Dichtigkeit oder Festigkeit angenommen hat; so wird sie auch mit der Wirkungsart der Kraft in keinem bestimten Verhältnisse stehen; und der Eindruk, welchen leztere macht, wird ohne allen Erfolg sein. Die

Frucht

Frucht muß also bis zu einem gewissen Wachsthume gekommen sein, wenn sie einer Reizbarkeit fähig sein soll. Der groſser Haller war dieser Meinung.

XIV. 128, 129. Hier treffe ich eine Sache an, die mich wegen ihrer Neuheit in Verlegenheit sezt: Sie sagen: „daß die künstliche Befruchtung mit lauterm „Saamen nicht glükte; und, um seine Absicht zu erlangen, „müsse man ihn mit Wasser vermischen." Aber der bloße lautere Saamen ist doch die wirkende Ursache, welche die natürliche Befruchtung bewirkt. Wie kömt es denn also, daß er die künstliche nicht bewirken kan? solte er sich in der freien Luft etwan verdikken, oder in dem Augenblikke seiner Versprüzung mit einer gewissen Serosität vermischen? Sie müssen mir darüber Ihre Meinung eröffnen.

XV. 134. „Der Saamen verliehrt, ohnerachtet er „mit andern Feuchtigkeiten genau vermischt wird, doch „nicht seine Kräfte." Auf was für eine wunderbare Weise haben Sie hier die Natur untersucht, Sie haben Wege genommen, die sie gar nicht wählt. Die Physiologen, Ihre Vorfahren, haben sich dergleichen Verbindungen nie einfallen lassen. Was für Substanzen sind es denn, mit welchen Sie den Saamen genau zu verbinden geglaubt haben? hier läßt sich keine wahre Auflösung machen, weil der Saamen seine befruchtende Kräfte beständig behält: wenigstens ist dieses ausgemacht, daß er durch die verschiednen Feuchtigkeiten nicht in seine Bestandtheile zersezt wird, denn wenn man ihn seiner Bestandtheile beraubte, so würde ihm

auch

auch diese Auflösung seine reizende Kraft nehmen. Was sagen Sie zu diesem Raisonnement?

XVI. 143. „Drei Gran Saamen, mit achtzehn „Unzen Wasser vermischt, behalten, im grünen Wasser„frosche und im Laubfrosche völlig ihre befruchtende Ei„genschaft. Diese Eigenschaft, so geringe oder schwach „als sie auch ist, erhält sich doch noch immer, obgleich „die geringe Quantität von drei Gran Saamen in zwei „hundert vier und sechzig Unzen Wasser gemischt wird." Das ist sehr bewundernswürdig: wer würde dieses vermuthet haben? Wie erstaunenswürdig ist demnach nicht die Kraft, dieses besondern Reizungsmittels, weil es in nicht einmal achtzehn Unzen Wasser an seiner Kraft merklich verlohren hat, und sich sogar noch äußert, wenn es auch in zwei hundert vier und sechzig Unzen gemischt wird. Diese drei Gran sind ohnfehlbar in dieser Masse vertheilt, wie etwan drei Gran Mosch in die Luft eines großen Zimmers, man kan ihn durch den Geruch empfinden und noch immer werden die Nervenfibern davon gereizt: und dieser Reiz stelt uns dasjenige vor, was der, in einer großen Menge Wässer verdünnte Saamen thut, da er noch immer auf die Fibern des Herzens in der zarten Frucht (embryon) seine reizende Kraft äußert.

XVII. 144, 145. „Andre sehr merkwürdige Ver„suche über die Vermischung einer sehr geringen Quan„tität Saamens mit einer großen Menge Wasser." Solche neu entdekte Versuche, die zugleich so belehrend sein solten, können nicht zu oft wiederholt und verän-

dert

dert werden: und man muß gerne gestehen, daß Sie gleichsam die Anerbietungen der willfährigen Natur nicht gemißbraucht haben. Ich ersuche Sie, mir über diese Umstände in den mir überschriebnen kurzen drei Summarien, noch recht viel Belehrendes zu melden.

XVIII. 152. „Daß der Saame die Larven befruchte, indem er ihren kleinen Körper durchdringt. „Kleine Oeffnungen, durch welche er eindringt.“ Dieß ist einer der besondern Umstände in der Befruchtung, die immer meine Wißbegierde gereizt haben. Sie wissen, wie ich immer der Meinung war, daß die Befruchtung von außen geschehen müste, und Sie werden sich erinnern, daß ich Sie ehedem um die Untersuchung der Häute von der Frucht bat, um die kleinen Oeffnungen zu entdekken, welche die Natur, nach meiner Meinung, für den Weg oder den Eingang des Saamens gemacht hätte. Sie haben sie demnach endlich gefunden, diese kleinen Oeffnungen. Ich wünsche Ihnen auch zu dieser wichtigen Entdekkung Glük, und erwarte deren Beschreibung mit gröster Ungedult. Hier will ich Ihnen mittheilen, was ich in einer meiner neuen Noten über das Kap. X. des VII. Theils der Betrachtung gesagt habe. „Dasjenige, was in der Befruchtung „der Eier der Amphibien offenbar geschieht, das geht „in der im Verborgenen des Eierstoks bei andern Thie„ren vor. Das Ei wird also allzeit von außen her be„fruchtet, sowohl bei den eierlegenden, als auch bei „den lebendige Junge gebährenden Thieren. Und dieses „anzunehmen, war auch der Natur sehr gemäß, so„bald man voraussezte, daß die Frucht ganz in ihrer

„Na-

„Volkommenheit im Ei präexistire; denn man muste „daraus schlüssen, daß der Saamen anders nicht, als „ein Reizungsmittel, wirke. Allein diese so leichte und „vernünftige Weise, sich die Befruchtung vorzustellen, „konte denen Naturforschern, die alle organische Prä„formation verwarfen, gar nicht in Sinn kommen, „besonders denjenigen konte sie nicht einfallen, die „sich einbildeten, daß sich der Embryo durch ge„wisse verhältnißmäßige Kräfte mechanisch bilde, oder „durch die almählige Vereinigung gewisser, aus dem „Männgen und Weibgen kommender Partikkelgen „entstünde, und in dem Innersten modellirt würde."

XIX. 158. „Ob wohl die sehr geringe Menge des „Saamens, welche die Natur zur Befruchtung bei den „Amphibien anwendet, auch einen Grund zu glauben „abgeben kan, daß bei den großen Thieren keine grös„sere Quantität zur Befruchtung nöthig sei?" Ich bin sehr neugierig, Ihre Meinung darüber zu hören, weil dieser Punkt noch nie untersucht worden ist, und auch, weil zur Untersuchung desselben, eben so vortrefliche Versuche gehören, wie Sie mit so glüklichem Erfolge der Welt bei den Amphibien gezeigt haben: und weil man auch nie die Möglichkeit der Sache sich gedacht haben würde. Wenn man die Eierstökke, ohne das Leben des Thiers zu wagen, wie z. B. von einem Schafe, Hunde, oder einer Kuh, öffnen könte, so würde auch Ihre Frage entschieden werden, zumal wenn man sodann dergleichen Versuche anstelte, die denjenigen ähnlich wären, die Sie bei den Amphibien mit so glüklichem Erfolge der Welt vor Augen gestelt und durch

welche

welche Sie die Entdekkung so wichtiger Wahrheiten gemacht haben. Man könte mit der Spitze eines in Saamen des Männgens getauchten Pinsels, eine oder mehrere Bläsgen im Eierstokke bestreichen: und wenn hernach die durch obige Oeffnung entstandene Wunde, ohne die Wirkung der auf solche Art gemachten Befruchtung zu hindern, wieder zuheilte, so würde man genau bestimmen können, wie groß wohl die Menge des Saamens zur Befruchtung obgedachter Thiere nothwendig sein müste. Vielleicht aber möchte dieser Versuch bei großen eierlegenden Thieren besser glükken. Aber wenn sie gerathen solte, so müste dieselbige blos unter Ihren Händen gerathen. Ich bin es nun schon gewohnt, auf Ihre Gedult und Geschiklichkeit in dergleichen Unternehmungen viel zu rechnen. Wenn Sie auch nur auf diese Art einen Anfang von Entwikkelung in der Frucht zu sehen bekämen, so wäre dieß zu unsrer Belehrung schon genug. Wir haben schon sonst deutliche Beobachtungen, die von der Belebung des Embryons im Eierstokke Beweis geben. Sie könten ja auch, vermittelst einer Sprütze, den Saamen zu verschiednen Dosen in die Gebärmutter zu bringen versuchen. Wenn nun die kleinste Dose eben die Wirkung, wie die gröste, hervor brächte, so würde es auch hierdurch sehr wahrscheinlich werden, daß die Beschwängerung der großen Thiere, in dieser Rüksicht, wenig von der Amphibien ihrer unterschieden sein müste.

XX. 159. „Daß der Saamen der Amphibien nur „ein Reizungs = aber kein Nahrungsmittel zu sein „scheine.“ Ich glaube, daß ich den Grund Ihrer Behauptung

hauptung nicht recht einsehe, Sie können die so äusserst kleine Dose des Saamens, mit der Idee eines zur ersten Nahrung für alle Theile des Embryons dienenden Fluidums nicht zusammen reimen. Sie machen sogar im 155. Artikel eine Rechnung, wodurch Sie erweisen, daß das Volumen dieser Dose des Saamens, welche den Embryon befruchtet, sich zum Volume des Embryons verhalte, wie 1. zu 1064,777,777. Es würde also gar kein Verhältniß zwischen der nährenden Flüssigkeit und dem zu nährenden Embryon statt finden. Ich will Ihren Schluß in Ansehung der Amphibien auch gar nicht bestreiten: allein, in Rüksicht auf große Thiere, scheint er mir nicht anwendbar zu sein. Die Bastardthiere stellen uns solche Phänomene dar, die keinen Zweifel übrig lassen, daß der Saame nicht verschiedne Theile in dem Embryon mehr oder weniger verändre: ich habe davon verschiedne Beispiele angeführt: der Saamen wird also doch zu diesen Theilen gebracht, und wie soll man sich nun vorstellen, daß er die Gestalten und Verhältnisse verändern könne, ohne in ihre innerste Substanz zu dringen? Stellen Sie nur vorzüglich Ihre Betrachtung über den Kopf der Luftröhre (Larynx) des großen Maulthiers an. Ich drükke mich sehr kurz aus: aber Sie verstehen mich doch hinlänglich, und meine Grundsäze kommen völlig mit den Ihrigen überein.

XXI. 167. „Der Saamen ist keineswegs wie ein „geistiges, ja auch nicht als ein flüchtiges Fluidum zu „betrachten, wie einige Naturforscher geglaubt haben.“ Es war mir sehr angenehm zu sehen, daß Sie diesen Punkt festgesezt haben: und da Sie erst ausgemacht haben,

ben, was der Saamen Ihrer Amphibien nicht ist, sind Sie dahin gelangt zu zeigen, was er eigentlich sei. — Wir wissen wenigstens soviel, daß er einer der allerbesten und ausgearbeitesten Säfte des Thieres ist. Haben Sie nicht mit diesem besondern Safte einige chymische Versuche angestelt? ich habe immer gemuthmaßet, daß er dem Nervensafte sehr nahe kommen müste. Allein, wie wenig kennen wir auch den Nervensaft? Ich habe gezeigt, daß die Reizbarkeit von einem gewissen sehr wirksamen Fluidum, das in die Nervenfibern vertheilt ist, herkäme, in meinen Betrachtungen im 10ten Theile im 33. Kapitel. Der Saame Ihrer Amphibien, der das Reizungsmittel für das Herz des Embryons abgiebt, muß eine gewisse Aehnlichkeit mit der Flüssigkeit haben, welche in die Fibern dieses zur erstern Bewegung bestimten Organs vertheilt ist. Wir treffen hier Tiefen an, zu denen wir noch kein Mittel, dieselben zu ergründen, gefunden haben.

XXII. 168. „Das elektrische Fluidum befördert die „Belebung der befruchteten Larven; doch aber ist es „nicht geschikt, die unbefruchteten zum Leben zu bringen.“ Ich bin Ihnen für diesen Versuch besondre Verbindlichkeit schuldig, weil ich gewünscht habe, daß Sie einmal zur künstlichen Befruchtung der Larven, statt des Saamens, das elektrische Fluidum versuchen möchten. Dieses hat Ihnen nie glükken wollen, und sie vermuthen auch wohl, daß ich mich darüber nicht verwundert habe. Indessen war es doch auch gut, dieses Experiment versucht zu haben. Sie sind wenigstens versichert, daß das elektrische Fluidum die Entwikkelung befruchteter Larven befördere: und dieß ist eine neue und sichre Entdeckung, die zu der schon vorhandenen großen Anzahl, welche uns die Geschichte der Elektricität überliefert, ebenfals gehört.

XXIII. 169. 170. „Viele andere, von dem Saa„men unterschiedne Säfte, sind ebenfals zur künstlichen „Befruchtung unfähig.“ Ich bin Ihnen für die vielen Versuche sehr verbunden; ich erwarte sie aber auch von Ihnen; denn der tief nachdenkende Geist, den ich in Ihnen kenne, zeichnet eben so charakteristisch den rechten wahren Naturforscher aus. Die Natur hat Ihnen, ob sie gleich verneinend geantwortet hat, dennoch Belehrung gegeben.

XXIV. 171. „Der Saamen der Salamander ist „zur Befruchtung der Frösche und Kröten, so wie auch „im umgekehrten Falle, ohne Kraft. Auf diese Weise „verhält sich's auch mit dem Saamen der Kröten in „Absicht auf die Frösche: und ebenfals so im gegensei„tigen Falle.“ Diesem zu Folge, verhält sich hier die Natur bei den Amphibien nicht so, wie bei den großen Thieren, da sie Bastardthiere hervorbringt; oder wie bei den Insekten und Pflanzen. Sie haben rühmlich gehandelt, daß Sie die Natur über diesen höchst wichtigen Punkt befragt haben: und Ihre Antwort belehrt uns, daß dieß Erzeugungsgeschäfte nicht in so weitem Umfange statt finden solle. Es ist allerdings äußerst merkwürdig. Denn der Frosch scheint, bei dem ersten Anblikke, von der Kröte weit weniger unterschieden zu sein, als es der Esel vom Pferde ist. Wenn Sie das Gegen-

Gegentheil, wie Sie vermutheten, erfahren, wenn Sie durch Ihre Kunstbefruchtungen von Ihren Amphibien Bastarte bekommen hätten; so würden Sie ohne Zweifel nicht mit so gutem Grunde haben schlüssen kömen, daß der Saame nur allein als ein bloßes Reizungsmittel wirke. Diese Frage wäre noch zu beantworten übrig, warum die Natur, hier in diesem Falle, in so enge Gränzen eingeschränkt sei? Wolte man antworten, daß in Thierarten, die sich dem Anscheine nach so sehr gleichen, bei einem noch nähern Grade der Aehnlichkeit der specifische Charaker, oder die Art vernichtet werden würde; so wäre dadurch doch die Endursache, nicht die Wirkende, erklärt.

XXV. 172. „Seidenwürmereier, auf eine künstliche „Art befruchtet." Ein Italiener, Malpighi, hat zuerst den Versuch ausgedacht, die Eier vom Schmetterlinge des Seidenwurms zu befruchten, und ein andrer Italiener, Malpighi der zweite, war es, dem zuerst diese Operation glükte. Schon vor achtzehn Jahren hatte ich die Naturforscher erinnert, diesen wichtigen Versuch des Bologneser Naturforschers zu wiederholen, und in diesem so sehr langen Zeitraume hat dieselbige Niemand, als der Philosoph von Reggio zu Modena, unternommen. Wie viel Vergnügen muß er nicht darüber haben? Aber ganz gewiß wird es dieser große Beobachter dabei nicht bewenden lassen, er wird diesen Versuch gewiß auch auf Eier von Schmetterlingen unterschiedner Art anwenden, und wird gewiß versuchen, die Eier der einen Art, mit dem Saamen einer andern Art, durch Kunstgriffe zu befruchten.

Es wird ganz artig sein zu erfahren, ob es in diesem Falle mit den Schmetterlingen, wie mit den Amphibien, gehen wird, und ich glaube ganz gewiß, daß er nicht unterlassen wird, eben die Versuche mit mehrern Insekten aus andern Classen, oder Geschlechtern, die sich mehr oder weniger nahe kommen, zu unternehmen. Das Raisonnement würde uns über diese Materie keine Genüge leisten, nur die Erfahrung muß uns das Licht, nach dem wir streben, gewähren.

XXVI. Sie ziehen im 109. Artikel aus allen über die Kunstbefruchtungen angestelten Versuchen einen allgemeinen Schluß, der mir nothwendig gefallen muste: nämlich, daß allem dem, was unsre neuern Epigenesisten geträumet haben, von der Natur selbst widersprochen wird. Es ist Ihnen nicht unbekant, wie ich mich allzeit der Epigenesis widersezt, und dieselbe in allen meinen Schriften bestritten habe; und obgleich mein verewigter Freund Haller, Neigung zu dieser Hypothese hatte, so unterstand ich mich doch, ihm zu widersprechen. Seine Versuche über die bebrüteten Hühngen redeten mir das Wort, und brachten diesen großen Physiologen so sehr auf meine Seite, daß er sich öffentlich wider die Epigenesis erklärte.

Ich habe die vornehmsten Artikel Ihres Aufsatzes nur durchlaufen, und viele Sachen gar nicht berühren können, weil mir die Revision meiner Werke so viel Zeit wegnimt, daß ich mich nicht nach meinem Wunsche länger unterhalten kan. Ich nehme nun Ihren, mir sehr angenehmen zweiten Brief vom

13ten

13ten März in die Hand, den ich auch noch unbeantwortet vor mir sehe. *)

Mir war noch unbekant, daß die berühmte Merian schon vor Ruysch die Pipa beobachtet hatte. Ich habe von dieser Naturforscherin in einer Zugabe zu meinen Abhandlungen Erwähnung gethan. Ich habe es auch in Ansehung des Wahns Ihres Landsmanns des Herrn Vallisnieri, wovon ich bisher auch noch nichts wuste, gethan. Sie haben auch ganz recht gethan, ihn wegen der Nachläßigkeit zu tadeln, die er bei Bestimmung des Geschlechts der beiden Surinamischen Kröten, welche er vor sich hatte, bewiesen hat. Ich habe die Pipa, die in unserm großen Glase bisher war aufgehoben worden, zergliedert: allein die Anstrengung, die mir diese Zergliederung, insonderheit meinen Augen, wegen der Menge des dabei befindlichen Weingeistes, der innerlich alles durchdrang und erfülte,

*) In meinem vom 13ten März 1780. an Herrn Carl Bonnet geschriebenen Briefe, der sich auf sein Memoire über die Pipa von Surinam bezieht, und in das Journal des A. Rozier 1779. mit eingedrukt ist, dessen ich beiläufig im 104ten Paragraph erwähne, sagte ich, daß Ruysch nicht der erste sei, der von diesem wunderbaren Thiere Erwähnung gethan hätte, sondern Sibilla Merian. Ich belehrte ihn von der ungegründeten Meinung Vallisnieri, der annahm, daß die Gebärmutter dieser Thiere auf dem Rükken des Männgens befindlich sei, und nicht auf dem Rükken des Weibgens, worinne die jungen Kröten enthalten wären. Auf diesen Paragraph meines Briefes beruft sich hier Herr Bonnet.

verursachte, verstattete mir nicht alles, was zu sehen war, so genau und nach seinen Theilen zu betrachten. Ich hatte den Unterleib der Pipa eröffnet. Nachdem ich die Haut auf beiden Seiten zurük geschlagen hatte, fielen mir die innerlichen Häute und Muskeln in's Gesicht, sobald ich diese aber wegnahm, bekam ich die Gedärme zu sehen. Was mich bei dem ersten Anblikke am meisten befremdete, war eine Menge über die Eingeweide gleichsam gestreuter hochgelber Körnergen. Ich betrachtete sie durch eine Loupe, um ihre Gestalt kennen zu lernen, die auch sehr verschieden war; manche waren rund, manche länglicht, und andre wie kleine vierekkigte Blättergen. Der Magen, der ein längliches Säkgen vorstelte, war sehr fleischigt, und ziemlich stark, und mit einer Menge kleiner sehr dünner, brauner, zerbrechlicher Stükgen angefült, deren einige eine bis zwei Linien in der Länge hielten, und sehr viel Aehnlichkeit mit Blättern von Pflanzen hatten. Allein ich muß auf unsern vornehmsten Gegenstand kommen: In dieser Pipa habe ich auch nicht das allermindeste Kennzeichen von einem Eierstokke angetroffen: ich habe auch in diesem Thiere die Hoden gesucht, und nahe bei der Blase einen länglichten fleischigten Körper gefunden, der vielleicht ein Hode sein mochte, aber den andern dazu gehörigen Hoden habe ich doch nicht finden können. Ich muß es Ihnen bekennen, daß ich diese Untersuchung freilich nicht recht nach meinem Wunsche habe machen können: Allein ich habe daraus zur Gnüge ersehen, wie wichtig die Struktur der Eingeweide dieser ganz besondern Kröte ist. Es giebt kein einziges unter diesen Eingeweiden, welches nicht dem Beobachter ganze Monathe zu Beschäftigungen Anlaß geben würde, wenn er sie so, wie Lyonet gethan hat, untersuchen wolte. Uebrigens waren wir eben nicht unumgänglich gezwungen, unsre Zuflucht zu der anatomischen Untersuchung zu nehmen, um die Meinung des Vallisnieri zu widerlegen: die Beobachtung des Herrn Fernini, wovon ich schon einen Auszug im 327. Artikel des Buchs von organisirten Körpern in der Nota 1 mitgetheilt habe, läßt keinen Zweifel übrig, daß es das Weibgen sei, das einen mit Hölen besezten Rükken hat; denn dieser Gelehrte hat es zergliedert, hat den Eierstok in ihm gefunden, und ist selbst Augenzeuge von der Begattung dieser Thiere gewesen. Ich bin sehr erfreut, daß Sie meine Abhandlung befriedigt hat. Ich wünsche sehr, daß meine hinten angehängten Fragen, einst einen geschikten Naturforscher antreiben möchten, sich recht gründlich auf die Naturgeschichte dieses so höchst wunderbaren Thieres einzulassen, weil wir noch keines kennen, das ihm ähnlich wäre.

Ich danke Ihnen noch verbindlichst für den Italienischen Extrakt der Versuche, die Sie über den Kreislauf des Blutes angestelt haben, und den ich in Ihren vortreflichen Werken nicht habe lesen können. Herr Saladin hat mir das Vergnügen gemacht, diesen Auszug zu übersetzen, und ich werde interessirende Neuigkeiten für meine Noten zum 10ten Theile der Betrachtung der Natur daraus entlehnen. Ich darf Sie weiter über diesen Gegenstand um nichts mehr bitten, weil meine Verleger durchaus auf das eilfertigste meine Arbeit geendigt wissen wollen. Die Pränumeranten

ten werden ungeduldig und wollen zurükltreten. Ich bin gezwungen worden, einen kurzen Brief deshalben drukken zu lassen, worin ich meine wider Vermuthen vorgefallene Hindernisse anzeige, und sie von dem baldigen Erfolge der fortgesezten Lieferung versichere.

Ihre Resultate über das Blut haben mich unendlich interessirt. Sie sind der erste, der eine so wichtige Wahrheit entdekt hat: daß nämlich die Kraft des Herzens so groß sei, daß sich die davon entstehende Wirkung bis zum Anfang der Blutadern erstrekte. Eine andre nicht weniger wichtige Entdekkung ist diese, daß der Lauf des Blutes in den äußersten Enden der Arterien nicht langsamer geschehe, wie die Physiologen bisher glaubten. Sie haben sich auch in Ansehung der Kräfte des Kreislaufs betrogen. Sie theilten dem Herzen Hülfskräfte mit, und Sie haben erwiesen, daß es nur blos des Herzens alleinige forttreibende Kraft sei, die den Umlauf der Säfte bewirkt. Sie haben auch durch Ihre sinnreiche Erfindung gezeigt, daß die Verändrungen der Farben des Blutes, aus dem Gelben in's Röthliche, und hernach in's Rothe, lauter optische Täuschungen seien. Haller bezweifelte es; allein Ihr Verfahren scheint mir ganz untrüglich. Die Haut, welche das Eidotter umgiebt, ist, wenn man sie durchs Mikroskop betrachtet, in den ersten Tagen des Brütens voller rother Gefäße. Ueberal verdrängen Sie Irrthum, und führen statt dessen Wahrheit ein.

Zwei-

Zweiter Brief.

Von Herrn Bonnet an den Verfasser.

Genthod den 13 Jän. 1781.

Aus Ihrem mir sehr schäzbaren Briefe habe ich ersehen, daß wir in vielen Dingen einerlei Meinung sind. Diese Uebereinstimmung macht mir um soviel mehr Vergnügen, da ich daraus ersehe, daß ich die meisten Ihrer Versuche wohl verstanden habe. Allein eine völlige Gleichheit in der Beurtheilung unter uns beiden, ist nicht als was besondres zu betrachten. Denn wie vielmal ist es nicht geschehen, daß wir in Punkten der Naturgeschichte übereingestimt haben. Man könte bald sagen, daß Ihre Seele zuweilen in mein Gehirne, und meine Seele in das Ihrige übergienge. Ich muß Ihnen recht sehr danken, daß Sie sich, bei Ihrer Beschäftigung, die Ihnen die Ausarbeitung der Schrift über die Erzeugung der Pflanzen macht, so viel abgemüssiget haben, mir einen so langen intressanten Brief zu schreiben, auf den sie auch eine Antwort verlangten. Ich wundre mich, wenn Sie diesen Brief in zwei Tagen haben schreiben können, ich bin in diesem Falle nicht so glüklich, und kan nur täglich ein paar Stunden zu solcher Arbeit aussetzen, und wenn ich Ihnen Briefe von 18 bis 20 Seiten schreibe, so können Sie darauf rechnen, daß mich ein solches Schreiben mehr als 12 Tage gekostet hat. Ich will demnach izt auch meine Arbeit auf die Seite legen, um die vornehmsten Punkte Ihres Briefes vom 12ten December zu beantworten. Ich will nach den Nummern meines

nes leztern Briefes gehen, die Sie selbst beibehalten, und beantwortet haben.

I. *). Ich zweifelte gar nicht, daß Ihnen die von mir vorgeschlagenen Untersuchungen, der Früchte (germes) im Eierstokke vor der Befruchtung, nicht schon selten beigefallen sein. Sie scheinen aber keine große Hoffnung von diesem Unternehmen zu haben: Sie glauben, die außerordentliche Feinheit und ihre Durchsichtigkeit werden es zu aller Untersuchung unfähig machen. Nichts desto

*) Um diesen Paragraph besser zu verstehn, muß man wissen, was mein Brief enthielt, worauf dieser eine Antwort ist. Herr Bonnet sagte in seinem leztern Schreiben, §. I. daß es sehr wichtig für die Naturlehre sein würde, wenn man die Embryonen in den Eierstökken vierfüßiger Thiere, und großer Vögel vor ihrer Begattung untersuchte, und hielt dafür, daß ich auch in diesen Untersuchungen nicht unglüklich sein würde; hierauf antwortete ich: „Die Idee, „meine Untersuchungen auch bei den Eierstökken vier„füßiger Thiere, und großer Vögel anzuwenden, wä„re mir schon längst eingefallen; es hätte mir aber „bisher noch immer an gehöriger Muße dazu gefehlt. „Ihr großes Verlangen, daß ich mir doch diese Un„ternehmung zum nächsten Geschäfte machen möchte, „treibt mich an, dasselbige ehestens vorzunehmen: wie „wohl ich mir nicht gar viel Glük, wegen der äußer„sten Feinheit und Durchsichtigkeit der Frucht (germe), „von dieser Arbeit verspreche, weil ich glaube, daß „es unmöglich sein wird, sie zu erkennen: allein auch „nur eine bloße Wahrscheinlichkeit von gutem Erfolge, „muß dem Naturforscher schon genug sein, wenn es „auf einen so wichtigen Gegenstand ankömt, den „Versuch zu unternehmen.

„Ich

desto weniger lassen sie den Muth doch nicht sinken, und geben mir zu erkennen, als ob mein Erinnern etwas beitrüge, die Lust in Ihnen zu erwekken und, in so schweren Untersuchungen, Sie dabei zu erhalten: allein die glüklichen Erfolge, womit Ihre Unternehmungen so vielerlei andrer Art gekrönt worden, sind ohne Zweifel geschikter, als meine Aufmunterungen, Ihnen die Hoffnung zu erwekken, daß Sie auch hier nicht eine vergebliche Arbeit thun werden. Ein glüklicher Zufall, ein

„Ich habe Gelegenheit gehabt, einige Abhand„lungen von dem berühmten Herrn Reaumür über „die Insekten zu lesen, und fand darin eine Beobach„tung von einem Italienischen Naturforscher, die mit „derjenigen über die Präexistenz der Frucht in dem „Weibgen der Kröten und Frösche sehr überein zu „kommen schien. Im dritten Band. 1 Theil. 7te „Abhandlung sagt Reaumür, indem er vom kleinen „Käfer der Lilie, nach dem Herrn Lorenz Patarol, „redet:“ „Es scheint dem Herrn Patarol, man „könte nicht behaupten, daß die Würmer aus den „Eiern kröchen, sondern es habe das Ansehn, als „ob ein jedes Ei selbst zum Wurme würde. Dieser „Umstand hat ihn auch vermocht, eine so ganz beson„dre Idee der Welt bekant zu machen, wiewohl es „mit vieler Bescheidenheit geschehen ist; und zwar „aus dieser Ursache, weil ihm kein einziger Versuch „und Nachforschung eine leere Schale hat antreffen „lassen. Hieraus können Sie sehen, wie dieser fran„zösische Plinius davon urtheilt: es war für mich „auffallend, diese Beobachtung zu finden: allein „der Verfasser hat sie nicht gemacht. Künftigen „Frühling aber will ich dieselbe wiederhohlen. Sie „ist intressant, und Reaumür hat ihre Wichtig„keit gar nicht eingesehn.“

ein unvorhergesehener Umstand, ein Zufall, an den Sie gar nicht würden gedacht haben, können Ihnen vielleicht die grösten Dienste erweisen. Sie werden schon selbst von den glüklichen Umständen, die in dem ordentlichen Laufe der Natur nicht vorzukommen pflegen, Gebrauch zu machen wissen, und welche vielleicht das, was sie Malpighi und Haller nicht zu sehn verstattet, zur Entdekkung für Sie aufgehoben hat. Es scheint mir überhaupt nur darauf anzukommen, daß man ein Mittel erfände, der Frucht ihre Durchsichtigkeit, ohne ihr zu schaden, zu benehmen: denn ich glaube, daß mehr diese, als die außerordentliche Zartheit oder Feinheit, schuld ist, daß sie auch der durchdringenste Blik des Beobachters nicht erkennen kan. Vielleicht könte ein äußerst kleines Tröpfgen Weineßig oder Weingeist, das auf die Seite, womit es angewachsen war, gegossen würde, indem es die Feuchtigkeit, welche die festen Theile der Frucht benezt, verdikket, dieselbe sichtbar machen.

Sie könten auch andre zu ihrer Absicht dienende Feuchtigkeiten anwenden. Mir fallen noch zweierlei andre Mittel ein. Das Erste von meiner Erfindung wäre dieses: man müste versuchen, über das Gelbe eine mit vegetabilischer Farbe angemachte Feuchtigkeit, eine Feuchtigkeit, die man mit irgend einem Kräutersafte gestärkt hätte, zu verbreiten: da wissen wir, ob die Gefäße des gelben Körpers diese Tinktur nicht einschlukken, und bis zur Frucht dringen lassen würden: und wenn auch dadurch nur der Umfang derselben gefärbt würde, so müste doch der Ort oder Punkt, wo sie läge, kentlich wer-

werden. Die Activität der Gefäſe kónte eine ſanfte Wärme unterſtützen. Die ſinnreiche Erfindung, deren ſich Herr Beguelin bedient hat, um ſeinem Durchlauchtigſten Eleven, dem königlichen Prinz von Preußen, die allmähligen Verändrungen, und Stufen des Wachsthums in jungen, noch im Ei verſchlößnen Hühngens zu zeigen, würde Ihnen auch zu Ihren Verſuchen nicht undienlich ſein. Wer kan wiſſen, ob nicht ein gewiſſer Grad Wärme auch etwas beitragen ſolte, daß die Frucht dem Auge ſichtbarer würde, indem ſich die Lymphe dadurch ein wenig verdikte. Das andre Mittel, das ich empfehlen wolte, ſolte darinne beſtehen, daß man, anſtatt der erwähnten Feuchtigkeiten, den Saamen aus einem Hahne oder einem andern Vogel zu dieſer Abſicht anwenden ſolte. Da der Saame ganz unwiderſprechlich diejenige Feuchtigkeit iſt, welche den meiſten Einfluß auf die Frucht hat, ſo ſcheint es, daß er am meiſten geſchikt ſein müſſe, eine gewiſſe plözliche Veränderung in derſelben hervorzubringen, um ſie leichter und beſſer durch die Gläſer betrachten zu können. Dieſes wäre zugleich ein Mittel, die künſtliche Befruchtung des Embryons im Ei zu verſuchen. Die Maſchine des Herrn Beguelin, würde vorzüglich dieſem Verſuche angemeſſen ſein. Wenn das kleine Tröpfgen Saamen den Embryon ſogleich zum Vorſchein brächte, ſo könte man nicht dagegen einwenden, daß es den Embryon in die Narbe (cicatricule) hinein gebracht hätte, wie man ſich ſonſt vorſtelte, daß der Blumenſtaub (Pouſſière des etamines) das Pflänzgen in das Saamenkorn brächte; weil die Hallerſche Beobachtung nebſt den Ihrigen über die Präexiſtenz

existenz der Larve bei der Befruchtung, diesen Einwurf hinlänglich widerlegen würden. Endlich müste man auch die Beobachtung der Narbe (cicatricule) an dem unbefruchteten Eie im Sonnenmikroskop versuchen, welches unter allen andern Instrumenten dieser Art, die Objecte von einer gewissen Durchsichtigkeit am meisten vergrößert. Was würde ich Ihnen endlich noch wohl alles sagen? Sie werden in der kleinen Narbe das, was nicht darinne befindlich ist, nicht suchen; denn Sie haben die gröste Wahrscheinlichkeit vor sich, dasjenige darinne wirklich anzutreffen, was Sie suchen.

Gewisse Versuche haben uns belehrt, daß das Ei, welches auch mit einer harten Schale versehen ist, dennoch sehr ausduftet. Diese Ausduftung bringt verschiedne innerliche Veränderungen hervor. Ich fordre Sie also auf, die kleine Narbe in unbefruchteten und längere oder kürzere Zeit aufgehobenen Eiern zu beobachten. Vielleicht würde es nicht ganz ohne Nutzen sein, die Narbe auf einer Glastafel ein wenig troknen zu lassen, und sie sodann durchs Mikroskop zu betrachten. Die Frucht würde dadurch mehr oder weniger von ihrer Durchsichtigkeit, indem sich die festen Theilgen einander näherten, verliehren.

Sie werden sehr wohl thun, mein lieber Malpighi, wenn Sie die wahren oder sogenanten Eier des Lilienkäfers recht genau beobachten. Es erhelt hinlänglich aus der Stelle des Herrn Reaumür, meines vortreflichen ehemaligen Lehrers, daß er die Nothwendigkeit wohl eingesehn habe, Patarols Beobachtung

zu

zu wiederholen: es ist aber auch zu bedauern, daß er es nicht gethan hat; oder wenigstens nicht gesagt hat, daß er es gethan habe; allein es ist auch sehr zweifelhaft, ob dieser große Naturforscher diese Beobachtung eben für so wichtig, in Rüksicht auf Ihre Folgen, möchte gehalten haben, als wir sie alle Beide achten. Er war gar nicht dazu bestimt worden, so sehr als wir, über das Geheimniß der Erzeugung nachzudenken, am allerwenigsten über die sehr interessante Frage von der Präexistenz des Fötus bei der Befruchtung. Sie können sich wohl vorstellen, daß ich nicht wenig verwundert sein werde, wenn ich von Ihnen künftig vernehme, daß die Eier des gedachten Käfers keine Eier sind, sondern der Wurm selbst, der sich nur in die Gestalt eines Eies verkleidet hat. Wenn sich dieses nun so verhielte, so wäre es hier eben so, wie mit den sogenanten Eiern der Frösche oder ihrem Laiche, beschaffen, und dieß wäre ein neuer Beweis, der denjenigen beigefügt zu werden verdient, die wir schon von der Präexistenz, davon hier die Rede ist, vor uns haben. Sie kennen die Eier des Bienenweisels: ich habe noch immer die Vermuthung, daß es keine wahren Eier, sondern, daß sie vielleicht der Wurm selbst sind, und zwar unter einer Gestalt, die etwas von derjenigen abweicht, welche er nach der Befruchtung annimt. Die lebendige Junge gebärenden Fliegen, davon uns Reaumür, im 4ten Theile seiner Abhandlungen, Nachricht gegeben hat, würden Ihnen ebenfals, zu kräftigen Beweisen der Präexistenz der Embryonen in den Weibgen, dienen können. Es ist mit diesem Gegenstande, wovon Reaumür redet, besonders beschaffen, denn mehr, als zwanzig tausend Würmer sind in gleicher Weite, nach ihrer Länge, in verschiednen schnekkenförmigen Wendungen, dichte an einander gesezt.

II. Ich weiß es den Herren Reaumür und Nollet, wegen der kleinen wachstafftnen Hösgen vielen Dank; denn vermittelst dieser Erfindung, da man das Männgen von einer Froschart damit bekleidet hatte, war man im Stande, die Art, wie das Männgen sein Weibgen befruchtete, zu entdekken. Das Männgen, welches Sie mit ähnlichen Hösgen versehn hatten, war aber doch dadurch, sein Weibgen in der Begattung zu befruchten, verhindert worden, weil der Saamen in dem Hösgen zurükke geblieben war. Und weil Sie mit eben derselben in den Hösgen angetroffnen Feuchtigkeit, Larven künstlicher Weise befruchtet haben, so ist auch nicht zu zweifeln, daß diese Feuchtigkeit wahrer Saamen gewesen sein solte.

III. Sie glauben also, daß mein, in diesen Artikel aufgeworfner Zweifel nicht ohne Grund sei. Ich lerne aus dieser Stelle Ihres Briefes eine ganz neue Wahrheit: Nämlich: „daß die Larven bei den Laub„fröschen schon befruchtet würden, ob sich gleich dieselben noch in ihrem After befänden, es möchte dieses „nun dadurch geschehen, daß sich etwas vom männ„lichen Saamen in den After zöge, oder daß die Lar„ven, wenn sie kaum aus demselben herausgekommen, „auch schon benezt wären, und sich durch die Bewegun„gen des Weibgens, indem es der Beobachter auf„fängt, wieder in den After hinein ziehen. Diese

Ihre

Ihre beiden Erklärungen kommen mir viel wahrscheinlicher, als meine eigene vor.

V. Ich gewinne allzeit viel dabei, wenn Sie mir Erlaubniß geben, Ihnen zu neuen Versuchen Gelegenheit und Anlaß zu geben. Sie haben also, nach meinem Wunsche, den ich im dreihundert achtzehnten Artikel von organisirten Körpern äußerte, denjenigen Versuch mit befruchteten Eiern schuppigter Fische gemacht, um sich zu versichern, ob denn dergleichen Eier, wie die der Polypen mit Federbüschen, auch wenn sie getroknet wären, ihre Kräfte behielten; und Sie haben gefunden, daß sie diesen Vorzug nicht besitzen. Die verschiednen Methoden, nach welchen Sie verfahren sind, und die Sie mir auch so deutlich entwikkelt haben, lassen mich darüber weiter in gar keiner Ungewißheit. Sie haben nachher dieses Experiment auch auf die befruchteten Embryonen der Frösche und Kröten ausgedehnt, und haben sich ebenfals davon versichert, daß sie, so wenig wie die getrokneten Fischeier, ihre Kräfte nach der Troknung behalten. Meine schwache Hypothese, die ich von der Besetzung ausgetrokneter Teiche hegte, wird also wegfallen müssen: allein wenn auch meine Meinung vom getrokneten Fischlaiche nicht gelten solte, könte sie doch wohl in Ansehung der Fische selbst, wenn sie noch klein, oder auch wohl, wenn sie schon größer worden waren, statt finden. Ich bin höchst begierig zu erfahren, was Sie hierzu sagen, und in Ihrem Werke davon anführen werden.

Eben habe ich den Artikel Ihres Briefs gelesen, der mich izt beschäftigt; und ich bin nun auf einen Umstand, der mir bisher entgangen war, aufmerksam. Sie sagen: „daß Sie die Fischeier sogleich auf dem „Schlamme, wo Sie dieselben bekommen haben, im „Schatten troknen ließen; bisweilen geschähe dieses „auch in Gefäßen.“ Ich bleibe bei den Worten: auf dem Schlamme, stehen; aber könte es sich nicht mit den Fischeiern, wie mit den Räderthiergen (Rotiferes) verhalten, die, um sie bei ihrer Kraft zu erhalten, in Sand eingescharrt werden müssen? Ich habe kaum Ursache zu vermuthen, daß Sie den Umstand solten vernachläßigt haben, Ihre Fischeier mit dem nämlichen Schlamme, wo sie waren gelegt worden, zu bedekken, denn ich weiß, wie vorsichtig Sie in allen dergleichen Umständen verfahren. *)

VI. Sie haben mir mit der Erzählung der besondern Art, wie das Salamandermänngen sein Weibgen befruchtet, ein ungemein groβes Vergnügen gemacht; diese ganze Sache war mir neu und noch völlig unbekant. Die Salamander sind demnach sehr keusche Thiere bei ihren Liebesgeschäften: es findet also gar keine Be-

gat-

*) Herr Bonnet hat eine gar zu vortheilhafte Meinung von mir. Ich habe wirklich nicht darauf gedacht, die Fischeier und die Früchte der Frösche und Kröten im Schlamme verdekt zu halten, und glaubte auch gar nicht, daß sie sich darinne erhalten möchten: ich muß aber gestehen, daß es wohl möglich sein könte: daher wird's dienlich sein, den Versuch unter diesen Umständen zu wiederholen; wie ich es mir auch fest vorgesezt habe.

gattung unter den beiden Verliebten statt, doch macht das Männgen gegen das Weibgen kleine Schäkereien, wodurch dasselbe zur Befruchtung vorbereitet wird. Das Männgen schießt seinen Saamen ins Wasser, daß eine kleine weißlichte Wolke davon entsteht, die den offnen und geschwolnen After des Weibgens umzieht; und so ist die Befruchtung geschehen. Es ist sehr Schade, daß die Alten, und vorzüglich die Poeten, die keuschen Liebesgeschäfte unsrer Salamander nicht gekant haben: wie sehr würden dieselben ihnen nicht in ihren sinnreichen Erdichtungen haben müssen zu Diensten stehen? Das Gedichte von dem Zephyr und der Flora hat eine große Aehnlichkeit mit der Befruchtung der Palmbäume, und ich wüste nichts im ganzen Thierreiche, was mehr dieser Befruchtung beikäme, als die bei den Salamandern. Zwar kömt ihr diese, die man in Meerpflanzen antrift, noch näher: die männliche Pflanzung streuet nicht einen so feinen Staub, wie die Erdpflanzen von sich; sondern läst eine Feuchtigkeit fallen, die ebenfals im Wasser eine kleine Wolke macht. Ihre Anführung des Wörterbuchs vom Herrn Bomare unter dem Artikel Wasser-Salamander, hat mich ihn zu lesen angereizt, da ich dieses Buch zu rathe zu ziehen noch nicht daran gedacht hatte. Und ich habe doch darinne gefunden, daß Herr Demours eben die nämlichen Umstände, wie Sie, und besonders was die Art der Befruchtung des Weibgens betrift, angemerkt hat: allein die Naturforscher werden doch auf Ihre Beobachtung mehr Staat machen, als auf die vom Herrn Demours, weil sie der Wiederholung eines Beobachters von Ihrer Genauigkeit und Sorgfalt nöthig hatte. Ich habe auch in diesem Artikel über das, was der berühmte Dü Fay über die Ohren der Salamander sagt, meine Betrachtung angestelt: denn nach dieses Beobachters Bemerkung, sind sie gleich nach ihrer Entstehung zu sehen, und verschwinden nach und nach, daß man sie nie mehr zu sehn bekömt. Diese Sache habe ich selbst mit gröstem Erstaunen wahrgenommen, doch aber hatte ich in meinen Abhandlungen davon noch nichts erwähnt. Ich wolte die Bemerkung gerne noch einmal machen, aber ich habe noch nicht dazu gelangen können. Ich habe auch darüber meine Betrachtung gehabt, was Herr Dü Fay von dem Maustern oder dem Häuten der Salamander anführt. Er hatte die Art der Struktur des Häutgens gar wohl beobachtet, davon ich auch in meiner ersten Abhandlung geredet habe, und wenn mir die Stelle aus der Schrift dieses akademischen Mitgliedes bekant gewesen wäre, so hätte ich dieselbe angeführt.

Weil sich der Saame allzeit mit Wasser vermischt, sehe ich nun wohl ein, warum die künstliche Befruchtung mit reinem lautern Saamen nicht gelingen will: der Beobachter muß hierinne der Natur folgen, und den Saamen ebenfals, nach ihrem Beispiele, mit Wasser vermischen. Ich würde ebenfals wie Sie denken, daß der Salamandersaamen, welcher sehr dik ist, einer Verdünnung bedarf, wenn er natürlich so wohl als künstlich die Befruchtung bewirken soll.

Die weise Natur ist sogar drauf bedacht, selbst den menschlichen Saamen, durch die Lymphe, welche sich aus

den

den häufigen Gefäßen in die Hoden = und Saamenbläsgen ergiest, zu verdünnen. Die Physiologen haben Gelegenheit, über diesen Punkt vielerlei Wichtiges und Betrachtungswürdiges zu sagen.

Uebrigens muß man gestehen, daß wenige Naturbegebenheiten vor den Philosophischen Beobachter so interessant sind, als die Begattungen der Thiere überhaupt, und ins besondre die Verschiedenheit der Art und Weise, deren sich der Schöpfer bedient hat, um die mannigfaltigen Thierarten zu erhalten. Wenn künftig ein recht großer Naturforscher eine volständige Geschichte der Erzeugung schreiben wolte, so müste er ohne Zweifel damit den Anfang machen, daß er das Gemälde von den Begattungsgeschäften der Thiere und Pflanzen zuförderst im Grundrisse entwürfe; und wenn er ein eben so großer Naturmahler, wie Büffon wäre, so würde er durch dies Bild den Geist aufmerksam machen und beschäftigen, ohne die Sinnlichkeit zu reizen und zu erhitzen: sein Gemälde würde keine Physische Venus, sondern eher eine Physische Minerve vorstellen. Man hat Ursache zu glauben, daß die verschiednen Arten, nach welchen sich die Begattung bei so verschiednen Thierarten zuträgt, sich nach der Empfindung, die jeder Art eigen ist, richten, oder welches fast eben soviel ist, der Fähigkeit daran Theil zu nehmen, gemäß sind.

Was für ein Unterschied ist nicht in dieser Sache, wenn wir den Fisch, Salamander, Affen, Hirsch, oder Hund in dieser Rüksicht betrachten. Und wie viel Einfluß hat nicht die Seele auf dieses Naturgeschäfte bei dem menschlichen Geschlechte?

VIII. Es ist doch in der That sehr merkwürdig, daß die Amphibien, wie die Kröten und Laubfrösche, ihre Früchte nie auf die Erde legen, wo sie freilich unvermeidlich umkommen müsten; da sie dieselben vielmehr allzeit in's Wasser, als ihr natürliches Element, zu legen die Vorsicht nehmen. Sie belehren mich sogar, daß diese Thiere nicht von dem ersten ihnen nahe seienden Wasser Gebrauch machten, auch daß sie ihre Eier nie in fließende Wasser legten, die sie fortreissen, und ihnen auch keine schikliche Nahrung gewähren würden. Vielmehr haben Sie beobachtet, daß die Larven allzeit in stilstehende ruhige Wasser gelegt würden, damit ihnen kein Stoß schaden könte, und auch die Embryonen mit einer für sie schiklichen Nahrung umgeben wären. Dieser Naturtrieb ahmt volkommen Klugheit und Vorsicht nach, wenigstens wird doch ihr Endzwek gleichmäßig dadurch erreicht. Allein, weil wir in diesem Falle keine wahre Vorsicht annehmen können, weil diese nur eine Eigenschaft der Vernunft oder des Verstandes ist, so käme es doch drauf an zu entdekken, was diese Thiere vermöchte, die Erde zu verlassen, und morastiges Gewässer zu suchen, um ihre Eier dahinein zu legen. Wie mir scheint, so mag wohl das Weibgen einer Kröte oder eines Frosches, das von der Natur zum Legen genöthigt wird, eine innerliche Empfindung bekommen, welche ihr den Aufenthalt auf dem Troknen beschwerlich macht, und in ihr den Trieb das Wasser zu suchen erregt. Und da

nun

nun die stilstehenden Wasser wärmer, als die fliezenden sind, so mag dieser Umstand wohl der Grund sein, weswegen die Amphibien die erstern vorziehen, nicht so wohl wegen ihrer Jungen, denn diese sind ihnen nicht bekant, und für welche sie auch keine Sorge tragen können, sondern lediglich für sich selbst: denn man findet, daß die Natur überal für die Bedürfnisse ihrer Jungen gesorgt, sie hat es so einzurichten gewust, daß ihre Bedürfnisse mit denen von ihren Eltern, die sie in gewissen Umständen erleiden mußten, in Verbindung standen.

Ihre Abhandlung enthält nur mehr als zuviel Beispiele, daß es also unnöthig wäre, noch dergleichen mehrere anzuzeigen. Ich sehe übrigens, daß Sie gänzlich auch in diesem Stükke meiner Meinung sind, wenn es auf diejenige Vorsicht, und denjenigen Verstand ankömt, den man so gerne und unphilophischer Weise den Thieren zueignet.

IX. Ich wuste nicht, daß Ihr Landsmann, der große und vortrefliche Vallisnieri, eben dieselbe Idee, die auch ich über die langen Begattungen der Frosch- und Krötenmänngen mit ihren Weibgen hatte, sich gemacht hätte. Mir fiel es nicht ein, daß Swammerdam das Gegentheil geglaubt hätte, daß, weit gefehlt, den Weg für die Eier in den Eierstoksröhren oder sogenanten Muttertrompeten zu erleichtern, er vielmehr durch die starken Anpressungen an das Männgen während der Begattung erschwert werden müsse. Ich würde nicht gewust haben, welche Parthei ich unter diesen beiden großen Naturforschern hätte ergreifen sollen, wenn die Natur nicht selbst durch Sie den Ausspruch gethan hätte. Ferner belehren Sie mich, daß die Meinung von Swammerdam, daß das Weibgen von dem Männgen nicht eher umfast würde, als bis die Eier schon durch die Röhren hindurch wären, nicht die Allgemeine und Wahre sei: denn diese hat nur bei dem Laubfrosche statt, aber bei dem Wasserfrosche und der Kröte kan sie gar nicht angenommen werden: doch aber habe Vallisnieri guten Grund vor sich, wenn er dieses von dem grünen Wasserfrosche redet. Wie Sie mit Recht behaupten, könte man in diesem Stükke keine Hauptregel festsetzen, und man muß erwarten, daß neue Untersuchungen die Sachen mehr vervielfältigt haben.

X. Herr Demours hatte uns sehr intereßirt, indem er von der Geschiklichkeit redet, die das Krötenmänngen beweist, wenn es das Weibgen beim Eierlegen unterstüzt, und ihm darinne behülflich ist. Seine Erzählungen von dieser Sache waren so umständlich, daß es gar nicht scheint, als ob man an der Wahrheit der Sache zu zweifeln Ursache habe, und ich habe auch in der Betrachtung ohne Bedenken davon Erwähnung gethan. Allein dies kömt mir doch sehr bedenklich vor, daß weder Sie noch Rösel die Kröte bei diesem sonderbaren Geschäfte angetroffen haben. Dieses könte des französischen Beobachters Erzählung einigermaßen verdächtig machen; wenn allezeit blosse verneinende Zeugnisse, das allerstärkste bejahende unwahr machen solten. Herr Demours hätte nur, wie Sie mit Recht bemerken, die Art

seiner

seiner Kröte genau beschreiben und dadurch bestimmen sollen.

XI. Ihre Zweifel über die Art und Weise der Befruchtung bei den Schuppenfischen ruhen auf guten Vernunftschlüssen, und wir haben beiderseits darüber geurtheilt, indem wir nach unsrer Schuldigkeit die Meinungen für die eine und andere Parthei in Erwägung zogen. Es könte wohl sein, daß in diesem Stükke die Fische mit den Salamandern viel Aehnlichkeit hätten. Wenigstens wissen wir aus der Erfahrung des Herrn Jacobi, daß die bloße Entschüttung des Saamens ins Wasser hinlänglich sei, die Fischeier oder den Laich zu befruchten. Ihre Idee, artige chinesische Goldfischgen zu Ihren Absichten in einem Glase mit Wasser zu halten, um diese intrikate Frage aufzulösen, scheint mir ganz vortreflich zu sein, und ich kann sie nicht genug bitten, diese Idee zu realisiren. Sie werden in einem Tage mehr und viel mehr sehen, als die verschiednen Naturforscher vor Ihnen gesehen, oder vielmehr nur gemuthmaßet haben. Wie viel wichtige Fragen könten nicht durch die allersimpelsten Beobachtungen oder Versuche entschieden werden, und doch ist es bisher noch nicht geschehen: dies kömt daher, weil der Verstand nur immer geneigt ist, sich Vorstellungen zu machen, oder zu raisonniren, anstatt Beobachtungen oder Versuche anzustellen.

Was für Erklärungen hatte man nicht über die Verdauung vor den Zeiten Reaumür's und Spallanzani's gemacht, ehe diese beiden großen Naturturforscher Ihre vortreflichen und ganz sonderbaren Versuche angestelt, und diese bisher noch im Dunkeln gelegene Materie in's rechte Licht gesezt hatten.

XIII. Sie sind also mit mir einerlei Meinung, und nehmen, wie ich, die Lehre des Herrn von Hallers an, welche die Embryonen in dem Eierstokke, oder dem obern Theile der sogenanten Trompeten unsrer Amphibien betrift, und welche durch keinen Kunstgriff befruchtet werden können. Allein Sie zeigen mir einen andern Grund dieser Sache an, den ich gar nicht vermuthete, und der mir doch so wie auch Ihnen schien, als müste er etwas zu dessen Bewirkung beitragen: von der Zeit an, als der Schleim die Nahrung der befruchteten Larven ist, und dieser Schleim diejenigen, die im Eierstokke oder im obern Theile der Trompeten sind, nicht überzieht, so ist es ganz offenbar, daß sobald als der Saame sie künstlich befruchten könte, so würden sie doch, aus Mangel der Nahrung, bald verderben. Die schönen Versuche, die Sie gemacht haben, lassen gar nichts zu wünschen übrig, weil die Embryonen, die Sie gänzlich ihres Schleimes beraubt hatten, auch nie haben befruchtet werden können: und diejenigen, die ihren Schleim nicht verlohren hatten, waren fast alle befruchtet worden. Ich zweifle, daß andre Naturforscher vor Ihnen, den wahren Nutzen dieses Schleims gekant haben.

XV. Das Blut der Amphibien, ihre Speichelsäfte, die Säfte ihrer Leber, Lungen, Nieren, ihr Urin und auch der unsrige sind also verschiedne Säfte, mit

denen

denen Sie den Saamen haben vermischen wollen. Auch Weinessig haben Sie zu dieser Absicht versucht, und alle diese Feuchtigkeiten haben dem Saamen die befruchtenden Kräfte nicht entziehen können. Sie haben nur bemerkt, wenn der Urin und Weinessig zu häufig beigemischt wird, daß alsdenn die befruchtende Kraft sich verliehrt. Ich zweifelte gar nicht, daß Sie nicht völlig meiner Meinung sein solten, daß der Saamen durch diese Mischungen nicht in seinen Grundtheilgen eine Trennung oder Auflösung erlitte. Allein sie beweisen die erstaunenswürdige Kraft dieser befruchtenden Feuchtigkeit ganz unvergleichlich gut. Sie könten Sie noch dahin bringen, die Entdekkung zu machen, welcher unter den Säften des Thieres mit seinem Saamen die gröste Aehnlichkeit hätte: denn der Saft, welcher in gleichen Dosen, die Befruchtungskraft am allerwenigsten verdränge, hätte auch natürlicher Weise die gröste Gleichheit oder Verwandschaft mit ihm; und dieser Umstand würde, in der Untersuchung der Bestandtheile des Saamens, nicht unnüzlich sein.

XVI. Es ist mir sehr lieb zu wissen, daß wir Beide unsre Zuflucht zu einer und eben derselben Vergleichung genommen haben, um Red' und Antwort von der befruchtenden Kraft zu geben, wenn nur die allerunbeträchtlichste Quantität Saamen zu einer sehr großen Menge Wasser gemischt wird. Ihr Beispiel von dem Gifte der Viper, von welcher das kleinste Tröpfgen ein großes Thier tödten kan, ist recht sehr schön gewählt, und sehr belehrend. Sie sind auch sehr berechtigt zu sagen, daß man sich gar nicht verwundern dürfe, daß

ein

ein äußerst kleines Saamentröpfgen im Stande sei, das Herz eines Embryon zu beleben. Die außerordentliche Geschwindigkeit, mit welcher gewisse Gifte, wie auch dieses aus der Viper, ihre Wirkung äußern, könte Anlaß zur Vermuthung geben, daß sie nur auf den Nervensaft wirken. Sie haben die sonderbaren Versuche des Herrn Reaumür mit den vergifteten Pfeilen der Amerikaner nicht vorbei gelassen. Ein Bär, der mit einem solchen Pfeile verwundet wird, muß, glaube ich, in einer halben Minute sterben.

XVII. Sie haben mir die Umstände und Handgriffe bei Ihren künstlichen Befruchtungen recht deutlich erklärt, wozu ich Ihnen meinen ganzen Beifall gebe. Es ist in der That sehr merkwürdig, daß ein Embryon, der nur mit der feinen Spitze einer Nadel berührt wird, welche in die Mischung, die aus drei Gran Saamen, und achtzehn Unzen Wasser besteht, getaucht worden ist, und welche doch nur ein Tröpfgen vom $\frac{1}{50}$ einer Linie groß behalten hatte, eben so gut und geschwind sich entwikkelt hatte, als diejenigen, welche gänzlich in Saamen waren eingetaucht worden. Ihre Beurtheilung über diesen Umstand ist ohne Zweifel ganz richtig. Weil eine so geringe Quantität eines so äußerst kleinen Tröpfgens mit einer so großen Menge Wasser, dennoch einen Embryo zu befruchten, hinlänglich ist, so ist auch ganz natürlich daraus zu schlüssen, daß der Ueberfluß des Saamens, welchen das Männgen gewährt, nicht zur Befruchtung erforderlich sei. Die Natur ist eben nicht sparsam, wenn es auf die Fortpflanzung ihrer Art ankömt, sie will es auf

ihrer

ihrer Seite nicht ermangeln lassen, und sie würde bei zu großer Sparsamkeit verliehren. Vielleicht nimt die Natur in diesem Falle Rükſicht auf den Genuß des Vergnügens, in Ansehung des Männgens: denn die Auswerfung des Saamens ist ohne Zweifel eine Wollust für das Männgen: und die wohlthätige Natur will, nach ihrem mütterlichen Sinne, gern allen ihren Kindern Vergnügen verschaffen. Ueberdies muste das Männgen einen Reiz haben.

XVIII. Sie können sich wohl vorstellen, mein lieber Philosoph, daß ich auf diesen so merkwürdigen Artikel Ihres Briefes alle Aufmerksamkeit gewendet habe. Ich glaubte sogar, die kleinen Oeffnungen mit Ihnen zu betrachten, die sich in der Einwikkelung des Embryons zeigen, und durch welche der Saamen in denselben eindringen soll. Die Genauigkeit und Umständlichkeit, mit welcher Sie mir diese Sache beschreiben, versichert mich hinlänglich, daß Sie sich in Ihrer Untersuchung nicht geirrt haben, und daß es mit den kleinen Oeffnungen, davon ich schon längst eine starke Vermuthung hatte, seine vollkommenste Richtigkeit habe. Und weil dieselben über die ganze Bekleidung des Embryons zerstreuet sind, und diese, so zu sagen, wie ein Sieb durchlöchert ist, so kan man sich auch nicht darüber verwundern, daß die Befruchtung gleichmäßig erfolgt, der Embryon mag mit der in Saamen getauchten Nadelspitze an einem Orte, an welchem es auch sei, nur berührt werden. Nun käme es darauf an, nur zu erfahren, ob es sich mit der die Embryonen umgebenden Haut auch bei allen andern Thierarten

ten so verhielte: und wie sehr wahrscheinlich wird nicht diese Sache nach den in dem Erzeugungsgeschäfte gemachten so großen und vielen Entdekkungen? Ich zweifle nicht, und habe auch niemals gezweifelt, daß, wenn nur die Frucht des Huhns, des Schafes, der Kuh u. s. w. auch so wie die Larven der Betrachtung unterworfen werden könten, Sie auch an denselben solche einsaugende Oeffnungen, wie an den Embryonen der Amphibien, entdekken würden. Haben wir nun noch nicht die stärksten Beweise, daß die Befruchtung von aussen her geschieht, und wenn sie auf diese Weise vor sich geht, müssen nicht nothwendig in der Einwikkelung der Larve kleine Oeffnungen vorhanden sein, welche die befruchtende Feuchtigkeit durch lassen? Diese einsaugenden Oeffnungen mit ihren Eigenschaften könten ohne Zweifel zu mancherlei anatomischen Betrachtungen Anlaß geben, die wir im höchsten Grade bewundern würden, wenn es uns von der Natur vergönnt wäre, in ihre Abgründe hinab zu steigen. Wahrscheinlicher Weise ist jede Oeffnung das äußerste Ende eines mit dem Herzen zusammenhängenden Gefäßes; und was man sonst noch mehr schlüssen könte.

XIX. Nun bin ich endlich auf den Artikel gekommen, der der wichtigste und sonderbarste in Ihrem Briefe ist. Ich muß gestehen, daß ich noch nicht vermuthet hätte, daß Sie schon mit der Befruchtung eines größern Thieres, wie ich Ihnen in meinem leztern Briefe vorschlug, vermittelst einer kleinen Sprütze, würden zu Stande gekommen sein. Das ist ganz ohne allen Zweifel

fel eine der allerauffallendsten und wichtigsten Neuigkeit in der Natur, die nur je ein Naturforscher und Philosoph, seit dem die Welt steht, hat erfahren und zu sehn bekommen können. Die Manier, nach welcher Sie zu Werke gegangen sind, und die vorsichtigen Maßregeln, die Sie bei dieser künstlichen Befruchtung genommen haben, bestätigen sie auch aufs unwidersprechlichste, und beweisen dieselbe ganz unumstößlich. Ich hätte nicht einmal Ihren andern, vom 12ten December an mich geschriebenen Brief nöthig gehabt, daraus zu ersehen, wie Sie Alles angewandt hatten, um auch dem allergeringsten Einwurfe sicher auszuweichen. Ihre Hündin war drei und zwanzig Tage vor der Operation gänzlich in einer Kammer verschlossen blieben; am dreizehnten war das Thier läufisch worden; am drei und zwanzigsten Tage, vom Termine seines Einsperrens, sprüzten Sie ihr den Saamen in die Gebärmutter, und behielten den nun mit Saamen versehenen Hund noch länger, nämlich fünf und zwanzig Tage unter Ihrem Schlosse, und am zwei und sechzigsten nach der Einsprüzung warf Ihre Hündin drei sehr gesunde muntre junge Hunde, die theils ihrer Mutter theils ihrem Vater, von dem der Saamen genommen worden war, ähnlich sahen. Ich habe noch nichts bestimteres und gründlicheres, als dieses, gelesen, und noch nie eine vortreflichere und neuere Erfindung von einem Versuche angetroffen. Hierzu muß ich Ihnen von ganzem Herzen Glük wünschen. Was nun noch hierbei besonders in Betrachtung komt, ist, daß nicht einmal dreizehn Gran Saamenfeuchtigkeit hierzu nöthig waren. Dieser Versuch nähert sich denen, die

Sie bei den Amphibien vorgenommen haben, gar sehr, und wir sind daher wohl berechtigt zu schlüssen, daß auch bei großen Thieren zur Befruchtung nur ganz wenig Saamen erforderlich sei. Ich nehme sogar an, daß wenn Sie dahin kommen könten, die Embryonen eines großen Thieres in dem Eierstokke, durch den von mir angegebnen Handgriff zu befruchten, daß Sie fast die nämlichen Resultate, wie bei den Amphibien, erlangen würden, und daß vielleicht nur ein Tröpfgen Saamen des funfzigsten Theils einer Linie groß, hinreichend sein möchte, den Embryon zu beleben.

Sie sind nunmehro zu dem Besitz eines so sichern als leichten Mittels gelangt, wodurch Sie sich mit Gewißheit belehren können, ob diese oder jene Arten zur Erzeugung einer dritten Art fähig sein möchten: und die Versuche, die Sie künftiges Frühjahr zu machen gesonnen sind, da Sie Ihren fruchtbaren Budel in Gesellschaft und Verbindung mit Kaninchen und Katzen bringen wollen, werden doch die nicht übertreffen, welche Sie ebenfals, durch die Sprütze des in die Gebärmutter der Kaninchen und Katzen gebrachten Saamens von dem Budel, und sodann durch die Beibringung des Saamens des Kaninchens und der Katze in die Gebärmutter Ihrer Hündin, unternehmen werden. Sie sind auf einen so vortreflichen Weg gekommen, der Sie zu den wichtigsten und unerwartetesten Entdekkungen führen wird. Ja ich weiß selbst nicht, ob Ihre Entdekkung, die Sie mir bekant gemacht haben, nicht in künftgen Zeiten bei dem menschlichen Geschlechte Anwendungen von sehr großen Folgen, an die wir izt freilich

lich noch nicht haben denken können, veranlassen möchte. Sie werden meine Meinung hinlänglich verstehen. Dem sei aber, wie ihm wolle: so halte ich doch davor, daß das Geheimniß der Befruchtung nunmehro ziemlich entdekt sei.

Was aber izt noch vorzüglich zu erklären übrig ist, betrift die Erzeugung der Bastardthiere, oder das, was die verschiednen Aehnlichkeiten der Kinder mit den Eltern anlangt: und dies führt mich zum zwanzigsten Artikel Ihres Briefes.

XX. Sie erweisen mir dadurch zu große Ehre, daß Sie Ihr Urtheil über die Meinung bei Erzeugung des Maulthiers, welche der Herr von Haller und ich geäussert haben, zurük halten wollen. Soll ich also glauben, daß Sie das Urtheil des großen Herrn von Hallers auch nicht höher achten, als das Meinige, da ich mich doch billigerweise gedachtem Naturforscher bei weitem nicht gleichschätze. Ich würde keinen Augenblik angestanden haben, mit Ihm zuzugeben, daß der Saame hier nur als ein bloßes Reizungsmittel wirke, wenn ich mir nur selbst darüber gnugsame Gründe hätte vorhalten können, wie die Verwandlung eines Pferdes in einen Esel zugehen solte? Seine Hypothese ist viel einfacher als meine, und gefält also auch weit mehr: aber paſt sie auch in allen Fällen? Ist es schon genug, wenn man sagt: der Saame des Esels ist ein wenig reizender, als der vom Pferde? Was ist denn die Ursache, welche die Ohren an dem noch im Eierstokke der Eselin liegenden Embryon so außerordentlich verlängert? Warum bleibt auch das eine Ende am Embryon stumpf? Warum der Rükken so niedrig und gerade? Und vor allen andern Dingen, woher soll man den so sehr unterschiednen Kopf der Gurgel, oder obersten Theil der Luftröhre erklären, der doch der Struktur des Luftröhrenkopfs beim Pferde gar nicht gleich, sondern dem des Esels ähnlich ist? Ich gestehe gerne, daß es mir unbegreiflich ist, wie die augenblikliche Wirkung eines kleinen Saamentröpfgens, auf das Herz des Embryons, solche große, unterschiedne und dauernde Wirkungen hervorbringen solte. Können Sie, liebster Freund, es besser einsehen, und finden Sie, daß unser großer Physiolog dieser schweren Untersuchung die rechte aufhellende Erläuterung gegeben hätte, die sie doch so unumgänglich erforderte? Sie haben in meiner Abhandlung von organisirten Körpern die Artikel 333, 336, 356. gewiß gelesen: sehen Sie doch auch die über diese Artikel hinzugekomnen Anmerkungen, wie auch die über den 345. Artikel des III. Bandes meiner Werke in 4to. Ich habe diese verschiednen Stellen in meinem Buche sehr oft mit gröster Aufmerksamkeit wieder durchgesehn: es ist mir unmöglich gewesen, die unvermerkt in jene Betrachtungen eingeschlichnen Fehler zu entdekken. Meine Sätze haben mir immer ganz natürlich einer aus dem andern zu fliessen geschienen, und meine Fundamentalgesinnung von der Präexistenz des Fötus im Weibgen zu enthalten. Ich bestehe gar nicht darauf, wie Sie sehen, daß nicht ein Irrthum oder Fehler in meiner langen Erklärung verborgen sein könte: eine so eitle und stolze Meinung würde mir schwachem Geschöpfe sehr übel stehen. Ich

sage

sage nur blos, daß ich sie zu endekken nicht im Stande gewesen bin.

Ich habe auf einer andern Seite die Verwikkelung meiner Hypothese wider mich, deren Erklärung eine ziemlich lange Reihe Vernunftschlüsse erfordert, welche ihr noch ein verwikkelteres Ansehn geben, und welche auch nur von einem solchen Leser ganz gefaßt werden kan, der recht aufmerksam, und mit der analytischen Methode ganz bekant ist. Eben so sind die meisten Leser ganz unerwarteterweise über meine Grundsätze und deren Anwendung in Verwunderung gesezt worden.

Es scheint noch eine andre Sache wider meine Hypothese zu streiten; und zwar ist dieses die sehr geringe Dose des Saamens, die zur Erzeugung hinlänglich ist: man kan kaum begreifen, wie ein so sehr kleines Tröpfgen Saamen, das doch mit dem ganzen Körper des Embryonen in gar keinem Verhältnisse steht, ihm zur ersten Nahrung dienen kan. Allein diese Schwierigkeit würde eben so sehr auf den Herrn von Haller, als auf mich fallen: denn der nimt offenbar an, daß ein gewisser Saamen mit mehrer Stärke in gewisse Theile wirke, und in denselben eine stärkere Entwikkelung veranlasse; daß, zum Beispiele, der Saamen des Esels das Blut stärker in die Arterien der Ohren treibe: so lauten seine eigenen Worte. Er giebt also zu, daß der Saamen des Esels zu den Arterien der Ohren in dem Embryon des Pferdes gelangen soll; wie würde sonst die bloße Wirkung dieses Saamens auf das Herz des Embryo seinen Einfluß auf die Ohren haben machen, und sie in solcher Uebermaß entwikkeln können? Ferner, warum solten die Ohren die einzigen Theile des Kopfes sein, die zu solcher vorzüglichen Grösse, und zu einer solchen Länge heran wüchsen? da doch alle Theile des Embryon's, an dem vom Saamen aufs Herz gemachten Eindrukke, gleichen Antheil nehmen? Außerdem redet der Herr von Haller von dem Vermögen des Saamens, „dem Barthe Wachs„thum zu geben, die Hauer bei dem wilden Schweine „und Elephanten zu verlängern;“ er fügt noch hinzu; „wenn er die Kraft besizt, gewisse Theile des Körpers, „gegen andre mehr und stärker in dem Körper, der ihn „zubereitet, hervorzutreiben, so kan er sie auch in dem „Körper des Fötus äußern, den er belebt.“

Würde dieses nicht offenbar zu erkennen geben, daß unser Verfasser stilschweigend eine Vertheilung des Saamens in dem Körper des Embryo annahm? Ich nehme dieselbe für mein Theil ebenfals an; und Ihnen kan es nicht schwerer, als mir, zu begreifen sein, was für eine erstaunenswürdige Zertheilung ein kleines Tröpfgen Saamen annehmen kan. Allein dasjenige, was uns von der Theilbarkeit der Materie bekant ist, hebt alle Schwierigkeit auf. Im übrigen müssen wir sehr beklagen, daß unser geschikter Physiolog, sich hier an bloße algemeine Sätze hält, und nicht seine Hypothese zur Erklärung der vornehmsten und merkwürdigsten Umstände bei Erzeugung des Maulthiers anwendet. „Es ist ganz wahr, sagt er: daß „meine Antwort nicht das Wie noch auch den

Mecha-

„Mechanismus erklärt, durch welchen nämlich „der männliche Saamen den Keim des Ohrs zum Her„vorsprossen bringt, und dessen Entwikkelung vorzüg„lich befördert. Allein ich sehe mich eben nicht gezwun„gen, das Wie zu erklären, weil meine Sachen „erwiesene Dinge sind; der Einfluß des Saamens auf „den Wachsthum des Bartes, und der Hörner, ist „erwiesen, obgleich die Art und Weise der Wirkung, „und also das Wie auf immer unerklärt bleiben „möchte. Genung, daß der männliche Saamen eine „gewisse Kraft besizt, welche den Wachsthum des Fö„tus auf solche Art veranlast, daß sich gewisse Theile „vorzüglich stärker entwikkeln. Es wäre eben nicht viel „besser, wenn man uns fragte, durch was für einen „Mechanismus das geschehe, als wenn man wissen wolte, „wie es zugienge, daß durch die Einsaugung des „männlichen Saamens der Bart wüchse.“

Ich würde mir eine große Arbeit haben ersparen können, wenn ich es eben so, wie mein verewigter schäzbarer Freund, hätte machen, und mich nur auf die Wiederholung des Folgenden einschränken wollen: „daß der männliche Saamen eine gewisse Kraft besäße, „gewisse Theile in stärkern Wachsthum zu setzen.“ Allein eine solche unbestimte schwankende Erklärung kan mich nicht befriedigen, sondern ich analysire gern die Dinge, und suche durch die Analyse eine gewisse Erklärung, die sich auf die besondern und wesentlichsten Umstände dieser Dinge anwenden läst. Kurz, ich glaube, daß die so auffallenden Kennzeichen der Aehnlichkeit des Maulthiers mit dem Esel, in dem Saamen des-

 selbigen

selbigen etwas mehr, als ein bloßes Reizungsvermögen, voraussetzen. Scheint es Ihnen, daß ich mich in diesem Schlusse betrogen hätte? und sind Sie geneigt zu glauben, daß eine bloße Reizungskraft alles vermag? ich könte es eben nicht glauben. Allein es ist wohl möglich, daß man dennoch eine Hypothese, die meine an Wahrscheinlichkeit überträfe, ausgedacht hätte: und diese will ich auch sodann ohne Verzug selbst annehmen.

XXI. Sie haben mit dem Saamen ihrer Amphibien alles unternommen, was nur möglich war, dessen wahre Natur ganz zu entdekken. Er ist weder klebrigt, noch entzündbar, noch sauer, noch laugenhaft: und wie groß ist dennoch nicht seine wundervolle Kraft! er verraucht wie Wasser: und es ist sehr merkwürdig, daß sein flüchtiger Theil gerade der ist, welcher keine Befruchtung hervorbringen kan. Dieser ist wahrscheinlicher Weise blos eine Lymphe, oder vielmehr eine Serosität, die bestimt ist, der allzugroßen Verdikkung des befruchtenden Theils vorzubeugen. Es würde artig und sehr interessant sein, diese Untersuchungen auch auf den Saamen großer Thiere auszudehnen. Es würde nicht weniger befriedigend sein, wenn man wüste, ob der Saame großer Thiere, mit einer großen Menge Wasser oder andrer Feuchtigkeit vermischt, auch ebenfals seine Kraft behalten würde. Die glükliche Unternehmung, die Sie mit Ihrem Hunde gemacht haben, zeigt den Weg an, den man gehen müste, um zu solchen Versuchen zu gelangen. Der Saame war in einem geheimen Verhältnisse für die Natur der

Kraft

selbigen etwas mehr, als ein bloßes Reizungsvermögen, voraussetzen. Scheint es Ihnen, daß ich mich in diesem Schlusse betrogen hätte? und sind Sie geneigt zu glauben, daß eine bloße Reizungskraft alles vermag? ich könte es eben nicht glauben. Allein es ist wohl möglich, daß man dennoch eine Hypothese, die meine an Wahrscheinlichkeit überträfe, ausgedacht hätte: und diese will ich auch sodann ohne Verzug selbst annehmen.

XXI. Sie haben mit dem Saamen ihrer Amphibien alles unternommen, was nur möglich war, dessen wahre Natur ganz zu entdekken. Er ist weder klebrigt, noch entzündbar, noch sauer, noch laugenhaft: und wie groß ist dennoch nicht seine wundervolle Kraft! er verraucht wie Wasser: und es ist sehr merkwürdig, daß sein flüchtiger Theil gerade der ist, welcher keine Befruchtung hervorbringen kan. Dieser ist wahrscheinlicher Weise blos eine Lymphe, oder vielmehr eine Serosität, die bestimt ist, der allzugroßen Verdikkung des befruchtenden Theils vorzubeugen. Es würde artig und sehr interessant sein, diese Untersuchungen auch auf den Saamen großer Thiere auszudehnen. Es würde nicht weniger befriedigend sein, wenn man wüste, ob der Saame großer Thiere, mit einer großen Menge Wasser oder andrer Feuchtigkeit vermischt, auch ebenfals seine Kraft behalten würde. Die glükliche Unternehmung, die Sie mit Ihrem Hunde gemacht haben, zeigt den Weg an, den man gehen müste, um zu solchen Versuchen zu gelangen. Der Saame war in einem geheimen Verhältnisse für die Natur der

Kraft

organisirten Körpern eingerükt hatte. Die Eine, über den Hodensaft; die andre, über das Geistige oder den Dunst des Saamens. Ich hatte dieses in meiner Antwort zu berühren vergessen. Sie haben sich gut ausgedrükt durch die Benennung von der Dunst des Saamens, und ich selbst hatte allerdings aus Uebereilung, statt von der Dunst des Saamens, zu schreiben, schlechtweg von dem Saamen geschrieben. Diese beiden Fehler sollen apart angemerkt und verbessert, und dem vierten Theile angehängt werden.

Ich kan nicht zweifeln, daß Vallisnieri wegen der Zellen der Pipa nicht völlig Recht haben solte. Ich habe einen Zusaz darüber meiner Abhandlung über die Kröte beigefügt, welcher auch schon abgedrukt ist.

Diesen langen Brief habe ich den 29 December zu beantworten angefangen, und habe damit bis heute zum 10ten Jänner zugebracht. Ich werde weiter keine dergleichen Unterbrechungen meiner Arbeit, die mir die Betrachtung verursacht, machen können. Meine Verleger würden sich sonst mit vielem Rechte über mein Zaudern beklagen. Das Misvergnügen der Herren Pränumeranten mehrt sich zugleich. Wenn Sie mir etwas von Ihren neuen Versuchen über die Befruchtung der Pflanzen recht bald schikken wollen, so glaube ich, daß ich es noch in den zehnten Theil werde mit einrükken können.

Ich wünsche Ihnen alles Gute, bitte, daß Sie mich so lieben, wie ich Sie liebe, und bin allzeit Ihr ergebenster Freund.

Zusaz

des Herrn Abt Spallanzani, zu seiner Abhandlung über die Erzeugung einiger Amphibien.

I.

Nothwendigkeit des Wassers zur Entwikkelung der Larven. *)

Man muß die befruchteten Larven sogleich in's Wasser setzen; sie kommen nicht zum Leben, wenn man sie, unmittelbar nach ihrer Befruchtung, auf Erde oder Sand sezt, ja auch wenn man sie auch alsdenn in's Wasser thäte, so würden sie doch nicht zu ihrer Entwikkelung gelangen.

Wenn man unmittelbar nach der Befruchtung der Larven, dieselben auf's Trokne an die freie Luft bringt, und sie alsdenn erst, wenn sie schon ein wenig getroknet, in's Wasser legt, so kommen sie nicht zum Leben.

Sobald nur die Larven lange genug im Wasser gewesen sind, um den Anfang der Entwikkelung zu erlangen, so kan man sie wohl, ohne Gefahr zu verderben, einige Zeit auf's Trokne bringen; sie fahren auch fort

*) Unter Larven verstehe ich allzeit Froschlarven.

fort zu wachsen, allein, sie kommen doch bald darauf um.

II.

Feuchtigkeiten, die zur Entwikkelung der Larven nicht beförderlich sind.

Ich habe die befruchteten Larven in nachstehende Feuchtigkeiten gesezt; in welchen aber nie eine einzige zum Leben gelangt ist. Ich sezte nämlich meine Larven in puren rothen oder weissen Wein, mit Wasser, auch ohne Wasser gemischt, in Molken, in Eiweis, in Urin mit Wasser vermischt, auch in Wasser, darein ein wenig Dinte gegossen war, aber wie gesagt, ohne allen Erfolg.

Das Wasser scheint also die einzige für ihre Entwikkelung zuträgliche Feuchtigkeit zu sein.

III.

Wirkungen verschiedner auf die Larven angewendeter Farben.

Die Larven, die sich dem Auge unter der Gestalt von Eiern darstellen, werden allzeit vom Schafhäutgen umgeben, und nähren sich in demselben von seiner Feuchtigkeit, die von der schleimigten Feuchtigkeit entspringt, die man unrechtmäßiger Weise Froschsaamen oder Froschlaich zu nennen pflegt. Allein dieser Schleim muß, um in das Schafhäutgen zu kommen, durch die Haut, die es umgiebt, und durch noch eine andre, die in gleicher Weite an dieser anliegt, dringen, und endlich, um eine Nahrung für die Larve abzugeben, muß er sich durch viele Gefäße, die ihn zur Larve selbst leiten, hineinziehen,

hen, aber die Feinheit und Durchsichtigkeit der Gefäße verhindern, daß man sie nicht erkennen kan. Um die Larven sichtbar zu machen, legte ich die befruchteten Larven ins Wasser, das bald mit Safran, bald mit Indigo, oder auch Gummigutte, oder Färberröthe, ja auch wohl mit Dinte gefärbt war. Einige dieser Farben, waren der Entwikkelung der Larven ganz zuwider, doch verhielt es sich nicht mit allen so, wenn eine Larve nur leicht mit einigen dieser Substanzen bestrichen war; dieser Umstand gab mir von der Struktur des Schleimes einiges Licht, und zeigte mir zugleich dessen Verhältnisse mit der Larve und den Parthien, die sie umgeben, wie ich noch an einem andern Orte zeigen will.

IV.

Wirkungen der Wärme und Kälte auf die Larven.

In der Abhandlung von den künstlichen Befruchtungen, ist schon etwas dahin gehöriges gesagt worden; allein nachher gemachte neue Versuche haben mir auch andre Resultate gegeben. Wenn man Frösche mitten unter ihrer Begattung in eine Eisgrube sezt, sondern sie sich sogleich von einander, und fallen in eine Betäubung: wenn man aber diese Thiere, nach Verlauf von einem oder zwei Tagen, wieder in warme Luft bringt, so erholen sie sich von ihrer Betäubung und begatten sich aufs neue. Läßt man sie über zehn Tage in der Eisgrube, bis man sie wieder herausnimt, um sie in's Wasser zu setzen, so nimt man ihre Begattung von neuem wahr: aber merkwürdig ist es, daß alsdenn keine Befruchtung statt findet. Die Unfruchtbarkeit aber kömt nicht von dem Männgen; denn wenn man das Männgen aus der Eisgrube nimt, findet man zwar freilich die Saamenbläsgen leer, aber unter der Begattung werden sie wieder mit Saamen angefült, so, daß ich habe mit Zuverläßigkeit auf seine Fruchtbarkeit schlüssen können. Ja noch mehr, wenn man das Männgen aus der Eisgrube nimt und den Hodensaft zu der Zeit auspreßt, so äußert auch sogar dieser seine befruchtenden Kräfte: die Schuld der Unfruchtbarkeit liegt also an dem Weibgen: die Larven kommen zwar, mit ihrem Schleime umgeben, aus der Gebärmutter zum Vorschein, aber dieser ist schon verdorben; er hat nicht die genugsame Flüßigkeit, die ihm sonst eigen ist, sondern er ist verdikt, und kan dem Schafhäutgen die Feuchtigkeit, von welcher die Larve genährt wird, nicht gewähren.

Wenn man befruchtete Larven in eine Eisgrube sezt, und sie einige Stunden darinnen läst, kommen sie sehr gut fort, wenn man sie nur sodann gleich wieder in's Wasser bringt: Läst man dieselben aber etliche Tage hintereinander in der Eisgrube, so müssen sie verderben.

Schon befruchtete Larven, die ihre Entwikkelung auch bereits zu erkennen geben, werden in derselben unterbrochen und verderben, wenn man sie zu der Zeit in eine Eisgrube thut.

Zu Pavia werden die Frösche im Maimond lebendig, denn die Wärme der Luft ist schon daselbst so groß, daß das Thermometer *) zwölf bis achtzehn Grad anzeigt. Ich wolte nun auch gerne davon Erkundigung ein-

*) Nämlich vom Reaumür.

einziehen, was den Larven begegnen würde, wenn ich sie in die Wärme unsers Blutes brächte: sie erlitten von diesem Grad Wärme keinen Nachtheil, sondern entwikkelten sich sehr geschwind.

V.

Wirkung des Dampfes auf die Larven.

Ich hielt es nicht für ganz unnüzlich, wenn ich untersuchte, was den Larven wiederfahren würde, wenn ich allerlei Rauch auf sie brächte, doch that ich dieses nicht eher, als bis sie erkältet waren.

Ich machte nämlich meine Versuche mit Dampfe vom Schwefel, vom Lichte und von verbrantem Tuche. Auch versuchte ich verbrantes Papier, und Tobaksblätter zu dieser Absicht: aber dennoch entwikkelten sich einige von diesem Dampfe getroffne Larven sehr gut.

VI.

Neue Beweise von der schon obenerwähnten heftigen Hizze der Krötenmänngen gegen ihre Weibgen, während der Begattung.

Ich fand einmal ein Krötenmänngen in halbfaulem Wasser eines Morastes; dieses umfaste ein andres Männgen im grösten Liebesfeuer, welches ich in einigen Tagen halb todt und halb verfault antraf: ich konte das Männgen kaum von dem andern losreissen, ob ich ihm schon die Schenkel abgeschnitten hatte.

Wenn man ein Männgen von seinem Weibgen losreist, und hält ihm sogleich den Finger vor, ergreift es denselben ohne Verzug, drükt ihn heftig, hängt

sich

sich auch so fest an ihn, daß man dasselbe in freier Luft umher tragen kan, ohne daß es sich losreist: ja wenn man ihm auch sogar die Schenkel abschneidet, so läst's doch nicht los: aber nur fallen diese Thiere so den Finger an, wenn sie in der Begattungszeit stehen, Ich machte also zufällig eine Beobachtung, die wohl nie sonst ist gemacht worden: die Schenkel und Pfoten der Froschmänngen, im übrigen alles gleich genommen, haben mir viel grösser und stärker, als der Weibgen ihre geschienen, und wie ich glaube, zu der Absicht, ihre Begattung desto mehr zu begünstigen, und also das Weibgen besser umfassen zu können.

Ich bekam eines Tages verschiedne sich begattende Frösche, wobei ich mit einem in der Begattung begriffnen Männgen folgende Versuche machte: ich hielt die Flamme von einem Lichte so nahe an einen seiner Füsse, daß er davon anbrante: ich verbrante ihn bis zum Schenkel, dann verließ es sein Weibgen. Inzwischen verursachte ihm das Verbrennen des Fusses Convulsionen: da ich ihm aber den Schenkel verbrante, wurde sein Athemholen geschwinder, und alsdenn erst ließ er sein Weibgen los.

Nun sezte ich das so übel durchs Feuer zugerichtete Männgen mit seinem Weibgen ins Wasser; nicht gar lange darnach, begattete es sich doch wieder von neuem mit eben demselbigen Weibgen; ich nahm es wieder aus dem Wasser, aber es sonderte sich nicht von ihm ab: ich verbrante auf obgedachte Weise seinen andern Fuß und Schenkel, und der Fuß war schon ganz verbrant, ehe es sein Weibgen fahren ließ: vielmehr hielt es sein Weibgen fest an sich, bis der Schenkel zu brennen anfieng.

Diesen Versuch habe ich auch bei einem andern Froschmänngen während der Begattung gemacht, das ebenfals das Feuer standhaft aushielt. Ich machte den Anfang mit dem Verbrennen des untersten Theiles des Beines, hierauf verbrante ich das ganze Bein, nachher ein wenig vom Schenkel: es ließ das Weibgen nicht los. Es ertrug diese schmerzhafte Operation auch an dem andern Schenkel. Alsdenn näherte ich auch den beiden Sturzeln das Feuer: es hielt noch einige Augenblikke aus; endlich aber machte es sich los und gab ein heftiges Geschrei von sich.

Diese beiden verstümmelten Frösche that ich mit ihren Weibgen in's Wasser, und fand sie am andern Tage von neuem in der Begattung begriffen.

Ich unternahm noch mehr Versuche bei zwei sich begattenden Fröschen: ich schnitt ihnen die Schenkel glat weg, aber ihre Weibgen ließen sie drum nicht fahren: ich brachte Feuer auf die blutenden Wunden, sie wurden dadurch in heftige Convulsionen gesezt, ohne daß sie sich von ihren Weibgen absonderten: die Trennung erfolgte erst kurz nachher. Ich sezte einige Frösche, Männgen und Weibgen, in's Wasser, und bemerkte gar bald, daß sie sich begatteten: Allen diesen vier Fröschen aber schnitt ich die Köpfe ab, und auch da blieben sie noch beisammen: aber Tages darauf fand ich sie alle viere todt und von ihren Weibgen abgesondert. Indem sie so mit ihren Weibgen begattet waren, befeuchtete ein Frosch die vom Weibgen abziehenden Larven: Ich fand im Wasser des Gefäßes einen Schleim von Larven, welcher zuvor nicht zugegen war, und die Larven entwikkelten sich alsdenn: dieses war ein offenbarer Beweis ihrer Befruchtung.

VII.

Nöthige Erfordernisse zur Belebung der Larven.

Ich habe gezeigt, daß die Larven auch im Wasser leben können, das in einem zugeschmolznen Glase ist, wenn sich nur noch über dem Wasser eine beträchtliche Menge Luft befindet; doch ist diese Luft auch nicht unumgänglich nothwendig, sie kommen auch in einem vollen Glase Wasser, das zugeschmolzen ist, zum Leben: allein ein ganz unvermeidlicher Umstand ist der, daß der Raum, worein man die Larven sezt, hinlänglich weit sei, hingegen ist es einerlei, ob das Gefäße offen oder zugeschmolzen ist. Hier folgen die Versuche, die mich davon belehrt haben. Ich nahm eine konisch gestaltete Glasröhre, neun Zoll lang, und an dem einem Ende zugeschmolzen: sie war oben einen halben Zoll, an dem andern offnen Ende aber sieben viertel Zoll weit: diese Röhre fülte ich mit Wasser, und sezte sie senkrecht auf ihr weites Ende: ich sezte ganz frisch befruchtete Larven in verschiedner Höhe hinein: einige legte ich ganz auf den Boden, andre etwas höher, und noch andre ganz oben bis in die Spitze der Röhre: von oben an gerechnet, bis auf fünf Zoll abwärts, kam keine Larve zum Leben: weiter unten kamen einige zum Vorschein, aber kaum waren sie lebendig geworden, als sie auch schon wieder umkamen: in der

Tiefe von siebendehalb Zoll, fiengen sich erst an, Larven mit gutem Erfolge zu beleben. Man sahe, daß da, wo die Röhre bis auf einen gewissen Grad enge war, keine Larve belebt wurde. Um nun in dieser Sache gewiß zu werden, ob der enge Durchmesser der Röhre oder die große Tiefe des Wassers dazu beitrügen, öffnete ich die bisher zugeschmolzne Spitze, und verwahrte nun die Röhre an ihrem untern weiten Theile durchs Zuschmelzen, kehrte die Röhre um, so, daß die Spitze unten und der weite Theil oben kam, fülte sie mit Wasser, und sezte befruchtete Larven in verschiedner Höhe hinein. Nunmehr kamen alle Larven, vom Boden an, bis zu einer gewissen Höhe in der Röhre, zum Leben, da indeß die etwas höher und in dem engern Theile der Röhre befindlichen, nicht belebt wurden. Also war es nicht die Tiefe des Wassers, sondern der enge Durchmesser, was der Entwikkelung widerstand.

Dieser Schluß wurde durch nachstehenden Versuch bekräftigt. Ich fülte eine Glasröhre sechzehn Zoll hoch mit Wasser; diese Röhre hatte also sieben Zoll mehr Länge als die vorige. Auch in diese sezte ich befruchtete Larven in verschiedner Höhe hinein. Von dem Boden an bis zur äußersten Höhe, wurden sie alle lebendig. Dies Experiment wiederholte ich unter völlig gleichen Umständen mit einem Glase, das vier Zoll weit war. In diesem kamen die Larven von oben bis unten alle zum Leben, doch nicht in eben der Anzahl wie in voriger Röhre. Nun nahm ich eine andre Röhre, von eben der Höhe, die aber nur ein Drittel Zoll weit war, hierinne kamen nur fünf Larven zur

Entwikkelung, und man kan sagen, daß es außer dem engen Raume des Gefäßes, nämlich ganz oben geschahe, wo die Oeffnung mit der äußern Luft Gemeinschaft hatte.

VIII.

Hohldrüsen in den Muttertrompeten bei Fröschen.

Die Larven haben keinen Schleim an sich, so lange sie noch in den Eierstökken sind, sie bekommen selbigen aber, indem sie durch die Muttertrompeten gehen: was für ein Organ ist dieses aber, und wie geschieht es, daß die Eier, im Durchgange durch dasselbe, den Schleim bekommen? Ich habe gefunden, daß es eine Anhäufung von Hohldrüsen war, deren kleine Oeffnungen sich in die Höhle der Mutterröhren endigten, und bis zur Gebärmutter hinab sich erstrekten.

IX.

Bestrebung der Larven, das Schafhäutgen zu zerreissen.

Da die Larven durch ihre Länge und die Feinheit des Schafhäutgens krum darinne zu liegen gezwungen sind, so scheinen sie sich stets auszustrekken, und auf einen Augenblik den Kopf zum Schwanze zu bringen. Sie setzen diese Bewegung viele Stunden fort. Während der Zeit wachsen sie, und wenden sich nun schon schwerer im Schafhäutgen um, und stoßen mit dem Kopfe an das Schafhäutgen, indem sie die gedachten Wendungen immer fortsetzen: endlich zerreist das Schafhäutgen durch die wiederhohlten Stöße und Anspannungen, und die Larve schlüpft durch die selbstgemachte Oeffnung heraus.

Es

Es umgiebt das Schafhäutgen noch eine andre Haut, die um und um an demselbigen anliegt, und welche die Larve noch viel leichter, als das Schafhäutgen zerreist: die Larve kömt sodann aus dieser Haut heraus, und wenn sie zur Hälfte hindurch ist, biegt sie sich mit Geschwindigkeit, und dehnt sich wieder aus, und auf diese Art kömt sie auch mit den übrigen Theilen ihres Körpers gänzlich zum Vorschein; nunmehr verliehrt die Larve ihre halbe Mond-Gestalt, sie geht ins Wasser, und wird noch einmal so lang als sie bisher war: einige Zeit bleibt sie unbeweglich, schüttelt sich von Zeit zu Zeit, aber bald gewint sie Kräfte, und dann fängt sie an zu schwimmen.

X.

Präexistenz der Keime im Zitterrochen vor der Befruchtung. *)

Die Art, wie sich der Zitterrochen vermehrt, ist einer von den vornehmsten Gegenständen meiner Untersuchungen gewesen. In meinem Briefe an den Herrn Marquis Lucchesini habe ich gezeigt, daß dieser Fisch, ob er gleich unter die lebendig gebährenden Thiere gehört, dennoch Eier wie die eierlegenden Thiere habe. Meine neuern Beobachtungen haben diese Wahrheit hinlänglich bestätigt. Ich fügte damals

 noch

*) Dieser Zusaz steht in dem ersten meiner Briefe über die Beobachtungen, die ich auf meiner leztern Reise gemacht habe, mit eingerükt: diese Briefe findet man in dem zweiten Theile der Abhandlungen di Matematica e di Fisica della Societa Italiana.

noch hinzu, daß ich einige Fötus in der Gebärmutter eines Zitterrochen angetroffen hätte, welche vermittelst der Nabelschnure mit der innern Seite der Gebärmutter verbunden waren. Ich merkte, daß mein Vorgeben Beweis nöthig hätte. So viel ist immer gewiß, daß ich bei meiner Untersuchung ebenfals einigemal eine Verbindung der Nabelschnure mit der Mutter gefunden habe; jedoch ist diese Verbindung zufällig, weil aus der Mutter eine klebrigte Feuchtigkeit schwizt, welche das Aeußerste des entgegengesezten Endes, das mit dem Fötus verbunden ist, mit der Mutter selbst verbindet. Uebrigens ist diese Nabelschnure mit dem Eie, wenn es aus dem Eierstokke in die Mutter geht, vereinigt, oder scheint dessen wahre Fortsetzung zu sein. Denn dieses Ei scheint mir äußerlich aus einer häutigen Hülle, und innerlich aus einem häutigen Kanal zu bestehen. Der äußerliche Ueberzug ist eine Fortsetzung der äußern Haut des Eies, und innerlich ist der Kanal, ebenfals nichts anders, als eine Fortsetzung der innern Haut eben desselbigen Eies. Die Schnure ist am andern Ende mit der Frucht verlängert, die äußere Einwikkelung ist eine Ausbreitung oder Fortsetzung der Haut, und der innerliche Kanal ist eine Fortsetzung des Darmes; daher machen Ei und Frucht, nur ein Ganzes aus, indem sie vermittelst der Nabelschnure mit einander verbunden sind.

Allein nach vielen angestellten Beobachtungen, befinden sich die Eier des Zitterrochen, schon lange vor der Befruchtung, in den Eierstökken. Wenn sie in die Gebärmutter kommen, sind sie reif, und haben

die

die Grösze eines Hünereidotters. Man findet zu eben der Zeit mehrere, aber sehr kleine an den Eierstökken hängende Eier, die ohne Zweifel zu künftiger Reifung und Vermehrung bestimt sind: aber alle diese noch ganz kleinen Eier sind wie die andern in eine doppelte Haut gehült, welche in den reifen und zur Befruchtung fähigen Eiern mit dem Fötus ein Ganzes ausmacht. Diesem zufolge präexistiren also die Fötus in dem Weibgen schon bei der Befruchtung.

Man sehe also auch in dieser Endekkung noch einen neuen Beweis, welcher die Präexistenz des Fötus begünstigt. Haller hatte diese Präexistenz in den Vögeln bewiesen: ich habe dieses in verschiednen Amphibien, und nunmehr ganz offenbar in dem Zitterrochen gezeigt. Es ist gar sehr zu vermuthen, daß dieses Beispiel unter den Fischen nicht das einzige sein wird, welches zur Bestätigung dieser wichtigen Wahrheit dienen könte. In der Zeit, wo man einige Fötus in der Gebärmutter antrift, findet man auch andre, wie ich schon gesagt habe, die ihrer Geburt ganz nahe sind: diese haben auch schon die ganze Substanz des Eies aufgezehrt, und diese trift man unter denen an, die zufällig an der innern Seite der Mutter hängen bleiben.

XI.

Ueber die Pipa von Surinam.

Da ich neuerlich eines dieser Thiere bekommen habe, so konte ich verschiedne neue Beobachtungen über dasselbe anstellen, die ich auch in eine Abhandlung, welche nächstens erscheinen soll, einzurükken gedenke.

Bei der übereilten Zergliederung dieser Kröte, welche zu Genthod bei dem Herrn Bonnet gemacht wurde, bestimte man nicht einmal, ob es ein Weibgen wäre, dieser Umstand verdiente doch hauptsächlich bekant gemacht zu werden, weil die Naturforscher noch nicht entschieden haben, ob die Kröte, die ihre Jungen auf den Rükken trägt, das Weibgen ist. Ich habe bald gefunden, daß diese Kröte das Weibgen ist. So viel ist gewiß, daß das Weibgen keine Gebärmutter hat und die Eierstökke nicht deutlich zu sehen sind: aber die Röhren derselben, die man nur im Weibgen antrift, sind sehr deutlich zu sehen, und man darf gar nicht fürchten, die abführenden Gefäße (vasa deferentia) für die Eierstökke anzusehen. Denn da die Weibgen keine Hoden haben, so vereinigen sich die Muttertrompeten sodann mit dem untersten Ende in einen einzigen Stam, der sich in den After einsenkt, und welcher mit seinem obersten Ende sich in der Gegend des Herzens verliert. Alle Untersuchungen, die ich gemacht habe, um zu sehen, ob die Röhren der Mutter mit dem Rükken Gemeinschaft hätten, sind vergeblich gewesen.

Die zweite Beobachtung betrift den Zustand, den die Jungen dieser Kröten in ihren Höhlen oder Zellen auf dem Rükken erleiden: denn diejenigen, die ich lezthin gesehn habe, waren noch nicht so weit entwikkelt, als die zu Genthod: aber diese noch etwas unvolkomne Entwikkelung entdekte mir eine andere Wahrheit,

heit, und zwar diese, daß die Larve der Pipa eben die Verändrungen erfährt, wie unsre Frosch- und Krötenlarven. Jeder kleine Fötus war von der Natur mit einem Schwanze versehn, der so lang wie die Kröte selbst war, und dessen Spitze gegen den Kopf gekehrt lag. Ich stelte eine genaue anatomische Untersuchung zwischen diesem und dem Schwanze der ordinairen Larven an, und ich konte auch nicht den allermindesten Unterschied zwischen beiden antreffen. Außer dem Schwanze sahe man auch schon die vier kleinen Schenkel, die ein wenig aus dem Körper hervorragten. Man weis, daß die Gedärme in den Larven viel länger, als wenn sie die Gestalt der Frösche und Kröten angenommen haben. Es ist auch bekant, daß die Gedärme zu der Zeit Schnekkenförmig gewunden oder zusammen gewikkelt sind, wie dieses Swammerdam und Rösel beobachtet haben. Ich habe es gleichfals so angetroffen; und diese beiden Umstände in den Larven der Pipa bemerkt, die meisten Gedärme waren voller Nahrung von gelblicher Farbe, ganz einem feinen Brei ähnlich. Jede Larve nahm ihr besondres Nest auf dem Rükken seiner Mutter ein, wie die Biene als Wurm in der Zelle des Wachsgebäudes: die Larven hatten nicht mehr das kleine Band, welches sie mit den Zellen vereinigte, in denen sie lagen: diese Zellen waren verdekt, ihr Grund hatte keine Gemeinschaft mit den Rükkenmuskeln, die darunter lagen, wie wir das auch schon bei der Pipa zu Genthod gefunden hatten.

Zusätze

zu der Abhandlung über die künstlichen Befruchtungen.

I.

Larven, welche in dem mit Froschsaamen vermischten Wasser zum Leben kamen.

Ich goß das Wasser aus einem Gefäße, worinne zwei sich begattende Frösche waren, in ein andres, nachdem zuvor das Froschweibgen seine Eier oder Früchte zur Welt gebracht hatte: nun sezte ich in dieses Wasser Larven, die noch nicht befruchtet waren, weil ich diese erst aus der Mutter eines Frosches genommen hatte; allein zu meiner größesten Verwunderung wurden die Larven darinne befruchtet, und kamen zum Leben: man kan hieraus deutlich sehen, daß die Saamenfeuchtigkeit des Männgens, welche die Früchte dieses Frosches befruchtet, mit welchem es sich begattet hatte, und das Wasser, worinne die Begattung vorgegangen, auch besaamet, und es kräftig genug gemacht, die Larven zu befruchten. Ich habe diesen Versuch vielfältig wiederholt, und man sieht, wie das Wasser der Gräben, wo die Frösche sich begatten, besaamet sein muß und folglich auch fähig, Larven zum Vorschein zu bringen, die vom Männgen nicht würden befruchtet worden sein: das kan die Verschwendung der Natur beweisen, die sie zur Erhaltung ihrer Geschöpfe anwendet.

Nun untersuchte ich, wie lange das vom Männgen besaamte Wasser gegen das durch die Kunst besaamte seine befruchtende Kraft behalten würde, es mochte nun die Besaamung durch ausgepresten Hodensaft, oder eigentlichen Saamen geschehen: ich habe gefunden, daß beiderlei Wasser gleichmäßig ihre befruchtende Kräfte behalten hatten.

II.

Von dem Saamen der Frösche, der aus dem besaamten Wasser (eau spermatisée) in das unbesaamte übergeht.

Als ich eine gewisse Quantität von besaamten Wasser auf den Boden eines Gefäßes gethan und es auf unbesaamtes mit aller Behutsamkeit gegossen hatte, und zwar so, daß es ganz langsam untersank, und sich das unbesaamte mit dem andern so wenig als möglich vermischte, so wurden die Larven überall in der ganzen Masse des Wassers befruchtet. Dieses beweiset ebenfals ganz klar und deutlich, daß der Saame aus besaamten Wasser in unbesaamtes übergeht.

III.

Wirkungen der Ausdünstung auf besaamtes Wasser.

Das besaamte Wasser verliehrt seine befruchtende Kräfte, wenn man es zum großen Theile hat abrauchen lassen: wenn man auf ein ziemlich breites Stükgen Glas besaamtes Wasser gießet, und dasselbe über das Glas verbreitet, hernach, wenn es ziemlich verraucht oder weggedunstet ist, den Rest wieder sammelt, und mit demselben Larven befeuchten will, so wird keine einzige zum Leben gebracht. Verfährt man aber mit puren Saamen auf gedachte Weise: so sieht man, daß die befruchtenden Partikkelgen häufiger zurük geblieben

sein

sein müssen, weil viele damit befeuchtete Larven befruchtet und zum Leben gebracht werden.

Ja wenn auch zum Besaamen des Wassers eine weit größre Menge Saamen genommen wird, so thut doch der Rest eines so besaamten und abgerauchten Wassers, wenn man Larven damit benezt, nur bei wenigen eine belebende Wirkung.

IV.

Im luftleeren Raume befruchtete Larven.

Ich habe zwei kleine Gefäße zu einer Zeit unter die Glokke einer Luftpumpe gesezt; das eine enthielt verschiedene unbefruchtete Larven, und das andre besaamtes Wasser, ich zog die Luft aus der Glokke, das Quecksilber stieg im Normal-Barometer sechs und zwanzig Zoll vier Linien englischen Maaßes, im leeren Raume stieg es bis auf neun und zwanzig Zoll sieben Linien und $\frac{14}{100}$. Dieses der Akademie zu Pavia gehörende Instrument verstattete weiter keine mehrere Verdünnung der Luft. Nach gemachten luftleerem Raume, goß ich besaamtes Wasser auf die Larven, und ließ sie eilf Minuten unter der Glokke stehn. Ich nahm sie aus dem luftleeren Raume, sezte sie in der freien Luft ins Wasser, aber sie sind nach Wunsche zum Leben kommen; und also findet die Befruchtung auch im luftleeren Raume statt.

Das befruchtete Wasser war aus dem kleinen Gefäße unter der Glokke noch nicht gänzlich weggeschüttet worden, und war noch eine ganz kleine Parthie davon übrig: diese ließ ich eilf Minuten unter der Glokke

Glokke stehen, dessen bediente ich mich an freier Luft, andre Larven damit zu befruchten, die sich auch sehr gut entwikkelten: so daß also diese Luftverdünnung der Befruchtung nichts schadete, ob gleich das besaamte Wasser unter der Glokke im luftleeren Raume eilf Minuten gestanden hatte.

Dieses doppelte Experiment habe ich noch einmal wiederholt, und zwar mit diesem Unterschiede, daß ich die im luftleeren Raume mit gedachtem besaamten Wasser befruchteten Larven, nunmehr eine halbe Stunde unter der Glokke stehen ließ. Diese in der verdünnten Luft befruchteten Larven sind eben in so großer Menge, wie die andern, belebt worden. Aber wenn ich Larven in freier Luft mit besaamtem Wasser, das eine halbe Stunde im luftleeren Raume gestanden hatte, befeuchtete, so kamen nur wenige zum Leben. Es scheint also, daß der mit Wasser vermischte Saamen seine Kraft zu verlieren anfängt, wenn er eine halbe Stunde im luftleeren Raume gestanden hat. Ich sage nur es scheint, weil man, um gewiß zu werden, das Experiment hätte wiederholen müssen, welches mir andre Geschäfte nicht erlaubten.

V.

Getrokneter, und wieder angefeuchteter Saamen.

Nachdem ich mit vielem Saamen geschwängertes Wasser abgeraucht, das Sediment wieder gesammelt und getroknet hatte, löste ich es hernach in Wasser auf, und benezte einige Larven damit, die sich aber nicht entwikkelten.

Ferner,

Ferner, wenn man auf einem Brete die Hoden eines Frosches auspreſt, hernach den ausgepreſten Saft faſt gänzlich vertroknen läſt, und mit dem noch nicht völlig vertrokneten Theile Larven befeuchtet, so kommen sie doch nicht zum Leben.

Ich habe gezeigt, daß der befruchtende Theil des Saamens nicht der flüchtige, (aura ſpermatica) noch der feinſte desſelben, ſondern der ſichtbare Theil ſei. Unterdeſſen ſieht man hier von einer andern Seite, daß der Ueberreſt, ja auch ſein erdigter Theil (caput mortuum) zur Befruchtung untauglich war.

VI.

Aehnliche Verſuche mit den Hoden von Fröſchen.

Verſchiedne Larven waren mit dem Safte einer Hode, die eine halbe Stunde in freier Luft gelegen hatte, befeuchtet worden, aber von denen war die Anzahl der Belebten nicht groß: im Gegentheil aber, war die Zahl der belebten Larven noch kleiner, die ich mit dem Safte einer in zwei Stükke zertheilten, und eine halbe Stunde in freier Luft gelegner Hode, befeuchtete: die Urſache des Unterſchieds, ſcheint ganz klar zu ſein, und man begreift leicht, warum eine Hode zur Befruchtung untauglich wird, wenn dieſelbe eine Viertelſtunde zerſtükt, in freier Luft gelegen hat.

VII.

Kan das Waſſer zur Befruchtung dienen, worinne ein ganzer oder ein zerſchnittener Hode gelegen hat?

Ich legte verſchiedne Larven zu gleicher Zeit mit ganzen Hoden ins Waſſer, aber keine von den Larven

kam

kam zum Leben: hatte ich aber die Hoden zuvor in zwei und mehrere Stükke zerschnitten, so wurden verschiedne davon belebt.

VIII.

Vergeblich versuchte Mittel, des Saamens befruchtende Kräfte zu erhalten.

Ich habe schon gezeigt, daß, so wie die Hitze dem Saamen seine befruchtende Kraft raubt, sie die Kälte lange Zeit beisammen hält. Ich bin wieder auf diese Versuche gefallen, die ich weiter unten anführen will. Andre Versuche von dieser Art haben keine gute Wirkung gethan. Zugeschmolzne Gläser haben die befruchtende Kraft des mit Wasser vermischten Saamens sowohl, als der Feuchtigkeit aus den ausgepresten Hoden, nicht länger erhalten können, als es in freier Luft geschehen wäre. Ich habe auch auf diese Mischung von Wasser und Saamen Olivenöl gegossen, ferner die Hoden in Honig oder geschmolznes Wachs gelegt: beim Herausnehmen fand ich, daß sie drei ganzer Tage unversehrt, und völlig bei Safte geblieben waren; doch aber war die daraus gezogene Feuchtigkeit ohne befruchtende Wirkung.

IX.

Kälte und Hitze, wenn beide einen gewissen Grad erreicht haben, sind der Kraft des Saamens nachtheilig.

Wenn besaamtes Wasser ohngefähr eine halbe Stunde in der Eisgrube gestanden hat, und man es dann in freie Luft sezt, werden die damit befeuchteten Larven auch kräftig befruchtet: wenn man aber das gedachte

dachte Wasser länger im Eise läst, fält die befruchtende Kraft weg: allenfals kan es ohne Nachtheil anderthalb Stunde in der Eisgrube bleiben: die Kraft geht auch verlohren, wenn man das besaamte Wasser gefrieren, und einige Zeit gefroren stehn läst: sodann ist die Mühe, die man sich durch Benetzung der Larven mit dem aufgethaueten Wasser macht, vergebens: hat aber das Wasser nur eine kleine Weile gefroren gestanden, so erhält es noch etwas von seiner befruchtenden Wirkung.

Bisher haben wir die Befruchtung mit besaamtem Wasser, das der Kälte ausgesezt war, und sodann die Temperatur der Luft wieder angenommen hatte, versucht; würde sich nun wohl diese aus Wasser und Saamen gemachte Mischung gleich stark in seiner Wirkung beweisen, wenn man dieselbe eine Viertelstunde im Eise gelassen, und dann auch so ganz kalt zur Befruchtung der Larven angewendet hätte? aber ich fand, daß unter diesen Umständen keine Befruchtung statt hatte.

So ist es auch mit den Hoden, wenn man sie gefrieren läst, beschaffen: ihr Saft verliehrt die befruchtende Eigenschaft, wenn man ihn auch nachher in freier Luft anwendet.

Wenn man aber das mit Saamen geschwängerte Wasser bis zum zwanzigsten Grad erwärmt, und es wieder verkühlen läst, so werden die damit benezten Larven davon belebt: sezt man auch dieses Saamenwasser einer Wärme von fünf und zwanzig Grad aus, so behält es noch immer seine befruchtende Eigenschaft

recht

recht gut: und auf diese Art hat es sich auch damit verhalten, wenn es eine Wärme von dreißig Grad erlitten hatte; aber die noch um fünf Grad vermehrte Wärme, hat die Befruchtung der Larven sehr vermindert: wenn nun endlich das besaamte Wasser gar den vierzigsten Grad Hitze ausstand, so gieng alle befruchtende Wirkung völlig verlohren.

Das mit Saamen vermischte Wasser verliehrt, diesem allen zu Folge, seine befruchtende Kraft zwischen dem fünf und dreißigsten und vierzigsten Grad Wärme. Allein man muß dabei merken, daß die gedachte Wärme von dreißig bis fünf und dreißig Grad, nur einen Augenblik gedauert hatte.

X.

Ob auch besaamtes Wasser, mit andern Substanzen vermischt, fruchtbar bleibe?

Besaamtes Wasser, mit einer mäßigen Menge Indigo vermischt, behält seine befruchtende Eigenschaft.

Wenn man unser besaamtes Wasser mit eben so mäßiger Menge Molken vermischt, kan es gleichfals Larven befruchten.

Die nämliche Quantität Milch benimt dem besaamten Wasser einen Theil seiner befruchtenden Wirkung.

In einer schwachen Safran Infusion, verliehrt das Saamenwasser seine Kraft nicht.

So verhält es sich auch, wenn man troknen Safran in mäßiger Menge mit zerschnittenen Froschhoden in eine breiartige Substanz verwandelt: thut man hernach diese Masse in Wasser, und benezt Larven mit demselben, so werden die damit beneztten lebendig: der starke Geruch des Safrans muß den Larven nicht schaden.

Wenn man diesem besaamten Wasser eine gleiche Menge Nußöhl beimischt, und nun damit Larven benezt, so habe ich drei bis vier Stük von hundert lebendig werden sehn.

Giest man aber unser oftgedachtes Saamenwasser durch eine Lage Brandtewein, so geht seine befruchtende Kraft gänzlich verlohren.

Aber das geschieht nicht, wenn man es durch Oliven- oder Nußöhl giest.

Ein wenig Küchensalz in diesem besaamten Wasser aufgelöst, nimt ihm alle befruchtende Kraft; sie geht aber auch verlohren, wenn man Dinte oder Tinktur von Grap hinzu thut.

XI.

Versuche, Larven mit solchen Substanzen zu befruchten, die gänzlich vom Saamen unterschieden sind.

Ich habe schon oben gewisser Körper erwähnt, die sich zur Befruchtung der Larven nicht an die Stelle des Saamens setzen lassen: ich habe andre Dinge zu diesem Endzwek anwenden wollen, und solche gewählt, die starken Geruch haben und scharf sind; als Safran, den weissen milchigten Saft, den die gereizten Salamander durch die Haut von sich geben, süßen Pomeranzensaft, item verschiedne Flüssigkeiten von saurer und laugenhafter Art. Ich habe auch alle Säfte und alle Flüssigkeiten, die vom Männgen und Weibgen zu erlangen sind, angewendet, nur aber muß ich gestehn allzeit ohne glüklichen Erfolg, den Urin des Frosches ausgenommen. Das Besondre dieser Sache erfordert Zergliederungen.

Wenn man den Frosch geöffnet und die Gedärme aufgehoben hat, fält einem sogleich die Blase, beide Saamenbläsgen und die Hoden in's Gesichte. Die Urinblase ist gleichsam in zwei Theile abgesondert und ist viel größer, denn die Saamenbläsgen: wenn man nur eine Abtheilung der Blase öffnet, geht der ganze Urin heraus, woraus man sieht, daß die gedachten beiden Theile Gemeinschaft haben müssen. Mit diesem Urine habe ich Larven befruchtet, und nur bisweilen sind einige ohne Leben geblieben, aber meistentheils haben sie sich recht gut entwikkelt. Aber hatte ich auch etwan bei dieser Blasenöffnung, die Saamenbläsgen zugleich verlezt, und konte nicht etwan der Saamen sich mit dem Urine vermischt haben? Diese Besorgniß veranlaste mich zur Wiederholung dieses Experiment's, welches ich auch nun mit gröster Sorgfalt anstelte. Ich durchstach behutsam die Blase, und brachte ein spitziges Röhrgen in die Oeffnung, u. durch saugen den Urin, ohne alle Verletzung andrer Theile, heraus, dessen ich mich sodann zur Befruchtung einer Parthie Larven bediente, davon auch die Hälfte glüklich zum Leben kam.

Izt hatte ich Ursache zu glauben, daß dieser Urin rein und von einer Saamenbeimischung gänzlich frei sein muste, theils wegen der genommenen Vorsicht bei gemachter Oeffnung und dem Herausziehen des Urins, theils weil die Saamenbläsgen aufgetrieben, und mit Saamen angefült blieben. Indessen verlasse ich mich doch noch nicht gänzlich auf diesen meinen Versuch, weil ich noch immer glaube, es möchte mit diesem Urine Saamen vermischt gewesen sein. Hierbei muß ich anmerken, daß der Urin des Weibgens gar nicht zur Befruchtung der Larven taugt.

XII.

Neue Versuche, von den Fröschen Bastarte zu erlangen.

Ich hatte wahrgenommen, daß der Krötensaamen keine Froschlarven befruchtete, und so wieder im umgekehrten Falle: der Froschlaich wolte keine Krötenlarven befruchten. Ich habe andre Versuche mit verschiednen Arten von Fröschen angestelt: nämlich mit dem grünen Wasserfrosche und mit dem Laubfrosche. Ich habe mich des Saamens vom grünen Wasserfrosche zur Befruchtung der Larven des Laubfrosches bedient, und des Saamens des Laubfrosches zur Befruchtung der Larven des grünen Wasserfrosches; aber allzeit ohne erwünschten Erfolg; und so ergieng es auch mit dem beiderseitigen Hodensafte, der ebenfals unter gleichen Umständen fruchtlos blieb.

Ich habe auch die Saamenfeuchtigkeiten vom grünen Wasserfrosche, und dem Laubfrosche zusammen gemischt: mit dieser Mischung befruchtete ich Larven von

einem

einem Wasserfrosche, und diese kamen in sehr grosser Menge zum Leben, nur aber wurden es keine Bastarde.

XIII.

Mit Saamen geschwängertes Wasser, verschiednem Rauche ausgesezt.

Gewisse Arten von Rauche, die unmittelbar von brennender Flamme entstehen, benehmen dem besaamten Wasser die befruchtende Eigenschaft, wenn es auch gleich nicht warm davon geworden ist. Ich habe den Rauch von angezündetem Papier und Tabak, ja auch von einem Lichte darzu angewendet.

XIV.

Das bloße Schütteln des besaamten Wassers vertilgt die befruchtende Eigenschaft.

Wenn man besaamtes Wasser in ein klein Fläschgen thut, und es oft und stark umschüttelt, so verliehrt es seine Befruchtungskraft. Ich habe aber gesagt stark: denn wenn das Umschütteln nur sanft geschieht, so geht die Kraft des besaamten Wassers nicht verlohren. Wenn man mit einer Röhre in dieses Wasser so stark bläst, daß es ebenfals durch und durch bewegt, und zulezt mit Schaume bedeckt wird, so befruchtet es so gut, als wenn dieses mit dem Wasser nicht vorgegangen wäre: und nach Verhältniß der vermehrten Bewegung oder Schüttelung des Wassers nimt auch die befruchtende Eigenschaft ab. Ich glaubte, daß vielleicht durch's Schütteln die flüchtig gemachten Theile des Saamens fortgiengen: aber obgleich das Fläschgen, worinne das besaamte Wasser geschüttelt wurde, zugeschmolzen war, so verlohr sich doch nichts desto weniger die befruchtende Kraft aus dieser Mischung.

XV.

Besaamtes Wasser, durch gewisse Körper gegossen, verliehrt seine befruchtende Wirkung.

Die Durchseihung (Filtration) hat auf das besaamte Wasser eben dieselbe Wirkung, als das Schütteln. Wenn man das besaamte Wasser durch baumwollene, leinwandne, oder seidne Flekke seihet, so geht etwas von seiner Kraft verlohren, aber gänzlich entgeht sie, wenn man die Seihung durch vielfaches Löschpapier anstelt. Wird das Saamenwasser nur durch zweifach Papier geseihet, so ists, wenn man Larven damit befruchtet, völlig so gut, als ob's gar nicht durchgeseihet wäre, und dessen Kraft vermindert sich noch mehr, wenn man zum Durchseihen dreifach Papier nimt, und so, wie man die Zahl der Papierblätter vermehrt, nimt die befruchtende Kraft des besaamten Wassers ab. Endlich, wenn die Durchseihung durch sechs bis sieben Blätter gemacht wird, verliehrt sich alle Befruchtungskraft des besaamten Wassers.

Das Papier, das man nur erst zum Durchseihen gebraucht hatte, war von solcher Kraft, daß es im Wasser ausgeprest unbefruchtete Larven befruchtete, und recht gut zum Leben zu bringen vermochte. Dieses alles beweiset so viel, daß die Durchseihung dem besaamten Wasser die befruchtende Kraft raubt, und

zwar

zwar um soviel, als von dem darinne enthaltenen Saamen auf den Löschpapieren bleibt, welchen man durchs Pressen heraus zu gehn zwingt.

Künstliche Befruchtung,

welche Herr Peter Rossi, Professor zu Pisa, bei einer Hündin verrichtet hat.

Auszug aus den Opuscoli Scelti de Milano. Tom. V. p. 96.

Am zwölften Jänner 1782 nahm Herr Rossi eine weiß und schwarz flekkigte Hündin, von der Art der Budel, mittler Größe, die drei Jahr alt war, und sonst schon geworfen hatte. Diese Hündin schien läufisch zu werden, ohne ein vorhandenes Zeichen, daß sie trächtig wäre, zu geben. Dieses Thier verschloß er in eine Kammer mit zwei besondern Schlüsseln, davon der eine in die Hände des Herrn Nicolaus Branchi, Professors der Chemie auf der nämlichen Universität, übergeben wurde, damit jeder sicher sein solte, daß niemand in diese Kammer käme, der nicht von diesen beiden Herren die Erlaubniß dazu hätte. Dem Hunde wurde stets zu einerlei Stunden, wo beide Herren zugegen waren, zu fressen gegeben.

Am fünf und zwanzigsten Jänner, oder sieben bis acht Tage, wo die Hündin sichere Kennzeichen ihres läufischen Zustandes von sich gegeben hatte, wurde die künstliche Befruchtung nach der Art, wie solche Herr Spallanzani angegeben hat, unternommen, nämlich, indem man in die Hündin, vermittelst einer auf den dreißigsten Grad des Reaumürschen Thermometers ausgewärmten Sprütze, den Saamen von einem drei bis vierjährigen Hunde einsprüzte: diese Einsprützung wurde, der Sicherheit und guten Erfolgs, wegen, dreimal wiederholt, nämlich am 26. am 28. und am 30sten Jänner.

Am ersten Februar hörte die Hündin auf läufisch zu sein; vom 26sten schien der Bauch geschwollen zu sein, die Zitzen vergrößerten sich, und ließen auf eine gut gerathene Befruchtung schlüssen; dann überließ man den Hund seiner Freiheit.

Am 27ten März, nämlich am zwei und sechzigsten Tage nach der ersten Einsprützung, warf die Hündin vier sehr lebhafte junge Hunde, davon drei Hunde und ein Stük eine Hündin war: Der Farbe nach waren sie nicht allein der Hündin, sondern auch dem Hunde, der den Saamen hergegeben hatte, ähnlich.

Durch diesen glüklich nachgeahmten Versuch sehen wir also, daß die wichtige Entdekkung des Herrn Spallanzani ihre volkomne Bestätigung erlangt hat.

Auszug

eines Briefes des Herrn Abt Spallanzani an den Herrn Marquis Lucchesini, Kämmerern des Königs in Preußen, über die künstlichen Befruchtungen und über die Bastardthiere (Mulets).

Da es mir einmal mit der künstlichen Befruchtung der Hündin geglükt hatte, so dachte ich weiter über diese Sache nach, und dabei schien mir dieselbe ein vortrefliches Mittel zu sein, seltsame Arten von Bastardthieren zu bekommen. Herr Bonnet, dem ich meine Gedanken zu erkennen gab, war mit mir gleicher Meinung. Ich war daher bedacht, mir verschiedne vierfüßige Thiere anzuschaffen, und bestimte zu meinen Absichten, Hunde, Katzen und Kaninchen, um dieselben, wenn sie läufisch würden, mit dem männlichen Saamen dieser Thiere zu befruchten. Auch dem Herrn Doctor Rossi, Professor zu Pisa, theilte ich meine Idee mit, um ihn dahin zu vermögen, diese Unternehmung auch bei andern Thieren zu versuchen, weil es ihm mit seiner Hündin so gut geglükt hätte. Ich verschafte mir also zwei Katzen, wovon die eine von zwei Jahren, auch sonst schon geworfen hatte, die andre aber erst neun Monathe alt, und noch nicht trächtig gewesen war. Diese Thiere schloß ich beide in eine Kammer, daraus sie nicht kommen und auch keinen Kater zu sehn bekommen konten. Ihre Geselschaft war blos der kleine Pudel, von viertehalb Jahren, der mir den Saamen zur Befruchtung meiner Hündin hergegeben hatte. Die älteste Katze wurde zuerst am dritten September läufisch, welches ich aus ihrem heftigen Geschrei und starkem Suchen nach einem Kater schlüssen konte. Sie reizte auch den Budel auf alle mögliche Weise an, und vergaß gleichsam den natürlichen Haß, der sonst unter diesen beiden Thierarten herrscht: allein obgleich mein Budel sonst sehr verliebt war, so wolte er doch das Verlangen der Katze nicht erfüllen, doch that er ihr auch nichts zu Leide. Er beroch sie und verließ sie wieder. Am dritten Tage des läufischen Zustandes der Katze versuchte ich, meine Handgriffe der Befruchtung zu der Befruchtung der Katze anzuwenden, und nahm zwei und zwanzig Gran Saamen von dem Budel, und beobachtete alle Umstände, die ich bei der Hündin in Acht genommen hatte. Diese Befruchtung wiederholte ich dreimal ganz in allem Betracht auf die nämliche Art bei dieser Katze, während daß sie läufisch blieb; dieser Zustand hörte erst am 11. December auf: von der Zeit an hielt ich aber meine Katze noch immer eingesperrt, wie zuvor.

Sie werden sich nun leicht die Erwartungen vorstellen können, in welchen ich stand, ob mir die Einsprützungen solten geglükt haben: würden denn nunmehr nicht die künftigen jungen Thiere moralische und physikalische Eigenschaften von der Mutter, die empfangen, und von dem Vater, der den Saamen gegeben hatte, an sich haben? wenigstens müste ich doch, wie ich glaubte, sehr artige Bastardthiere bekommen. Man müste hier zwei sehr unterschiedne Karaktere vermischt angetroffen haben; den einen, von einem solchem Thiere, das allen Unterricht annimt, voller Muth, Gaben, Verstand und Ergebenheit ist, und alle mögliche Treue und Gehorsam gegen seinen Herrn beweiset: den andern von dem Thiere, das in Ansehung vieler Eigenschaften weit unter jenem stehen muß, von Natur ungelehr[t] alle Unterwürfigkeit verabscheuet, und seinem Herrn untreu ist: nur blos für sich und sein Interesse lebt, und gegen den Hund unversöhnlich ist. Die äußere Gestalt müste nicht weniger wunderlich ausfallen: aber meine Bemühungen waren, zu meinem grösten Misvergnügen, vergeblich, die Katze war nicht trächtig worden. Demohnerachtet versuchte ich meine Unternehmung nunmehr auch bei der andern Katze, die den 18. Jänner läufisch wurde. Ich nahm Saamen von dem nämlichen Hunde, und wiederholte die Einsprützung siebenmal; nämlich an jedem Tage, wo sie läufisch war. Zu jeder Einsprützung hatte ich wenigstens allzeit achtzehn Gran Saamen genommen; aber es entstand dennoch keine Befruchtung.

Dieser beiden verunglükten Versuche ohngeachtet, werde ich die Möglichkeit dieser Sache noch nicht aufgeben, nur wird dadurch ein großes Mistrauen gegen andre Unternehmungen solcher Art erwekt: ich werde mich aber auch, wenn sie immer mislingen sollten, nicht wundern, weil der Abstand unter diesen beiden Thieren so gar groß ist: allein man muß deswegen nicht unzufrieden sein, denn die Natur hat auf unsre an sie gemachten Fragen gleichsam geantwortet,

und

und ihre Antworten sind immer lehrreich. Das Mislingen dieser Befruchtung muß uns nicht abhalten, andre mit andern Thierarten von neuem zu versuchen. Das ist freilich wahr, daß alle Saamenfeuchtigkeiten nicht alle Arten von Thieren befruchten können: die Feuchtigkeit zu solcher Absicht, muß bestimte Verhältnisse mit den Embryonen haben, die sie befruchten soll, und diese Verhältnisse können nicht in allen Arten angetroffen werden. Allein wir sind auch nicht im Stande die Gegenwart solcher Verhältnisse anders als durch den Versuch zu erfahren: denn Versuche, die man, gewisse Bastardthiere zu erlangen, schon gänzlich aufgegeben, und für unmöglich ausgegeben hatte, sind dennoch, bei anderweitigen besser angestelten Versuchen, glüklich von statten gegangen. Herr von Büffon hatte die Hofnung gänzlich fahren lassen, Bastarde von Haasen und Kaninchen *) zu bekommen; dennoch aber hat diese Begattung unter andern Händen geglükt. So ist es auch mit dem Hunde und dem Wolfe gegangen, die Junge zur Welt gebracht, welche wieder ihre Art fortgepflanzt haben. **) Herr von Büffon hat eben die Fatalität mit den Hunden und Füchsen gehabt, die ihm mit den Hunden und Wölfen wiederfahren ist; allein darum, weil die Versuche nicht wiederholt worden sind, muß man sie noch nicht für unmöglich halten. Nichts kan beinahe die Verwundrung aber mehr reizen,

*) Opusc. Scelti, T. III. p. 258.

**) Bonnet Collect. Compl. de ses Oeuvres, Tom. III.

zen, als die Bastarde (*jumarts*) vom Ochsen und der Eselin. Sie werden wissen, daß man izt dreierlei Arten hat. Die eine Art ist diejenige, welche von einem Stiere und einer Stute kommen; die andre Art von einem Esel und einer Kuh, und die dritte von einem Stiere und einer Eselin. Die Herren Leger und Staw nehmen die Existenz gedachter Bastarde, ohn alles Bedenken, als ausgemachte Wahrheiten an. Herr von Büffon hingegen betrachtet dieselben in seiner Naturgeschichte als Werke der Einbildung. Indessen aber zeigt er doch in seinen Supplementen zu gedachten Werke, seine Ungewißheit in dieser Sache, und giebt sie, ohne Leugnen, doch noch nicht völlig zu.

Herr Bourgelat, General-Inspektor der Vieharzneischulen in Frankreich, hat dem Herrn Bonnet in einem Schreiben gemeldet, daß er Besitzer von verschiednen Bastarden nur gedachter Art sei, und man hat auch eines dieser Thiere, unter seiner Aufsicht, zu Lion in der Vieharzneischule zergliedert: er theilt ihm in eben diesem Briefe die anatomischen Umstände und Abweichungen mit; das anerkante Ansehn dieses Mannes kan uns für die Wahrheit eine volle Bürgschaft leisten. Da wir nun die Existenz dieser Bastarde als erwiesen annehmen können; so wünschte ich sehr, daß man auf eine weitere Vermehrung bedacht wäre, weil dieselbe am allermeisten geschikt wäre, über das Erzeugungsgeschäfte das gröste Licht zu verbreiten, und man auch, durch die Anwendung der Stärke dieser Thiere, den grösten Vortheil genießen könte. Die natürliche Begatgattung ist zu dieser Vermehrung eben nicht erforderlich: die vierfüßigen Thiere widersetzen sich diesen Begattungen destomehr, je größer der Unterschied unter ihnen ist: und sie würden auch nicht glükken, wenn man nicht den Stier und Esel in der Brunstzeit abhielte, sich mit ihrer eignen Art zu begatten. Die künstliche Befruchtung könte hier von sehr großem Nutzen sein, und ich würde sie auch versucht haben, wenn mich nicht meine andern Arbeiten davon abgehalten hätten.

Ende der ersten Abtheilung.

Spallanzani's Versuche über die Erzeugung der Thiere und Pflanzen.

Nebst des Herrn Johann Senebier's Entwurf einer Geschichte der organisirten Körper vor ihrer Befruchtung.

Aus dem Französischen von Dr. Christian Friedrich Michaelis.

Zweite Abtheilung.

Leipzig, bei G. J. Göschen, 1786.

Zweite Abtheilung.

Dritte Abhandlung,

über die Erzeugung verschiedner Pflanzen.

Erstes Kapitel.

Erzeugung des Ginsters, (Spartium junceum) der Bohnen, (Vicia Faba) der Erbsen, (Pisum sativum) und der wälschen Bohnen. (Dolichos unguiculatus.)

§. 1.

Alle diejenigen, die nur die ersten Gründe der Naturgeschichte zu studiren angefangen haben, wissen auch mehr als zu wohl, daß alle Naturphänomene, welche die Erzeugung der Thiere angehen, nach dreierlei Systemen erklärt werden. Nach dem einen nimt man Eier an; das andre ist dieses, nach welchem kleine Würmer vorausgesezt werden, und das dritte, welches zweierlei Feuchtigkeiten erfordert. Diese Erklärungsarten hat man auch auf das Pflanzenreich angewendet: einige geben vor, die Embryonen der Pflanzen praeexistirten vor der Befruchtung schon in den Eierstökken; andre bringen den Saamen des Männgens dahin, und noch andre wollen, daß sich die Pflanzen aus der Verbindung der zwei Prinzipien erzeugen sollen, da das eine aus dem Pistill, das andre aus den Antheren kommen soll. Da ich mir vorgenommen hatte, die Erzeugung gewisser Pflanzen zu erforschen, so hielt ich zur Entdekkung der Wahrheit dieses für das zuträglichste Mittel, wenn ich meine ganze Aufmerksamkeit auf die Eierstökke, oder Fruchtknoten der Pflanzen richtete; und um die Natur (so zu reden) auf der That zu ertappen, im Falle dieses möglich wäre, hielte ich fürs Beste, dieses Organ zu drei verschiednen Zeitpunkten zu untersuchen: nämlich zu der Zeit, ehe die Befruchtung geschieht, hernach indem sie vorgeht, und alsdenn, wenn dies Naturgeschäfte vorüber ist: das heist eigentlich, nach der Ausstreuung der Staubtheilgen auf die weiblichen Theile der Pflanzen: ich muste diesem zufolge die Eierstökke untersuchen, wenn die Blume noch in ihrer Knospe, wenn sie eben erst ganz frisch aufgebrochen, und wenn sie abgefallen war. Dieses alles habe ich bei der Blume des Ginsters (Spartium junceum) gethan.

§. II.

Die Beschaffenheit dieser Pflanze ist so, daß die Blumen an einem und eben demselben Stengel verschiednes Alter bekommen, so daß die, welche ganz an der Spitze stehen, noch nicht aufgeblüht sind, und sich unter der Gestalt einer größern oder kleinern Knospe zeigen; da indessen die andern, welche tiefer stehen, zum Aufblühen bereit sind, und die noch tiefern schon wieder dem Verblühen ganz nahe sind und abfallen. Ein und derselbe Stengel vom Ginster gewährt mir also verschiedne Beobachtungen: ich fieng meine Untersuchungen bei den kleinsten Knospen an. Sie sind völlig verschlossen, und stellen einen durchgängig festen Körper vor, der in seiner Länge kaum eine Linie beträgt: wenn

wenn ich diese Knospe mit dem feinsten Instrumentgen behutsam öffnete, so bekam man die zusammengerolten Blätter zu sehen, die hellgrün waren, ohne noch eine gelbe Farbe zu zeigen, die ihnen sonst natürlich eigen ist: nachdem die Blätter weggenommen worden, sahe man die Zeugungsorgane, das Pistill und die Antheren. An den Antheren konte man auch den Staub erkennen: aber er war noch nicht reif, wie aus der äußersten Feinheit der Theilgen zu erkennen war, und weil sie auch noch nicht flüchtig waren, sondern noch sehr fest an ihren Antheren, vermittelst eines etwas klebrigten Saftes, anhiengen. In der Mitte der Blume sah man den zarten Staubweg stehen, dessen unterster Theil, nachdem er von seinen Einwikkelungen oder äußern Theilen befreit worden, und mit einem guten Vergrößerungsglase betrachtet wurde, die vollendete Schote sehen lies, oder vielmehr die Schote oder die kleine Hülse selbst war, die nicht mehr als ein Zehntheil einer Linie hält. Untersucht man nun diese Hülse äußerlich, so nimt man an beiden Seiten hervorragende Theile wahr, die ganz genau am vollen Lichte betrachtet, so viel kleine Körner zu sein scheinen, als in der Schote, oder wie wir zu sagen geneigt wären, im Eierstokke enthalten sind. Wenn man nun diese Schote der Länge nach öffnet, so erscheinen kleine Saamenkörner, die eine runde Gestalt haben, die alle in eben so vielen Vertiefungen liegen, und durch ihre Verbindungen an die inwendige Seite des Eierstoks (nach meiner Sprache) befestigt sind, wie man an den reifen Körnern, oder die ihrer Reife ganz nahe, und die man in den fast ganz troknen Schoten findet, sehen kan.

Wenn man nun diese kleinen Körner untersucht, so findet man auswendig eine Hülse, die einen Kern in sich hält, der durch zwei Theile (lobes), zwischen welchen der Keim oder das kleine Pflänzgen liegt, geschlossen ist: allein man sieht nichts als eine sich durchaus ähnliche lokkere Substanz, die einer etwas steifen Gallert gleich kömt. Nach der vernünftigen Voraussetzung, die ich annahm, daß diese Körner die wahren Saamenkörner wären, erhelte auch ganz klar, daß diese schon zwanzig Tage vor dem Aufblühen der Blume im Eierstokke präexistirten: und also folglich vor der Befruchtung vorhanden waren. Wenigstens thaten sich Blumen von dieser sehr kleinen Art nicht eher auf, als am fünf und zwanzigsten Tage, wie ich mich davon vergewisserte, indem ich an einem andern Stengel dergleichen Blumen sitzen ließ, und sie sorgfältig beobachtete.

§. III.

Wenn man verschiedne junge Knospen, die doppelt grösser, als die vorhergehenden, von denen wir nur gehandelt haben, zergliedert §. II., so sieht man schon, wie sich die Blätter der Blume aus einander thun, und auch gelblich zu werden anfangen, der Blumenstaub hieng auch schon vorwärts an der Spitze der Antheren. Diese nebst dem Pistill waren izt ebenfals grösser und auch länger worden. Die Eierstökke oder Schoten hatten an Größe zugenommen, und die darinne liegenden Keime waren ebenfals ansehnlicher, und nicht mehr so weich, obgleich ihre Substanz noch immer durchaus einförmig (Similaire) und schwammig angetroffen wurde.

Blü-

Blumen, die dem Aufblühen noch näher waren findet man eben so beschaffen, wie die eben erwähnten, nur mit dem Unterschied, daß Blätter, Pistill und Antheren sich merklich vergrößert haben: aber man trift keinen wesentlichen Unterschied in dem gegenwärtigen Zustande und in den Blättern der Blumen an. Wann nun diese noch etwas mehr aufgeblühet waren, und der Antherenstaub reifer war, so löste er sich leichter ab und flog in die Luft: aber in den kleinen Saamenkörnern sahe man noch keine Abtheilung in zwei Theile (lobes) und keine kleine Pflanze war auch noch nicht zu entdekken. Sie zeigten nur ein kleines grünlichtes Körpergen, das schwammig und mit einer Feuchtigkeit umgeben war. Unterdessen sahe man die Abtheilung der Körner in zwei Theile, das kleine Pflänzgen in den Körnern darzwischen liegen, und schon zu ihrer Vollkommenheit gelangt, wie man auch die Schötgen bei weiterer Untersuchung nicht mehr grün, sondern schon dunkelfarbig fand. Izt muste man schon gestehen, daß die Zeit die Abtheilung der Körner in ihre zwei Theile und zwischen ihnen das Pflänzgen erzeigte oder doch sichtbarer machte: Ja nunmehr wurde ich angereizt, um die Entstehung, Bildung, oder Erscheinung zu entdekken, meine Untersuchungen weiter zu treiben.

§. IV.

Nunmehr beobachtete ich die Eierstökke oder Schoten, in den nähern oder mehr entfernten Zeiträumen nach dem Abfallen der Blumen: binnen zehn Tagen, nachdem sie abgefallen waren, traf ich eben keinen merklichen Unterschied oder Veränderung an: aber vom

 eilften

eilften Tage an, ließ sich Veränderung antreffen, die Körner sind nun nicht mehr so rund, sondern haben mehr die Gestalt eines Herzes, dessen breiter Theil durch einen Stiel mit der Schote zusammen hängt, und an der Spitze des Körngens zeigt sich ein weisser Punkt, der beim Anfühlen beweglich zu sein schien. Wenn man das sogenante Herz oder Körngen in der Länge zerschneidet, und es innerlich untersucht, sieht man, daß gedachter Punkt eine sehr kleine Höhle ist, die ein ganz klein Tröpfgen Feuchtigkeit enthält, die sich bewegt, wenn man sie mit dem Finger berührt.

Am ein und zwanzigsten Tage, nachdem die Schoten ihre Blätter verlohren haben, ist die Vertiefung, die sich unter der Spitze des Herzens sehen ließ, indem sie sich gegen den untersten breiten Theil zog, größer worden: diese war mit durchsichtiger Feuchtigkeit angefült, die den schwammigten Theil des Saamenkörngens benezte. Diese Vertiefung war am fünf und zwanzigsten Tage noch größer worden, und war izt ganz mit Feuchtigkeit angefült, aber es zeigte sich nunmehr auch ein ganz kleines halb durchsichtiges Körpergen, bläulicht, gallertartig, und merklich, mit seinen zwei entgegengesezten Punkten, an den Seiten dieser Vertiefung oder Höhle befestigt.

Nach Verlauf eines ganzen Monats, hatten nunmehr die Körner an ihrer Größe ganz merklich zugenommen, und ihre Gestalt des Herzes war in eine Nierengestalt verändert worden: Denn so sehen die Körner bei ihrer Reife aus, das kleine in der gedach-

ten

ten Vertiefung liegende Körpergen, schien nun auch weit mehr zugenommen zu haben, weniger durchsichtig, weniger gallertartig zu sein: aber man entdekte noch keine Organisation oder deutliche Bildung in desem Körpergen.

Am vierzigsten Tage war die oftgedachte Vertiefung an den Körnern viel grösser anzutreffen, und mit dem Körpergen, dessen ich so oft erwähnt habe, ganz angefült; dieses Körpergen soll nun beschrieben werden. Izt traf ich es mit einer feinen Haut überzogen an, die etwas klebrigt, und sehr leicht zu zerreissen war: wenn diese Haut abgenommen, und das Körpergen entblöst war, fand ich es sehr lebhaft grün: es ließ sich mit einer spitzigen Nadel sehr leicht in zwei Theile zerlegen, die wie zwei kleine flache runde tellerförmige Körpergen aussahen, zwischen welchen man das in der Tiefe liegende kleine Pflänzgen, angehängt entdekken konte. Die beschriebnen tellerförmigen (lobes) kleinen Theile waren mit der äußersten Haut des Saamens oder Fruchtkörngens, durch welche sie verwahrt werden, überzogen.

Es wird nun nicht mehr schwer zu errathen sein, was in den Schoten, die ihre völlige Reiffe erlangt haben, vorgegangen ist; man erblikt nämlich nunmehr das kleine Pflänzgen, wie es sich entwikkeln will, und eine gewisse Dichtigkeit und Festigkeit annimt: So ist nämlich alles beschaffen, wenn die Saamenkörner reifen.

§. V.

Um nun alles, was ich bisher beschrieben habe, ins Kurze zu ziehen, so muß ich daraus anzeigen, daß

Erstlich die Körner dieses Ginsters schon viele Tage vor der Befruchtung vorhanden sind:

Zweitens: daß diese Körner, während gewisser Zeit, dichte sind, und sich hernach an denselben eine Vertiefung, die mit Feuchtigkeit angefült ist, einfindet.

Zum dritten: daß man, nach der Befruchtung in gedachter Höhle, anfange ein Körpergen zu entdekken, welches an zwei Punkten in dessen innern Seite befestigt ist, welches sich allmählig vergrößert, und nichts anders zu sein scheint, als die zwei Saamenlappen (lobes), zwischen welchen das Pflänzgen liegt.

Zum vierten: daß, wenn endlich das Körngen seine Reife erlangt hat, dieses das Resultat von den zweien breiten Saamenlappen ist, mit welchen das Pflänzgen zusammenhängt, mit einer feinen Haut, und noch mit einer Schale oder Ueberzuge bekleidet ist.

Alle diese Resultate geben uns Belehrung über die sich auf die Erzeugung dieser Pflanze beziehende Folgen: nämlich, daß die Embryonen eher nicht sich sehen lassen, als bis die Blumen abgefallen sind, und nur erst nach der Befruchtung, weil die kleinen Körner, oder vielmehr richtiger zu reden, ihre Hüllen, sich schon lange zuvor sehen lassen.

§. VI.

§. VI.

Nach genauere Untersuchung des Ginsters, nahm ich zu dieser Absicht die Blüte der gemeinen Bohne (Vicia Faba) vor. Ich fieng wieder meine Beobachtungen bei den zartesten Knospen an. Sie sahen äußerlich grün aus, ja auch sogar innerlich, wenn man ihre zarten Blätter zu entwikkeln im Stande ist: doch muß man gestehen, die grünlichte Farbe fält etwas ins Weißlichte. Die Staubfäden sind schon sichtbar, aber an ihren Antheren läst sich noch kein Staub, sonderu nur eine etwas klebrigte und gallertartige Substanz bemerken; an dem Pistill, der mit seiner Farbe aus dem Weißlichten etwas in's Grüne fält, und dessen Spitze rauch ist, kan man unterwärts, oder an den Eierstökken, die kleinen Körner schon entdekken. Ich finde hier zweierlei Umstände: den einen, daß sich die Eierstökke der Bohnen viel leichter nach der Länge spalten, als die bei dem Ginster; den andern, daß die kleinen Körngen, bei sonst gleichen Umstånden, viel grösser als bei jener sind; die kleinen Körner in der Bohne würden rund sein, wenn sie sich nicht auf eine Seite beugten, um einen spitzigen Schnabel zu machen, dabei sind sie halb durchsichtig und gallertartig; macht man sie auf, so sieht man keine Höhle oder Vertiefung, sondern sie scheinen ganz dicht zu sein.

Wenn man nun andre etwas größre Knospen öffnet, sieht man schon merklich den Blumenstaub, aber immer noch mit einer klebrigten Feuchtigkeit vermengt. Der Eierstok, der nicht mehr so klein, wie bei vorigen Knospen ist, enthält kleine Körnergen, die nun auch etwas in ihrer Größe zugenommen haben, und diese sind auch izt nicht mehr so durchsichtig und gallertartig: aber auch keine Höhle oder Vertiefung ist noch nicht zu sehen. Man sieht auch völlig das nämliche in den kleinen Körnern, die etwas zugenommen haben, weil diese solchen Blumen zugehören, die dem Aufblühen schon merklich näher kommen.

Man entdekt die Höhle in den Bohnen nicht eher, als zwei oder drei Tage vor dem Abfallen der Blumen, und trift sie voller durchsichtiger Feuchtigkeit an; diese Höhle wird mit dem Wachsthume der Blumen größer, und funfzehn oder zwanzig Tage nach dem Abfall der Blätter, läst sich ein Körpergen in der Höhle entdekken: besieht man es genau durch's Vergrößrungsglas, so scheint es in zwei Theile abgesondert zu sein: doch kan ich dieß noch nicht mit Gewißheit sagen: In der Folge bekömt man davon mehr Gewißheit, wenn man reifere Körner eröffnet, und sie durch einen schwachen Druk zertheilt: das Körngen theilt sich in zwei Theile oder flache Halbkugeln, an welchen innerlich das zarte Pflänzgen hängt. Wird das Pflänzgen und die beiden Theile die es in sich schlossen, mit Behutsamkeit behandelt, sieht man, wie dieselbe gleichsam in ein schleimigtes Gewebe eingewurzelt ist, welches zwischen diesen beiden Theilen inne liegt, und sich in die kleinen Körnergen verliehrt: hernach entfaltet sich das kleine Pflänzgen mit seinen beiden Theilen, und bleiben doch noch immer in die Hülsen des Körngens eingeschlossen, wie wir es bei dem Ginster sahen.

§. VII.

§. VII.

Meine Beobachtungen über die Erbsen und Bohnen (Pisum satiuum, Dolichos unguiculatus), werde ich alle zusammen nehmen, daß man sie mit einem Blikke übersehen kan, denn die Resultate, welche diese beiden Pflanzen geben, sind sich völlig ähnlich. Ich will also nur vor allen andern anzeigen, daß die kleinen Körner in den Eierstökken schon gestaltet sind, wenn auch ihre Blumen noch ganz zart sind, oder auch, wenn ihre Knospen kaum dem blosen Auge sichtbar sind; denn aber sind diese kleinen Körper nur von einer gleichartigen dichten Substanz, ohne eine innerliche Höhle: dieses sieht man noch so, wenn gleich die Körner doppelt grösser worden sind, und der Blumenstaub seine Reife schon erlangt hat. Die Höhle der kleinen Körner fängt sich erst an zu zeigen, wenn die Blumen schon etliche Tage verwelkt sind: zehn bis zwölf Tage darnach, sieht man auch in der nun vergrößerten Höhle einen weißlichten schleimigten Punkt, der schon die Grundlinien und den ersten Stoff zu den beiden Theilen (lobes) die das Pflänzgen zwischen sich enthalten, vorstellet, wie sich denn auch das Pflänzgen mit einer guten Linse schon itzo entdekken läst. Mit Verlauf der Zeit wachsen Pflänzgen und ihre beiden sie einschließenden Theile, wie auch die Körner, worinne sich diese Seitentheile (lobes) befinden.

Diese Beobachtungen über die Erbsen und Schminkbohnen, wie auch die über die Geniste und gemeine Bohne beweisen, daß die Körner, oder ihre Hüllen, schon bei der Befruchtung präexistiren, und das Pflänzgen mit sei-

seinen Seitentheilen, nicht eher, als bis jene vollzogen ist, zum Vorschein kommen.

Diese Resultate kommen aber mit meinen Beobachtungen über die Thiere nicht überein, in welchen man die Früchte (Foetus) schon vor der Befruchtung antrift *). Werden wir nun also sagen können, daß die Natur bei Erzeugung der Pflanzen ganz anders zu Werke gehe, als bei dem Zeugungsgeschäfte der Thiere? Nach einer gesunden Vernunftlehre ist mir es nicht erlaubt, diesen Punkt so geschwind zu beurtheilen: sondern ich halte für nöthig, noch andre Versuche mit andern Pflanzen anzustellen: ich habe bereits einige unternommen, die im folgenden Kapitel beschrieben werden sollen.

Zweites Kapitel.

Erzeugung beim Meerrettig (Raphanus sativus) der Kichererbse (Cicer arietinum) beim chinesischen Schwertel (Ixia chinensis) dem Rittersporn, (Delphinium Consolida) dem Kürbis (Cucurbita Pepo) und der Gurke, (Cucumis sativus.)

§. VIII.

Untersuchung des Blumenstaubes.

Meerrettig (Raphanus sativus. Raifort). Die kleinen Körner desselben lassen sich schon lange vor der Zeit sehen, ehe noch der Blumenstaub reif wird: sie sind zu

*) Abhandlung über die Erzeugung einiger Amphibien.

zu der Zeit dicht und bleiben es zwölf, ja wohl vierzehn Tage lang. Wenn die Blumen verwelkt sind, so wird man die sehr kleine Höhle oder Vertiefung, von der ich öfters gesprochen habe, gewahr, die auch zu der Zeit fast ganz mit einer Feuchtigkeit angefült ist: und die Vertiefung nimt zu: zwanzig Tage nach dem Abfallen der Blüte, nimt sie beinahe den ganzen innern Raum der nun viel größern Körner ein, drei oder vier Tage nachher sieht man die beiden Seitentheile des Saamenkornes, in durchsichtigen Schleim eingewikkelt liegen, man entdekt auch bald darnach inwendig eine Art schleimigten Häutgens, das auf einer Seite an dem Pflänzgen, und auf der andern Seite an der innern Höhle des Körngens anhängt. Wenn nun hierauf die Körner reif werden, so findet man die Saamenlappen (lobes) vergrößert. Sie nehmen beinahe die Gestalt einer Birne mit ihrem Stiele an, vermittelst dessen sie sich an die hohle Seite des Korns anhängen. Wenn man diese Seitentheile hinweg nimt, und mit Sorgfalt untersucht, so wird man gewahr, daß dieser Stiel ein Theil des Pflänzgens ist; sodenn findet man hier, nicht wie in andern Pflanzen nur zwei, sondern vier Theile, die sich zusammen vereinigen, und mit dem Pflänzgen zusammenhängen: so, daß man sie für ein ganzes Körpergen halten kan.

§. IX.

Kicher-Erbsen (Cicer arietinum. Le Pois chiche). In den Blumen dieser Pflanze stelt das Pistill einen kleinen Kürbis vor, davon der dikke Theil unterwärts und der spitzige oberwärts gekehrt ist: oder nach unserer Benennung ist dieser Theil der Eierstok. Wenn man dieses Pistill der Länge nach öffnet, lassen sich darinne zwei kleine spitzige dichte grüne Körnergen, schon zwölf bis vierzehn Tage vor der Befruchtung, antreffen. Während der Zeit die Blume vollkommen wird, nimt auch das Pistill, nach unsrer Sprache, Eierstok in seiner Größe zu, und verwandelt sich in einen Beutel, an welchem die kleinen Körnergen befestigt sind. Fünf oder sechs Tage nach der Befruchtung, lassen die kleinen Körnergen auch allmählig die Höhle, von welcher ich so oft Erwähnung gethan habe, entdekken, auf deren einer Seite man bald hierauf die zwei sehr kleinen Seitentheile (lobes) angewachsen findet, welche sodenn das in ihnen verwahrt gelegene Pflänzgen dem Auge darstellen; sie ist mit einem gallertartigen Gewebe an die Körner befestigt: Hierauf bekomman alle diese Theile in der Hülse der Körner eine weitere Entwikkelung.

§. X.

Chinesischer Schwertel (Ixia chinensis): Wenn man den Eierstok in der allerkleinsten Knospe dieser Pflanzen der Länge nach eröffnet, so ist dessen Gestalt, wie ein länglichter Körper, der in der Mitte hervorragt, beschaffen: man findet die kleinen Körner in ihrer natürlichen Ordnung liegen, sie haben die Gestalt einer Birne, und sind durchaus in ihrer Substanz dichte Körpergen: und alles dies trift man eben so beschaffen an, wenn auch gleich die Blumen schon offen, ja auch abgefallen sind: die kleine Höhle entsteht erst neun bis

zehn

zehn Tage darnach. Allein diese Pflanze gewährt eine merkwürdige Seltenheit: nämlich, die kleine Höhle findet man sogleich mit einer flüssigen durchsichtigen Substanz angefült; aber sie verdikt sich, und wird nach und nach in eine weisse Gallerte verwandelt, die geronnener Milch ähnlich ist. Diese Gallerte selbst wird täglich dikker; und ehe noch die Körner reif worden, hat sie eine solche Festigkeit angenommen, daß sie dem Messer, wenn man sie durschneiden wolte, widerstehen würde. Diese verhärtete Masse erfült die ganze Höhle des Saamens, ohne daß man einen Anfang zu den Saamenlappen (lobes) entdekken könte. Diese Beobachtung ist noch bei unreifen Körnern gemacht worden, und ich habe sie nicht ganz nach meinem Wunsche zu Ende bringen können. Allein ich bin geneigt zu glauben, daß die gedachte Substanz, welche anfangs flüssig, hernach aber verdikt, und endlich gar hart worden war, die Stelle der Saamenlappen vertreten soll: sie stelt selbst, aber nur unter einer andern Gestalt, die Saamenlappen vor. Vielleicht zeigen sich auch in diesen Körnern die Saamenlappen (lobes) später als in andern Pflanzen: allein die bei folgender Pflanze gemachten Beobachtungen erwekken in mir gegen den ersten Fall mehr Vertrauen, als gegen den andern.

§. XI.

Rittersporn (Delphinium Consolida) hat mir die nämlichen Phänomene und Veränderungen, wie die vorhergehende (Ixia chinensis) gezeigt. Nur erst nach dem Abfallen der Blumen findet man die schon oft erwähnte

wähnte Höhle in den kleinen Körnern: sie ist sogleich mit ungefärbter Feuchtigkeit angefült, aber bald hernach wird sie weißlich, und wird zulezt dikker Milch ähnlich. Läst man diese kleinen Körner nunmehro ein wenig sieden, so wird die gedachte weisse milchigte Feuchtigkeit einer Pomade ähnlich, worinne man nichts organisirtes entdekken kan. Wenn nun die Körner ihrer Reife näher kommen, wird auch die weisse Feuchtigkeit immer steifer, bis sie einen gewissen Grad von Härte erlangt hat; dies ist nun der Zeitpunkt, wo man das Pflänzgen mit seinen Seitenblättern zu entdekken anfängt, welche darzwischen so gut verstekt liegen, daß man sie nicht leicht mit Genauigkeit entdekken kan, und zwar nicht allein deswegen, weil sie so sehr klein, sondern weil sie auch von der nämlichen Farbe der verhärteten Substanz sind. Diese hier beschriebene Sache, die der im §. X. beschriebenen sehr ähnlich ist, hat bei mir die starke Vermuthung erwekt, daß diese milchigte und verhärtete Substanz, die Seitenblätter (lobes) in sich hielte, nicht statt fände, und verhinderte, wenn die Körner nicht recht gut reif wären, dieselbigen zu erkennen. In dieser Pflanzenart erscheinen die Saamenlappen (lobes) spät: man kan sie nicht eher, als einen Monath nach der Befruchtung entdekken *).

§. XII.

*) Ich habe meinen geschöpften Verdacht sehr gegründet gefunden. Nach der mit den von der Ixia viel reifern Körnern, als im Paragraph X. gemachten Beobachtung, habe ich bei ihrer Theilung in zwei Stükke, das Pflänzgen, das einen Kegel vorstelt, davon

§. XII.

Der Kürbis: Cucurbita Pepo (ou la Courge) Wenn man sich mit den männlichen Blumen, als zu unserm Zwek untauglichen, gar nicht abgiebt, und gleich die weiblichen der Untersuchung unterwirft, indem man mit ihren zartesten Knospen den Anfang macht: so findet man, ihrer Zartheit unerachtet, die Frucht, oder den kleinen Kürbis, doch schon darinnen enthalten, und bekömt sehr deutlich die kleinen Körner hier zu sehen, welche ganz etwas besonders darbieten. Sie sind nicht aus einer so gleichartigen und einförmigen Substanz, wie andre unreife Körner, gebildet, sondern dieselbe ist von zweierlei Beschaffenheit: nämlich sie besteht aus einer Schale und einem darinne liegenden Kerne: theilt man dieses Korn in zwei Stükke, so sieht man diese doppelte Substanz auf der Fläche der von einander geschnittnen Stükgen ganz deutlich, und sogar ist man im Stande, durch einen geschikten, mit dem Daumen

davon der breite Theil desselben gegen unten und der spitzige Theil aufwärts im Saamenkörngen gekehrt ist, wahrgenommen. Das ganze Pflänzgen liegt in dieser milchartigen Feuchtigkeit, die sehr hart ist, begraben. Saamenblätter (lobes) habe ich mit aller Mühe nicht entdekken können, und ich wäre sehr geneigt zu glauben, daß dieser Theil, den ich das Pflänzgen nenne, zur Art der Saamenblätter (lobes) gehörte. Das Pflänzgen kam in den Saamenkörngen der Iria und in dem Lerchenfuß (Pied d'Alouette) spät zum Vorschein. Meine Beobachtung hat dieses bestätigt.

men und Zeigefinger gemachten Druk gegen die Seite des Schnittes, den Kern aus der Schale heraus zu drükken.

Wenn man das Körngen aus seiner Schale gänzlich heraus nimt, ist es einer Birne mit ihrem Stiele ähnlich. Es hat von dem Pflänzgen mit seinen Seitentheilen oder Saamenblättern (lobes) alle Aehnlichkeit: aber nun fragt sichs, verhält es sichs denn völlig auf diese Art? erscheint das Pflänzgen vor der Befruchtung? ich muß gestehen, daß dieser Versuch von Beobachtungen über die Kürbisblüten diese Idee bei mir erwekte.

Allein es fiel mir dieser Zweifel ein, nämlich, daß doch in andern Pflanzen, die Saamenblätter (lobes) sich leicht in zwei ja auch in vier Theile absonderten §. VIII; in diesem Falle aber sonderte sich der Kern nicht ab, sondern stelte ein eigenes Ganzes vor. Um nun aus dieser Schwierigkeit zu kommen, entschloß ich mich zu mehrern Beobachtungen: ich untersuchte also Knospen, die etwas grösser waren als die vorigen, und da fand ich den Kern so sehr an seiner Schale fest sitzen, daß ich einige Gewalt nöthig hatte, ihn loszureissen. Die Rinde aber kam mir nun weit zusammengesezter vor, als sie vorher zu sein schien.

Ich fand, daß sie aus drei über einander liegenden Häuten oder Schichten bestand, das äußerste Häutgen war überaus fein und zart, das war das Oberhäutgen des Körngens. Die drauf folgende Schicht oder Schale, war dikker, weisser, härter, fast holzartig: sie war von der dritten, die unmittelbar den Kern

um=

umgiebt, schwer abzusondern. Diese Haut sahe grün aus und war feste, aber nicht so hart, wie die nur erst beschriebene war.

Die Kerne der seit fünf und zwanzig Tagen abgefallenen Blumen, gewährten mir nun wieder neue Phänomene. Der Kern, der soviel Aehnlichkeit mit den Saamenblättern (lobes) hatte, war itzo verschwunden, und an dessen Stelle traf ich einen kleinen häutigen Sak an, der sich in einen spitzigen Theil endigte, mit dem er an dem inwendigen Theile des Kernes anhieng: dieses Säkgen war ein wenig aufgetreten, und dieser kam von einer kleinen Parthie darinne enthaltener Feuchtigkeit her, die ich bei Eröffnung gedachten Säkgens und durch deren Ausfluß entdekte. Wenn man diesen kleinen Sak, vermittelst eines kleinen Zängelgens, bei seinem spitzigen Theile anfast und behutsam lüftet, kan man ihn gänzlich und ohne Schwierigkeit heraus nehmen: dieß Säkgen besteht aus zwei Häutgen, die einen schleimigten Körper in sich halten: es verbreitet sich dieser Schleimkörper von der obern innern Spitze des Kernes bis zu der Hälfte gegen den untern Theil, an welchem er auch einigermaßen anhängt. Rührt man ihn aber auch nur mit der Spitze des Zängelgens an, so zerreist er und vergeht; durch's Mikroskop sieht er einem Netze ähnlich, daher ich glaube, daß es ein organisirter Körper sein mag.

Nunmehr betrachtete ich weit ältere Kerne, nämlich solche, die seit mehr als vier Wochen abgefallen waren; hier traf ich nur gedachten Schleimkörper in einem kleinen häutigen Säkgen sehr vermehrt an, da, wo das Kerngen spizig war, schien es ein festes und hartes Partikkelgen und einem Kegel ähnlich zu sein; welches eigentlich der Embryon, oder das Pflänzgen in seiner kleinen Gestalt ist, aber dieses recht gut zu erkennen, wird alle mögliche Aufmerksamkeit erfordert: die beiden Saamenblätter bleiben am Pflänzgen hängen, sie sind weiß und etwas größer, als dasselbige ist, das erwähnte Schleimkörpergen geht zwischen durch, und verliehrt sich, um sich mit dem Pflänzgen selbst zu verbinden. Man kan jezt schon die fernern Veränderungen im voraus sehen, welche die kleinen Kerne nun erleiden werden: die schleimigte Substanz verbreitet sich mehr, das Pflänzgen wird größer, die beiden Saamenblätter (lobes) nehmen an Masse so zu, bis sie endlich allen Raum der Kerne erfüllen.

Hieraus nun folgt ganz offenbar, daß ich mich sehr würde betrogen haben, wenn ich den Kern, welchen man im Saamenkörngen vor dem Aufblühen der Blumen antrift, für die beiden Saamenblätter nebst ihrem Pflänzgen (lobes) gehalten hätte, weil diese nicht eher, als erst nach einem ganzen Monathe der Verwelkung der Blumen, erkant werden können.

§. XIII.

Die gemeine Gurke (Cucumis sativus, le Concombre ordinaire.) Die bei dieser Frucht gemachten Beobachtungen kommen in allen Stükken mit den Kürbiskernen, theils wegen der Erscheinung des Kerns vor der Befruchtung, theils wegen des kleinen Säkgens, oder

des

des Schleimkörpergens, oder auch der beiden Saamenblätter nebst ihrem Pflänzgen, so sehr überein, daß es mir ganz unnöthig scheint, von allen diesen Dingen ins besondre zu handeln. Dieß einzige will ich nur noch hinzu setzen, daß es mir vorgekommen ist, daß das Pflänzgen mit seinen Saamenblättern länger außen bleibe, als in dem Kürbis.

Nach allen diesen angestellten Beobachtungen hielt ich es nicht für überflüßig, noch mehrere mit andern Pflanzen zu unternehmen, wie etwan zum Beispiel mit der Ketmia, Hybiscus Syriacus, der großen Malve, Alcea Rosea, dem Bärenklau, Acanthus mollis, der blauen Winde, Convolvulus purpureus, dem Basilikon, Ocymum basilicum, der Melone, Cucurbita citrullus, Hanf, Cannabis sativa, und Hundskohl, Mercurialis annua. Alle diese Beobachtungen stimten darinne überein, daß sich die Kerne vor der Reife und vor der Befruchtung, oder der Action des Blumenstaubes sehen ließen, dahingegen die Saamenblätter (lobes) erst nachher sichtbar wurden. Dieses Generalresultat meiner sämtlichen Beobachtungen ist demjenigen völlig gleich, das auch Du Hamel aus den, in seiner Naturlehre der Bäume, angezogenen Beobachtungen erhalten hat. An den Orten, wo er von der Bildung der Kerne in den Kernfruchtbäumen handelt, Mandeln, Pfirsigen, Pflaumen, Kirschen und dergleichen mehr, zeigt er, aus Beispielen, daß, bei Eröffnung eines zur vollen Reife gelangten Kernes, dessen Frucht aber, ohnerachtet der längst verflossenen Befruchtungszeit, noch grün, und der Kern voller klebrichten Feuchtigkeit ist, man nun innerlich

lich gegen die Spitze des Kerns ein weißlichtes Körpergen entdekt, das in ein kleines durchsichtiges Bläsgen eingefüttert zu sein scheint: Dieses Körpergen ist die erste Grundlage der Saamenblätter (lobes) und des Pflänzgens, welche beide durch eine allmählige Zunahme endlich die ganze innerliche Höhle des Kernes erfüllen. Diese häufige Uebereinstimmung der Erfahrungen giebt uns eine Berechtigung zu glauben, daß dieses, was wir gesehn haben, ein ausgemachtes Naturgesetz sei, und solte es nicht für alle Pflanzen, so ist es doch gewiß für viele gegeben worden.

§. XIV.

Welches möchte nun wohl unter den dreierlei Systemen von der Erzeugung der Pflanzen §. I. dasjenige sein, das meinen Beobachtungen am gemäßesten wäre? denn mein Endzwek, den ich mir vorgesezt habe, ist eigentlich die Auflösung jenes berufenen Problems. Wenn man sich mit dem Anscheine befriedigen will, so scheint dieses den Vorzug zu verdienen, welches die Embryonen der Pflanzen während der Befruchtung mit dem Staube der Antheren, in die Eierstökke bringt: Wenigstens habe ich nie Embryonen vor der Zerstreuung des Staubes gefunden, und doch sind sie sogleich erschienen, als man den Staub auf den Antheren angetroffen hat. Man kan also schlüssen, daß die Embryonen in dem Blumenstaube präexistiren, und daß sich derselbe, wenn er auf die Staubnarben (stigmata) des Pistills fält, durch die darinne befindlichen Röhren, bis in die Eierstökke zieht. Dieses ist die Folgerung, die ein gewisser gelehrter Physiker, gestüzt auf Beobachtungen eines Naturforschers *), daraus gezogen hat, welcher den Embryon sogleich in den Eierstökken will gesehn haben, als die Staubbeutel sich ihres befruchtenden Staubes entschüttet hatten.

Indem ich nun dieses Vorgeben bei mir selbst recht überdachte, so fand ich, daß es noch sehr zu bezweifeln sei. Denn

Erstlich ist es ja falsch, daß man den Embryon in den Eierstökken sogleich, als nur der Staub von den Fäden der Antheren abgefallen ist, entdekt: ja im Gegentheil trift man die Frucht bisweilen nicht eher, als einige Wochen darnach, ja wohl gar erst nach einem ganzen Monathe an, wie dieses aus meinen Beobachtungen zu ersehen ist, und noch künftig aus denselben noch mehr erhellen wird.

Zum andern: diese Art zu schlüssen ist nicht eben sehr logikalisch, wie Herr Bonnet **) dieses mit Recht bemerkt hat, weil man ja nicht schlüssen kan, daß der Embryon vor der Befruchtung in den Eierstökken nicht vorhanden sei, weil man ihn noch nicht entdekt, denn von der Unsichtbarkeit gilt doch kein Schluß auf die Abwesenheit, da man tausend Beispiele solcher Art anführen könte. Wir finden dieses bei dem unbefruch-

*) Needham's neue Mikroskopische Entdekkungen.

**) In s. Buche über organisirte Körper.

teten Sie, wo die besten Mikroskope das junge Huhn noch nicht in demselben entdekken können, ob es gleich wirklich darinne liegt.

Man muß also bekennen, daß, Troz der Unzulänglichkeit des Beweises, es doch kein Widerspruch ist, daß der Embryon der Pflanze im Blumenstaube schon vorhanden sei, und mit demselben in den Eierstok übergehe aber diesen Zweifeln nun ein Ende zu machen, will ich noch mehrere Versuche anstellen.

§. XV.

Wenn nun also die Pflanzen sich im Staube befinden, warum könte man denn nicht dieselben mit den besten Mikroskopen entdekken? Diese Frage that ich an mich selbst. Dies schien mir nicht unwahrscheinlich, und ich wendete alle mein Absehn nunmehr darauf. Ich untersuchte demnach reifen Blumenstaub von vielerlei Blumen, vorzüglich aber von dergleichen, die mir zu meinen Beobachtungen gedient hatten; ich fand ihn aber demjenigen, den andre Kräuterkundige schon vor mir, besonders Du Hamel, untersucht hatten, sehr ähnlich: er schien mir eine Anhäufung von Körpergen zu sein, deren Gestalt, nach Beschaffenheit der Pflanzen unterschieden, einige waren rund, andre gewunden, oder pyramidalisch, oder kegelförmig, oder auch von noch andrer und mancherlei unregelmäßiger Gestalt. Diese hier waren glatt, jene stachlicht, und andre voller kleiner Erhöhungen, da indessen einige durchsichtig, andre hingegen undurchsichtig, oder gelb, oder weiß, oder blau, oder auch fleischfarbigt, und die

die Größe schien auch verhältnißmäßig, wie ihre Pflanzen, unterschieden zu sein: aber diese Körpergen gehn die Erzeugung der Pflanzen unmittelbar eigentlich nicht an. Sie sind Kapseln oder kleine Bläsgen, mit einem feinen Safte erfült, den sie mit Gewalt von sich lassen, wenn man sie befeuchtet: in dieser Feuchtigkeit schwimmen eine Menge kleiner Kügelgen umher, welche im Augenblikke der Explosion auf verschiedne Art sich geschwind bewegen. Diese Feuchtigkeit, von der ich in der Theorie schon geredet habe, muß nothwendig die ersten Grundlagen, oder die Embryonen der neuen künftigen Pflanzen enthalten: auf dieselbe mußte ich mein Augenmerk richten, um darinne das zu suchen, was mit den Embryonen einige Aehnlichkeit hätte. Wenn man dann diese Embryonen in den Körnern wahrnimt, so haben sie das Ansehn eines spitzigen Körpergens, an welchem gemeiniglich zwei andre Körper hängen, die etwas größer und geschlossenen Schmetterlingsflügeln ähnlich sind, welche ich für die zwei Saamenblätter (lobes) hielte. Ich suchte also diese Körpergen, oder was ihnen in dieser Feuchtigkeit ähnlich war, erst nur mit einer schwachen Linse, hernach mit einer stärkern, alsdenn aber mit den allerstärksten zu entdekken. Allein ich konte nichts als nur diese Flüssigkeit, die einem Oehl oder geschmolznem Fett gleich kam, mit ihren Kügelgen entdekken: die Feuchtigkeit, welche ganz unorganisch ist, kan nicht die Embryonen vorstellen, und an den Kügelgen konte ich auch nichts finden, das den Saamenblättern (lobes) oder Embryonen ähnlich gewesen wäre, denn die kleinen Körpergen, sind Kugeln ähnliche Körpergen, so viel als man

 durch

durch alle Vergrößerungsgläser sehen kan. Ich habe sie auch sogar in dem Sonnenmikroskop betrachtet, welches doch die Körner so außerordentlich vergrößsert. Nach allen diesen Erörterungen und gemachten Erfahrungen folgt also ganz unwidersprechlich, daß die Embryonen nicht im Blumenstaube enthalten sind.

Man könte mir vielleicht einwenden, daß es kein Widerspruch wäre, die Kügelgen für wahre Embryonen selbst zu halten, die, so lange sie im Staube låben, eine runde Gestalt behielten, wenn sie aber in die Eierstökke gelangt wären, und daselbst genugsame Feuchtigkeit anträfen, durch diese nunmehro ernährt würden, so, daß sich alsdenn ihre Theile entwikkeln könten, die zuvor noch in einer Kugelgestalt beisammen gelegen hatten. Auf diese Art könte man sagen, erhalten die Saamenblätter und das Pflänzgen ihre Gestalt so, wie etwan die Larven der Frösche und der Kröten, die noch im Mutterleibe eine unförmliche runde Gestalt hatten, und denn erst die Bildung einer Larve, durch die von der Feuchtigkeit des Schafhäutgens ihnen zufließende Nahrung, bekommen.

Der ganze Einwurf läuft darauf hinaus; ist es wohl möglich, daß die in der Feuchtigkeit des Blumenstaubes schwimmenden Kügelgen die Embryonen sein können?

Ich untersuche hier nicht, ob die Sache möglich, sondern nur, ob sie wahrscheinlich sei; ob es wohl glaub-

glaublich, daß die Embryonen der Pflanzen in dem Blumenstaube präexistiren?

Meine Beobachtungen stoßen alle diese Voraussetzungen um. Um indessen alle diese Zweifel zu heben, fragte ich nochmals die Natur, und durch die Beantwortung dieser Frage muste, wie ich glaubte, das ganze Problem entschieden werden.

Ich untersuchte, ob sich die Embryonen in den Eierstökken antreffen ließen, und ob sie bisweilen reifen könten, wenn man durch Kunstgriffe verhinderte, daß der Staub nicht zu den Pistillen gelangen könte: Denn reiften sie, so war es offenbar, daß die Embryonen nicht zu dem Staube der Antheren gehörten, oder in demselben zu suchen wären, sondern sich in den Eierstökken befänden.

Diesen Endzwek konte ich auf zweierlei Art erreichen; entweder ich schnitt die Antheren weg, ehe ihr Staub auf die Pistillen fallen konte; dieses konte bei Pflanzen mit vermischten Geschlechtern am Besten geschehen; oder ich nahm die männlichen Blumen solcher Pflanzen, die männliche und weibliche Blumen zugleich tragen, in dem Augenblikke, wo sie sich aufthaten, weg; oder auch, ich entfernte die männlichen Blumen von den weiblichen, so, daß gar nicht zu vermuthen war, daß sich der Staub der erstern den Pistillen der andern nur genähert habe, welches mit solchen Gewächsen vorgenommen werden konte, die getheilte Geschlechter in zwei besondern Pflanzen haben.

Diese

Diese drei Arten der Versuche und Beobachtungen sollen der Gegenstand der nachfolgenden zwei Kapitel sein.

Drittes Kapitel.

Erzeugung einiger Pflanzen, davon einige vermischte Geschlechter, andre männliche und weibliche Blumen auf einer und eben derselben Pflanze haben; als: das Basilikum (Ocymum Basilicum) die Ketmia (Hybiscus Syriacus) die Melonen (Cucumis melo) der Schildkürbis (Pepo fructu clypeiformi) und die Wassermelonen Cucurbita Citrullus).

§. XVI.

Ich habe mit einer Pflanze den Anfang gemacht, die Blumen mit getheilten Geschlechtern hat, das kleine Basilikum, das man gewöhnlicher Weise in Töpfen aufzieht. Diese Pflanze war zum Theil verblühet, zum Theil blühete sie noch erst auf, als ich eben meine Untersuchungen anstellen wolte. Damit man aber besser von meinen Versuchen urtheilen könte, wolte ich einen Vergleich anstellen, zwischen dem, was bei den Blumen für Veränderungen entstehen würden, über welche ich den Staub geschüttelt hätte, und bei denen, die dessen Wirkung noch nicht erlitten hätten. Was die Ersten betrift, will ich die von ihnen erhaltenen Resultate hersetzen.

Jede Blüte des Basilikums besteht aus vier Antheren, aus deren Mitte sich der Staubweg erhebt. Diese

Diese leztern und die Staubfäden sind sehr gut zu erkennen, schon zwölf Tage, ja wohl noch früher, ehe sich die Blumen eröffnen, wenn man nur behutsam die Blätter davon absondert; in eben der Zeit sind die Körner, deren an der Zahl viere sind, in den Eierstökken verborgen; sie haben die Gestalt eines Eies. Izt sind sie dicht, und bleiben auch etliche Tage nach dem Abfallen der Blumen so beschaffen; indem sie aber wachsen, fangen sie auch an, die kleine schon oben bei andern Pflanzenkörnern oft erwähnte Höhle zu zeigen. Nach Verlauf etlicher Tage, bemerkt man in dieser Höhle oder Vertiefung einen Punkt von Materie, der unorganisirt zu sein scheint, welcher auch gar bald die beiden Saamenlappen (lobes) nebst ihren Pflänzgen zu erkennen giebt. Indem nun aber das Pflänzgen mit den beiden Saamenlappen (lobes) wächst, nehmen diese Körpergen die ganze Höhle des Körngens ein. So ist also das Verfahren der Natur in den Basilikum-Blumen beschaffen, auf welche man den Antherenstaub geschüttelt hat; und eben dieses habe ich auch bei andern Pflanzen bemerkt.

§. XVII.

Nunmehr wollen wir auch Achtung geben, was denn mit den Embryonen vorgeht, die keinen Befruchtungsstaub von den Antheren bekommen. Allzeit, wenn die Blumen auf dem Punkt waren, aufzubrechen, schnitt ich die vier Antheren ab, die zu der Zeit voll reifen Staubes waren; allein ich war mit dieser Operation noch nicht zufrieden, weil auch der Duft, der von dem Staube aufsteigt, sehr fein ist, §. XV. und nach der

Kräuter-

Kräuterkundigen Meinung dasjenige sein soll, was unmittelbaren Einfluß auf die Erzeugung hat. Dem sei nun aber wie ihm wolle, so entfernte ich nicht allein den Staub, nachdem ich die Antheren dieser Blumen, die izt eben der Gegenstand meines Versuches waren, abgeschnitten hatte, sondern ich hielt sie auch von andern Blumen auf dieser nämlichen Pflanze entfernt, und vergewisserte mich noch dadurch auf die allervollkommenste Weise, indem ich alle Blumen von meiner im Topfe erzogenen Pflanze abnahm, wie sie nach und nach hervorkamen. Der Blumentopf stand mit seiner Pflanze auf einem Fenster, wo man keine solchen Blumen stehen hatte.

Ich kan die Wirkungen dieses Verfahrens nicht ohne Verwundrung anführen; die kleinen Körner zeigten einige Tage nach dem Abfallen der Blumen eine Höhle, worinne ich die beiden Saamenblätter (lobes) mit ihrem Pflänzgen antraf, und diese kleinen Körpergen fülten, indem sie zunahmen, sodann die ganze Höhle der Körngen aus. Mit einem Worte, sie erlitten die nämlichen Veränderungen, wie die Körngen, welche den Einfluß des Blumenstaubes erfahren hatten, und man würde nicht geglaubt haben, daß ihnen derselbe wäre entzogen worden.

XVIII.

Mit diesem Resultate konte ich mich noch nicht beruhigen; ich glaubte, bei einem so delikaten Versuche immer noch nicht alle nöthige Vorsicht angewandt zu haben. Die Naturlehrer glauben gemeiniglich, der Staub

Staub der Antheren thue seine Wirkung, wenn die Blumen nur erst eben aufgebrochen, oder noch im Aufblühen begriffen sind. Allein, indem ich die Basilikumblüten zwei oder drei Tage, ehe sie natürlicher Weise aufbrachen, öffnete, so fand ich zwei oder dreimal, daß der Staub zum Theil reif war: und es würde sich haben ereignen können, daß einige kleine Körngen von den Antheren in das Pistill übergegangen wären, weil sich diese beiden Organe berühren. Ich trauete mir izt selbst nicht, und glaubte, die Antheren zu späte abgeschnitten zu haben; das heist, nach der Action des Blumenstaubes. Ich entschloß mich daher, diesen Versuch zu wiederholen, und zwar auf folgende Art: ich schnitt die Antheren von andern Blumen ab, die später zum Aufbrechen kamen, und die also zu keinem Verdacht Anlaß geben konten. Hier nun kamen ganz andre Resultate zum Vorschein, ich machte die Operation an zwei und achtzig kleinen Blumenknospen. Die kleinen Körngen fielen zum dritten Theile schon, ehe sie noch reif wurden, ab: die Eierstökke der Blumen enthielten bald mehr bald weniger kleine Körner, aber dabei kamen unterschiedne Umstände vor.

Einige enthielten sehr kleine Körnergen, ohnerachtet andre, in der Zeit der Reifung, größre hatten, aber sie waren berieben, abgenuzt und verdorben: andre hatten welche in sich, die dem äußern Ansehn nach eben so gut gestaltet, und auch so groß waren, wie die, welche den Einfluß des Staubes erlitten hatten: es waren derer fünf und zwanzig, und indem ich sie innerlich beobachtete, fand ich das Pflänzgen mit den

Saamen-

Saamenlappen (lobes), die gar nicht von dem Pflänzgen und den Saamenlappen (lobes), welche die Körngen der befruchteten Blumen gewährten, unterschieden waren. Unter diesen fünf und zwanzig Körngen, die zuverläßig von dem Staube nicht berührt worden waren, untersuchte ich zwölf Stük auf eben die Art, wie ich bereits erzählt habe, und säete dreizehn Stük in die Erde, um zu sehen, ob sie aufgehen würden, aber sie kamen nicht zum Vorschein. Da indessen dreizehn Körngen von eben dieser Pflanze, die vom Blumenstaube waren befruchtet worden, auch in die nämliche Erde gesäet, alle glüklich aufgiengen. Der wichtige und unmittelbare Erfolg, der aus diesen Umständen kömt, ist: daß die Embryonen des Basilikums, bis auf einen gewissen Punkt von dem Blumenstaube befruchtet und entwikkelt werden; nur aber sind sie ihre Existenz dem Blumenstaube nicht schuldig.

§. XIX.

Indem ich meine Beobachtungen bei dem Basilikum machte, stelte ich auch zu gleicher Zeit dergleichen mit der Ketmia (Hybiscus Syriacus) an: ich schnitt von diesen Blumen, so bald sie nur aufgebrochen waren, die Antheren weg, ich muß bekennen, daß ich nicht volkommen versichert bin, ob nicht einige Staubtheilgen, beim Abnehmen der Antheren, auf die Staubwege mochten gefallen sein: ich habe mehr als einmal reifen Antherenstaub angetroffen: einige Körngen fielen gleich nach der Operation ab, viele aber blieben sitzen, wuchsen recht groß, und würden ganz reif worden sein, wenn nicht die Rauhigkeit und Kälte des Herbstes dieselben,

wie

wie auch noch andere, die ebenfals hatten befruchtet werden sollen, an ihrer völligen Reife verhindert hätte. Ich wolte einige von diesen Körnern untersuchen; allein ob sie gleich beträchtlich gewachsen waren, so waren sie doch nicht alle reif, sondern zum Theil verdorben worden, andre aber schienen noch gesund zu sein, welches mir auch ihre weisse Farbe zu erkennen gab. Was uns aber izt am meisten intereßirt, ist dieses, daß diese Körngen ihr Pflänzgen mit Saamenlappen enthielten, welches in sich zusammen geprest, und wie ein ausgezakter Sallat zusammen gedrükt lag. Es kam auch noch ein sehr subtiles schleimigtes Gewebe aus dem Pflänzgen zum Vorschein, das mit der gegenüberstehenden Seite des Körngens zusammen hieng.

Indem ich die Antheren mit ihren Staubfäden aus den aufgeblüheten Blumen der Ketmia nahm, so that ich dieses gleichfals auch bei andern Blumen dieser Pflanze, einige Tage ehe sie noch aufgebrochen waren: ich eröffnete also eine recht gesunde Knospe, aber es gieng immer nicht so ab, daß nicht einige Blätter zerrissen wären; doch aber war ich sicher, daß kein Staub verstreut werden konte, weil er noch auf den Staubbeuteln gleichsam angeleimt war.

Alle Resultate waren nun auch hier den Vorigen ähnlich, verschiedne kleine Körngen fielen sogleich ab, andre wuchsen noch sehr groß, einige von den leztern waren beschädigt, einige aber doch ganz gesund, und gaben ihr Pflänzgen nebst seinen beiden Saamenlappen (lobes).

Die Folgerungen aus der mit der Ketmia (Hybiscus Syriacus) gemachten Versuche, treffen mit denen, die ich mit dem Basilikum unternommen habe, überein, und beweisen, daß, obgleich die glükliche Entwikkelung der Embryonen großentheils von der Wirkung des Blumenstaubes abhängt, dieser Staub aber dennoch von der Entwikkelung weder das Beförderungsmittel, noch die wirkende Ursache ist.

§. XX.

Nachdem ich nun meine Wißbegierde bei diesen zwei Pflanzen mit vermischten Geschlechtern gestilt hatte, so wendete ich mich zur Untersuchung der Pflanzen mit getheilten Geschlechtern. Ich machte in dieser Absicht mit zwei solchen Pflanzen Versuche: die eine war die Schildmelone (Cucumis Melo fructu clypeiformi) und die andre war die Wassermelone (Cucurbita Citrullus, ou le Melon d'eau.)

Ich werde izt von der ersten Pflanze reden, davon ich die Körner aus dem Botanischen Garten zu Pavia bekam: ich ließ sie zu Scandiano, einem sehr angenehmen Landhause im Modenesischen säen, wo ich immer meine Frühlings- und Herbstferien zubringe, und mich überhaupt daselbst mit Versuchen, die den Stoff zu meinen Werken abgeben, beschäftige. Ich kam in den ersten Tagen des July 1777. daselbst an, da eben zwei Stük von diesen Pflanzen, die ich dort hatte säen lassen, einige zarte Blumenknospen zu zeigen anfiengen. Ich war gar bald im Stande, diese hervorkommende Knospen zu kennen, indem ich die, welche männliche

Blu-

Blumen, von denen, die weibliche trugen, unterscheiden konte. Die männlichen haben einen zarten Stiel, wenigstens ist er nicht aufgetrieben, dahingegen die weiblichen Blumen mit einem Stiele versehen sind, der nahe am Blumenkelche, da wo nachher der Kürbis sich zeigt, aufgeschwollen ist.

Diese beiden Pflanzen besuchte ich alle Tage, um ihre Blumen recht genau zu beobachten und genau zu untersuchen, damit ich die männlichen Blumen gleich, wenn sie nur zum Vorschein kämen, vernichten könte, weil ich ganz sicher sein wolte, daß der Staub von den Antheren keinen Einfluß auf die weiblichen Blumen hätte; und da es ausgemacht ist, daß, je weniger der Früchte auf einem Gewächse sind, desto schöner auch diese werden, so ließ ich nur zwei Blumen auf jeder Pflanze stehen, und brach alle andre weibliche Knospen, eben so wie die männlichen ab. Diese vier Kürbse wuchsen ganz vortreflich, und hatten gegen die Mitte des Septembers fast ihre völlige Größe und Reife erlangt: nunmehr brach ich den einen von dem Stiel ab, um ihn innerlich zu untersuchen: das Fleisch dieses Kürbses fand ich zart, und hatte, weil er noch eben nicht gar zu reif war, die Farbe, Struktur und Geschmak derjenigen Art, wo man die männlichen Blumen nicht abgebrochen hatte. Die Kerne, welche in großer Menge vorhanden waren, schienen äußerlich und innerlich recht gut zu sein, ausgenommen, daß die beiden Saamenlappen mit ihrem Pflänzgen die Höhle des Kernes nicht gänzlich fülten, weil dieselben noch nicht zu ihrem völligen Wachsthume gelangt waren. Zu Ende des Sep-

 tembers

tembers waren die übrigen drei Kürbisse auch vollends ganz reif worden, ich schnitt sie ab, und hob ihre Kerne in drei besondern Säkgen auf, um sie zu untersuchen; ich fand auch sogleich, daß die beiden Saamenlappen die Kerne ganz ausfülten, und alle Kenzeichen einer volkomnen Reife an sich hätten.

§. XXI.

Bis hieher sind die Resultate bei dieser Pflanze denen, die mir die Körner des Basilikums gewährten, so ziemlich ähnlich gewesen, welche, ob sie gleich nicht durch den Staub befruchtet worden waren §. XVIII., dennoch das Ansehn der Volkommenheit an sich hatten; es ist dieses zwar wahr, daß sie aus der Erde, worein man sie gesäet hatte, nicht aufgegangen waren, und ich stelte mir vor, daß es eben auch so mit den Kernen von den obenerwähnten Kürbissen gehen würde: dieß soll aber durch Erfahrung erst bestätigt werden. Ich ließ die Kerne an der Sonne troknen, und hernach säete ich davon am 10ten Oktober in drei besondre Gefäße hundert funfzig Stük, nämlich in jedes funfzig, soviel ich aus jedem Kürbis genommen hatte; die Witterung war ziemlich regenhaft und kalt, weswegen ich auch genöthigt wurde, meine drei Töpfe mit den Kürbissen an einen Ort zu setzen, wo die Luft hinlänglich warm war: der Erfolg entsprach auch meinen Erwartungen: ob ich gleich glaubte, daß gar keiner von den Kernen fortkommen würde, so fanden sie sich doch fast alle, denn funfzehn Tage, nachdem sie waren gestekt worden, hatten sieben und dreißig Stük gekeimet; den 8ten November, waren hundert sieben und dreißig aus

der

der Erde im Scherbel aufgegangen; die übrigen siebzehn Stük Kerne, wolte ich auch nicht ununtersucht lassen; fand sie aber leer oder verdorben.

Die übrigen Kerne hob ich bis aufs Frühjahr des nächsten 1778sten Jahres auf, um noch eine anderweitige Untersuchung damit anzustellen; denn um zu sagen, daß die Befruchtung volkommen ist, müssen die Kerne nicht nur keimen, sondern auch fähig sein, andre befruchtete zu erzeugen, woraus man ihre Art fortpflanzen kan. Ich ließ also an dem nämlichen Orte, gegen die ersten Tage im May dieses Jahres, Kerne von drei Kürbissen stekken; und da sie ein wenig herangewachsen waren, nahm ich mir die Mühe, wie im vorigen Jahre, alle männliche Blumen davon abzubrechen und nur jeder Pflanze eine einzige weibliche zu lassen; jede Blüte brachte ihren Kürbis, der bei Anfange des Herbstes zu seiner Reife kam; ihre in die Erde gestekten Kerne, keimten sehr gut, und hätten auch andre zu erzeugen Hoffnung geben können.

Es ist also ganz ausgemacht, daß diese Kürbisse hierin dem Basilikum nicht ähnlich sind, dessen Körner mit dem Staube befruchtet werden müssen, wenn sie sich entwikkeln sollen: aber mit den Kürbiskernen verhält es sich gar nicht so, sie bedürfen zu ihrer Fortpflanzung dieses Mittels nicht. Diese Erfahrungen und Beispiele sind aufs gründlichste bewiesen, denn die männlichen Blumen, die den Staub gewähren, waren schon lange vor dessen Reifung vernichtet: und man konte nicht annehmen, daß der Staub durch die Luft dahin gebracht worden wäre; denn ich hatte mit Fleiß das Land um Scandiano dazu gewählt, wo in der ganzen Gegend kein solcher Kürbis noch eine ähnliche Pflanze zu finden war: woraus also folgt, daß die Embryonen und ihre Befruchtung nicht vom Staube der Antheren herrühren.

§. XXII.

Alle diese Versuche machte ich auch mit einer Wassermelone, die ich zu Ende des Frühlings 1779 in eben dem obgedachten Garten pflanzte, wo ich auch die Kürbiskerne gesäet hatte: ich vernichtete die männlichen Blumen, so bald nur ihre Knospen zum Vorschein kamen, und ließ nur etliche weibliche am Stokke stehen. Ob nun gleich diese Pflanze ganz abgesondert, und auch nicht zu fürchten war, daß sie irgends durch fremden Blumenstaub befruchtet werden möchte; so wolte ich doch noch ein neues Verwahrungsmittel anwenden, welches denjenigen, die von der Nothwendigkeit, bei solchen Beobachtungen alle mögliche Vorsicht anzuwenden, überzeugt sind, nicht unnöthig scheinen wird. Ich nahm mir nämlich vor, die Aeste der Melone mit den weiblichen Blumen, wenn sie im Aufbrechen waren, in große Glasgefäße zu thun, und deren Oeffnungen mit einem Kitt fest zu verwahren, damit durch dieß Mittel, der Zugang aller äußern Luft, vermittelst welcher etwan der Blumenstaub zugeführt werden könnte, abgehalten würde. Dieses Mittel beugte noch einem andern Zweifel vor, den viele Kräuterkundigen machen, welche sogar glauben, daß die Befruchtung einiger Pflanzen bisweilen durch Vermittelung gewisser Insekten verursacht

sacht würde, die nach Art der Bienen in die Blumen hineinkriechen, und ihren Körper mit dem Blumenstaube bedekken; tragen diese Thiergen sodenn diesen Staub in andre ähnliche weibliche Blumen, so befruchten sie diese dadurch. Es war mir auch dieses nicht schwer zu glauben, weil ich selbst künstliche Befruchtungen verschiedner Pflanzen gemacht hatte, und deren auch noch mehrere anzustellen gesonnen war: ich verwahrte demnach zwei weibliche Blumen in zwei gläsernen Gefäßen, die durchaus keine Oeffnung hatten: die von diesen zwei Zweigen entstandene Ausdunstung verursachte eine solche Befeuchtung an der innern Seite des Glases, daß die davon entstandnen Ströme die Blumen in drei Tagen gänzlich verdarben: dieser fatale Zufall machte, daß ich auf allerlei Mittel diesem Uebel auszuweichen bedacht war: ich stelte izt meine Blumen so, daß sie den Boden der Gläser nicht berührten, sondern gleichsam in der Luft schwebten, daß also auch durch diese Erfindung die Blumen nur leicht befeuchtet, und dadurch gesund erhalten werden konten. Ich erhielt meine Blumen in solcher Verfassung eilf ganzer Tage, nämlich von der Zeit an, wo sie aufbrechen wolten, bis dahin wo sie vertroknet waren: dabei ist noch zu merken, daß die kleinen Melonen immer gewachsen waren: da nun an keinen herbeigetragnen Blumenstaub weiter zu gedenken war, so nahm ich am zwölften Tage meine Gläser weg, und ließ die kleinen Melonen der freien Luft ausgesezt, wo sie auch bis zu ihrer völligen Reife nämlich bis zum 8ten September gelassen wurden. Diese Früchte waren von sehr gutem Ansehn, und ihre Kerne hatten auch das Pflänzgen mit seinem beiden Saamenlappen in sich, womit die ganze Höhle des Kerns angefült wurde; die Fruchtbarkeit der Kürbiskerne dieser Art, ließ mich ein gleiches auch von meinen Melonenkernen hoffen. Ich stekte funfzig von einer jeden Melone, und davon kamen neun und achtzig Stük glüklich zum Vorscheln, und nur eilfe waren unfruchtbar geblieben; allein ihre Unfruchtbarkeit hatte die nämliche Ursache, als bei den siebzehn verdorbnen Kürbiskernen, §. XXI. nämlich einen organischen Fehler des Pflänzgens und seiner Saamenlappen (lobes); dieß muß uns auch gar nicht verwundern, indem bei den gewöhnlichen Kürbis- und Melonenkernen der nämliche Fehler oft angetroffen wird. Ich stekte 1780. die Kerne, welche ich von meinen Meloren bekommen hatte, deren Blumen nicht hatten befruchtet werden können; die hieraus nun erlangten Früchte waren so gesund und so gut, als diejenigen, die ich von den Kürbiskernen 1778 durch eben diese Mittel erhalten hatte. §. XXI.

Diesem allen zufolge, kan man ganz sicher schlüssen, daß die Befruchtung dieser Pflanze, schlechterdings gar nicht vom Staube der Antheren bewirkt werde.

Viertes Kapitel.

Erzeugung einiger Pflanzen mit getheilten Geschlechtern auf verschiednen Stämmen (Dioicae) des Hanfs, (Cannabis sativa) des Spinats (Spinacia oleracea) und des Biegelkrauts (Mercurialis annua).

§. XXIII.

Hanf (Cannabis sativa). Im Sommer 1767. machten mich zweierlei Phänomene zu Scandiano ganz besonders aufmerksam. Das erste war eine weibliche Hanfstaude, die von ohngefähr in meinem Garten hervorgewachsen war. Ihr Stengel war hoch und stark und so sehr mit Blättern besezt, wie es ein gesunder Strauch nur sein kan, trug auch viele Körner, die ich nach meiner Erfahrung für gut hielt, und sie in die Erde säete. Indessen war diese Pflanze die einzige ihrer Art in meinem großen Garten, worinne keine männliche Pflanze dieser Art anzutreffen war, außer in einer gewissen Entfernung. Ich war von der Verschiedenheit der Geschlechter bei den Pflanzen überzeugt, und dachte davon den gewöhnlichen Grundsätzen gemäß. Dieser Fall aber erwekte mir Verdacht, und ich besprach mich deshalben mit meinen Freunden und unter andern, vornehmlich mit dem berühmten Naturlehrer, Pater Carl Joseph Campi.

Indessen schien es mir, daß in diesem Stükke sich das Phänomen über den Antherenstaub von selbst erklärte, weil er nämlich von den im Marquisat Scandiano häufig befindlichen Hanfäkkern konte herbei gebracht worden sein; und um desto leichter war mir dieses glaublich, weil ich gar wohl wuste, daß dieser Staub sehr häufig auf den Pflanzen zu finden sei, so, daß man, bei dem Schütteln einer männlichen Pflanze, wenn ihre Blumen völlig aufgeblühet sind, ihn wie Rauch oder eine Wolke in die Höhe steigen sieht. Der männliche Hopfen (Humulus lupulus mas Linn.) gewährt noch eine grössere Menge Staub, und giebt den Vertheidigern des Pflanzengeschlechtes eine gute Gelegenheit, die Befruchtung der weiblichen Pflanze des Hopfen zu erklären, wenn man diese Pflanze an solchen Orten entdeckt, wo keine männliche von dieser Art anzutreffen ist.

§. XXIV.

Das andre Phänomen, welches mich befremdete, war folgendes: die Bauern in der Gegend von Reggio und Modena reissen alle männliche Pflanzen den zweiten oder dritten August aus ihren Hanfäkkern aus, und lassen bloß die weiblichen Pflanzen bis zu Ende des Septembers stehen. Ist die Witterung, nachdem die männlichen Pflanzen ausgerissen sind, zum Wachsthume günstig, so wachsen die weiblichen Pflanzen immer grösser, und treiben viele neue Schößlinge, die man vorher gar nicht gesehen hatte: diese Schößlinge bringen auch kleine Knospen hervor, die zum Blühen kommen, und hierauf noch Körner bringen. Dieses bemerkte ich auf verschiednen einzelnen weiblichen Pflanzen 1767. am 8ten September, nämlich sieben und dreisig Tage nachdem die männlichen Pflanzen waren ausgerissen worden, wie mich hiervon eine glaubwürdige Person versichersicherte. Ich bemerkte einige von denjenigen jungen Zweigen ganz genau, welche noch kaum vermuthen ließen, daß nur die erste Anlage verschloßner Blumen vorhanden wäre; diese zeichnete ich mit einem Faden, um zu sehen, ob sie reife Körner bringen würden; und in der That reiften nicht nur diese Körner, sondern keimten auch schon wieder, als ich sie im October säete. Dieses zweite Phänomen reizte mich an, diesen Umstand genau zu untersuchen, wie nämlich der Staub, die auf den weiblichen Pflanzen entsprungenen Blumen, hätte befruchten können, da doch die männlichen schon so lange vorher vernichtet worden wären. Indem ich nun über diese Sache nachdachte, so schien es mir, die Sexualisten könten doch wohl noch gewisse Gründe zu ihrer Vertheidigung darin finden, daß, ohnerachtet die männlichen Blumen vertilgt worden, dennoch der Staub derselben lange noch in der Luft, wo die weiblichen Pflanzen standen, schweben könte.

§. XXV.

Acht Jahre nachher 1775. erschien im Journal de Physique eine Abhandlung über die Befruchtung der Pflanzen, die viel Aehnliches von dem, was ich hier gesagt habe, enthielt. Hier ist der Auszug von dem, was sich auf meinen Gegenstand bezieht. Der Verfasser jener Abhandlung erzog in einem Gefäße einen weiblichen Hanfstock, der viele Körner von gewöhnlicher Größe brachte, die auch ihr Pflänzgen mit den Saamenlappen enthielten. Diese Körner wurden gesäet, giengen auf, und keimten alle fort. Die Pflanze war nie weder mit einem Tuche noch auf eine andre Art zugedekt worden, und

und stand, von andern Pflanzen dieser Art weit entfernt, auf einem Fenster. Nun will ich eben nicht behaupten, daß dieser Versuch allen Verdacht des Befruchtungsstaubes entfernen soll, sondern, daß es nur schwer einzusehen sei, wie er dahin hätte gelangen können, daher man auch die Naturforscher auffordert, diesen Versuch weiter zu treiben, und volkomner zu machen. Der Verfasser gab sich durch die drei Anfangsbuchstaben M. F. de B. zu erkennen, woraus man schließt, daß es Herr Fougeroux de Bondaroy, von der Academie zu Paris und Neffe des berühmten du Hamel, gewesen sei. Es sei aber dem wie ihm wolle, so schien es, nachdem ich diese Schrift gelesen hatte, daß eine so bedeutende wichtige Untersuchung nicht mit aller nöthigen und genauen Vorsicht, um den Leser zu überzeugen, angestelt wäre *),

§. XXVI.

*) 1777. den 18. September sezte ich einige Resultate über die Erzeugung der Pflanzen auf und übermachte sie in einem Schreiben meinem Freunde Herrn Bonnet. Hierauf antwortete er und führte gedachte Abhandlung an, indem er glaubte, ich möchte dieselbe noch nicht gelesen haben. Es schien ihm aber, wie mir, daß die Beobachtung des französischen Naturforschers, den er ebenfals für Herrn Fougeroux hielt, noch nicht entscheidend genug wäre, um alle Wirkung des befruchtenden Blumenstaubes auszuschließen, oder hierdurch zu widerlegen. Mein Freund zeigte mir etliche Fehler, die er in der Abhandlung bemerkt hätte: und da sie einige Beziehung auf dasjenige haben, was ich hier in dieser Schrift über die Erzeugung gesagt habe, so halte ich für gut, es anzuzeigen.

§. XXVI.

Bei dieser Gelegenheit, da ich meine Versuche über die Erzeugung der Pflanzen erzähle, will ich auch die Art, wie ich den Staub von den männlichen Blumen entferne, und hindre, daß er nicht auf die weiblichen dieser Pflanzenart wirken könne, anzeigen.

Im Maimonath nahm ich sechs sehr junge Hanfpflanzen, und diese sezte ich in sechs besondre Gefäße; so groß waren sie jezt schon, daß ich die männlichen Pflanzen von den weiblichen unterscheiden konte: die vier darunter befindlichen männlichen riß ich aus, und lies blos die zwei weiblichen stehen. Zwanzig Tage, ehe sie zu blühen anfiengen, sezte ich sie in eine gegen Mittag gelegene Kammer, die zwei Glasfenster hatte, die ich aber nie eröffnete, wie ich denn auch die Thüre stets zuhielt, außer wenn ich sie bei dem Begießen öffnen muste: aber ohnerachtet dieses Verschließens wuchsen meine Pflanzen vortreflich gut; sie wurden auch viele Stunden an die durch die Glasfenster scheinende Sonne gesezt. Ob nun gleich mein Versuch vor demjenigen, den der französische ungenante Naturforscher gemacht, und seine Pflanze auch auf das Fenster gesezt hatte, in Rüksicht auf die Genauigkeit, den Vorzug hatte, so war ich doch noch nicht damit zufrieden. Es ist zwar wohl wahr, daß der Staub, welcher während der Blüthzeit des Hanfes in der Luft hatte verbreitet sein können, doch nicht eben so leicht in die verschloßne Kammer hatte dringen können: dennoch aber wäre dieses nicht etwas ganz Unmögliches, und ich wolte durchaus allen Zweifel heben.

Um

Um nun also meinen Endzwek zu erreichen, so brachte ich, sobald nur die Gefäße in die Kammer waren, die zwei zum Theil mit Blumenknospen ganz bedekten Zweige der beiden Pflanzen in zwei weite langhälsigte gläserne Flaschen, die ich mit Baumwachs, ohne den Pflanzen zu schaden, auf das Beste verklebte. Wenn ich mich durch die Worte aufs Beste ausdrükke, so will ich blos sagen, daß ich durch den Kitt die Gemeinschaft der äußern Luft mit der innern in der Bouteille unterbrochen habe, und ich bekam auch davon einen richtigen Beweis. Denn ich hatte in die Bouteille nebst dem Zweige, eine Glasröhre vier Zoll lang hineingebracht, und dieselbe zugleich nebst dem Zweige mit dem Kitt gut verwahrt: diese Röhre war so lang, daß das andere Theil außer der Bouteille über vier Fuß hielt, davon das Ende in eine Schüssel mit Waßer wenigstens vier Zoll tief hinein ging. Durch diese Röhre saugte ich ein wenig Luft heraus, und das Wasser stieg sogleich sieben viertel Fuß hoch, um die Stelle der ausgesaugten Luft einzunehmen; es blieb auch unverändert bei dieser Höhe stehen, die Veränderungen ausgenommen, die der Schwermesser anzuzeigen pflegte. Die Unveränderlichkeit in dem Stande des Wassers beweiset unwidersprechlich, daß die äußere Luft mit der inneren der Bouteille keine Gemeinschaft habe: denn die geringste Menge der in die Bouteille eingedrungenen Luft würde den Stand des Wassers in der Röhre verändert, und also niedriger gemacht haben. Ich muß freilich bekennen, daß ich meine Vorrichtung oft zu verändern genöthigt wurde, ehe ich völlig damit zu Stande kommen konte; aber durch diese

Er-

Erfindung war ich doch völlig sicher, daß der Blumenstaub des Hanfes, wenn er auch in der Luft solte geschwebt haben, doch auf keine Weise zu den in meinen Bouteillen befindlichen Zweigen gelangen konte.

§. XXVII.

Aller dieser angewendeten Vorsorge ohnerachtet, so wolte ich diesen Versuch doch immer noch nicht für den allerzuverläßigsten halten. Soviel konte ich zwar gewiß wissen, daß kein Blumenstaub von außen her, in meine Bouteille hatte kommen können. Aber es fragt sich, ob nicht welcher drinnen sein möchte? die Kräuterkundiger wissen, daß Linnee, Haller, Du Hamel und andre, oft genug männliche Blumen auf einzelnen weiblichen Pflanzen gefunden haben; und davon habe ich selbst bei einigen Spinatpflanzen, von denen ich nachher reden will, Beispiele gehabt; bei dem Hanfe findet man diesen Umstand nicht sogar selten: Herr Bonnet meldete mir dieses ebenfals, indem er sich mit mir in einem Briefe über verschiedne Versuche, die den Hanf betrafen, unterhielt. Der Brief ist von 15ten August 1778. Ich muste also sehr sorgfältig Achtung geben, ob sich nicht etwan männliche Blumen unter den weiblichen auf meiner Pflanze befänden. Ich nahm mir also die Mühe, meine zwei eingesperrten Zweige täglich zweimal mit bloßem Auge, und auch durchs Vergrößrungsglas zu untersuchen: die Durchsichtigkeit der Glasbouteillen erlaubte mir, daß ich meine Pflanzen so gut, als in freier Luft betrachten konte. Allein, indem ich auf diese Weise dasjenige, was im Glase vorging, beobachtete, so ver-

nach-

nachläßigte ich doch deswegen nicht, das übrige meiner zwei Hanfstökke zu untersuchen. Damit aber die Untersuchung noch genauer würde, schnitt ich alle Zweige, bis auf die zwei im Glase, gänzlich ab: und ich ließ auch von meinen beiden Hanfstökken nichts als ihre Stengel übrig, bei welchen ich eben die Sorgfalt, als wie bei den in Gläsern verwahrten, beobachtete. Es waren jezt nur noch weibliche Blumen übrig; männliche hatten die Pflanzen gar nicht. Um recht genau zu verfahren, wollen wir erstlich von den Stengeln, hernach von den Zweigen reden: die erstern zeigten ihre Blumen am Ende des Augusts, wo insgemein der Hanf auf dem Felde blühet. Indessen obgleich diese Blumen verwahrt gewesen, so waren dennoch zum Theil ihre Körner schon gegen das Ende des Septembers reif worden, und bei der Vergleichung dieser Körner mit denen, die im Felde gewachsen waren, fand ich sie noch kleiner als die leztern. Ueberdies brachten auch die im Zimmer erzogenen Hanfstökke weniger Körner, als die, welche auf dem Felde wuchsen: dieses doppelten Unterschiedes aber ohnerachtet, kamen diese, als ich sie säete, doch eben so gut fort, als die andern, bis auf eines von verschiednen Hunderten, die ich an eben denselben Ort gesäet hatte. So waren die Resultate, welche die Körner der Stengel gewährten, beschaffen.

§. XXVIII.

Was nun die beiden in den Bouteillen befindlichen Zweige betraf, so erschienen ihre weiblichen Blumen in eben der Zeit, wie die auf den Stengeln. Die

Körner

Körner wurden gar bald kentlich, und verschiedne schienen, der Größe nach, gegen den zwanzigsten September reif zu sein. Ich entschloß mich nun, die Bouteillen abzunehmen, und fand in der That, daß mehr als hundert Körner ihre völlige Reife erlangt hatten: sie waren auch nicht durch die Ausdünstung der Zweige, die sich im weiten Theile des Glases sammelte, verderbt worden. Nach gemachter Untersuchung dieser reifen und einiger andrer mehr oder weniger grünen Körner, kan ich folgende Erfahrungen mit Zuverlässigkeit angeben.

Wenn man die auswendige Hülse der grünsten Körner wegnimt, so findet man einen Körper, der wie eine Birne gestaltet, und grünlich von Farbe ist. In den Spitzen der Körner, zeigten sich wie zwei kleine spitzige Enden, die man vor den Ursprung der Staubwege halten muß: in dem birnförmigen Körpergen ist ein fester halbgallertartiger und sich durchaus gleicher Kern. Der Kern in den weniger grünen Körnern hat in seiner Mitte eine mit Feuchtigkeit angefülte Höhle, welche sich in den ältern Körnern mehr verdikt; mitten in dieser verdikten Materie sieht man einen weissen Punkt, den man bald als das Pflänzgen mit seinen beiden Saamenblättern erkent. Untersucht man sodenn die reifern Körner, indem man die beiden Saamenblätter rings herum eröffnet, so sieht man innerhalb derselben ein kleines Grübgen, worinne zwei kleine weisse ausgezakte Blätter liegen, die sich bis zum Pflänzgen erstrekken, oder vielmehr aus demselben heraus gehen: diese kleinen Blätter sind, in reifen Körnern, etwas grösser an zu treffen. Alles was ich nur in den Körnern meiner beiden Hanfstengel gefunden, das habe ich auch in dem Feldhanfe angetroffen; woraus ich nun den Schluß ziehe, daß die Natur in meinen Bouteillen eben dieselbe Entwikkelung, wie im freien Felde, bewirkt habe.

Ich habe erinnert, daß die zwei in dem Zimmer aufbehaltnen Hanfstengel, nicht so viel und auch nicht so große Körner, wie der Hanf auf dem Felde, gebracht hätten; aber die in den Bouteillen gewachsenen Körner waren noch um etwas kleiner, als die auf den Stengeln in der Stube, und auch die Menge derselben war nur halb so groß, als zwei gleich starke Stengel in freier Luft gebracht haben würden. Allein würden denn diese so kleinen und wenigen Körner auch, wenn man sie säete, Pflanzen bringen? Der reifen Körner waren hundert und sechzehn Stük: ich säete von denselben acht und funfzig in ein Gefäße: von allen diesen blieben nicht mehr als fünf Stük zurük, die nicht gekeimt hatten.

§. XXIX.

Ich will kürzlich den Erfolg eines andern Versuchs erzählen, der dem vorigen volkommen ähnlich war. So häufig auch immer der Staub auf den Antheren der Hanfblüten ist, und so groß auch die Menge sein mag, die sich mit der Luft vermischt, so kan man doch wohl glauben, daß er endlich nach etlichen Monathen zerstreut sein solte, und vornehmlich muste dies ja durch den gefalnen Schnee und Regen geschehen, weil sonst durch diese beiden

Mittel

Mittel die Luft sehr gut gereinigt wird. Ja wenn man sogar annähme, daß noch etwas davon in der Luft schweben solte, so muste der Blumenstaub doch seine befruchtende Kraft verliehren. Nach dieser Idee, die mir so wahrscheinlich vorkam, und die es noch mehr im folgenden Kapitel sein wird, bemühete ich mich um einige weibliche Hanfstökke, welche vor dem Hanfe auf dem Akker blühen könten. Ich säete daher zu Pavia mitten im November zwölf Hanfkörner in eben so viel Gefäße; diese Körner waren von denjenigen, die in den Bouteillen gewachsen waren, §. XXVIII. Obgleich die Witterung gar nicht mehr gut war, so keimten dennoch eilf Körner, und wuchsen almählig den Winter hindurch, in einem warmen Zimmer. Im Frühling hielt ich dieselben am offnen Fenster. Sie giengen in ihrem Wachsthume immer fort, und gegen den zwanzigsten Mai konte man schon die einzelnen männlichen Pflänzgen von den weiblichen unterscheiden. Die ersten riß ich aus, und behielt nur vier Stük weibliche, die ich immer der Sonne und der freien Luft auf dem Fenster ausgesezt stehen lies. Ich gab Acht, ob sich männliche Blumen unter den weiblichen fänden, und schnitt alle Zweige ab, bis auf zwei, wie ich es auch mit denjenigen, die ich in einem Zimmer aufbewahrte §. XXVII. gemacht hatte. Glüklicher Weise entdekte ich keine männliche Blume: in den leztern Tagen des Maimonaths kamen die weiblichen Blumen zum Vorschein; anderthalb Monath früher, als die Blüthe des Hanfes auf den Feldern von Ortreppo, denn in der Gegend Pavia wird gar kein Hanf erzeugt: es gieng also gar keine Zerstreuung des Blumenstaubes vor sich; gegen den achten Junii ohngefähr wurde der gröste Theil des Hanfes reif, und war auch in solcher Menge gerathen, auch so groß und schön, als der im Felde gewachsene Hanf: davon säete ich hundert Körner, die gröstentheils aufgiengen. Man muß also aus allen diesen Versuchen schlüssen, daß die volkomne Befruchtung des Hanfes nicht von der Action des befruchtenden Staubes abhängt.

§. XXX.

Ich werde in der Erzählung meiner Versuche über den Spinat (Spinacia oleracea) weniger weitläuftig sein. Ich habe unterschiedliche Versuche in verschiednen Jahren angestelt. Ich pflanzte im Mai einige Spinatpflanzen in meinem Garten zu Pavia; und sobald ich nur die männlichen von den weiblichen unterscheiden konte, riß ich die erstern aus, und erhielt die andern, welche, ob sie gleich die einzigen in meinem Garten waren, mir dennoch viel Körner gewährten, die gut reiften, und nach dem Säen wieder aufgiengen: während der Zeit, als die Blumen mit den Pistillen erschienen, untersuchte ich genau, ob auch andre mit Antheren darunter wären: mein Freund und College Herr Scopoli gab sich auch die Mühe sie zu untersuchen, allein weder das Auge dieses großen Kräuterkundigers, noch auch das meinige waren im Stande Etwas zu entdekken.

Was den andern Versuch angeht, dekte ich eine gläserne Glokke über einen weiblichen Spinatstok, den ich in ein Gefäße gesezt, und die Glokke mit ihrem

Rande

Rande ein gut Theil in die Erde gedrükt hatte: so daß die äußere und innere Luft keine Gemeinschaft behielten, wenn man sich nicht einbilden wolte, daß die äußere, durch die Zwischenräume der Erde, bis zu der Luft im Glase dringen könte: dieses Mittel wendete ich einige Tage vor dem Aufblühen der Blumen mit Pistillen an; dreizehn Tage aber darnach war ich gezwungen die Glokke wegzunehmen, weil es schien, als ob die Blätter von dem Verschließen verderben wolten: demohnerachtet bekamen viele Blumen mit Pistillen, während der Zeit sie verschlossen waren, Knospen, und die Körner, welche sie hervorbrachten, wurden reif, und nach ihrer Reife keimten sie in der Erde, wo ich sie hingesäet hatte, recht gut.

§. XXXI.

Im Modenesischen und um Scandiano blühete der von den Landleuten daselbst erbauete Spinat gegen den 20 Mai, und fuhr mit Blühen bis zur Mitte des Junii fort, im Julii wird erst der Saame abgenommen: diesen Umstand machte ich mir zu Nutze, um Blumen mit Pistillen zu bekommen, die lange vor den männlichen Blumen zu blühen pflegen. Ich säete also zu Ende des Maies Spinat, von welchem ich Pistill = Blumen im September bekam; verschiedne Körner wurden reif, andre aber blieben grün, weil es zu tief in Herbst kam, doch keimten die gesäeten gut in der Erde: anderthalb Monat vergiengen aber doch, seitdem die männlichen Blumen gänzlich in den Gärten und Feldern verblüheten: indessen wurden meine Körner befruchtet, ohne, daß man sich vorstellen könte, daß ihre Befruchtung dem Blumenstaube zugeschrieben werden solte, und zwar um so viel weniger ließ es sich vermuthen, weil die Menge desselben viel zu geringe ist, als daß sie sich, wie es bei dem Hanfe geschieht, so weit in der Luft verbreiten könte: Ueberdies ist auch nicht zu vergessen, daß mein Spinat stets im Zimmer gehalten wurde.

§. XXXII.

Endlich versuchte ich ein neues Experiment, welches das entscheidendste sein muste. Ich säete zu Pavia im August Spinat, sezte davon einige Pflanzen in Scherbel, aber nur immer eine in jedes Gefäße; ich nahm meine Spinatpflanzen vor dem Winter gut in Acht, so, daß sie recht groß wuchsen, und ihre Größe auch im geheizten Zimmer ziemlich zunahm. Schon vor Ende des Märzes entdekte ich auf drei Stökken meines Spinats, Blumen mit Pistillen: aber hier begegnete mir der Umstand, den ich §. XXVII. angeführt habe; ich fand nämlich auf dem einen weiblichen Stokke männliche Blumen, mit weiblichen umgeben.

Die weiblichen, oder mit Pistillen versehenen Blumen konte man sehr gut mit blosem Auge sehen, aber die männlichen Blumen ließen sich ohne Glas nicht entdekken, weil sie noch zu jung waren: beide Arten schienen mir von gleich großer Menge zu sein; diese Vermengung der Blumen aber nahm ich nur auf zwei Zweigen wahr, die übrigen hatten nur weibliche Blumen.

men. Man muß hierbei bemerken, daß die Menge dieser Blumen als ein ganz besondrer Umstand angesehn werden müsse, weil die Kräuterkundiger bisher nur einige wenige männliche Blumen auf den weiblichen Pflanzen angetroffen haben, da ich doch auf den zwei Zweigen der hier erwähnten weiblichen Pflanze, zweihundert und fünf und siebzig männliche Blumenknospen gezählt habe: dieser unerwartete Zufall machte, daß ich diese Pflanze gänzlich vernichtete; ich muste mich glüklich schätzen, daß ich es noch zu rechter Zeit gewahr wurde, da die männlichen Blumen noch sehr grün waren, und wo also ihr Staub noch gar keine Kräfte hatte. Als ich nun von dieser Sorge frei war, sezte ich die Beobachtung meiner beiden weiblichen Spinatpflanzen fort, die nur lauter Blumen mit Pistillen trugen: erst im April wurden diese Blumen reif, welches sodann ihre Zeit ist, in welcher sie gemeiniglich durch den Staub befruchtet werden: und das ist derjenige Termin, wo der Spinat zu Pavia, nämlich noch vor Ende des Maies, zur Blüthe kömt; die Körner dieser beiden Pflanzen waren grösstentheils zur Reife gekommen. Alle Zweige waren von Körnern so voll, als nur immer möglich, und an Güte gaben sie denen auf dem Felde erzeugten nichts nach. Kurz, ich säete hundert und funfzig von diesen Körnern, die ich für die reifsten hielt, und hundert und zwei und dreisig Stük giengen auf; ich säete davon noch hundert Körner, und von diesen keimten drei und neunzig Stük. Daß ich nun also zu schlüssen gedrungen wurde: diese Körner wären auch ohne den befruchtenden Staub befruchtet worden.

§. XXXIII.

Endlich habe ich mich in gleicher Absicht auch mit der Pflanze des Bingelkrauts (Mercurialis annua) beschäftigt, welche zweierlei besondre Blumen, männliche und weibliche bringt: am 22 August pflanzte ich fünf zarte Stökke von diesen Pflanzen in fünf besondre Gefäße, und durch eben die, beim Spinat während des Winters §. XXXII, angewendete Sorgfalt, erhielt ich im Anfange des Frühlings meine fünf Pflanzen, die gut fortgekommen waren, und wo man schon die männlichen Pflanzen von den weiblichen unterscheiden konte: es waren nur drei weibliche Pflanzen vorhanden, die ich auch aufzog: den vier und zwanzigsten März, bemerkte ich, wie bei den Stielen der Blätter vieler Zweige weibliche Blumen zum Vorschein kamen, die sich in wenig Tagen gar sehr vermehrten: sie hatten nur ganz kurze Stiele, und waren von zwei kleinen, Hoden ähnlichen Früchten zusammen gesezt, die äußerlich ein grünes und wie mit Stacheln beseztes Ansehn hatten. Ich fand hier gerade das Gegentheil von dem, was ich bei dem Hanfe beobachtet hatte; die weiblichen Blumen fielen ab, ohne Saamenknospen zu zeigen, bis auf einige wenige ausgenommen, deren ihre Körner etwas wuchsen, die aber noch, ehe sie reif wurden, abfielen, und wenn man sie säete, nicht fort kamen; dies gieng alles vor, während der Zeit die männlichen Blumen des Bingelkrauts weder im Felde noch Garten zu Pavia geblühet hatten. Ich kam also auf die Meinung, daß diese Pflanze von der Sorte wäre, die nöthig hätte, von dem Blumenmenstaube ihrer Art befruchtet zu werden, um frucht-bringenden Saamen zu erzeugen.

Meine drei Stökke vom Bingelkraute trieben noch immer mehr Zweige; und statt, daß die alten verdorren solten, blieben sie grün, obgleich ihre Körner immer abfielen. Da dieser lebhafte Wachsthum der drei Bingelkrautpflanzen noch fortdauerte, als dies Gewächse im Felde noch blühete, bildete ich mir ein, daß die hier nachkommenden Körner besser, als die vorigen sein würden: und zwar um desto mehr, weil meine drei Pflanzen auf einem Fenster standen, wo sie allen Einfluß der freien Luft genießen konten, und auch in einem Garten, wo es viele männliche Pflanzen vom Bingelkraute gab: aber die Körner fielen nichts desto weniger ab, und waren eben so unfruchtbar. Zwei Jahre darauf wiederholte ich den nämlichen Versuch mit eben dem Erfolge.

§. XXXIV.

Der stets gleiche Erfolg brachte mich dahin, den Versuch auf eine andre Weise zu veranstalten. Da es mir gar nicht zweifelhaft vorkam, daß die Unfruchtbarkeit dieser Körner, von der Abwesenheit des Blumenstaubes, dessen Einfluß ohne Wirkung war, herrühren solte, obgleich die weiblichen Pflanzen den männlichen nahe genug standen, so beschloß ich, sie noch näher zusammen, doch nicht an ein und eben denselben Ort, zu setzen. Das Jahr drauf pflanzte ich zwei männliche Bingelkrautstökgen in zwei besondre Gefäße, und sezte sie auswendig vors Fenster, und vor's andre

Fenster stelte ich zwei weibliche Pflanzen, die ich eben zu der Zeit wie die erstern in zwei besondre Gefäße gepflanzt hatt: beide Fenster dieses Zimmers hatten auch einerlei Lage und Richtung: alle vier Stökgen meiner Pflanzen waren von einerlei Alter und Größe: die männlichen blüheten eben zu der Zeit, wo die weiblichen ihre Blüthen zeigten. Nun versprach ich mir, daß diese weiblichen Blüthen, da sie in so naher Nachbarschaft der männlichen standen, gewiß von diesen zwei Pflanzen befruchtet werden solten: allein die Körner fielen ab, doch aber nicht so häufig als in jenem Falle, wo die Pflanzen weiter aus einander standen §. XXXIII. und diejenigen, welche sitzen blieben, machten Mine, als wenn sie reifen wolten: und sie wurden auch in der That reif, und waren fruchtbar gemacht worden: denn da sie gesäet waren, giengen sie auf. Hatte es also nicht völlig das Ansehn, daß die nahe Nachbarschaft der männlichen Pflanzen einen großen Einfluß auf die Befruchtung der Körner gehabt hätte? und daß auch dieser Einfluß durch nichts anders, als durch die Wirkung des Blumenstaubes der männlichen Pflanzen verursacht worden sei?

§. XXXV.

Dieser Versuch veranlaste noch einen andern: nämlich, nun wolte ich die männlichen und weiblichen Pflanzen noch näher zusammen bringen: ich sezte nun beide Arten in ein und eben dasselbe Fenster neben einander: der Einfluß dieser noch nähern Nachbarschaft war auch gar keinem Zweifel mehr unterworfen, die beiden weiblichen Pflanzen behielten alle ihre Körner,

die

die damals aus dem Winkel der angewachsenen Blätter hervorkamen: diese Körner, deren über hundert waren, wurden auch alle völlig reif, und so viel ich ihrer säete, so viel kamen auch Pflanzen zum Vorschein.

§. XXXVI.

Indem ich nun sahe, daß meine einzelnen weiblichen Bingelkrautpflanzen verschiedne gute Zweige behielten, und auch fort wuchsen, so versuchte ich eine Unternehmung, die dem vorigen Versuche ganz entgegen gesezt war: nämlich männliche und weibliche Pflanzen von einander zu entfernen, und sezte also die männliche Bingelkrautpflanzen in ein ganz ander Zimmer. Dieser leztre Versuch bewies allzeit noch stärker, wie nothwendig der Blumenstaub bei dieser Pflanze zu ihrer Befruchtung sei, denn die Abwesenheit der männlichen Blumen war auch die Ursache des Abfallens der Körner, die nachher verdarben.

Es kan auch gar keine Verwunderung erwekken, wenn die weiblichen Pflanzen, in gewisser Entfernung von den männlichen, unfruchtbar bleiben; ihr Staub ist gar nicht so häufig, daß er sich in der Luft weit umher verbreiten könte. Ich habe dieses aus Erfahrung gesehn, da der Staub, den ich von männlichen Blumen, die doch recht voll zu sein schienen, sammelte, nur in sehr unbedeutender Menge vorhanden war.

Mit der noch hierbei folgenden Hauptbeobachtung will ich die Materie von dem Bingelkraute beschlüssen.

Ich

Ich habe gesagt, daß die Körner, die nicht durch den Staub männlicher Blumen befruchtet wurden, statt zu wachsen, dürre wurden und abfielen; daß einige sich zwar vergrößerten, aber doch nicht aufkeimten §. XXXIII. Nun kam viel drauf an zu wissen, ob diese unfruchtbaren Körner ihre Pflänzgen und Saamenblätter in sich hielten: verschiedne Untersuchungen der nach dem Verwelken der Pistille abgefallnen Körner belehrten mich, daß sie nur mit einer schleimigten Substanz erfült waren; aber von einem Pflänzgen und Saamenblättern ließ sich nichts entdekken: dieß fand man auch eben so in den befruchteten Körnern beschaffen, wenn man sie unter den nämlichen Umständen untersuchte: nämlich kurz darauf, wenn die Blumen mit Pistillen abgefallen waren: es verflossen verschiedne Tage, ehe das Pflänzgen mit seinen Saamenblättern (lobes) sichtbar wurde; allein das trift man eben so gut in andern Pflanzen, wie bei dem Bingelkraute, an. Auf diese Weise aber war es mit den Pflanzen, welche groß genug wurden, ehe die Körner abfielen, nicht beschaffen: sie wurden mit einer weissen, fast flüßigen Substanz erfült, die nach und nach dikker wurde, und wo man innerhalb derselben ein Körpergen wahrnahm, das dem Finger beim Berühren auswich, aber nach und nach mehr widerstand, und das Ansehn von einem Pflänzgen und zwei Saamenblättergen zeigte; diese beiden Körpergen offenbarten sich immer deutlicher, und wurden um soviel mehr kentlicher, als das Köngen älter wurde. Das Pflänzgen glich einem Kegel, dessen Grundfläche breit zulief, wie zwei glatte und runde Körper; diese Körper waren eben die gedachten Saamen-

men-

menblätter. Diese Gestalt, so wohl des Pflänzgens als erwähnter Saamenblätter, war ganz eben dieselbe, wie sie sich in den befruchteten Körnern zeigte.

Fünftes Kapitel.

Wiederholung der vornehmsten Resultate, von den in vorhergehenden vier Kapiteln abgehandelten Gegenständen.

Bemerkungen.

§. XXXVII.

Die bisher abgehandelten Gegenstände geben eine hinlängliche Belehrung von der Art und Weise, welche die Natur in Erzeugung der Pflanzen zu beobachten pflegt. Wenn man ihre Eierstökke vor der Befruchtung untersucht, so findet man die kleinen darinne enthaltnen Körngen innerlich und durchaus unorganisch dichte, und man sieht, daß sie von dieser Beschaffenheit bis nach ihrer Befruchtung bleiben; hierauf werden diese Körnergen innerlich hohl, und lassen uns ein Körpergen in ihrer Höhle erblikken, woran man zwar noch nichts deutliches erkennt, welches aber gar bald als Embryon erscheint, oder ein Pflänzgen mit seinen beiden Saamenblättergen vorstelt. Dieser Embryon scheint bisweilen ganz von den Körnergen getrennt zu sein, und in einer flüßigen Substanz ganz frey zu schwimmen, zu andrer Zeit sieht man, wie er durch eine oder mehrere Verbindungen mit ihnen zusammen hängt, II. III. IV. V. VI. VII. VIII. IX. X. XI. XII. XIII. XXXVI.

Alle diese Umstände haben sogleich beim ersten Anblik viel Scheinbares, für diejenigen an sich, die da glauben, daß die Embryonen in dem Staube der Antheren präexistiren, und daß sie von da aus erst in die Körner übergiengen, so, daß also die Körner, vor der Befruchtung, ohne Embryonen wären. Wir haben den Antherenstaub sehr genau durch's Mikroskop untersucht, und haben die Embryonen, oder diesen ähnliche Körper darinne entdekken wollen, aber alle unsre Bemühungen sind vergeblich gewesen, §. XV. ja ich bin der Natur auf einem andern Wege nachgegangen, indem ich den befruchtenden Blumenstaub von den Eierstökken entfernte; dieses Mittel schien mir im Stande zu sein, das Geheimniß zu verrathen: ich habe mit Pflanzen, welche vermischte Geschlechter haben (hermaphrodites), Versuche gemacht, mit denen, welche für sich auf ein und eben derselben Pflanze männliche und weibliche Blumen zugleich tragen, und auch diese habe ich untersucht, welche besondre männliche und besondre weibliche Blumen bringen. Den erstern habe ich die Antheren abgeschnitten, ehe der Staub noch reif war, bei den andern that ich dieses, als die Blumen noch ein ganz grünes Ansehn hatten: und bei den dritten sezte ich die weiblichen Pflanzen ganz an abgesonderte Orte. In den Hermaphroditenpflanzen konte die Entziehung des Antherenstaubes nicht hindern, daß der Embryon nicht in den Körnern hätte erscheinen sollen, ob gleich diese Körner in der Erde nicht aufgiengen. Eben diese Beraubung des Blumenstaubes, bei einigen Pflanzen, die männliche und weibliche Blumen auf ein und eben derselbigen Pflanze, zugleich tragen, hat die Embryonen

nen von ihrer Entstehung und Erscheinung ebenfals nicht abgehalten, noch die Körner, wenn sie in die Erde gebracht wurden, an dem Aufgehen verhindert.

Ganz auf diese Weise verhält es sich auch mit verschiednen Pflanzen, wo die weiblichen Blumen von den männlichen abgesondert sind; aber in andern ähnlichen Pflanzen, macht die Beraubung des Blumenstaubes andre Wirkung, sie verhindert die Körner am Keimen, wenn man sie auch schon in die Erde bringt, ob zwar wohl die, Embryonen in den Körnern sichtbar zum Vorschein kommen, §. XVIII, XIX, XX, XXI, XXII, XXVI, XXVII, XXVIII, XXIX, XXX, XXXI, XXXII, XXXIII, XXXIV, XXXV, XXXVI.

Die richtigste und unmittelbare Folgerung aller dieser Resultate fält sogleich einem jeden ein: Wenn die Embryonen zum Vorschein kommen, ohne daß sie der Wirkung des Blumenstaubes zugeschrieben werden müssen, ja wenn auch die Körner befruchtet sind, ohne daß solche Befruchtung von dem Staube der Antheren geschehen ist, so muß es ganz ohnstreitig ausgemacht sein, daß die Befruchtung nicht von diesem Staube herkomme; und wenn sodenn diese Körner nicht aufgehen, im Fall sie nicht von dem gedachten Staube ihre Befruchtung erhalten haben, so muß man freilich bekennen, es mangele ihnen an einer gewissen Feuchtigkeit, die zur fernern Fortpflanzung erforderlich ist: wie etwan die Früchte, Fötus, der Thiere nicht fortkommen, wenn sie nicht mit dem Saamen befruchtet werden, obgleich dieselben schon im Eierstokke des Weibgens präexistiren.

ven. Eben so offenbar gewiß ist es, und aus eben dem Grunde kan man zuverläßig behaupten, daß, weil die Embryonen der Pflanzen ihre Befruchtung dem Staube der Antheren nicht schuldig sind, man auch daraus erkennen muß, daß sie in den Eierstökken, als ihren von der Natur angewiesenen Orten, befindlich sind.

Einige Naturforscher von großem Rufe haben geglaubt, daß der Embryon der Pflanzen das Resultat zweier Prinzipien wäre, das eine hienge vom Staube der Antheren ab, und das andre käme in den Pistillen darzu: allein meine Beobachtungen, die zur Gnüge zeigen, daß die Existenz der Embryonen dem Blumenstaube nicht zugeschrieben werden könne, widerlegen diese Meinung unwidersprechlich.

§. XXXVIII.

Allein der Embryon, der, nach unsrer Meinung und gemachten Erfahrung, gänzlich dem Eierstokke zugehört, kan ihm auf zweierlei Art zugehören; entweder, indem er sich darinne von dessen Substanz erzeugt, welche die Mutterpflanze gewährt, oder indem er präexistirt. Welches mag nun wohl die wahre Methode unter den beiden sein, der sich die Natur bedient? Ein Epigenesiste, der Herr Graf von Büffon zum Beispiel, welcher immer die Natur nach seinen Liebliengsideen wirken läst, würde wahrscheinlicher Weise die erste Methode mit vielem Eifer ergreifen, zumal wenn er, nach allen den Phänomenen, die ich beschrieben habe, gesehn hätte, daß der Embryon, welcher nicht gleich in der Höhle der Körner erscheine, hernach, unter der Gestalt eines Punktes von schleimigter und ungeformter Materie, gesehn würde: der in einer Feuchtigkeit schwimme, ohne, daß man lange Zeit den feinen Zusammenhang mit dem Körngen entdekken kan, welcher aber allmählig in dieser Feuchtigkeit zunimt und, aus einer ungeformten Masse, ein organisirter Körper wird.

Solche Beweisgründe würden diesem großen Naturforscher hinlänglich genug sein, zu glauben, daß sich der Embryo in dem Körngen erzeuge, und wahrscheinlicherweise aus der Feuchtigkeit, worinne er schwimt, seinen Ursprung nähme. Wenn wir aber nach strengen Vernunftschlüssen urtheilen wollen, und keine Vorurtheile gelten sollen; so finde ich diese Beweise doch unzulänglich, denn:

Erstlich begreift man gar leicht, wie eine Feuchtigkeit, oder jede andre unorganisirte Substanz einen organisirten Körper nähren könne, und man sieht diesen Umstand täglich bei den Menschen, Thieren und den Pflanzen: aber das ist nicht so leicht einzusehen, wie ein unorganisirter Körper, fester oder flüssiger Art, sich blos durch mechanische Gesetze organisiren soll; ja Beredsamkeit und Geschiklichkeit werden es nie dahin bringen, zu glauben, es wäre ein Thier oder Pflanze, und wenn es auch die unförmlichsten und am wenigsten gezierten sein solten, blos durch eine mechanische Zusammenhäufung von Theilen entstanden.

Zum andern: Obgleich der Embryon nicht sogleich organisirt zu sein scheint, so ist das noch kein Beweis, daß er es drum gar nicht sein könne: das Küchelgen scheint, in den ersten Stunden der Bebrütung, auch nicht organisirt zu sein: dennoch aber ist es eine ganz ausgemachte Sache, daß das Thiergen eine völlige Organisation habe, weil es erwiesen ist, daß es schon vor der Befruchtung vorhanden sei. Diese von Haller in dem Küchelgen erwiesene Präexistenz, habe ich in den Fröschen, wie auch in den Kröten und Salamandern dargethan: es ist also auch gewiß, daß diese Amphibien schon organisirt sind, ehe sie noch befruchtet werden. Inzwischen ist diese Organisation nicht offenbar und kentlich, das Ansehn würde diese Körper nur als ungeformte Wesen darstellen, sie sehn wenigstens nur als kleine runde Körpergen aus, die eine Schale oder Hülse, mit halbflüssiger Feuchtigkeit angefült, vorstellen. Diese dem Anscheine nach ungebildete Struktur, ist bei den Thieren auch noch einige Zeit nach der Befruchtung zu sehen; die Embryonen der Pflanzen können es diesem zu Folge auch sein, ohne es zu scheinen, und ob auch gleich die Organisation nicht in die Augen fält, so habe ich doch Grund, ihr Dasein vor gewiß zu halten. Wenn man die Körner öffnet, sobald als sich in der Mitte der Feuchtigkeit der schleimigte Punkt einer Materie sehen läst, so sieht man noch nichts von einem organischen Körper, man nimt weder Pflänzgen noch Saamenblätter wahr; sondern lediglich ein Schleimpartikelgen ist es, was man zu sehn bekömt. Dennoch aber, wenn man diese Körner vor ihrer Eröffnung leichte kochen läst, so habe ich diesen

sen Punkt öfters unter einer ganz andern Gestalt gesehn, und dann war er nicht mehr blos von schleimigter Beschaffenheit: wenn ich mit der Spitze einer feinen Nadel ihn umzuwenden suchte, theilte er sich öfters in zwei sehr feine Abschnitte, zwischen welchen sich ein kleines spitziges Partikelgen verbarg, und man muste gar bald wahrnehmen, daß dieses das kleine Pflänzgen und die beiden Abschnitte die Saamenblätter waren: noch besser konte man davon urtheilen, wenn man sich zur Betrachtung dieser Körpergen eines sehr starken Vergrößerungsglases bediente, wenn man sie vorher nur durch ein weniger vergrößerndes Glas gesehn hatte. Diesem nach war der Punkt schon organisirt, da er uns noch nicht so vorkam, und das Feuer hat mehr als einmal dazu gedient, eine Organisation zu zeigen, wo man noch keine vermuthet hatte: man weiß, daß die Würmer fliegender Insekten, nachdem sie sich von verdorbenem Fleische genährt, und ein ziemliches Wachsthum angenommen haben, sich in eine länglichte Kugel verwandeln, worinne die Fliege entsteht, und sich entwikkelt: eröffnet man aber diese länglichten Kugeln nur nach Verlauf einiger Tage, weit gefehlt, daß man Bildungen einer Fliege darinne finden solte, man trift nichts als eine schleimigte Substanz an, die im mindesten nichts organisches an sich zu haben scheint; das Ansehn aber verändert sich gänzlich, wenn man diese runden Körpergen ein wenig sieden läst; gegen den dritten Tag, unterscheidet man schon die kleinen Schenkel und gegen den vierten die Flügel, hernach den Rüssel, und alsdenn den Kopf; endlich erscheint die ganze Gestalt des Thieres, wie

Reaumür solches zuerst, und dann tausend andre nach ihm beobachtet haben.

Durch Hülfe des Feuers bin ich noch von einer andern wichtigen Wahrheit überzeugt worden; ich habe nämlich, vermittelst des Kochens, den Punkt der Materie, wovon wir nur erst geredt haben, oder des Embryons, noch einige Tage zuvor, ehe er sichtbar wird, entdekt. Ich habe ihn nicht nur in den Körnern, die mit der Feuchtigkeit angefült sind, worinne der Embryo schwimt, gesehn, sondern auch in andern, wo dieselbe hart ist; ich nahm aus ein und eben demselben Saamenbehältnisse verschiedne Körner, lies einige nur ganz wenige Augenblikke kochen, andre aber lies ich ungekocht, in den lezten ungekochten, konte ich den Embryon nicht erkennen, aber in den ersten, welche einige Kochung erlitten, konte ich ihn sehr gut sehen; weil das kochende Wasser das Partikelgen, welches den Embryon in sich hält, steif und undurchsichtig gemacht hatte: welches aber in den ungekochten Körnern nicht möglich war, weil sie flüssig und durchsichtig sind.

§. XXXIX.

Endlich wendet man noch ein, daß, weil der Embryon in den Körnern ganz abgesondert angetroffen wird, es auch glaublich wäre, daß derselbe mit jenen in keiner solchen genauen Verbindung stehe, und der Embryon nur blos als ein Resultat der Säfte, worinne er schwimme, angesehen werden könne: es ist auch wahr, daß es mir selbst bisweilen so vorgekommen ist, als wenn der Embryon in dieser gedachten Flüssigkeit ganz frei, ohne irgend einen Zusammenhang mit dem Körngen selbst entdekken zu lassen, schwämme; allein ich habe die Verbindungsorgane oder die Bänder, durch welche er mit dem Körngen zusammenhängt, ganz deutlich gesehn. Man nimt sie in der gemeinen Bohne, dem Meerrettig und Hybiscus Syriacus sehr genau wahr: ich will nur von dem schleimigten Gewebe sagen, welches von der einen Seite der beiden Saamenblätter entspringt, sich in das Pflänzgen verliehrt und, indem das Gewebe auf der andern Seite der Saamenblätter herauskömt, sich mit den innern Theilen des Körngens verbindet, und seinen deutlichen Zusammenhang mit demselben zeiget, §. VI. VIII. XIX. Dieses Gewebe ist wahrscheinlicher Weise nichts anders, als eine Anhäufung von kleinen Gefäßen, wie man etwan in der Nabelschnure bei Thieren antrift, die bestimt sind, dem Pflänzgen und den Saamenblättern ihre Nahrung zuzuführen. Diese Nahrung kann nun entweder in der Feuchtigkeit, die im Körngen enthalten ist, bestehen, welche sich durch die kleinen Gefäße zieht, und noch mehr vervolkomnet; oder es ist die Substanz des Körngens selbst, von welcher das Pflänzgen nebst den beiden Saamenblättern ihre Nahrung erhalten: wenigstens nimt man wahr, daß so wie die leztern in ihrer Größe zunehmen, sich auch die innere Substanz des Körngens verliehrt, und nichts als eine bloße Haut oder Schale übrig bleibt; aber auch außer dieser sichtbaren Verbindung unter dem Embryon und dem Körngen, habe ich auch vielmals gefunden, daß derselbe mit dem Körngen durch mehrere Theile zusammenhängt, wie die Geniste, Erbse, Bohnen und Kichererbsen §. IV. VII. IX. beweisen. Allein wenn ich auch keinen Zusammenhang zwischen dem Embryon und Körngen gefunden habe, so will das nicht soviel sagen, es giebt gar kein Verbindungsmittel unter diesen Theilen; sondern es zeigt nur an, daß man dasselbe, wegen seiner sehr großen Feinheit, und seiner Durchsichtigkeit halber, mit dem Auge nicht erkennen kan: so, daß auf eben die Art, wie sich die Embryonen, an welchen man das Band erkent, mitten in der Höhle des Körngens entwikkeln, und stets zunehmen, wie diejenigen, bei welchen man ihre Verbindung nicht entdekt; so sind wir ebenfals berechtigt zu glauben, daß die Verbindung des Pflänzgens nebst seinen Saamenblättern in diesen hier so gut Statt habe, als in denen, wo wir sie gefunden, und mit unsern Augen gesehn haben. Die äußerste Zartheit oder Feinheit, und vornehmlich die Durchsichtigkeit dieser Bänder, kan sie dem Gesichte entziehn; aber, außer dem Beweise, den uns das Kochen der Embryonen im §. XXXVIII. giebt; haben wir auch ein auffallendes Beispiel an den Larven der stinkenden Erdkröte: während sie in der Feuchtigkeit des Schafhäutgens schwimmen, kan man keinen Zusammenhang oder Verbindungsmittel an ihnen entdekken, ob es gleich durch die Nabelschnure gemacht wird: und nur blos die Durchsichtigkeit ist die Ursache, daß man dies Verbindungsmittel, oder den Zusammenhang, nicht mit dem Auge entdekken kan.

Man kan daher nicht glauben, daß der Embryon der Pflanzen, blos mechanisch in den Eierstökken hervorgebracht sei; und da ich gezeigt habe, daß derselbe nicht vom Staube männlicher Blumen herrühre, so muß auch nothwendig folgen, daß derselbe im Eierstokke präexistire: ja wir haben noch einen stärkern Beweis dieser Präexistenz, den man in der Physischen Gemeinschaft des Embryons mit dem Körngen, vermittelst gedachter Verbindungsmittel, oder deutlicher zu reden, in dem in diesem Theile, von mir entdekten zusammenhängenden Bande, antrift; denn es ist ganz unstreitig gewiß, daß Körngen, und Embryon nur ein ganzes organisches Wesen ausmachen.

Da nun aus diesem allen ganz natürlich fliest, wie ich sattsam dargethan habe, daß die Körner in den Eierstökken präexistiren, und zwar schon lange vor dem Aufblühen der Blumen präexistiren; so kan ich nicht begreifen, warum man nicht behaupten könte, daß auch die Präexistenz der Embryonen eine ausgemachte Wahrheit wäre.

§. XL.

Als sich vor einigen Jahren der berühmte dänische Etatsrath, O. F. Müller, zu Genf befand, so machte er, in Gesellschaft des Herrn Carl Bonnet, einen Versuch, welcher dem hier beschriebenen, sehr ähnlich war. Er zeigte nämlich, wie die kleinen Erbsenkörnergen in den Schoten, schon vor dem Aufblühen der Blumen, in der Reihe darinnen lagen, und also folglich noch ehe der Blumenstaub seine befruchtende Wirkung hatte äußern können; dieser berühmte Naturforscher war aber nicht darauf bedacht, seine Beobachtung weiter zu treiben, dieser kleinen Körner Innerstes zu untersuchen, und ihre Entwikkelung durch eine fortgesezte Beobachtung zu verfolgen. Herr Bonnet aber sahe die Wichtigkeit dieser Entdekkung ein; er dachte dieser Erscheinung der Körnergen nach; er sahe im Geist organische Körper, die schon im Kleinen das waren was sie im Großen werden musten; er sahe, daß ihre Theile lauter organische wären, wie etwan alle Theile eines Eies, schon vor der Befruchtung, ihre organische Verbindung selbst haben. Er urtheilte ganz recht, daß man in den, von dem dänischen Naturforscher gezeigten kleinen Erbsenkörngen, das Pflänzgen mit seinen Saamenblättern antreffe, wie man im Eie den Embryon mit seinen Hüllen, oder Häuten vorfindet. Er hielt sich also volkommen berechtigt, den Schluß zu machen, daß, wie die Körngen der Erbsen, bei dem Aufblühen der Blumen dieses Gewächses, präexistiren, und folglich schon bei der Wirkung des Blumenstaubes vorhanden sein, ebenfals auch der Embryon und seine Saamenblätter darinne enthalten sein müsten *). Dieser Schluß ist beinahe eben derselbe, welchen ich aus meinen zahlreichen Beobachtungen gezogen habe. §. XXXIX.

Man wird mich vielleicht fragen, ob ich denn, nach dem gegebnen starken Beweise der Präexistenz der

*) Palingénésie, T. I. p. 420. et. 421.

der Embryonen in meinen Pflanzen bei ihrer Befruchtung, nicht auch darauf bedacht gewesen wäre, diese Embryonen sichtbar darzustellen? Diese Frage kan ich allerdings mit ja beantworten; aber meine Unternehmungen sind in dieser Rüksicht fruchtlos abgelaufen. Indem ich diese kleinen Körnergen aus den gestalteten Blumen genommen hatte, untersuchte ich sie mit sehr guten Vergrößerungsgläsern, aber ich entdekte nichts mehr, als was ich auch mit schwachen Gläsern finden konte; ich sahe nichts, als eine sich durchausähnliche schleimigte Substanz, dabei ich freilich zweifelhaft blieb, ob nicht der Embryon, wegen seiner Feinheit, oder weil diese Gallerte durchsichtig zu sein schien, sich den Blikken des forschenden Auges entzöge; ich lies diese kleinen Körner ein wenig kochen, ich legte andre in starken Weingeist, die Gallerte verdikte sich, aber der Embryon wolte doch durch dies Mittel nicht kentlicher werden. Die gefärbten Aufgüsse thun den Naturforschern gute Dienste, einige Organe der Pflanzen dem Auge deutlich zu machen. Herr Bonnet hat durch diese Erfindung die kleinen Gefäße, die in den Saamenblättern befindlich sind, und von dem Embryon *) ausgehen, entdekt: ich lies endlich auch diese kleinen Körnergen, eine kürzere oder längere Zeit, in diesen Aufgüssen; sie nahmen auch darinne äußerlich von diesen gefärbten Flüssigkeiten die Farbe an, aber ich sahe dennoch keinen Zug von einem Embryon; und so wenig als ich diesen entdekken konte, eben so wenig konte ich

*) Untersuchungen über den Nutzen der Blätter.

ich die Saamenblätter erkennen, und ich war auch mit den kleinen Körnergen der nur entstandenen Blumen nicht glüklicher, als ich es mit denen, aus den aufgeblüheten geworden bin. Eben so war es auch bestelt, wenn es auf die kleine Höhle oder Vertiefung ankam, die sich in den kleinen Körnergen nach dem Abfallen der Blmmen sehen lies; denn nur der Weingeist, indem dieser die Feuchtigkeit in den Höhlen der Körner zum Geliefern oder Gerinnen brachte, machte auch das Pflänzgen hart und fünf bis sechs Tage eher sichtbar, als es sonst würde gesehen worden sein; wie ich dieses daraus schlüssen konte, wenn ich diese Körner mit solchen von gleichem Alter, die noch an der Pflanze gelassen wurden, verglich, als welche auch das Pflänzgen viel später entdekken ließen.

Dieses bekräftigt auch die ausgemachte Wahrheit noch mehr, daß sich nämlich die Embryonen in den kleinen Körnern nicht erzeugen, sondern sich nur in denselben entwikkeln, wie ich dieses im §. XXXVIII. und XXXIX. gezeigt habe; man sieht also hieraus die grosse Schwierigkeit und beinahe gänzliche Unmöglichkeit, das Pflänzgen vor dem Aufblühen der Blumen zu entdekken. Als mir es der Weingeist einmal sichtbar machte, so war es doch nur wie ein höchst klein Partikelgen einer Materie anzusehen, obgleich die Blume schon vierzehn Tage in der Blüte stand. Man kan aber darum doch nicht zweifeln, daß das Pflänzgen in diesem Zeitraume nicht stufenweise und allmählig im Wachsthume zugenommen haben solte, da ohnehin dasselbe im Anfange den geschwindesten Fortgang hat. Wie unendlich klein muste nicht das Pflänzgen vor dem

Auf-

Aufblühen der Blume sein? und wie will man hoffen, dasselbe mit dem Auge zu entdekken, da es zu der Zeit von verwunderenswürdiger Feinheit ist?

§. XLI.

Der unsterbliche Haller hat zuerst bei den Vögeln den präexistirenden Fötus im Eie bei der Befruchtung gezeigt: Eben dieselbe Wahrheit habe ich in verschiednen Amphibien entdekt und, auf Erfahrungen gestüzt, habe ich geglaubt, man könne mit ganz gutem Grunde schlüssen, daß die Präexistenz der Früchte in dieser Thierart, wahrscheinlicher Weise auch in einer andern, statt finden müste. Das, was man in verschiednen Thieren antrift, findet man ebenfals auch in verschiednen Arten von Pflanzen, in welchen nämlich die Embryonen bei dem Blühen der Blumen präexistiren; ich wolte aber doch gerne meine Meinung über diesen Hauptpunkt erklären. Ich wage es nicht zu behaupten, daß die Embryonen bei allen Pflanzen, wenn ihre Blumen blühen, in den Eierstökken schon vorhanden sind. Mein Urtheil möchte zu voreilig sein, weil uns tausend Beispiele lehren, wie mannigfaltig die Natur in ihren Unternehmungen ist, obgleich alle auf einerlei Gegenstand gerichtet sind; ich sage aber nur, daß wir, so lange sich nicht das Gegentheil zeigt, Grund haben, unsre Meinung zu behaupten: überdies giebt diese algemeine Präexistenz, in Thieren sowol, als in Pflanzen, einen sehr lichtvollen Strahl auf die noch nicht ganz helle Lehre der Analogie zwischen diesen, welche man auf die schon bekanten anwenden muß; und bestärkt auch die Vermuthung gar sehr, die man nicht

ohne

ohne Grund angenommen hat, daß die beiden unzählbaren Heere organisirter Geschöpfe, vielleicht nur eine einzige grosse Familie ausmachen.

§. XLII.

Das Basilikum und Bingelkraut sind zwei Pflanzen, welche, nebst vielen andern, die Nothwendigkeit des Blumenstaubes zur Befruchtung erweisen; besonders verdient die leztre eine philosophische Bemerkung. Einige weibliche Bingelkrautstökke, die ganz nahe bei der männlichen Pflanze ihrer Art standen, blieben unfruchtbar, die kleine Menge Staub, die diese Blume bringt, verstattet nicht, daß er sich in der Luft weit umher verbreitet, §. XXXIII. XXXVI; wenn man sie aber nahe zu den männlichen Pflanzen sezt, so fangen sie alsdenn an fruchtbare Körner zu tragen, §. XXXIV. Ist die Nachbarschaft noch näher, berühren die männlichen und weiblichen Pflanzen einander, so sind alle Körner fruchtbar. XXXV. Man entferne aber nur die männlichen Pflanzen von den weiblichen, sogleich werden diese wieder unfruchtbar. §. XXXVI.

Diese sonderbare Erfahrung ist derjenigen ganz vollkommen gleich, welche auch Bernhard Jüssieu und du Hamel gehabt haben, da sie einen weiblichen Therbentinbaum in einem Garten zu Paris stehen hatten, welcher alle Jahre zwar blühete, aber keine Früchte trug, weil in demselbigen Garten kein männlicher Baum stand, der ihn befruchten konte, und deswegen diese beiden aufmerksamen Männer drauf bedacht waren, einen solchen dahin zu pflanzen, worauf denn

der

der weibliche Baum gar bald Früchte, und reife Körner trug: allein folgendes Jahr wurde dieser aufs neue unfruchtbar, weil der männliche Baum, der in einem Gefäße stand, wieder an seinen vorigen Ort zurük gebracht worden war. *)

§. XLIII.

Der rühmliche und glükliche Versuch, den Gleditsch mit der Schirmpalme (Chamaerops) gemacht hat, ist sattsam bekannt: dieser Palmbaum stand im königlichen Garten zu Berlin, und hatte, ob er gleich vierzig Jahr alt war, noch nie Früchte getragen. Dieser scharfsinnige Naturforscher fiel gar bald darauf, daß es daher kommen müsse, weil im ganzen Garten kein einziger männlicher Palmbaum befindlich war, und weil es auch nicht thunlich war, einen solchen dahin bringen zu lassen, so verschafte er sich von einem männlichen Baume dieser Art eine Parthie Staub, und puderte damit die Blumen seines weiblichen Palmbaums, die nachher zu rechter Zeit ihre Früchte brachten. Die in die Erde gesäeten Kerne giengen auf, und wurden zu jungen Palmbäumen, da indessen die andern Blüten dieses Baums, welche von dem Staube nicht waren getroffen worden, ihre Früchte abfallen ließen: in den wenigen, die auch angesezt hatten, waren keine Kerne, und waren auch keine befruchteten. **) Ueberdies muß man noch anmerken, daß der angewendete Staub

*) Physique des Arbres. T. I.

**) Mem. de l' Academ. de Berl. 1767.

Staub nicht einmal frisch, sondern beinahe trokken gewesen sein muß; indem er schon neun Tage zuvor zu dieser Operation gesammelt worden war.

Während der Zeit, als ich über die Bingelkrautpflanze meine Beobachtungen anstelte, fiel es mir eben noch nicht ein, künstliche Befruchtungen anzustellen: aber ich habe keinen Augenblik angestanden zu glauben, daß es mir nicht eben so gut, als wie dem preußischen Naturforscher, glükken solte, und da diese künstlichen Befruchtungen sehr geschikt sind, ein sehr helles Licht über das Erzeugungsgeschäfte organisirter Geschöpfe zu verbreiten, so erinnere ich alle philosophische Naturforscher, dergleichen Befruchtungen bei dem Bingelkraute, als einer so gemeinen Pflanze, zu versuchen, zumal da sie mit dem Palmbaume einige Aehnlichkeit hat. Ich wünschte dabei, wenn es mir erlaubt ist, meine Meinung zu sagen, daß man doch zuförderst sein Augenmerk auf den Staub der Bingelkrautblumen richten möchte, um genau zu erfahren, welches doch das wahre wirkende Prinzipium dieses Staubes sein möchte. Ich sagte dieses schon im §. XV. dieser Blumenstaub soll aus einer Menge Bläsgen, oder in einer subtilen Feuchtigkeit bestehn, worinne kleine Kügelgen herumschwämmen: diese Beobachtung hat verschiedne Meinungen veranlaßt; einige haben geglaubt, die Kügelgen wären das wirkende Prinzipium der Befruchtung; andre haben die Feuchtigkeit davor gehalten; und noch andre haben einen höchst flüchtigen Dunst angenommen, der eine Art Lebensgeist sein solte, und von dieser Feuchtigkeit ausdünste, die von gedachtem geisti-

gen

gen Wesen das Vehiculum *) wäre. Einige behutsame mühsame Versuche könten die Sache am Besten entscheiden. Was das geistige Prinzipium betrift, so könte man dieses wohl einem Versuche unterwerfen, wenn man dasselbe, mittelst der in den Bläsgen enthaltenen Feuchtigkeit, in die Luft sezte, und sodenn mit derselben die weiblichen Blumen des Bingelkrauts befruchtete. Wenn nun die Befruchtung durch dieses Mittel nicht von statten gienge, so müste man schlüssen, daß das geistige Wesen nicht das befruchtende Prinzipium sei. Hierauf müste man sehen, ob die Befruchtung, ohneracht: dieser Ausdünstung, dennoch statt fände, ob sie von den Kügelgen oder der Feuchtigkeit herkäme. Auf diesen Wegen würde man dasjenige bei den Pflanzen antreffen, was ich bei den Thieren gefunden habe: nämlich, daß der feinste Theil des Saamens nicht der befruchtende sei, sondern die befruchtende Wirkung von dem gröbern, mehr sichtbaren herkomme. Um nun zu wissen, ob die Befruchtung den Kügelgen, oder der Feuchtigkeit, zugeschrieben werden könne, müste man sie von einander absondern, hernach gewisse Pistille mit der Feuchtigkeit, und andre mit den Kügelgen berühren; und ich halte auch nicht davor, daß die vorgeschlagene Absonderung für Personen, die mit so delicaten Versuchen bekant sind, so äußerst schwer sein wird.

§. XLIV.

*) Adanson, Familles des plantes. T. II.

§. XLIV.

Herr Adanson behauptet als eine Wahrheit, daß das kleinste Partikelgen Blumenstaub, wenn es nur in das Pistill gelangte, schon hinlänglich zur Befruchtung sein solte. Wenn sich dieses auf solche Art verhielte, so wäre es eben so mit der Befruchtung der Pflanzen, wie mit der Amphibien ihrer beschaffen, da ich gezeigt habe, wie nur ein kleines Tröpfgen dieselbe zu bewirken hinlänglich wäre: allein dieser große Gelehrte giebt hier nur eine Hypothese für Wahrheit aus, woraus weder das, noch der Einfluß des Lebensgeistes, der die Pflanzen befruchten soll, erwiesen werden kan; ob er gleich behauptet, daß ein ähnliches geistiges Wesen, das aus dem Saamen der Thiere herkäme, die Embryonen befruchte, welches doch gänzlich wider meine Erfahrungen streitet, und grundfalsch ist. Es würde auch nichts leichter sein, als diese Hypothese durch Versuche zu prüfen, wenn man nur künstliche Befruchtungen mit der Pflanze des Bingelkrautes anstellen will: man müste dieselben aber auch, wie ich es bei den Thieren gethan habe, auf verschiedne Art verändern, und dann würden auch ohne Zweifel, mancherlei schöne Kentnisse in dieser Sache, daraus folgen.

§. XLV.

Ich finde zwischen der Saamenfeuchtigkeit der Thiere und der Pflanzen eine bewundernswürdige Aehnlichkeit; beide behalten ihre befruchtende Kraft auf eine gewisse Zeit, nachdem man sie schon aus ihren natürlichen Behältnissen gezogen hat. Der Saamen von Fröschen und Kröten erhält seine Kräfte verschiedne Tage, nachdem er aus dem Körper dieser Amphibien genommen ist; und eben so verhält es sich auch, mit dem Staube der Palmblüte, in Beziehung auf die weibliche Blüte dieser Pflanze, wo doch die befruchtende Kraft verschiedne Tage in dem Staube verblieben war, §. XLIII. allein der Saamen der Thiere wird unfruchtbar, wenn er aus dem Körper gedachter Thiere gezogen worden ist, wenn auch nicht so gar lange Zeit verflossen ist. Soll ich sagen, daß auch dieses dem Blumenstaube begegnet, wenn die Blumen abgefallen sind? Wenn man die natürliche Ursache, warum der Thiersaamen seine befruchtende Wirkung verliehrt, genau erwägt, so scheint es, daß dieselbe auf den Blumenstaub gar nicht anwendbar sey, denn jener geht in einer nicht allzu langen Zeit in Fäulniß: kan man ihn aber vor dieser schützen, so behält er auch seine befruchtende Kraft. Allein es ist schwer zu glauben, daß der Blumenstaub oder die darinne enthaltene feinere Theile dieser Veränderung unterworfen sein solten. Die von sehr geschikten Naturforschern gemachten Untersuchungen haben bewiesen, daß diese Feuchtigkeit von öhlichter Beschaffenheit wäre, und sich ungerne mit Wasser vermischen lasse; *) hieraus solte man doch schlüssen, daß sich dieselbe nach Art andrer Oehle lange erhalten müsse: und folglich müste auch die befruchtende Kraft des Blumenstaubes weit länger, als man glauben solte, dauern; vielleicht Monathe, vielleicht wohl gar verschied-

*) Gleditsch Memoir. de l' Acad. de Berl.

schiedne Jahre hindurch. Allein allem dem ohnerachtet, daß die Feuchtigkeit des Blumenstaubes eine öhlichte Beschaffenheit an sich haben soll, die sie zwar vor der Fäulniß schüzt, so glaube ich doch darum nicht, daß dieselbe ihre befruchtende Kraft so lange erhalten möchte.

Damit aber diese Feuchtigkeit und die darinne schwimmenden Kügelgen, und selbst der alles belebende Geist des Herrn Adanson ihre Fruchtbarkeit behalten, so muß doch, wenn sie auf die Pistille ihre Wirkung thun soll, dieselbe sodenn aus den Bläsgen herausgehen, oder sie müste kurze Zeit zuvor aus den Bläsgen heraus gekommen sein; weil sonst die Gemeinschaft mit der freyen Luft, und die verschiednen Veränderungen derselben, die Befruchtungskraft auf mancherley Weise schwächen, und wohl gänzlich vernichten. Dieß alles aber kan nur dem reifen Blumenstaube wiederfahren. Herr Needham hat das erstre beobachtet, und sowohl ich, als andre, haben diese Beobachtung wiederholt, da man bey der reifen, durch das Mikroskop gemachten Untersuchung des Blumenstaubes, allzeit leere Bläsgen findet, und auch solche antrift, die noch mit ihrer Feuchtigkeit angefült sind: aber man kan sie dadurch ausleeren, wenn man sie befeuchtet: bei dieser Gelegenheit sieht man nach wenig Sekunden mit Vergnügen, daß, sobald der Staub nur befeuchtet worden ist, auch verschiedne Bläsgen aufspringen, wie ein über dem Feuer erhizter Luftball, mit Gewalt plazt, und bey dem Zerspringen der Bläsgen, sieht man die bisher in ihnen enthaltene Feuch-

Feuchtigkeit aus ihnen herausfließen. Hieraus kan man schlüssen, daß der Ueberrest der Bläsgen, der von der Befruchtung zurük bleibt, sich in unsre Atmosphäre mischt, an allerlei Körper anhängt, und dessen Bläsgen gar bald zerplatzen, und ihre concentrirte Feuchtigkeit verbreiten, es geschehe nun, daß die Feuchtigkeit zu ihrem Aufspringen beytrage, wie die Dünste oder Thaue und Regen nothwendig auf sie wirken müssen: Alles das giebt mir zu erkennen, daß die befruchtende Kraft des Staubes nicht lange nach der geschehenen Befruchtung dauern muß, vornämlich wenn es geregnet hat, wie man dieses an verschiednen Blumen wahrnimt, welche unfruchtbar sind wenn sie blühen, wenigstens indem es regnet, weil der Regen die Bläsgen des Blumenstaubes zerreist, ehe sie noch zu den Pistillen gelangen, um die Embryonen in den Eierstökken zu befruchten; wie auch dieses von vielen Naturforschern bemerkt worden ist.

Es sei dem wie ihm wolle, so solte man doch bei dem Bingelkraute und bei noch andern Pflanzen mehr, Achtung geben, wie lange wohl der Blumenstaub seine befruchtende Wirkung behielte: es würde diese Bemerkung gewiß von großer Wichtigkeit sein.

§. XLVI.

Man nimt als eine ausgemachte Wahrheit an, daß die Befruchtung der Pflanzen alsdenn statt habe, wenn die Bläsgen, oder kleinen Körnergen des Staubes, sich durch die kleinen Körnergen des Pistills, mehr oder weniger der Länge nach in diesen Kanal hinein zögen, oder in dessen engen Raume, durch die daraus schwizende Feuchtigkeit benezt würden, sich eröffneten und den geistigen Theil von sich ließen, welcher sodenn bis in den Eierstok vollends durchdränge, und daselbst die Körner befruchte. Allein diese Erklärung hat nicht das Glük gehabt, dem Herrn Adanson zu gefallen; doch läugnet er weder die Präexistenz der Körner im Eierstokke, noch auch die durch die Feuchtigkeit des Blumenstaubes bewirkte Befruchtung, oder wie er sagt, durch den ihm eigenen Lebensgeist verursachte Befruchtung: er giebt nur vor, daß dieses nicht der Weg sei, welchen sie in den meisten Pflanzen nehme, ob er gleich einräumt, daß dieser Kanal in verschiednen Pflanzen, sich von den Oeffnungen des Pistills, bis in die Eierstökke erstrekke, wie man dieses in verschiednen Lilienarten findet. Allein er giebt nicht zu, daß es in einer sehr großen Anzahl andrer Blumen so beschaffen wäre, die, nach seiner Meinung, ein völlig verschloßnes Pistill hätten: ja um seine Erklärung wahrscheinlich zu machen, bildet er sich einen gewissen Lebensgeist ein, dessen Feinheit der elektrischen Flüssigkeit nichts nachgeben soll, welcher sich in die Oeffnungen die oben auf den Stigmaten befindlich sind, und bis zum Mutterkuchen der Körner führen, durchdringen, und dadurch den Embryon befruchten soll.

Herr Bonnet ist aber ganz andrer Meinung, wie er in seiner scharfsinnig geschriebenen Abhandlung, die er: Ideen über die Befruchtung der Pflanzen *) betittelt, gezeigt hat; worinne er die Meinung

*) Journal de Rosier, 1774.

nung des Herrn Adanson anführt, dieselbe aber blos als eine ohne allen Beweis angenommene, besonders in Rüksicht auf die Luftlöcher oder kleinen Oeffnungen, darstelt, ob sie gleich der Verfasser für eine ausgemachte Sache ausgiebt, und er schwerlich glauben will, daß die Pistille ohne Oeffnungen und volkommen dichte wären: Ja, voll Eifer für die Wahrheit erinnert er philosophische Kräuterkundige, über diesen Gegenstand neue Versuche anzustellen.

Bei allen den Versuchen, die ich über die Erzeugung der Pflanzen gemacht habe, ist mir doch nie eingefallen, die innere Struktur der Pistillen zu untersuchen. Um nun auch in diesem Stükke Belehrung zu geben, schnitt ich ein Pistill die Quere durch in verschiedne sehr kleine Stükgen, und betrachtete sie in perpendiculairer Richtung durch ein gutes Vergrößrungsglas: denn durch dieses Mittel konte ich sehen, ob diese kleinen Stükchen in ihrer Mitte eine Oeffnung hätten. Ich muß also sagen: daß einige Pistille, vom obersten Rande gegen unten zu, eine Oeffnung zeigten, nämlich vom Stygmate gegen den Eierstok gerichtet, auch daß diese Oeffnung in andern Pistillen sich nur bis in die Hälfte, ja bisweilen auch nicht einmal so tief, der Länge hinab, erstrekte, und daß sich auch in noch andern Pistillen ganz und gar keine antreffen ließ. Mit dem Pistill des Bingelkrautes habe ich aber keine Untersuchung gemacht: man solte billig auch dieses Pistill untersuchen, man würde dadurch den Werth dieser Hypothese prüfen können, nach welcher die Befruchtung, nicht durch das Eindringen einer feinen Befruchtungsfeuchtigkeit in den Kanal des Pistills von statten gienge, sondern nur in den angenommenen Luftlöchern, oder Oeffnungen, die sich auf der äußern Fläche der Stygmaten zeigten, bewirkt würde. Ich wünschte, daß man doch mit diesem Staube nur blos die Oberfläche der Stygmaten berührte, ohne ihn in das Stygma selbst eindringen zu lassen, und hingegen in andern Versuchen umgekehrt verfahren möchte, wo man den Staub in die Oefnung des Stygmates brächte, ohne die Oberfläche desselben damit zu berühren.

§. XLVII.

Allein ob ich gleich in Pistillen keine Hohlung gefunden habe, bin ich doch weit entfernt zu glauben, daß gar keine in denselben existiren solte, wie Herr Adanson, dessen Kenntniß ich beneide, ohne nach seiner Logik ein Verlangen zu äußern. Ich habe mit vielen Naturforschern, schon längst gesehn, daß die kleinen Bläsgen oder Körnergen des Blumenstaubes, nach der verschiednen Größe der Pflanzen, auch in ihrer Größe verschieden sind, so daß sich viele von ihnen mit dem Mikroskop erkennen, hingegen andre wegen ihrer äußersten Feinheit nur mit der allergrößten Mühe entdekken lassen: und ich kan leicht einsehen, daß sich viele dem Auge gänzlich entziehen. Vorausgesezt, daß der Kanal, der durch das Pistill führt, der Weg zur Befruchtung sein solte, so müste doch seine Weite den kleinen Körnergen angemessen sein, und wenn nun die Körnergen unsichtbar würden, so müste auch die Oeffnung unkentlich sein, wenn sie gleich gegenwärtig wäre; und so müste es sich auch umgekehrt verhalten, wenn

die

die Körngen größer wären, dann würde auch die Weite des Kanals beträchtlicher sein.

Um diese Bemerkung zu ihrer Gewißheit zu bringen, müste man Achtung geben, ob alsdenn, wenn die Pistille das Auge keine Hohlung entdekken lassen, die Körnergen nicht auch unsichtbar sein würden. Man müste die Untersuchung anstellen, entweder wenn sie offen, oder auch wenn sie noch verschlossen wären. Allein wenn diese kleinen Körnergen noch kenntlich sind, und die dazu gehörigen Pistille zeigten keine Oeffnungen, dürfte man doch nicht schlüssen, daß gar keine vorhanden wären.

Der berühmte Linnee zählt in seiner sehr schönen Abhandlung, die: Begattungen der Pflanzen (sponsalia plantarum) betittelt ist, und welche ich für die beste in seinen academischen Ergötzlichkeiten halte, unter verschiedne Kennzeichen auch dieses, daß das Weibgen der Pflanzen, wenn es nach dem Männchen Verlangen trage, den Staubweg eröffnet gegen die männliche Pflanze gerichtet habe, und ihn auch sogleich verschließe, wenn das Weibgen vom Männgen befriedigt worden sei. Gratiola, sagt er, oestro venereo exagitata pistillum stigmate hiat rapacis instar draconis, nil nisi masculinum pulverem affectans, at satiata rictum claudit. Er bedient sich eben dieser Ausdrükke auch bei andern Pflanzen.

Ich will nun das nur erinnern, daß, wenn man nicht gerade den Zeitpunkt trift, wo die Pflanze von Liebe erhizt ist, die kleine Mündung des Pistills entweder noch nicht eröfnet, oder schon wieder verschlossen

sen sein wird, und man würde also daraus fälschlich auf den völligen Mangel einer Oeffnung des Pistills schlüssen. Man kan dieses bei den Thieren, und vorzüglich bei verschiednen Amphibien sehen, wie zum Beispiel bei den Kröten, Fröschen und Salamandern, wo man bei deren Weibgen in der Begattungszeit, die Eierstoksröhren sehr erweitert findet, da dieselben doch in den andern Lebensperioden so enge angetroffen werden, daß man kaum einen schwachen Faden darein bringen kan. Wenn man mich aber fragt, welches denn die rechte Zeit ist, wo die Pflanzen verliebt sind, um dann die Oeffnungen an den Pistillen zu suchen, so werde ich mit dem berühmten Gleditsch antworten, daß das der rechte Zeitpunkt ist, wenn die feinen Wärzgen, die um das Stygma herumstehn, mit einer zarten Feuchtigkeit benezt sind, die derjenigen gleich kömt, welche die Bläsgen des Blumenstaubes von sich geben: denn dieses ist eben der rechte Zeitpunkt, in welchem die Pflanzen befruchtet werden.

§. XLVIII.

Weiter oben in vorigen Paragraphen habe ich gesagt, daß man, statt mit dem Staube der Bingelkrautblume die Oeffnung des Pistills selbst zu berühren, nur dessen Oberfläche damit leicht bestreichen solte §. XLVI. aber ich wolte, daß man auch andre Theile damit berührte, um zu sehen, ob es nicht auch glükken solte, wie etwan die äußerste Fläche am Griffel; man könte ja auch die Befruchtung an den Blättern der Bingelkrautpflanze, oder an den Blättern ihrer Blume, auch an den Wurzeln versuchen, wie Herr Bonnet

sich

sich die Möglichkeit dieser Sache vorgestelt, und mir in der Absicht eröfnet hat, daß ich es doch versuchen möchte: welches aber meine andern Arbeiten bisher noch nicht haben gestatten wollen.

§. XLIX.

Nunmehr will ich meine Bemerkungen über das Bingelkraut endigen, und diejenigen, welche mir andre Pflanzen darbieten, anführen. Das Bingelkraut und Basilikum haben uns die Nothwendigkeit des Blumenstaubes zur Befruchtung zu erkennen gegeben. Der Schildkürbis, die Wassermelone, Hanf, Spinat, zeigen uns gerade das Gegentheil, sie bringen fruchtbare Körner, ohne den Einfluß des männlichen Blumenstaubes erlitten zu haben, und mich davon gänzlich zu vergewissern, habe ich die allerausgesuchtesten Vorsichtsmittel angewendet, und dadurch die sichersten Beweise erhalten. Der Schildkürbis (Courge à écu) hat Früchte getragen, wo in einer Entfernung von etlichen Meilen keine Pflanze dieser Art anzutreffen war. Alle männliche Blumen wurden sogleich bei ihrer Erscheinung vernichtet. §. XX. XXI. Eben diese beiden Kautelen habe ich auch bei der Wassermelone gebraucht, und um noch mehrerer Sicherheit willen habe ich noch ein Mittel hinzugefügt; nämlich ich habe allen Zugang der Luft an dem Orte, wo die weiblichen Blumen dieser Pflanzen, während der ganzen zur Befruchtung nöthigen Zeit standen, indem ich die Blumen samt ihren Zweigen in eine Glasbouteille stekte, abgehalten. §. XXII. Mit dem Hanfe habe ich gleichfals verschiedne Versuche gemacht; ich habe verschiedne einzelne weibliche Pflanzen noch drei Wochen vor der Zeit ihres Blühens, in eine Kammer verschlossen; ich habe auch diese Zeit über einige Zweige mit ihren Blüthen in Glasbouteillen gestekt. Endlich habe ich auch einige weibliche Hanfstökke sechs Wochen eher zur Blüte gebracht, als der Hanf auf dem Felde blühete: und ich habe mich davon, daß keine männliche Blume auf die weibliche getroffen habe, ganz zuverlässig versichert, §. XXVI, XXVII, XXVIII. XXIX. Völlig ähnliche Vorsichtsmittel habe ich auch bei den Spinatpflanzen gebraucht; ich erzog einige weibliche Spinatstökgen in meinem Garten, wo sonst keine einzige männliche dieser Art befindlich war. Zum andern hielt ich diese Stökgen, als die männlichen Pflanzen blüheten, mit einer gläsernen Glokke bedekt; drittens habe ich sie lange vorher, ehe die männlichen Blumen zum Vorschein kamen, zum Blühen gebracht: endlich habe ich mich davor gesichert, daß auf diesen weiblichen Spinatpflanzen nicht etwan auch zugleich männliche Blumen sich befinden möchten §. XXX. XXXI. XXXII. Ich muß einen Umstand, der den Hanf angeht, nicht unterlassen anzuführen, und das ist dieser, daß diese in der Kammer stehende Pflanze kleinere und weniger Körner getragen hat, als sie wohl im Felde würde gebracht haben; dieser doppelte Fehler war bei den Zweigen in den Glasbouteillen noch merklicher. §. XXVII. XXVIII. Solte es davon hergekommen sein, weil ihnen der befruchtende männliche Staub gänzlich entzogen war? ich will dieses nicht glauben, sondern halte mehr davor, daß die verschloßne Kammer, und vorzüglich das Einsperren in die Bouteillen, darzu mag beigetragen haben, indem die Pflan-

Pflanzen in ihrem Wachsthume sich nicht so, wie es hätte geschehen sollen, vervollkomnet, und auch folglich solche gute Körner, wie auf dem Felde, wo freie Luft und Licht unmittelbaren Einfluß auf sie macht, nicht erzeugt hatten: welches mir um so viel mehr als wahr vorkömt, da der Hanf, der sechs Wochen vor dem andern blühet, ob er gleich des Blumenstaubes beraubt geblieben war, dennoch gleich häufige, und große fruchtbare Körner erzeugt hatte. §. XXIX. Es erfolgt also aus den angestelten Beobachtungen des Hanfes, Kürbisses und Spinats, wenn man sie gegen diejenigen hält, welche mit dem Basilikum, Bingelkraute, Palm = und Therebintbaum, wie auch mit andern gemacht worden, daß es eine sehr große Anzahl Pflanzen giebt, welche den Blumenstaub zu ihrer Befruchtung nöthig haben, und, daß man auch deren viele antrift, die ohne die Wirkung dieses befruchtenden Staubes fruchtbar werden, und wenn wir izt gleich nur noch eine sehr kleine Anzahl der leztern kennen, so darf man gar nicht zweifeln, daß sie nicht, nach Verhältniß der Beobachter, ihrer Talente, und ihres Scharfsinnes zahlreicher werden solte, um diesen Theil der Pflanzenlehre recht zu ergründen.

§. L.

Allein da ich festsezte, daß es Pflanzen gäbe, die ohne den männlichen Blumenstaub befruchtet würden, verstoße ich wider die neuern Kräuterkundiger und Naturforscher. Denn Cäsalpin und seine Nachfolger nebst einer großen Anzahl der berühmtesten Naturforscher,

scher, Grew, Ray, Cammerar, Morland, Geoffroy, Vaillant, Jussieu, du Hamel, Adanson, und Bonnet haben alle ein doppelt Geschlecht im Pflanzenreiche angenommen; und sind völlig der Meinung, daß zur Befruchtung derselben auch die Vereinigung beider Geschlechter erfordert würde. Man stelt mir den vornehmsten aller Kräuterkundiger vor, der eine besondre Abhandlung von den Begattungen der Pflanzen geschrieben, und zur unerschütterlichen Grundlage seines Natursystems die Zeugungstheile gemacht hat. Er bestimt die Blumen und Werkzeuge, die zur Erzeugung der Pflanzen erforderlich, und zur Befruchtung der Körner dienlich sein sollen. Er zeigt, daß der Blumenstaub sich in die Luft verbreitet, die Staubnarbe des Pistills dessen Einfluß genieße, auch die Richtung des Pistills stets so sei, daß der Staub leicht aufgefangen werden könne: mit einem Worte, ich erinnere mich, daß dieser große Kräuterkundige einleuchtend die Nothwendigkeit des Pistills und der Antheren zur Befruchtung bewiesen hat: denn wenn man bei den Zwitterblumen vor ihrem Aufblühen die Pistille nebst den Staubfäden abschnitte, so erfolgte keine Befruchtung der Körner, und das nämliche erfolgte, wenn die Staubfäden in Pistille und die Pistille in Blätter sich verwandelten. Endlich setzen jene angezogene berühmten Männer auch dieses zur Bestärkung und zum Beweise hinzu, daß man, vermittelst des Blumenstaubes, bei verschiednen Pflanzen künstliche Befruchtungen bewirkt habe; nach welchem allen zu folge gar kein Zweifel mehr übrig bleibt, daß die Wirkung des befruchtenden Blumenstaubes zur Befruchtung der Pflanzen, nicht ein allgemeines und unveränderliches Gesetze der Natur sein solte.

§. LI.

Alle die nur angeführten Gründe kante ich und auch deren Wichtigkeit habe ich genau erwogen, ehe ich meine Versuche anstelte. Ja ich wuste noch mehr, nämlich daß einige von den angeführten Gründen des Nordischen Plinius eben soviel Widersprüche gegen dieselben wären, unter andern wider hier folgenden Satz: „Die Hanfstaude, welche nur männliche Blüthen bringt, „trägt wenig oder gar keinen Saamen, wenn man die „männlichen Blüthen, ehe der Saamen tragende Hanf „im Felde blühet, abbricht. *)“ Und eben so bekant war mir auch die Meinung des Herrn du Hamel, die er in seiner Naturlehre der Bäume erläutert hat, indem er sagt: „man hat gesehn, daß eine einzelne „Spinatpflanze nur sehr wenige fruchtbare Körner „trug.“ Ja, als ich diese Meinung anfangs las, kam sie mir ganz glaublich vor: denn ich hatte keine Ursache daran zu zweifeln; ich nahm sie sogar als meine eigene an, wie ich in einer Note zur Betrachtung der Natur in der ersten Ausgabe 1770. zu Modena zu erkennen gegeben habe.

Diese großen und berühmten Männer machten mich in meinen Versuchen nur noch aufmerksamer und vorsichtiger, doch hat mich dieß alles nicht abhalten kön-

*) Sponsalia Plantarum.

können, eine andre und ihren Meinungen ganz entgegengesezte anzunehmen, und ihre Grundsäze zu widerlegen: denn überhaupt scheint es mir, als hätte Linnee gar keinen Versuch mit dem Hanfe angestelt, weil er sagt, daß durch das Ausreissen, der männlichen Hanfpflanzen vor der Blüte der weiblichen, diese leztren sehr wenige oder gar keine Körner tragen: diese Meinung aber hält gar nicht Stich, wenn ich die besondre Fruchtbarkeit aller derjenigen Hanfstauden anführe, die ich gänzlich von männlichen Pflanzen entfernt erzogen habe, und die auch den Einfluß des männlichen Blumenstaubes ohnmöglich genüssen konten. Die Erfahrung des Landmanns in der Gegend um Reggio und Modena widerlegt auch sogar die Meinung des Linnee, weil diese Leute ihre männlichen Hanfstauden zu der Zeit erst herausziehen, wo die weiblichen Pflanzen noch verschiedne Wochen wachsen, und dennoch tragen sie ganz reichlich fruchtbaren Saamen; ich berufe mich auf eine ähnliche Erfahrung im §. XXIV.

Nun muß man meine Erfahrungen, die ich bei dem Hanf gehabt habe, auch mit demjenigen was der Upsalische Professor über diesen Gegenstand sagt, gegen einander halten und hernach erst entscheiden: ich will sodenn mit dieser Entscheidung den Herrn du Hamel, wegen der Spinatpflanze belehren. Wenn die Unfruchtbarkeit dieser, von männlichen gänzlich abgesonderten Pflanze, das Resultat der von diesem berühmten Naturforscher unternommenen Versuche gewesen wäre; so würde ich dieselben untersucht haben, um ihnen ihre verdiente Gerechtigkeit wiederfahren zu lassen: allein er führt nichts an-

ders

ders an, als was glaubwürdig ist, und eben diese Meinung ist auch schon durch die Beispiele, die ich angezogen habe, hinlänglich bestätigt worden.

Nunmehro kan man aus alle dem angeführten ganz dentlich ersehen, daß die Richtung des Pistills den Antherenstaub aufzufangen, nicht eben ein so richtiger Beweis von der Vereinigung der Geschlechter ist, sondern nur Gründe zur Vergleichung der Meinungen, die geschikter sind, den Beifall mehr herbei zu lokken, als mit Gewalt zu erzwingen, wie sich Bacon ausdrükt.

§. LII.

Was den aus der Befruchtung gezogenen Beweis anlangt, die nicht mehr vor sich geht, wenn man die Antheren, oder Pistillen abgeschnitten hat, so will ich nur so viel sagen, daß diese Beispiele der abgeschnittenen Antheren und Pistille beweisen, daß dieselben nothwendige Organe zur Erzeugung sind, aber zur Befruchtung nichts mehr beitragen, als viele andre Theile der Pflanze, welche, wenn sie fehlen, der Befruchtung zwar ebenfals schaden, ohne sich deswegen einzubilden, daß sie die Erzeugung befördern könten. Die Erfahrungen, welche die Nothwendigkeit der Vereinigung des doppelten Pflanzengeschlechtes zur Befruchtung beweisen, sind diejenigen, wo keine Befruchtung statt findet, wenn man die männlichen Pflanzen von den weiblichen entfernt; und zu gleicher Absicht, können auch die künstlichen Befruchtungen dienen. Allein diese so wenigen Beispiele in Ansehung der unendlichen Menge

Menge so mannigfaltiger Pflanzen, können ohnmöglich hinreichend sein, das Naturgesetze der Vereinigung der zweierlei Geschlechter bei den Pflanzen, als ein algemeines anzunehmen; man kan aus partikulären Prämissen keine algemeinen Schlüsse ziehen. Alles, was man höchstens sagen könte, wäre dieses, daß die große Aehnlichkeit, die sich in den Eigenschaften der Pflanzen, nach ihren verschiednen Classen, Geschlechtern und Arten, fände, uns die Vereinigung zweierlei Geschlechter anzunehmen gestattete, und daß dasjenige, was in einigen einzelnen Pflanzen erwiesen, auch bei andern wahrscheinlich wäre. Alle diese Umstände verhalten sich ganz auf eben diese Weise; als da ich die Frucht in einigen Weibgen einiger Amphibien, schon bei ihrer Befruchtung entdekt, und Haller eine ähnliche Beobachtung bei den Vögeln gemacht hatte, so glaubte ich mich völlig berechtigt zu glauben, daß sich wahrscheinlicher Weise die Präexistenz der Früchte auch auf andre Thiere erstrekken müste; und diesen Schluß machte ich auch in Ansehung der Pflanzen, weil ich gefunden hatte, daß die Embryonen in verschiednen Pflanzen schon bei ihrer Blüte präexistirten. §. XLI. Allein die Vertheidiger der Begattung unter den beiderlei Geschlechtern der Pflanzen, müssen sich nicht eine kleine Anzahl von Beispielen zu Nutze machen, eine algemeine Regel wie Linne' fest zu setzen, die gar keine Einschränkungen und Ausnahmen litte; denn er definirt die Blumen: als Werkzeuge zur Erzeugung der Pflanzen, welche zur Befruchtung der Körner dienten; und zwar vermittelst der Antheren oder des Staubes männlicher Blumen,

welche

welche leztern er als lauter Männer unter den Pflanzen ansieht. Allein ehe und bevor er sie als Männer erklärt, solte er sich davon versichern, ob sie auch ihre männliche Pflicht erfülten. Wenn dieser große und mit Recht berühmte Naturforscher weniger Neigung, Wörter und Benennungen zu häufen, und dagegen mehr Hang und Fähigkeit zu Versuchen gezeigt hätte, so würde auch seine Untersuchung der Theile in den Pflanzen, gründlicher und philosophischer ausgefallen sein, und er würde auch selbst die Stärke oder Schwäche seines Systems besser eingesehn haben. Allein er wolte sein Gebäude auf die Ruinen Tourneforts bauen, welches eben für die Naturlehre der Pflanzen, so nachtheilige Folgen gehabt hat.'

§. LIII.

Unter verschiednen Sachen, die ich am 18. October 1777. an Herrn Bonnet über die Erzeugung der Pflanzen schrieb, machte ich ihm auch eine Beschreibung von denjenigen gemachten Versuchen, von welchen ich im Anfange der Note des §. XXV. geredet habe; und ob ich gleich diese Untersuchungen damals nur erst zu machen anfieng, so schien es mir doch ausgemacht zu sein, daß die Befruchtung der Körner in einigen Pflanzen ganz und gar nicht vom Staube der Antheren abhienge, und gab ihm die Art des Trugschlusses, alter und neuer Kräuterkundiger, zu erkennen. Indessen, ob ich gleich meinem Freunde nur einen Auszug, der von mir erst angefangenen Versuche, übermacht hatte, so that' er mir die Ehre, sie seiner Achtung werth zu schäzen, und ihnen Glauben beizumessen, ob er gleich vorher ganz andrer Meinung gewesen war. In seiner an mich übermachten Antwort vom 29sigsten November, wo er zuvor alle Gründe der Vertheidiger einer nothwendigen Vereinigung beider Geschlechter zur Befruchtung der Pflanzen aus einander gesezt hat, drükt er sich zum Beweise seiner Aufrichtigkeit in folgenden Worten aus: „diesem allen ohn„erachtet, beweisen mir ihre Versuche hinlänglich, daß „ich, mit allen den großen Naturforschern, die ich Ih„nen genent, geirrt habe. Wir haben uns alle in un„serm Urtheile übereilt, und aus partikulären Prämissen „eine algemeine Conclusion gezogen; wir haben den Bei„tritt des Blumenstaubes zur Befruchtung vor nothwen„dig gehalten, weil man bei verschiednen Pflanzenarten „Versuche angestelt hatte; und wir hätten diesem zufolge „nur sagen sollen, aus diesen Versuchen scheine zu er„hellen, daß in diesen Pflanzenarten, die Beimi„schung des Blumenstaubes zur Befruchtung nö„thig sei.

§. LIV.

So ist der Stein des Anstoßes für die System-Freunde beschaffen: sie schlüssen allesamt nur gar zu gerne vom besondern Falle, aufs Algemeine. Treffen dergleichen Kräuterkundige gewisse gemeinschaftliche Theile in gewisser Anzahl bei den Pflanzen an, die ein bestimtes Geschäfte, bestimte Eigenschaften haben, so stellen sie sich gleich vor, daß sich dieses alles bei allen Pflanzen so verhalte; sodenn bauen sie auf diese Theile, die zu gewissen Verrichtungen bestimt sind, und auf ihre Eigenschaften ein Botanisches System, ohne alle Betrachtung, daß ihrem angenommenen Systeme die algemeine Anwendbarkeit, die sie ihm beilegen, noch so lange fehlen müsse, bis man alle Pflanzen auf dem ganzen Erdboden habe kennen lernen. Allein wie viele giebt es nicht, die noch ganz unbekant sind? und sind nicht die unbekanten häufiger als die, welche wir kennen? Wie wollte man also das ganze Pflanzenheer unter eine Regel bringen? Haben wir wohl in unsrer organischen Welt ein einziges Naturgesez, das ganz allgemein wäre? ist man nicht gezwungen worden, die für allgemein gehaltenen, einzuschränken? Herr Nekker schildert in seiner Naturlehre der Moose den Fehler der allzugroßen Systemfreunde so lebhaft, daß man in ihm den rechten Beobachter und wahren Systemerfinder antreffen kan: er sagt: „Wir machen unter dem Systematiker, und „unter dem Beobachter einen großen Unterschied. Jener bauet nur auf einige Pflanzenarten allgemeine „Systeme, das ist: er schlüst, wie es in der Logik „heist, vom Partikulari aufs Universale: nämlich er „legt diejenigen Eigenschaften, welche einige der Untersuchung unterworfene Pflanzen gezeigt haben, allen „übrigen auf der ganzen Erde bei. Der wahre Beobachter sezt alle theoretische Systeme bei Seite, und „untersucht die Natur, indem er sich blos auf Beobachtungen und Versuche stüzt. Die Vervollkomnung „der Kräuterlehre hängt eigentlich davon ab, daß

„wir aller einzelnen, unter sich verwandten, und der-
„selben ähnlichen Pflanzen Charaktere kennen. Diese
„Kenntnisse werden in dem Verhältnisse erlangt, in
„welchem die Anzahl der Beobachter (die nicht groß ist,)
„vermehrt, und die Menge der Systeme vermindert
„wird. Es ist ganz unstreitig ausgemacht, daß der
„Systemgeist die vorzüglichste Ursache ist, weswegen
„wir uns über die kleinen Fortschritte in der Kräuter-
„kunde so sehr beklagen, da die vielen Systeme veral-
„ten und verfallen, weil sie nicht auf Gründe der Na-
„tur und vorzüglich der Erfahrung gebauet sind."

§. LV.

Der Weg, den die Natur in Pflanzen geht, die einen um der Vermehrung willen mit dem Blumenstaube zu befruchten, da inzwischen die andern dieses Mittel nicht nöthig haben, ist völlig der nämliche, wie man solches auch täglich bei den Thieren sieht. Viele Thiere können sich nicht anders, als durch die Begattung und nothwendige Erforderniß des Saamens vermehren, von welchen leztern die Fortdauer jeder Art Thiere abhängt, wie dies das Beispiel des Menschen, der vierfüßigen Thiere, Vögel, Fische, des Gewürmes und der Insekten beweiset.

Doch aber kan sich auch eine große Anzahl Thiere ohne diese Hülfsmittel vermehren, dahin gehören die Polypen, nebst einer Menge Thiere, welche die Tiefen der süßen Wasser, Gräben, Moräste, Teiche, ja selbst des Meeres beleben; denen muß man noch die Blattläuse, deren Anzahl so unendlich groß ist, und auch die Infusionsthiergen, die sich in ihrer Vermehrung den Polypen und Blattläusen sehr nähern, beizählen. Ich habe in dem einen Theile meiner Werke über die Natur der Pflanzen und Thiere gezeigt, daß sich diese Thiere durch eine natürliche Zertheilung ihres Körpers vermehren; ich habe an jenem Orte gezeigt, wie sich diese Thiergen in vier, sechs, bis acht Theile zertheilen, daß einige eierlegende, andre lebendiggebährende waren: ich habe gesehen, daß sie, im strengsten Verstande, Hermaphroditen waren, wie man dieses auch bei verschiednen Pflanzen, die sich selbst, ohne Einfluß des befruchtenden Blumenstaubes, befruchten, wahrnimt.

§. LVI.

Meine Unpartheylichkeit erlaubt mir selbst nicht, einen Einwurf, den man mir machen könte, zu verschweigen: Man könte sagen, daß während der Zeit, als ich meine Versuche mit dem Kürbis (à l'écu), mit der Wassermelone, mit dem Spinat und Hanfe machte, wäre ich freilich ganz sicher gewesen, daß der Blumenstaub auf die Pistille keine Wirkung gemacht hätte, allein das verhinderte doch nicht, daß die Körner vorher davon hätten können befruchtet worden sein, es hätte ja zum Beispiel schon einige Jahre zuvor geschehn sein können; die Körner wären durch die ehemalige Befruchtung befruchtet geblieben, und in diesem Jahre noch rei-

reifer worden, ja auch andre von diesen erzeugte, könten aus eben dieser Ursache auch zur Reife gelangen.

Dieser Einwurf ist volkommen dem gleich, den auch der berühmte Trembley dem Herrn Carl Bonnet, nach der Entdekkung des Hermaphroditenstandes der Blattläuse, gemacht hat, wenn er sich so ausdrükt: „Wer weiß, ob nicht eine einzige Begat„tung, in vielen Generationen noch wirksam ist?" *) Wiewohl Herr Bonnet diesen Einwurf als einen wilkührlich angenommenen ansieht, so hat er doch, da dieser Zweifel aus dem Munde eines so großen Beobachters kam, sich entschlossen, seine Versuche zu wiederholen, und glaubt diesen Zweifel, durch zehn auf einander folgende Generationen der ohne Begattung erhaltenen Blattläuse, hinlänglich widerlegt zu haben **).

Was aber meine Pflanzen betrift, muß ich aufrichtig gestehn, daß die Befruchtung ohne Wirkung des Blu-

*) Bonnet von organisirten Körpern.

**) Ob gleich die Entdekkung des Herrn Bonnet schon viel Jahre alt, und dieselbe auch von niemand angegriffen worden war, so trägt Linnee, da er von Blattläusen redet, kein Bedenken, in seinem Natursystem zu sagen: „von der Begattung der Aeltern „kommen fruchtbare Töchter, Enkel, Urenkel, Urur„enkel, behaupten die entomologi."

Blumenstaub's sich weiter nicht als bis auf zwei Generationen erstrekt hat.

Die Natur der Sache erlaubt mir nicht, meine Wißbegierde weiter zu treiben, wie es Herrn Bonnet geglükt hat, der seine zehn Generationen in drei Monathen sahe, da ich hingegen wohl zehn Jahre, meinen Endzwek bey den Pflanzen zu erreichen, hätte warten müssen.

Hier folgen noch einige Beleuchtungen der gemachten Einwendung.

Für's Erste, hat man gar kein Beispiel einer solchen Begattung oder Befruchtung, welche verschiedne Generationen hindurch wirksam geblieben wäre, denn diejenige, die man von den Blattläusen vorgiebt, ist durchaus falsch und ungegründet.

Für's Andre, giebt es viele Beispiele, vervielfältigter Generationen ohne Begattung oder Befruchtung, wie in den Armpolypen, deren ihr Körper kleine Polypen aus sich hervor treibt, die sich entwikkeln und wieder andre hervor bringen, und aus welchen noch andre auf eben diese Weise entspringen: so, daß man an einer und eben derselben Mutter, eine ganze Reihe von mehrern Generationen haften sieht; und man weiß gar zu gut, daß diese Polypenmutter mit andern Polypen in keiner Verbindung gewesen ist, weil dieselbe noch ganz klein von dem Körper einer andern Mutter abgerissen worden, und in einer steten Absonderung und Einsamkeit *) von andern Polypen gehalten worden ist. Wenn man nun diese Reihe von auf einander folgenden Generationen in den Thieren wahrnimt, ohne die geringste Mitwirkung einer Saamenfeuchtigkeit, warum könte nun dieser Umstand nicht auch bei einigen Pflanzen statt finden? oder vielmehr, warum müste das nicht auch so sein? weil es keinen Fall giebt, der bewiese, daß die auf einanderfolgenden Generationen einiger organisirter Geschöpfe, das Resultat oder die Wirkung einer vorherigen Befruchtung sein.

§. LVII.

Indessen, ob mich gleich die Mannigfaltigkeit gemachter Erfahrungen dahin bringen könte, alle Würkung des Blumenstaubes männlicher Pflanzen, auf meine weiblichen Pflanzen auszuschließen, so werde ich darum nicht die Befruchtung läugnen. Indem ich über diesen Gegenstand meine Betrachtungen anstelte, so habe ich mir einigemal einfallen lassen, die Körner dieser Pflanzen könten vielleicht in dem Eierstokke durch ein gewisses Saamenprinzipium, das in dem Pistill verborgen wäre, befruchtet worden sein: und dieser Zweifel ist auf eine Beobachtung gegründet, die ich mit einer Art Staub, der demjenigen, welchen die Antheren geben, sehr ähnlich ist, auf dem obersten Theil des Pistills

*) Trembley über die Polypen.

Pistills bei einigen Pflanzen gemacht habe, und der gewiß nicht der von Antheren genommene Staub sein mochte: aber ich gestehe, daß ich weiter keine Beobachtung in dieser Sache gemacht habe. Ich war einigermaßen in meinem Zweifel bestärkt worden, als ich die Schrift des gelehrten Kohlreuters gelesen hatte, wo er sagt, daß der Saamenstaub der Antheren, demjenigen ähnlich sei, welchen die Oeffnungen der Pistillen geben. Konte denn nicht auch das möglich sein, daß der Staub der Pistillen, eben denselben Einfluß auf die Körner gewisser Pflanzen machte, als der Staub der Antheren? Aber dieser Gedanke ist nichts als ein Zweifel, eine Vermuthung, die ich von einem geschikten Beobachter, vermittelst angestelter Versuche untersucht zu sehen, recht eifrig wünschte. Weil ich vom Stigmate, welches der oberste Theil des Pistills ist, rede, wünschte ich auch, daß man dieses Organ noch besser untersuchte, und die genauesten Prüfungen derjenigen Meinung, daß es in einigen Pflanzen ohne Hohlung und ohne alle Oeffnung sei, wie ich auch schon davon oben Erwähnung gethan habe §. XLVI. XLVII. Diese Untersuchungen, mit denen über die Antheren verbunden, würden viele Dunkelheit in dieser Sache aufhellen. Dazu haben mir die künstlichen Befruchtungen sehr gedient, daß ich die Finsterniß, welche das Geschäfte der Erzeugung der Thiere bedekte, gar sehr verminderte. Ich zeige diesem zu Folge das Mittel den Naturforschern an, um auch bei den Pflanzen noch tiefer in das Geheimniß der Erzeugung einzudringen.

§. LVIII.

Mein Wunsch geht nun dahin, die Naturforscher möchten ihre Untersuchungen künftig immer noch weiter treiben, und die Naturlehre in Pflanzenreiche in ein helleres Licht setzen. Die tiefen Nachforschungen eines Grew, Malpighi, Hales, du Hamel, und Bonnet, haben uns zwar die Holzgewächse sehr gut kennen lernen, aber die Kräuterpflanzen, deren Anzahl doch so unendlich groß und deren Kenntniß für uns so sehr wichtig ist, hat man bisher noch immer mit ganz wenigem Eifer auf die rechte Art untersucht. Dasjenige, was wir in diesen Fache besitzen, ist höchstens ein weitläufiges Wörterbuch, worinne man Benennungen und Beschreibungen äußerlicher Theile der Pflanzen antrift, die sich auf das vom Verfasser eines solchen Registers angenommene System gründen. Ich verwerfe zwar ein solches Wörterverzeichniß gar nicht, ja ich halte es für sehr nothwendig, denn man muß doch die Pflanzen erst dem Nahmen nach kennen, ehe man sie untersuchen kan: *) ich will nur so viel sagen, daß, da das Wör=

*) Das Namenverzeichniß oder Pflanzenwörterbuch ist nicht nur nothwendig, statt einer Grammatik der Naturgeschichte, zu brauchen, sondern man muß es auch, um andre Kräuterkundige zu verstehen, inne haben. Wenn man z. B. von Pflanzen oder Thieren redt, die nicht die gemeinsten sind, so kan man sich keine Idee davon machen, ohne sich der Benennungen aus dem Natursystem des großen Linnee zu bedienen. Denn der Fehler dieses Buchs ohnerachtet, kan man doch, wenn man mit der Sprache aus diesem Buche redet,

Wörterbuch eine Sache nur obenhin beschreibt, so kan es weder die Wißbegierde eines scharfsinnigen Beobachters befriedigen, noch die Naturlehre und innere Kenntniß der Pflanzen erweitern. Die Naturkörper sind keine einfache Wesen, sondern sie sind von sehr künstlicher Struktur und Zusammensetzung: man kan sie mit Muschenbroek als eine Uhr betrachten, die aus verschiednen Rädern zusammengesezt, und in ein Behältniß verschlossen ist, welches uns hindert, jener ihre Größe, ihre in einander wirkende Kraft, und das Vermögen ihrer Triebfedern zu bestimmen; so, daß, um einen vollständigen Begriff von diesem Kunstwerke zu bekommen, man es aus seinem Behältnisse nehmen, und seine innern Theile mit Augen betrachten muß; ja dann ist es auch damit noch nicht ausgemacht, die Beschaffenheit der dazu angewendeten Körper zu untersuchen, ihre Politur zu bewundern, und nur bei dem äußern Glanze und schönen Ansehn mit seiner Betrachtung stehen zu bleiben, sondern man muß alle ihre einzelnen Kräfte und Wirkungen zu erforschen sich bemühen. Wenn die ersten Mineralogen die Körper des Steinreichs nur nach der Verschiedenheit der Farben, der Durchsichtigkeit, Undurchsichtigkeit, ihrer rohen oder glatten, körnigten oder fibrösen Oberfläche, be-

redet, überall verstanden werden. Ich rede aber nur von Thieren und Pflanzen, weil man in Ansehung der Foßilien fast durchgängig den Cronstidt und Wallerius als Claßische Schriftsteller angenommen hat.

beschrieben hätten, so würden sie uns von denselben nur schwankende, flüchtige, und beinahe ganz unrichtige Begriffe beigebracht haben: um diese Körper recht kennen zu lernen, war es nöthig, daß man die Chemie zu Hülfe nahm, und sie auf diesem Wege untersuchte. Das was nun die Chemie bei dem Steinreiche gethan, das hat uns die Zergliedrungskunst bei dem Thierreiche geleistet, und man ist nachstehenden großen Männern sehr viel Dank schuldig, als: einem Swammerdam, Rhedi, Vallisnieri, Reaumür, Lyonnet, d'Aubenton, und vornehmlich in der Insektenlehre dem unsterblichen Malpighi; dessen Abhandlung über die Seidenwürmer ein solches Werk von Entdekkungen ist, das alle von Insekten erschienene Wörterbücher übertrift. Ich wünschte also, daß doch zum Besten der Kräuterlehre eben das geschehen möchte, was man in Ansehung des Thier- und Steinreichs schon bisher gethan hat: die innere Einrichtung bei den Pflanzen ist doch ebenfals der gröste und wichtigste Gegenstand der Naturgeschichte, der immer unsrer Untersuchung sehr werth ist. Allein man kan eine solche Untersuchung nicht anders anstellen, als man muß äußere und innere Theile der Pflanzen, auf das genaueste prüfen. *) Allein diese Art von Beschäftigun-

*) Diejenigen, welche dem Publikum und der menschlichen Kenntniß bei Untersuchung der Pflanzen, Thiere, und Foßilien nüzlich werden wollen, müssen sich nach dem Muster eines Erxleben bilden, welchen der große Kästner, als Präsident der Akademie der Wissen-

tigungen fordert einen lebhaften Geist, der an Erfindungskraft reich, scharfsinnig und höchst aufmerksam ist, auch keine Bemühung spart, die ihm vorkommenden Phänomene recht genau zu untersuchen, sie richtig von einander zu unterscheiden; alle diese Eigenschaften trift man aber nur sehr selten in den Verfassern von Wörterbüchern an, indem diese Männer nur vorzüglich ein gutes Gedächtniß nöthig haben; ja darum sind wir eben gerade an dergleichen Werken so reich, als wir an Beobachtungen arm sind. Dennoch aber, weil man in dieser weitläuftigen Wissenschaft nur Schritt vor Schritt gehen kan, sind diejenigen Genie's, die ihre ganze Aufmerksamkeit auch nur auf einen gewissen Theil der Naturgeschichte, der noch dunkel ist, mit allem Eifer anstrengen, denjenigen weit vorzuziehen, die sich nur blos

Wissenschaften zu Göttingen, so rühmlich geschildert hat, bei welcher Gelegenheit folgende Bemerkung gemacht wird: „Nach unsers großen Erxlebens „Meinung ist die Naturgeschichte nicht ein Wörter„buch über Pflanzen, Thiere und Foßilien, sondern „eine Naturlehre derselben. Daher macht uns diese „Lehre mit der Struktur dieser Körper bekant, lehrt „uns ihre Eigenschaften, Untersuchung, und Nutzen „kennen, ohne doch dabei die äußern Charaktere zu „vernachläßigen, nach welchen sie in die Verzeichnisse „oder Wörterbücher eingetragen werden müssen. Allein „die, welche nur diese Wörterbücher auswendig wis„sen, oder sie stets in Händen haben, irren sich sehr, „wenn sie glauben, daß sie das große Buch der „Natur selbst verstehen. Kästner in seiner Ge„dächtnißrede auf Joh. Christ. Erxleben, Göt„tingen 1777."

blos mit einer Anhäufung von Benennungen abgeben; und dieß ist nicht etwan nur meine Meinung, sondern es ist die, welche die grösten Gelehrten geäußert haben, denen der glükliche Fortgang und Wachsthum in Wissenschaften und Künsten wahrhaftig an Herzen liegt, und welche andre ermuntern, denselben zu befördern, ja welche auch selbst mit glüklichem Erfolge alle ihre Kräfte aufbieten, um ihren Beitrag auch hierinne zu leisten: indessen muß ich auch das nicht unbemerkt lassen, daß diese großen Männer die Namenkenntniß beinahe zu sehr vernachläßigen und verachten, da sie doch der Schlüssel zu den drei Naturreichen ist: dergleichen Verachtungen können zwar leicht entstehen, wenn man, durch eine mehr kindische, als praleriſche Methode, wie andre Briarees, (Briarees) die ganze um umfaßliche Natur in kleine trokne Büchergen einschließen, und nur Erfinder von mannigfaltigen Wörtern, Namen und Redensarten, ohne irgends eine Entdekkung zu zeigen, werden will: wenn solche Männer ihre Talente, die Natur zu untersuchen, ihre Reichthümer auszuforschen, und das Publikum damit zu beschenken, anwenden wolten; so würden sie auch ganz gewiß derjenigen Wissenschaft, zu der sie sich bekennen, und der gelehrten Republik, von der sie doch Mitglieder sein wollen, weit mehr Nutzen schaffen können. Man möge doch ja nicht diese Art zu denken für übertrieben halten, denn der Herr von Alambert nebst dem Herrn Bonnet haben eine gleiche Gesinnung in folgenden Worten zu erkennen gegeben: „Wir wollen „dem großen Haufen von Naturforschern nicht ähnlich „wer-

„werden, welche ein neuer Philosoph mit so großem „Rechte getadelt hat; und welche auch in der That nur „stets beschäftigt sind, die Naturprodukte ohne Aufhö„ren in neue Geschlechter und Arten abzutheilen, da sie „weit besser thun, der Welt weit mehr genuzt haben wür„den, wenn sie ihre Zeit auf eine gründliche Untersuchung „der Naturprodukte selbst verwendet hätten." So läst sich ersterer in der Einleitung zu seiner Encyclopedie vernehmen: und eben diese Ideen hat auch der Herr Bonnet. Ich glaube, diese gegenwärtige Abhandlung auf keine schiklichere Art beschlüssen zu können, als wenn ich aus dieses allgemein geschäzten Naturforschers Werken, und zwar aus seiner Betrachtung der Natur, noch ein ganzes Stük anführe: „Was sollen wir uns für einen Begriff von den weitläuftigen Wörterbüchern machen, die man für Natursysteme gehalten wissen will? Ein Verfasser solcher Bücher, kömt mir wie ein Schüler vor, der ein Register über einen großen Folianten macht, wovon er nur den Titel und die ersten Seiten gelesen hat. Ja vermissen wir nicht auch selbst die ersten Seiten, des eigentlichen Buches der Natur? Wie sehr viel Stellen finden sich nicht in demselben, die wir nicht verstehen, und deren verstekter Sinn, aller Vermuthung nach, die wichtigsten Wahrheiten in sich hält? Ich will darum aber den Verfassern der Wörterbücher in der Naturgeschichte nicht den Prozeß machen: sie haben das Verdienst, unsere Kenntnisse zu ordnen, nur aber das muß ich gestehen, wie ich nicht glaube, daß derjenige, der nur ein Kenner der Namen ist, viele Entdekkungen in der wahren Naturwissenschaft machen wird.

wird. Ja ich will noch mehr sagen: ich schätze einen gut geschriebnen Traktat über ein einziges Insekt höher, als ein Wörterbuch über die ganze Insektenlehre. Man studire nur die unvergleichliche Naturgeschichte der Polypen, man lese nur die vortreflichen Abhandlungen über die Insekten, und vergleiche dann den Nutzen solcher Meisterstükke mit demjenigen, welchen die berühmtesten Wörterbücher stiften. Welches sind die Werke, die man am liebsten geschrieben zu haben wünscht? Sind es nicht diese, welche mehr Scharfsinn, Genie und Erfindung voraus setzen, und mehr Aufklärung und Zunahme in der Zergliedrungskunst und Naturlehre verursacht haben? Meiner Meinung nach solte man darauf nicht stolz sein, ein Verzeichniß unsrer schon erlangten Kenntnisse zu machen, als vielmehr dieselben zu erweitern. Man samle nur erst noch mehr Materialien, ehe man an den Bau eines Tempels für die Natur, der ihr anständig ist, gedenken will. Er würde gewiß Ihrer Größe nicht angemessen sein, nur zu seinem Baumeister möchte er, seiner Unvollkommenheit halber, das beste Verhältniß haben."

Ent-

Entwurf

einer

Geschichte der organisirten Körper,

vor ihrer Befruchtung.

Die Geburth eines Menschen, eines Thieres, eines Insektes, die Erscheinung einer Pflanze, die, sobald sie aus der Erde zum Vorschein kömt, auch dieselbe sogleich mit ihrem Grün schmükt, hat ganz sicher, schon von jeher für alle nachdenkende Menschen ein Problem seyn müssen, dessen Auflösung ihre Wißbegierde ganz vorzüglich beschäftigte. Als der erste Mensch vor sechs tausend Jahren, durch die Geburth seines ersten Kindes, sein Dasein durch so viel angenehme Empfindungen verdoppelt; als er selbiges sich almählig entwikkeln sah, und endlich ein ihm ganz ähnliches Geschöpfe daraus entstand; als ihm mehrere Kinder, abermals den nämlichen Gegenstand der Zärtlichkeit, des Erstaunens und der Verwunderung gewährten; als seine Abkömlinge ihn mit rührendster Empfindung zu erkennen gaben, daß sie, eben so wie er, das Glük empfänden, Vater zu seyn; so suchte er ganz ohne Zweifel die Ursachen dieses so ununterbrochen erfolgenden, als unerklärbaren Phänomens zu entdecken: vermuthlich wußte er von dessen Entstehung, außer der Vereinigung beider Geschlechter, weiter nichts anzugeben: und bei dieser Unwissenheit sind wir auch nun schon über zwei hundert Generationen, hindurch geblieben. Umsonst sammelten viele scharfsinnige und tiefdenkende Menschen, über diesen wichtigen Gegenstand, eine Menge Beobachtungen; umsonst wurde dieses Naturgeschäft, von den kühnsten Köpfen durchdacht. Der Verlauf ganzer Jahrhunderte gewährte blos eine Reihe von Irrthümern in dieser Sache, und indem die dikſten Finsternisse das Geheimniß der Erzeugung vor den Augen vernünftiger Naturforscher verbargen, so brachten diejenigen, welche, die Phänomene derselben zu erklären, sich durchaus vorgenommen hatten, die unwahrscheinlichsten Ideen, die auffallendsten Widersprüche, und die ungereimtesten Meinungen an den Tag.

Bonnet war der erste, der das Glük hatte, den Gang der Natur in ihrer geheimen Operation, durch eine tief ausgedachte Untersuchung auszuspähen. Haller entdekte ihn durch seine rühmliche Bemühung und Nachforschungen über das bebrütete Ei, und der Abt Spallanzani hat denselben vollends in seinen treflichen Abhandlungen enträthselt.

Nur erst in unserm Jahrhunderte, das uns einen Bonnet, Haller und Spallanzani gegeben hat, haben wir einen schäzbaren Versuch über die Zeugungs-Geschichte, statt ungereimter Träumereyen, vor deren Durchlesung vernünftigen Menschen ekelt, erhalten. Hier sieht man vorzüglich den Abt Spallanzani mit der Natur muthig kämpfen, und man nimt wahr, wie er durch seine Geschiklichkeit eben dieselben Wirkungen hervorbringt, die sie seit der Schöpfung zwar so oft zu Tage gelegt, aber noch immer bis izt unsern Augen zu verbergen gewust hat. Die Richtigkeit seiner Entdekungen beweist er durch die Genauigkeit und Volkommenheit seiner Nachahmungen, und die Wahrheiten, wovon er überzeugen will, erklärt er auf solche Art, daß zuvor die ersten Grundsätze deutlich angezeigt werden.

Um

Um den Arbeiten, und den davon entsprungnen Entdekkungen des Abt Spallanzani ihren rechten Werth zu geben, scheint es mir erforderlich zu sein, zuförderst eine rechte Vorstellung und Auseinandersetzung von dem Probleme der Erzeugung, die er erklären will, zu geben, die Schwierigkeiten, die er überwinden muste, anzuzeigen, und die von ihm glüklich erreichten Absichten zu erwägen. Allein, ich werde mich gar nicht auf den Tadel andrer Naturforscher einlassen, die diese wichtige Materie abzuhandeln sich vergeblich bemüht haben; ich bin völlig der Meinung, daß auch die, welche irren, Achtung verdienen, weil sie doch nach Wahrheit strebten. Werden sie nur die Wahrheit nakkend erbliken, so werden sie auch gar bald merken, daß sie nicht die rechten Mittel um sie zu erreichen gekant haben, sie werden zugleich ein Vergnügen empfinden, daß nunmehro niemand von ihnen hintergangen wird, und sie auch selbst sich nicht weiter vom Vorurtheile betrogen sehn. Sie werden eine Meinung, der sie bisher ergeben waren, weil sie dieselbe für wahr hielten, aufgeben, um eine von der vorigen ganz unterschiedene anzunehmen, und dieser eben den Beifal wie voriger zu geben, weil sie dieselbe nunmehr als die einzige von der Natur bestätigte, und mit dem Siegel der Wahrheit bekräftigte, erkennen.

Die in die heftigste Bewegung gerathene Einbildung des Menschen, wurde durch die Phänomene, welche bei der Erzeugung im Pflanzen- und Thierreiche sich ereigneten, dahin gebracht, allerlei Hypothesen zu erfinden, um jene Erscheinungen zu erklären; denn vor Hallern hat in dieser Materie Niemand bedeutende Beobachtungen angestellt, diejenigen allein ausaenommen, die von gelehrten Männern, mehr zum Besten der

Anatomie, als zur mehrern Aufklärung in der Physiologie angestelt worden waren. Es war unmöglich bei dem ersten Entstehen einer Frucht großer Thiere gegenwärtig zu seyn. Man konte den Fötus, oder die Frucht, eher nicht, als verschiedne Tage nach der Befruchtung, erkennen: der so viel in sich fassende Augenblick war nun einmal vorüber, man konte nun in dem, was er bewirkt hatte, nicht mehr erkennen, was er gewesen sein mochte: die Zweifel über das, was er sein solte, und über das, was er hätte sein können, konten nun nicht mehr bestimt werden: um aber gleichwohl Etwas zu sagen, mußten Träume erdacht werden; man mußte also um die Wahrheit herum irren, und da man sie nicht erlangte, konte man sie nicht besser, als durch mehr oder weniger gut ausgedachte Fabeln, ersetzen. Allein, so viel Kräfte als man auch anwendete, so erlangte man doch nur Wahrscheinlichkeiten, die allzeit desto gefährlicher waren, je mehr sie verführerisch, und folglich zum Irrthum zu verleiten, geschikt waren.

Ob nun gleich die Anzahl der Systeme, welche man die Phänomene der Erzeugung zu erklären erdacht hat, sehr groß ist; wie denn überhaupt immer gegen einen Weg, der zur Wahrheit führt, tausend sind, welche zum Irrthum führen; so können doch alle hieher gehörige Erklärungsarten auf zwei Haupt-Systeme eingeschränkt werden, von welchen die übrigen nur Abänderungen sind.

Fürs erste kan man das aus der Erzeugung entspringende Wesen so betrachten, als wäre es durch die Begattung, die ihm sein erstes Dasein gab, auch seinem ganzen Wesen nach erst entstanden; so daß es zuvor ganz und gar nicht vorhanden gewesen, und alle seine Theile mit ihrer Verbindung und ihren Eigenschafschaften erst mit der Erzeugung erhalten habe, so wie eine Uhr nicht eher entstehen kan, als wenn man zuvor alle dazu erforderliche Stükke besonders verfertigt, und sie auf eine gehörige Art zu ihren Verhältnissen, und nach ihren Wirkungen, die sie hervorbringen sollen, zusammengesezt hat. Dieses ist der Begriff des berufenen Systems der Epigenesis, wo man organische Grundtheile annimt.

Zum andern: das aus der Erzeugung entspringende Wesen ist ein solches, das schon existirt, welches nur durch die Handlung, die es ans Licht bringt, aus seiner Unthätigkeit und Ruhe gerissen wird, Bewegung und Leben empfängt, und dem Auge sichtbar und kenntlich wird, da es zuvor unkenntlich war; danebst auch ein hinlängliches Vermögen erlangt, ein geschwindes Wachsthum anzunehmen, um alle künftige Verändrungen des Lebens zu erfahren.

Wenn man die Werke des Herrn von Haller, Bonnet's und Spallanzani's gelesen hat, so wird man auch sogleich die Unmöglichkeit des Erstern Systems einsehen, man wird gar bald finden, daß die dazu angewendeten Mittel der Natur ganz fremde sind, daß die Grundlagen dieses Gebäudes, sobald man ihre Festigkeit untersuchen will, einstürzen, daß die zu diesem Bau erforderlichen Stükke, für die Sinne nicht kentlich genug gemacht werden können, und daß alles das, was man sich eingebildet, auf keine Weise das war, was man geglaubt hatte; sondern von den Phänomenen ganz verschiedene Dinge waren, welche keinen Antheil an der Erzeugung hatten, oder doch wenigstens recht gut wegfallen konten, ohne daß dadurch der glükliche Erfolg gehindert wurde.

Ich glaube nicht, daß auch nur ein einziges System heftiger angegriffen, und so ganz von Grund aus umgestürzt worden wäre, als dieses. Die Herren Bonnet und Spallanzani haben es vollends gänzlich vernichtet, daß auch nicht die mindeste Spur mehr davon übrig geblieben ist: überall haben diese Männer die Natur und ihr Verfahren demselben entgegengesezt: immer haben sie viele Umstände vereinigt, um die mangelhafte Verbindung aller einzelnen Theile zu zeigen, welche, ohnerachtet ihrer Nothwendigkeit zur Existenz des Systems, weder physisch noch metaphysisch zusammen bestehen, und folglich kein harmonisches Ganzes ausmachen konten.

Allein, wenn gehörige Untersuchungen und genaue Beobachtungen dieses System auch nicht verdrungen hätten, so würde doch schon die Vernunft allein diejenigen, welche es anzunehmen wären verleitet worden, wieder davon abgebracht haben. Ich weiß gar wohl, daß bloß die Vernunft die Beobachtungen und Versuche beurtheilen, daraus unmittelbar folgende Schlüsse ziehen, und sich hernach mit den Ideen, die sich darstellen, unterhalten muß, ohne ihrer Gründlichkeit zu viel Beyfall zu geben: allein, wenn ein verdächtiges Phänomen die ersten vernünftigen Grundsätze beleidigen, den allgemeinen Ideen, die man sich sonst nach den von der Natur durchgängig befolgten Gesetzen macht, widersprechen wolte; dann scheint es mir nöthig zu sein, seine Zweifel zu unterdrükken, seiner Vorstellungskraft Schranken zu setzen, die vermeintliche Erfahrung auf allen Seiten zu betrachten, und sich erst zu versichern, ob das, was man als Beobachter gesehen, nicht vielmehr ein Werk der Einbildungskraft, als der Natur sei.

So

So ist zum Beispiel die Frucht (embryon) sowohl der Pflanze als des Thieres, ein organisirter Körper im Kleinen, welcher alle die Theile desselben, die er künftig haben muß, in sich schliest: hier sieht man schon die stolze Eiche, welche die Wolken zertheilen wird, im vegetabilischen Schleime liegen, hier sieht man sie mit ihrem Holze, ihrer Schale und Rinde, ihren Wurzeln und Aesten, ihren Blättern, Blüten un Früchten, mit ihren Luftröhren und Gefäßen, im Kleinen zusammen gedrängt. So sieht man auch im Embryo den Menschen, mit seinem Herzen, seinen Schlag- und Blutadern, Eingeweiden, Muskeln und Nerven, Knochen und Sinnwerkzeugen, wie in einem Punkte beisammen. Hier ist es nun, wo man diese Menge Theile, auf eine so eigene und einzige Art geordnet, beisammen antrift, die ein Ganzes ausmachen welche die Existenz des Menschen, und künftig das ganze Leben hindurch bestimmen werden; davon auch kein Theil aus seiner Ordnung verrükt werden darf, ohne daß nicht des Geschöpfes völliger Untergang daraus erfolgte, und die Vernichtung aller Wirkungen zu befürchten stünde, welche lauter Folgen ihres Verhältnisses gegen alle andre Geschöpfe der Welt werden solten. Dieses Geschöpf nun, das von Seiten seiner Zusammensetzung, so erstaunungs- und bewundrungswürdig, so wichtig und betrachtungswürdig im Verhältniß gegen die ganze Welt, durch die Verbindungen mit andern Geschöpfen, zu achten ist; solte dieses Geschöpfe wohl nur als der Erfolg eines blinden Zufals einer Einspritzung, die blos von verschiednen Umständen abhienge, davon die meisten gänzlich unbekant sind, angesehn werden? Gewiß, wenn das allergeringste und kleinste unsrer Werkzeuge, in demjenigen, der sie braucht, Verstand voraussezt, wenn diese noch weit mehr Nachdenken erfordern, um sie nur zu erfinden, solte jemand wohl glauben, daß organisirte Körper, welche die allerzusammengesezteſten sind, deren ganzen Zusammenhang und Verbindung wir nicht begreifen, deren Theile wir nicht genau entwikkeln, und von denen wir den allermeisten Theil ihrer Verrichtungen kaum vermuthen können, daß diese allein, ohne einen weisen Werkmeister entstanden sein solten? Diese Kunstwerke allein solte man einem blinden Mechanismus zuschreiben? und dem Zufal, der nicht einmal einen Tisch oder eine Leiter hervorbringen kann, dem solten wir zutrauen, daß er die allerzusammengesezteste, und doch nach ihrer Art die einfachste, und nach allen ihren Uebereinstimmungen volkommenste Maschine bilden solte? Diese Meinung kan wohl von einem träumerischen Atheisten, dessen verdorbne Einbildungskraft die Wahrscheinlichkeiten nicht erwägt, und über die Möglichkeiten nicht nachdenken will, gebilligt werden: Für ihn ist es Nothwendigkeit, um seinen Trübsinn zu befriedigen, alles Glük und alle Vernunft von der Welt zu verbannen, und den Grund des Daseins der Welt zu leugnen: er sucht daher den, allen Geschöpfen aufgeprägten erhabnen Namen des unerforschlichen Schöpfers zu vernichten: allein ich zweifle dennoch sehr, daß diese ungereimte Hypothese jemals von der Vernunft möchte genehmigt werden: und ich bin fest überzeugt, daß der Atheist selbst, wenn er gegen sich gerecht handeln wolte, da er doch eine Verbindung zwischen Ursachen und Wirkungen in der Reihe solcher Dinge, die täglich unter seinen Augen vorgehen, annimt, und ihre Verhältnisse unter einander zugiebt, ja ich glaube, daß, er selbst in seinen Grundsätzen den Zusammenhang ziemlich vermissen würde. Die nothwendigen und steten

ten Verbindungen zwischen Ursachen und Wirkungen im gemeinen Leben einsehen, und sich dennoch vorstellen, daß die allerwichtigsten und merkwürdigsten Begebenheiten, welche die deutlichsten Spuren der Vernunft und Weisheit zeigten, die einzigen wären, welche keine ihren Wirkungen angemessene Ursache zum Grunde hätten — eine solche Art zu schlüssen ist mir ganz fremd, und ich bin überhaupt nicht im Stande, mir einen wahren Atheisten vorzustellen.

Die Entstehung der Krystallen läßt sich leichter denken, deren almälig zusammengehäuften Theile, durch gewisse Umstände so bestimt werden können, daß sie sich immerfort auf einerlei Art an einander legen, demohngeachtet aber sind sie blos zusammengehäufte Theile, die zusammen eine todte Masse bilden, welche sich nicht weiter verändert, sondern immer einerlei Ansehn behält: man trift bei ihr kein Leben, keinen Kreislauf der Säfte, keine Assimilation an, sondern ihre Vergrößerung wird von aussen her durch Ansetzung der Theile bewirkt, und ist gar nicht ein Werk, das durch stete Ausarbeitung geläuterter Säfte in dem Körper selbst entsteht; so daß, wenn man auch annehmen könte, daß die Uebereinstimmung, welche nun schon seit sechs tausend Jahren, in den Krystallgestalten statt findet, zufällig wäre, (welches doch die Stetigkeit derselben nicht zu denken gestattet); demohngeachtet hieraus kein Beweis für die Epigenesis hergenommen werden könte.

Man muste also dem zu Folge diese mit der Natur streitende, und von der Vernunft verworfne Hypothese aufgeben: allein, der unruhige Mensch, ganz mit einer wichtigen Erscheinung erfült, giebt die Hofnung nicht auf, ihren Ursprung zu entdekken; seine

Erwar-

Erwartung soll befriedigt, und die Natur seinen mühsamen Untersuchungen unterworfen werden. Die Naturforscher nahmen an, daß der Fötus bei der Befruchtung schon präexistire, und daß diesemnach, die Erzeugung keine Schöpfung, sondern nur die Entwikkelung eines schon vorhandenen Geschöpfes sei.

Nach diesem System ist alles leicht zu erklären, wie auch schon in der Abhandlung selbst ist gezeigt worden: allein dieses System, so leicht und einfach es schien, führte demohnerachtet seine Schwierigkeit mit sich, die aufgelöst zu werden verdiente. Denn da Männgen und Weibgen zugleich in dem Erzeugungsgeschäfte wirksam sind, so konte ja der Keim ursprünglich in dem einen so gut, als in dem andern vorhanden sein. Dieser zweifelhafte Umstand, hat Anlaß zu zweierlei Meinung gegeben: die eine Parthei glaubte, das Männgen habe die Fötus in sich verschlossen, die andre hielt davor, sie müsten sich in dem Weibgen befinden, und von demselben bebrütet worden sein. Beide Meinungen waren nicht unwahrscheinlich: sie mu sten nun richtig bestimt werden Wahrscheinlichkeit wollen wir weiter gar nicht aufsuchen, nur die Natur selbst, oder einen ihrer Lieblinge, ihren besten Dollmetscher, wollen wir darüber zu Rathe ziehen.

Der Abt Spallanzani hat uns das Naturgesez, wovon Haller schon die ersten Zeilen gelesen, laut verkündigt: er zeigt uns, daß die Keime allzeit schon vor der Befruchtung in dem Schooße der Mutter liegen, und beweist dadurch, daß diese im strengsten Verstande Mütter ihrer Jungen sind. Man durfte gar nicht daran zweifeln, indem unser scharfsichtiger Beobachter bewies, daß die Thiergen in der Saamenfeuchtigkeit, die man als die vom Männgen während

der

der Begattung in die Mutter des Weibgens gebrachten Fötus betrachtete, nicht zur Erzeugung wesentlich erfordert würden: Wenigstens hat Spallanzani eine Menge Larven mit einem Theile Saamen befruchtet, worinne gar keine Würmgen zu finden waren.

Allein, wir erfahren noch mehr, als unser aufmerksamer Beobachter, in der Mutter eines grünen Wasserfrosches, alle die kleinen Larven, oder einförmigen Körpergen, welche aus dem Eierstokke, um befruchtet zu werden, in diesen Theil kommen musten, gesehen hatte, so hat er auch im nämlichen Eierstokke viel kleinere Larven entdekt, die erst folgendes Jahr in die Mutter gebracht, und entwikkelt werden solten. Bei dem Weibgen der stinkenden Erdkröte, des Wasser-Salamanders, und noch verschiedner anderer Amphibien, hat sich ihm völlig das nämliche Phänomen gezeigt. Aus diesem folgt nun ganz klar und deutlich, daß die Fötus schon ein Jahr vor ihrer Befruchtung präexistiren, und daraus erhellt auch ganz offenbar, daß dieselben nicht erst durch die Befruchtung vom Männgen in das Weibgen gebracht werden: ja noch mehr: bei diesen Amphibien geht auch sogar die Befruchtung ausserhalb dem weiblichen Körper vor sich.

Da nun also die Natur selbst jene Systeme widerlegt, so bleibt uns nur Eins übrig, nämlich dieses, nach welchem die Keime schon vor der Befruchtung im Weibgen vorhanden sind; ein System, welches durch die bewundernswürdigen Erfahrungen des Abts Spallanzani unwiderleglich bestätigt wird. Man muß durchaus nicht etwan in seiner Beobachtung ein blendendes Spiel der Einbildungskraft erwarten, kahle, seichte Erklärungen einiger Phänomene, eine Menge gehäufter und mit Gewalt zusammen gedrängter Ideen,

um

um nur ein System daraus zu bauen; nicht etwa ein, mit rednerischer Schönheit geschmüktes Werk. Spallanzani's Werk enthält bloß eine getreue richtige Uebersetzung der ersten Blätter aus dem großen Buche der Natur: es besteht bloß aus lauter erstaunungswürdigen Erfahrungen, die aufrichtig und ohne rednerischen Schmuk erzählt, mit gröster Sorgfalt beobachtet, ununterbrochen gesammelt, und mit allem Scharfsinn und gröster Behutsamkeit untersucht worden sind; dies System ist eine Verbindung von Wahrheiten, die in ein so vortheilhaftes Licht, und mit so vieler Genauigkeit aus einander gesezt, auch alle auf ein und eben dasselbe Ziel gerichtet sind, so daß jeder kluge Mensch gedrungen ist, einerlei Folgen daraus zu ziehen; ja man muß die Präexistenz der Keime vor der Befruchtung, als ein Naturgesez für alle die Geschöpfe erkennen, die zu diesen Beobachtungen den Stoff gegeben haben.

Doch ich muß wiederum auf unsern wichtigen Gegenstand zurükkommen. Um den Werth der Entdekkung, die uns der Herr Abt Spallanzani geliefert hat, recht zu erkennen, muß man erst die Meinung, von der Präexistenz der Keime vor der Befruchtung in dem Weibgen, noch gründlicher untersucht, und noch besser beleuchtet haben. Gleichsam den Leser dieser Untersuchungen mehr auf unsre Seite zu ziehen, kan ich nicht unbemerkt lassen, daß unser System unter seinen Vertheidigern die berühmtesten Männer hat: einen Malpighi, einen Cheyne, und vorzüglich einen Bonnet, welcher sich, vermöge seines durchdringenden Verstandes, von dieser Wahrheit versichert, und die Entdekkungen Hallers und Spallanzani's, schon vor ihrer wirklichen Unternehmung, lange vorher der Welt angekündigt hatte.

Nichts wird Freunde der Wahrheit besser überzeugen können, als das Werk: Betrachtungen über die Natur organisirter Körper, worinn Herr Bonnet alle logicalische und analytische Hülfsmittel zusammen nimt, um die Präexistenz der Keime vor der Befruchtung fest zu setzen: Wenn man hierauf die vortrefliche Abhandlung des großen Hallers vom bebrüteten Eie liest, und dann auf diese die gegenwärtigen von Spallanzani folgen läßt; so wird man von dieser erwiesenen Wahrheit einen so deutlichen Begriff nach aller Strenge erlangen, als man nur von einer Naturbegebenheit bekommen kann. Die Keime organisirter Körper präexistiren schon vor der Befruchtung, und zwar präexistiren sie in dem Weibgen. Die Erzeugung ist also blos eine Entwikkelung des organischen Ganzen, welches schon im Eie, im Fötus, oder im Saamenkörngen präexistiret.

Haller hat dargethan, daß der Keim ein Theil des Weibgens sei, indem er zeigte, wie die innere Haut des Eidotters, eine Fortsetzung derjenigen Haut sei, die das enge Gedärme, welches bis zu dem Magen und Maule fortgeht, bekleidet. Er hatte auch nebst diesem gezeigt, wie die äußerliche Haut des Eidotters, eine Fortsetzung der äußern Haut des Gedärmes ist, das sich mit dem Gekrös und andern Theilen mehr verbindet. Ja das Dotter hat seine Schlag- und Blutadern, welche sich mit den Schlag- und Blutadern im Gekröse des Küchelgens vereinigen: eben das nämliche Blut, das in dem einen circulirt, hat auch seinen Kreislauf in dem andern, es kömt beides aus einerlei Quelle, aus dem Herzen des Küchelgens; es wird von einer und eben derselben Kraft, nämlich von dem Triebe des Herzens, in Bewegung gesezt; ja dieß Blut unterhält das Leben des einen, d. i. des Küchelgens, und verhütet das Verderben des andern, des Dotters, damit es dem ersten noch ferner nüzlich sein könne. Das Dotter ist also ein wesentlicher Theil des Hühngens im Eie, weil sie beide nur ein gemeinschaftliches Gefäßesystem haben: Wenn nun daher das Dotter schon im unbefruchteten Eie sowohl, als in dem befruchteten, vorhanden ist, so muß es auch nothwendig samt dem Gefäßesystem, welches mit dem Hühngen nach der Befruchtung einen Zusammenhang hat, darinne liegen. Allein es fragt sich, wenn nün das Gefäßesystem im Dotter sich befindet, würde es auch ohne das Hühngen, welches gleichsam dessen Ende oder Verlängerung ist, vorhanden seyn? So entsteht die Frage wegen der Häute des Dotters, welche die Gedärme des Hühngens bilden; würden diese, als ein wesentlicher Theil desselben, in Ermangelung des Hühngens, doch zugegen sein? Hier muß ich stille stehn, und meinen Fragen Einhalt thun. Ich will nur zeigen, daß diese Phänomene Hallern so in Verwundrung sezten, daß er dadurch gezwungen wurde, seine bis dahin über die Erzeugung gehegte Meinung fahren zu lassen, ob sie gleich derjenigen von der Präexistenz des Keimes in dem Weibgen vor der Befruchtung geradezu entgegen war.

Endlich wenn man das Hühngen im Eie, gleichsam wie in einer Wiege, betrachtet, worinne es so lange ruhig liegt, bis es befruchtet wird, kan man es sich wohl ohne Theile, die das Ganze wesentlich ausmachen, denken? Wenn sich das so verhielte, so wäre es von dem Hühngen verschieden, und die Natur würde auch nimmermehr ein Hühngen daraus zum Vorschein bringen. Allein, wenn man annimt oder zugiebt,

daß

daß nur ein einziger Theil des Hühngens vorhanden ist, so muß man auch alle die übrigen nach ganz nothwendigen Folgen zugeben. Die Hallerischen Beobachtungen zeigen uns ganz deutlich, wie Magen und Gedärme des Hühngens, nichts anders als Verlängerungen der Häute vom Dotter sind. Man kann aber ihr Daseyn nicht statt finden lassen, ohne anzunehmen, daß eine Leber, Milchgefäße, Blut- und Schlagadern, Herz, Knochen, Muskeln und Nerven, die freilich nicht von fester Substanz sind, wie etwan in einem schon ausgebildeten Hühngen, vorhanden seyn müssen, sondern wo die Festigkeit nach Verhältniß so groß ist, wie sich jeder Theil im Zustande seiner Volkommenheit verhält.

Die Versuche des Abt Spallanzani's verbreiten noch mehr Licht über diesen Gegenstand. Er zeigt ganz deutlich, wie die Larven von Fröschen, Kröten und Salamandern, die man unrechter Weise für Eier gehalten hatte, gänzlich und in völliger Gestalt Fötus oder Früchte sind, die sich vor ihrer Herabsenkung in die Gebärmutter, in dem Eierstokke der Weibgen befinden, und also schon lange vor der Befruchtung darinne antreffen lassen. Er zeigt durch die allermühsamste Untersuchung, daß die noch unbefruchteten Fötus, die im Eierstokke sind, völlig den befruchteten gleichen; und zwar dergestalt, daß kein Unterschied unter ihnen zu finden ist, als etwan die Veränderung, welche durch die Befruchtung gemacht wird: daß also die Ersten, wie die Leztern, alle der Larve zuständige Theile an sich haben, oder, daß sie selbst volkomne Larven sind, und folglich unter dieser Gestalt alle Theile des Frosches, oder der Kröte, oder des Salamanders, einschließen; wie die Raupe im Eie alle Theile des Schmetterlings, enthält.

Das ist noch nicht alles: unser sorgfältiger Beobachter, zeigt nicht nur, daß die Larven der Frösche, Kröten und Salamander, bei der Befruchtung präexistiren, er giebt uns auch von dem Schaf- oder Wasserhäutgen Nachricht, wie es, mit der damit verbundenen Nabelschnure, ebenfals schon mit ihnen zugleich vorhanden sei. Endlich hat er auch bewiesen, daß die stärkste Entwikkelung dieser Früchte gleich nach der Befruchtung statt gefunden habe, daß man aber auch dieselbe, schon merklich das Jahr vor der Befruchtung, wahrnehmen könne.

Diese Versuche lassen gar keine Zweifel übrig: der Herr Abt Spallanzani hat schon allen, so viel deren auch gemacht werden könnten, vorgebeugt, und folglich hat er auch ohne Widerspruch die Präexistenz der Früchte dieser Thiere, in dem Weibgen, bei der Befruchtung festgesezt. Er hat sich also zu dieser Absicht einen Umstand, der ihm sehr zu statten kam, weislich zu Nutze gemacht. Er hat sich nämlich davon vergewissert, daß die Befruchtung der Larven außer dem Körper des Weibgens geschähe; er hatte gesehn, wie das sich mit dem Weibgen begattende Männgen, nur die Fötus, die aus der Mutter hervorkamen, mit dem Saamen befeuchtete, und die, welche aus der Mutter heraus gegangen waren, und keine Befeuchtung erlitten, sich auch nicht entwikkelten, sondern verdarben, wie diejenigen, welche das Weibgen ohne Begattung von sich ließ. Dieser Hauptversuch war einer von denen, der die größte Belehrung gab. Die Fötus, die einzeln wie an eine Schnure angereihet sind, kommen nach und nach aus der Mutter des Weibgens zum Vorschein, und bisweilen werden auch schon vor der Begattung von dem Weibgen dergleichen fortgelassen.

sen. Wenn nun unser Beobachter einen Theil dieser aus lauter Larven bestehenden Schnüre noch vor der Befruchtung, und hernach, wenn die Begattung vorsich gegangen war, ein zweites Theil abschnitt, und diese beyden Stücke mit ihren Früchten, unter völlig gleichen Umständen, in einerlei Wasser legte, so wurde er gar bald gewahr, welche von beiden die befruchtete war: so verfuhr unser Herr Abt Spallanzani. Aller dieser großen Aehnlichkeit aber ohnerachtet, die man unter diesen Früchten in aller Betrachtung antraf, da sie sich in nichts, als in Ansehung der Befruchtung, von einander unterschieden, so sahe man doch, daß es nur die Parthie der befruchteten war, die das Leben empfieng, und die wahre Frosch- und Krötengestalt annahmen, (oder deutlicher), die in wahre Frösche oder Kröten verwandelt wurden; die übrigen alle blieben zuruk, und verdarben in kurzer Zeit.

Ob nun gleich dieser Beweis gar keinen Widerspruch leidet; wolte doch der Herr Abt Spallanzani diesen Versuch mit den Fruchten dieser Amphibien noch auffallender machen indem er, durch Befruchtung der Früchte, mit dem aus den Männgen genommenen Saamen, das that, was das Männgen bei der Begattung selbst verrichtete. Kurz, er unternahm, was er sich auf eine kühne Art ausgedacht hatte, er stelte künstliche eigenmächtige Befruchtungen an, die dem Malpighi und andern großen Männern nicht hatten glükken wollen: Er aber, der mehr Glük als jene Naturforscher in dieser Unternehmung hatte, sahe, wie die Natur sich seinen Absichten gemäß fügte, und daß das, was er anfangs nur dachte, sich auch realisiren ließ: gleich zum erstenmal kamen Frösche, Kröten, und Salamander zum

Leben, ohne daß sie dasselbe einem mitwirkenden Männgen schuldig waren. Man kan es schon von unserm mühsamen Beobachter erwarten, daß er nun auch untersuchen würde, was den Früchten wiederfahren möchte, die keine Befruchtung erlitten hätten. Allein die Erfahrung lehrte ihn ein für allemal, daß die befruchteten Fötus, es mochte die Befruchtung nun durch Kunst oder Natur geschehen sein, die einzigen waren, die belebt wurden: da indessen die nämlichen Früchte von einerlei Schnure, und eben derselben Mutter, wenn sie nicht waren befeuchtet worden, alle mit einander ganz unvermeidlich verdarben.

Indem nun unser scharfsinniger Herr Abt, diese in der That originellen, und erstaunenden Versuche machte, wolte er auch gerne die befruchtenden Kräfte der Saamenfeuchtigkeit dieser, zu seinen Versuchen bestimmten Amphibien kennen lernen.

Zu dieser Absicht zu gelangen, machte er verschiedne Proben, indem er die Wirkung der Saamenfeuchtigkeit bald durch eine grössere, bald durch eine kleinere Menge Wasser schwächte, oder dieselbe nur in einer höchst geringen Menge anwendete. Die Befruchtung gieng aber gleichmäßig eben so gut von statten, wenn die Früchte auch nur auf einem Punkte, ihres kleinen Körpers, damit berührt, als wenn sie ganz damit benezt wurden. Dieses so sehr kleine Tröpfgen, welches doch nur so groß war, daß es eine Nadelspitze bedekte, hatte eben die Kraft, als eine weit größre Menge dieser Feuchtigkeit, und behielt auch seine ganze Kraft, ob sie gleich zuvor durch eine ziemliche Schleimmasse durchdringen muste. Kurz, einzige drey Gran vom Saamen einer Kröte, oder eines

Frosches, behielten ihre volle Kraft, ob sie schon mit anderthalb Pfund Wasser vermischt worden waren; ja diese so unbedeutende Menge Saamen, verlohr auch ihre Kraft noch nicht, da er sie mit zwei und zwanzig Pfund Wasser geschwächt hatte. Denn im erstern Falle wurden alle mit jener Mischung befeuchteten Larven lebendig, und die in die andre noch schwächere getauchten kamen doch auch zum Theil zu Leben. Man muß bemerken, daß nicht nur etwan ein Theil dieses Wassers die befruchtende Kraft erhielt, sondern die ganze Masse des Wassers. Und was noch mehr war; auch die bis zum Erstaunen mit diesem besaamten Wasser häufig gemachten, und mit demselben öfters wiederholten Befruchtungen, konten ihm doch seine befruchtende Kraft nicht nehmen.

Diese Versuche hätten die Meinung erwekken können, daß vielleicht der flüchtige Theil des Saamens nur die Befruchtung verursachte; allein Herr Spallanzani hat dargethan, daß es die ganze Mischung, der körperliche, nicht geistige Theil des Saamens allein sei, der die Befruchtung zuwege bringe. Endlich hat auch dieser gelehrte Naturforscher mit gleich glüklichem Erfolge, Eier von der Seidenraupe befruchtet: ja er ist noch viel weiter gegangen, indem er so gar eine Hündin mit dem Saamen eines Hundes, durch eigene Handgriffe befruchtet hat. Die Hündin hat auch glüklich drei verschiedne Junge geworfen, da das Thier zuvor so lange, bis sich die Kenzeichen der Trächtigkeit offenbarten, in einer Kammer genau verschlossen gehalten wurde. Dieser nämliche Versuch, ist auch mit eben dem Erfolge, von einem Professor zu Pisa wiederholt worden.

Hierbei muß ich stille stehn. Man kan sich gar nicht enthalten, hierüber in das gröste Erstaunen zu gerathen; und muß sich zum höchsten verwundern, wenn man sieht, wie sich das Genie der Natur bemeistert hinter ihre Geheimnisse zu kommen, uns mit ihren Verfahrungsarten bekant zu machen, und mit denselben unsre Kentnisse zu bereichern.

Wer kan sich nunmehro seiner Wiege, worinne er, als kaum entwikkelter Mensch, anfangs lag, mit kaltem Blute nähern, da uns der Herr Abt Spallanzani izt belehrt, daß dieselbe so alt ist, als die Erde selbst! Wer wolte sich nicht äußerst über das volle Licht freuen, das nunmehr über die dunkelste und verborgenste, aber auch der menschlichen Wißbegier würdigste Materie, auf so glükliche Weise verbreitet worden ist? Ich bin gewiß versichert, daß alle diejenigen, welche das Werk, von dem ich hier nur einen trokkenen Auszug liefere, lesen, mich wegen meines Enthusiasmus, in den ich versezt worden bin gerne entschuldigen werden; und indem sie hoffentlich mit mir gleiches Vergnügen empfinden; so werden sie sich auch meine Ausdrükke gefallen lassen.

Es wird gewiß nicht viel Entdekkungen geben, die geschikter wären, einen so reichlichen Stoff zum Nachdenken darzubieten; denn es sind ohne Zweifel nur wenig Dinge, welche die Gränzen unsers Wissen so sehr erweitert hätten.

Ich will nur einige Jdeen, die sich mir bei dieser Gelegenheit darstellen, verfolgen, und vermittelst derselben, eine Geschichte des Menschen, der Thiere, und Pflanzen vor ihrer Befruchtung entwerfen. Obgleich dieser Plan beim ersten Anblik widersinnig scheint,

so

so hoffe ich doch, er soll durch die Ausführung Wahrscheinlichkeit bekommen: und wenn er auch gleich große Schwierigkeiten mit sich führt, so bin ich doch voller Muth und Hofnung sie zu überwinden, weil ich von Bonnets, und Spallanzani's Grundsätzen unterstüzt werde. Ich könte geirret haben: aber die Irrthümer in meinem Werke würden auch gewiß nur solche sein, die ich irriger Weise den gründlichen Vorstellungen meiner Führer untergeschoben, und unrichtig aus ihren Bemerkungen und Entdekkungen abgeleitet hätte.

Kein Mensch, kein Thier, keine Pflanze, kein Infusionsthiergen, hat jemals existirt, ja ich kan fast sagen, seit sechstausend Jahren gelebt, welches nicht im Schoße seiner Mutter, worein es von der Natur war gelegt worden, seine almählige Entwikkelung bekommen hätte.

Weil nun also die Keime vor der Befruchtung schon präexistiren, so ist es ganz klar, daß sie nicht Wirkung von der Befruchtung sind, es ist offenbar, daß sie schon geschaffen, mit allen ihren Organen schon vorher geschaffen, und in dieser Verfassung vorhanden waren, ehe wir dieselben noch mit unsern Augen erkennen konten. Allein, was für einer wirkenden Ursache soll man ihre Entstehung zuschreiben? und welchen Zeitpunkt ihrer Erscheinung sol man annehmen? Diese Fragen scheinen uns in Labyrinthe der Metaphysik zu führen; aber ich hoffe, durch ganz natürliche und zusammenhängende Schlüsse im Stande zu sein, mich wieder heraus zu finden.

Aus der Unmöglichkeit einer unendlichen Reihe endlicher Dinge, folgt nothwendig die Existenz eines ersten nothwendigen Wesens. Eine unendliche Reihe von Menschen, Thieren, Pflanzen, Infusionsthierchen, wäre ein offenbarer Widerspruch: weil es also endliche Reihen endlicher Wesen in der Welt giebt, wie zum Beispiel die Menschen, Thiere, auch die Infusionsthierchen sind, so muß durchaus ein nothwendiges Wesen angenommen werden, welches die Ursache der endlichen Reihen aller organisirten Geschöpfe ist.

Man kan dieser Folgerung nicht widersprechen, wenigstens lassen sich doch wohl Wirkungen ohne Ursache, Menschen ohne Vater, Pflanzen ohne Saamen, nicht denken. Allein, da nun diese Vermehrung durch die Entwikkelung der schon vor der Befruchtung präexistirenden Keime geschieht, so ist es auch diesem zu Folge ganz offenbar, daß das nothwendige Wesen die Ursache der Keime von Thieren und Pflanzen sein müsse. Ich will mich auf mehrere einzelne Umstände nicht einlassen, um diese Hauptwahrheit fest zu setzen, die, meiner Meinung nach, schon durch das bisherige Raisonnement, begreiflich genug wird. Man kan aber auch gar bald einsehen, wie leicht es wäre, diesen Grundsatz noch weiter auszudehnen, oder doch wenigstens unter verschiednen Gesichtspunkten vorzustellen.

Was aber den Zeitpunkt anlangt, in welchem die Erschaffung dieser Keime, welche die Erde mit Menschen, großen und kleinen Thieren und Pflanzen, die ganze Zeit hindurch besetzen soll, so kan ich keinen andern Anfang annehmen, als den Zeitpunkt der ersten Schöpfung. Moses meldet uns, daß Gott sein Schöpfungswerk am sechsten Tage völlig geendigt habe. Die Erfahrung aller Zeiten hat uns gelehrt, daß Gott nichts Neues weiter schaft; und da wir aus Beobachtungen

tungen zur Genüge wissen, daß die Keime in dem Weibgen und Saamenkörngen, schon vor der Befruchtung präexistiren, so lehren diese uns auch, daß die Fötus, in den Weibgen und Körngen wesentliche Stükke derselben ausmachen: so, daß die Körner und Weibgen, im ersten Augenblikke der Schöpfung, die Theile bekommen musten, die ihnen wesentlich gehörten, nämlich die Keime zu deren Entwikkelung sie bestimt wurden. Allein, da die weiblichen Keime nach ihrer Entwikkelung zur fernern Vermehrung ihrer Art dienen solten so musten auch diese weiblichen Früchte die männlichen und weiblichen, die zu dieser Vermehrung dienen solten, in sich halten; und so immerfort, bis ans Ende der Welt. Denn man kan es sich nicht anders vorstellen, als daß ohne alle diese Keime, das erste Weibgen eines jeden Thieres, jedes erste Saamenkorn jeder Pflanze, unnüz, für die zukünftige Zeitfolge, und folglich fehlerhaft gewesen sein müsten.

Ueberdies, da Gott durch algemeine Gesetze die ganze Welt regiert, hat er auch alle Wirkungen an diese Gesetze gebunden, und ihre Verhältnisse so eingerichtet, daß jene durch diese hervorgebracht, und fortgesezt werden konten. Da nun aber die Aufschliessung oder Entwikkelung organisirter Geschöpfe ein algemeines Naturgesez zu sein scheint, so ist auch ganz klar, daß dasselbe bei allen Geschöpfen, wo es nur immer möglich ist, gelten muß: doch können sie die Wirkung desselben nicht anders erfahren, als wenn sie so eingerichtet sind, wie es dem algemeinen Plane und der Einrichtung der Welt gemäß ist. Und da die Geschöpfe diesem Gesetze nicht eher haben unterworfen werden können, als beim ersten Augenblikke ihrer Entstehung, so müssen sie auch vom Anbeginn so eingerichtet

tet worden sein, daß sie nach und nach, in successiven Zeiträumen, sich entwikkeln, und auf diese Art die Erde mit organisirten Geschöpfen bevölkert werden konte. Daher war es nothwendig, daß die Keime, die vor der Befruchtung schon praeexistiren, in dem Weibgen vorhanden wären, um diese fortdauernde Entwikkelung anzunehmen; denn wie konte es denn, vom ersten Tage der Schöpfung an, neue durch die Befruchtung entwikkelte Geschöpfe geben, wenn nicht, vom ersten Tage der Schöpfung an, Keime zur Entwikkelung vorhanden gewesen wären? und es ist sehr glaublich, daß das Entwikkelungsgesez, als ein den organisirten Körpern wesentlich eigenes, von jener ersten Zeit an, bis auf den heutigen Tag sich unverändert erhalten habe.

Nun wird man auf die Frage gebracht, was nun wohl die unendlich kleinen Geschöpfe für einen Ursprung haben müssen? Diese Geschöpfe, die, bei ihrer Zartheit, so erstaunenswürdig vielfach zusammengesezt sind, und deren Zusammensetzung um desto bewundernswürdiger ist, je schwerer ihre Theile zu erkennen, ja je weniger sie überhaupt sichtbar sind; denn diese Keime sind nicht von Ewigkeit her, weil sie endliche und auf einander folgende Geschöpfe sind, sie sind auch nicht ein Werk des ohngefähren Zufals, welcher Ausdruk nichts weiter als ein leeres Wort, oder eine Anzeige von Unwissenheit, oder auch die Zuflucht für den Atheisten ist, der noch nie mit Nachdenken sich bemühet hat; nein, sie können nicht vom Ohngefähr abhängen, da ihre Zusammensetzung so bestimt ist, und sie mit den übrigen Geschöpfen des ganzen Universums eine so große Verbindung haben, und mit denselben in sehr häufigen Verhältnissen stehen. Man muß diesemnach, an jedem derselben den G r o ß e n Schöpfer,

pfer, der sie gemacht, erkennen, man muß an ihnen die Almacht und Weisheit des Almächtigen und Alweisen verehren, der diese Geschöpfe in aller ihrer Feinheit mit eben der Schöpferhand bereitet, mit welcher er die Sonne in den unermeßlichen Weltraum gestelt, mit welcher er die Planeten und Kometen ausgestreut hat, damit diese um jene, in bestimter Entfernung ihren abgemessenen Umlauf hielten, und welcher mit eben der mächtigen Schöpferhand, welche diese algemeine Bewegung hervorbrachte, auch die Fortdauer der Gestirne, großer und kleiner Thierarten, Pflanzen, und ihrer Keime vom Anbeginn unterhält. Und in der That, wenn man nicht wenigstens beweisen kan, daß ein endliches Wesen, die Ursache von seiner eigenen Existenz selbst, und die leblose Materie der Ursprung des Lebens und des Verstandes sein könne; so wird man auch niemand nach der Vernunft überführen, daß die Keime der Menschen, Thiere und Pflanzen, die schon vor der Befruchtung in dem Weibgen präexistiren, sich selbst mit allen ihren Verhältnissen, mit aller nach ihrem verschiednen Zustande, auch verschiednen erforderlichen Nahrung, mit der zu ihrer Entwikkelung nöthigen Saamenfeuchtigkeit, mit allen den Phänomenen, in welchen sie im Universum zugleich mit erscheinen, die Existenz verschaft hätten. Wir müssen also das Wesen aller Wesen unendlich bewundern, das, in dem Augenblikke der Schöpfung organisirter Körper, zugleich mit ihnen, alle ihre Generationen schuf, die eben so lange fortwähren solten, als der Planete selbst, worauf sie und wir wohnen, dauern wird. Wir müssen die göttliche Vorsehung in tiefer Ehrfurcht preisen, welche die Grundstoffe organisirter Körper, während der ganzen Folge der Geschöpfe erhalten, und wider alle Zufälle, die ihnen täglich den

Unter-

Untergang zuziehen könten, beschüzet hat. Das stets offne Auge des Allgütigen, der mit seinem wohlthätigen Blik diese Geschöpfe gleichsam belebt, und ihre Entwikkelung für die Zeit aufspart, wo sie dann auf dem Schauplatze der Welt ihren Plaz einnehmen, und ihre Rolle spielen sollen. Bei dieser Betrachtung erhebe ich mich bis zum Ewigen Baumeister und Gesetzgeber der Welten, und aller, in und auf ihnen, befindlichen Geschöpfe, die bis in alle künftige Zeiten den weiten Raum des Universum, beleben werden. Ich strebe mit allen Kräften mich Ihm zu nähern, um seine weisheitsvollen Plane, seine anbetungswürdigen Volkommenheiten, und vorzüglich seine Weisheit, und demüthigst zu verehrende Güte kennen zu lernen, die sich mit solcher Herrlichkeit in der Regierung der Welt, in der Wohlfahrt des ganzen Universums, und aller dazu gehörigen einzelnen Geschöpfe, so offenbar und deutlich, zu erkennen giebt.

Allein, wenn man darüber nachdenkt, wie sich organisirte Geschöpfe von einerlei Art immer ähnlich bleiben, und zwar nicht allein in Absicht auf diejenigen, die mit uns zugleich vorhanden, und von deren Entwikkelung wir Augenzeugen sind, sondern auch in Rüksicht auf die, welche schon vor uns existirt, und einen Theil des ganzen Weltkörpers seit der Schöpfung ausgemacht haben; so kan man gar nicht zweifeln, daß diese beständige Aehnlichkeit, unter allen einzelnen Geschöpfen, von einer und eben der Art, und während der ganzen Dauer der Welt, nicht auch eine und eben dieselbe Wirkung des unwandelbaren Naturgesetzes gewesen sein solte: denn wie wolte man sich einbilden, daß eine so große Aehnlichkeit, die so unausgesezt und unverändert, und so lange, als die Welt selbst, dauern solte,

solte, nicht die Wirkung eines vom Ursprunge der Welt festgesezten Gesetzes, oder das Resultat einer, auf alle Zeiten ihrer Existenz, gemachten Einrichtung wäre? und welches Mittel könte wohl zu dieser Absicht dienlicher sein, als dasjenige, welches wir in der Natur von dem alweisen Schöpfer angewendet sehen?

Alle Geschöpfe, die entstehen solten, wurden vom Anfange her, mit allen ihren Organen, und in ihrer Gestalt geschaffen: sie waren ohne alle Vergleichung, weit kleiner bei dem Kinde, das nur gebohren wird, bei dem kleinen Eichbaume, der aus der Eichel kömt, als dieses Kind in Vergleichung mit dem großen ausgewachsenen Menschen, und die kleine Eiche gegen diejenige ist, die künftig ganzen großen Heerden kühlende Schatten giebt: Von nun an begreift man auch, daß gedachte, und bewunderte Aehnlichkeit unter allen Geschöpfen, von einerlei Art, nicht dem Zufal überlassen sein kan. Ein jedes Individuum hat seine Glieder, seine Organe, seine Bildung; und da ein jedes auch das Vermögen besizt, und auch künftig immer behalten wird, die ausgearbeiteten Nahrungsmittel, in seine Substanz zu verwandeln, und durch diese mit seiner Substanz gemachte Vereinigung, bis auf einen bestimten Grad zu wachsen; so wird diesem allen zufolge, ein jedes Individuum, von dem Zeitpunkte seiner Erschaffung an, immerfort almälig entwikkelt, ohne daß es an seiner Gestalt eine Veränderung litte; nur aber blos an der Größe muß es eine Zunahme bekommen. Es ist zu verwundern, daß diese Idee, welche unserm Verstande zuerst einfält, nicht sogleich durch ihre große Wahrscheinlichkeit Eindruk gemacht, und Anlaß gegeben hat, die Beweise dieser Wahrheit viel eher aufzusuchen, die sich Haller, und der Herr Abt

Spal-

Spallanzani vorstelten, und Herr Bonnet schon vor ihrer Entdekkung voraus sagte.

Ich will nur noch eine einzige Bemerkung machen: die Keime sind organisirte Maschinen, die schon sechs tausend Jahre bestehen: sie haben auch ohne Zweifel seit der Schöpfung, die zu ihrer Erhaltung, zum Umlauf der für ihre Nahrung erforderlichen Säfte, zu ihrem Wachsthum und Leben, nöthige Bewegung erhalten. Wer hat ihnen diese Bewegung gegeben? Wenn man sich einen Augenblik denken könte, wo weder Bewegung, noch Urheber derselben vorhanden gewesen wäre; so würde ich fragen, wo denn die Ursache der im ganzen Universum bemerkten Bewegung sein solte? Wo denn der Ursprung aller Kräfte überhaupt, und der bewegenden Kräfte ins besondre zu finden sei? Ich wil mich in diese metaphysische Untersuchung gar nicht einlassen, aber ich übersehe doch ganz deutlich die Reihe der Vernunftschlüsse, und die Gründlichkeit ihrer Resultate: Mens agitat Molem: Die Masse wird vom Geist bewegt. Es ist der Unerschaffne Geist. Der Schöpfer der Welt, der Allmächtige, der Alweise, der Algütige, der Ewige, von welchem die erste Bewegung ihren Ursprung genommen hat.

Ehe wir weiter gehen, ist noch zu bemerken daß die Keime aller organisirten Geschöpfe, von verschiednem Geschlechte, wo ein Geschlechtsunterschied statt findet, sein, daß sogar Zwitter in allen Keimen organisirter Körper angetroffen werden müssen, worinne eine Verbindung beiderlei Geschlechter, in ein und eben demselben Individuum beisammen gefunden wird. Ich weiß gar wohl, daß man dieses eben nicht augenscheinlich darthun kan, aber es läst sich doch gar leicht aus

Beobach-

Beobachtungen herleiten. Indem Herr Abt Spallanzani gezeigt hatte, daß die Keime der Frösche, Kröten und Salamander vor der Befruchtung, denen volkommen ähnlich gewesen, welche schon befruchtet worden waren, so zeigt er auch, daß sie von verschiednem Geschlechte sein müssen: denn da die Befruchtung ihre Gestalt, ihre Organe und ihre Natur nicht verändert, so läst sie dieselben, wie sie vor der Befruchtung waren, bis auf die Lebenskräfte, welche sich nun merklicher zeigen: daß also diejenigen, welche nach der Befruchtung Männgen und Weibgen sind, es auch schon vor derselben müssen gewesen sein: und eben dasselbe muß ich auch von den organisirten Zwittern sagen: ihre Keime müssen schon vor der Befruchtung ebenfals Zwitter gewesen sein; und man wird auch daran nicht mehr zweifeln, wenn man bedenkt, daß jeder Keim von jeher im Kleinen, vor der Befruchtung das gewesen sei, was er nach derselben im Großen werden soll: der Fötus ist, in aller Betrachtung, eine organisirte Maschine, die, bei ihrer Zartheit, dennoch ihre Volkommenheit besizt, und nicht anders als durch die Entwikkelung, verändert werden kann; aber nicht durch eine Veränderung, oder Vermehrung wesentlicher Organe, es müsten denn ganz besondre Umstände zusammen treffen die vermögend wären, monströse Geburten, wie man bisweilen findet, hervorzubringen.

Was für eine Vorstellung ist nicht die stete, und seit der Schöpfung noch immer fortdauernde Entwikkelung aller der männlichen und weiblichen Früchte organisirter Körper? ich weiß gar wohl daß unsre Einbildungskraft dieser Idee unterliegt: allein, soll man deswegen eine Wahrheit verwerfen, weil sie über unsre Vorstellung geht? Es wird deswegen nicht weniger

ger wahr, daß das Kugelthier(Volvox), ein Infusionsthiergen, verschiedne Generationen in sich enthält, davon eine in der andern gleichsam versiekt, und alle wie in Büchsen verschlossen liegen, es ist darum nicht zu läugnen, daß in der engen Schale des kleinen Saamenkörngens des Ulmbaums, dieser große Jahrhunderte hindurch daurende Baum, mit allen seinen Aesten, Zweigen, Blättern, Blüten, und Saamenkörngen, die er in künftigen Jahrhunderten einst tragen wird, in seiner Volkommenheit bereit liegt: es ist auch nicht weniger gewiß, daß freilich unsre Vorstellungskraft tausend Unmöglichkeiten in einer so grossen Idee findet, welche aber doch von unsrer Vernunft überwunden werden.

Allein diese Betrachtungen sind doch nicht im Stande, ein so interessantes Problem über diese Materie aufzulösen. Man kan noch immer fragen, sind denn die Keime in alle Theile unsers Erdballs, und in dessen ihn umgebenden Raum zerstreut? oder haten sie allezeit von jeher, in dem Innersten der Weibgen, oder bis auf einen gewissen Zeitpunkt eine Frucht in der andern gesteckt? Alles dasjenige, was ich bisher gesagt habe, würde mit dieser doppelten Auflösung jener Frage bestehen können: allein mich dünkt, man könne noch weiter gehen, und mit einiger Gewisheit hierüber entscheiden. Ich will hier wenigstens einige Gründe anführen, welche unsre Wahl bestimmen, und die gewählte Meinung befestigen können.

Zuvörderst will ich bemerken, daß die Schwierigkeiten des Systems der überall zerstreuten Keime (Panspermia), eben so zahlreich, und eben so stark sind, als wenn man die Einwikkelung aller präexistirenden

renden Keime in den weiblichen Körpern annimt; weil sie alle, in beiden Fällen, einerlei Alter haben sollen, und ihr körperlicher Umfang in beiden Fällen außerordentlich klein ist; man gewint also in dieser Rüksicht gar nichts bei der Erklärung.

In dem Systeme der zerstreuten Keime, sehe ich gar nicht, wie die Früchte sollen genährt werden, ehe und bevor sie ein für sie schikliches Lager bekommen: wie sie an den für ihre Entwikkelung zuträglichsten Ort gelangen; mit dem Weibgen, das sie doch beleben muß, verbunden werden sollen; wie und auf welche Art die Nabelschnure entstehen sol, die sie mit ihm vereinigt. Ueberdies, wie wird ein Pflaumbaumreiß, das auf einen Mandelbaum gepfropft ist, einen Pflaumbaum und Pflaumen bringen, ohne jemals Mandeln zu tragen? Wenn die Keime zerstreuet wären, so scheint es, daß die Keime des Mandelbaums, wenn sie auf den Zweig des vom Mandelbaume genährten Pflaumbaums kämen, eine schikliche Nahrung darauf finden könten, Mandeln und Mandelbäume zu bilden, oder zu entwikkeln: Da nun aber der Zweig des Pflaumbaums alzeit Pflaumen trägt, so muß er doch keine andre Keime entwikkeln können, als die er in sich hält, nämlich Keime von Pflaumen, und nicht von Mandeln, welche er eben so gut, als die von Pflaumen aufnehmen könte, wenn nicht alle Keime, die er entwikkeln kann, in dem Zweige des Pflaumbaums schon aufs genaueste verschlossen wären.

Wenn der Ausdruk Einschachtelung (emboitement), den man braucht, um die Folge der, in dem Weibgen verschlossenen organisirten Körper anzuzeigen, nicht eine deutliche Vorstellung von dem giebt, was man doch eigentlich damit anzeigen will, so muß man die Sache selbst nicht nach dem Ausdruk beurtheilen. Das Wort Einschachtelung (emboitement) hat allerdings nie eine solche Vorstellung erregen sollen, als man bekömt, wenn eine ganze Menge Schachteln so beisammen wären, daß immer die kleinere in der grössern sich befände. Allein, man versteht es zum Beispiel auf solche Weise, daß ein Saamenkörngen vom Ulmbaume, denjenigen Baum schon enthält, den es mit allen seinen Aesten, Zweigen, Blättern, und den übrigen Theilen hervorbringen soll: alsdenn enthält jedes seiner Saamenkörngen einen andern Ulmbaum mit seinen Aesten, und Saamenkörngen, davon jedes wiederum in viel kleinerer Gestalt das nämliche Phänomen zeigt: ich sage dieses eben so gut von den Knospen, in Ansehung der Aeste, als von den Keimen der Thiere, in Ansehung der nach und nach erfolgenden Generationen, die sie hervorbringen sollen.

Es vereinigen sich verschiedne Umstände, um dieses System zu bestätigen. Alle diejenigen Beweise, welche die erstaunenswürdige Theilbarkeit der Materie bestärken, dienen auch zum Beweise der Einschachtelung in dem Verstande, wie ich sie beschrieben habe. Außer diesen, davon ich schon geredet habe, ist es zureichend, den Schmetterling, wie er in der Raupe stekt, die Kastanienblüten, und ihre in der Knespe zusammen gefalteten Kastanien, den Baum zusammengedrängt im Saamenkörngen, die Zähne in dem Zahnfleische ungeborner Menschen und Thiere, anzuführen.

Es sei dem aber nun, wie ihm wolle, so glaube ich doch, daß, was ich gesagt habe, genug sein wird, wo auch nicht die Zerstreuung der Keime ganz ungültig zu machen, wenigstens doch dem Systeme der Einschachtelung mehr Wahrscheinlichkeit zu verschaffen: und das wolte ich eben hiemit darthun.

Wir

Wir haben also alle, nebst Thieren, Thiergen und Pflanzen, als unsern Zeitgenossen, nunmehr sechs tausend Jahre gelebt. Ja wir haben alle gelebt, und zwar im allerstrengsten Verstande: denn, wenn uns nicht ein Lebensprincipium, von der Schöpfung der Welt her, belebt hätte, denn das ist der Anfang unsers Daseins, gewiß wir würden längst nicht mehr sein. Wir haben zwar wirklich unter einer unsichtbaren Gestalt gelebt, unser Leben war dann, als von dem, was es jezt ist, sehr unterschieden, vielleicht war es noch weit schwächer, als das Leben eines Keims, der nur erst befruchtet worden, oder auf dem Punkt ist, befruchtet zu werden: doch haben wir darum nicht weniger gelebt, weil wir uns indessen entwikkelt haben. Ich zweifle gar nicht, daß vernünftige Geschöpfe von weit feinern Sinnen, als die unsrigen, verschiedne Erscheinungen, aller seit unsrer langen Entstehung erlittenen Entwikkelungen solten beschreiben können. In der Tochter der Eva, von welcher auch mein Leser ohne Zweifel abstamt, war die Reihe der Früchte schon nicht mehr so groß, als in ihrer Mutter, die sie noch alle ganz enthielte: daß sie also dergestalt in dem nämlichen Orte einen größern Plaz einnehmen konten, weil sie sich nun schon an der Zahl vermindert hatten. Dies gilt auch von jeder ihrer Descendenten bis auf die, welche dir, mein Leser! das Leben gegeben hat: so, daß, da almählig, von einer Generation zur andern, der, für die Keime bestimte Raum, indem er sich in der Verhältniß vergrößert, als die Anzahl der Früchte abnimt, sie auch daher ein almähliges, und dem Raume angemeßnes vermehrtes Wachsthum nehmen können, welches sodann den Punkt ihrer möglichen Entstehung bestimt, so bald als die Gelegenheit zur Entwikkelung mehr oder weniger wirksam wird. Daß also der Grad (intensitas), wenn man so sagen kan, ihres Lebens, ihrer Entwikkelung gleich kömt. Diesem allen zufolge, da diese Früchte, vom Anfang der Welt her, wie ich schon gesagt habe, geschaffen sind, und seitdem gelebt haben, wie wir auch daran nicht zweifeln können, weil wir selbst aus diesen Keimen, die nun ihre ganze Entwikkelung erlangt hatten, entstanden sind; und weil sie seit der Schöpfung die Fähigkeit sich zu entwikkeln besessen haben, indem sie auf den zu dieser Entwikkelung erforderlichen Plaz gekommen sind; so müssen sie also nothwendiger Weise immer almählig entwikkelt worden sein: denn es giebt ohne Entwikkelung gar kein Leben. So viel ist wahr, daß diese Entwikkelung äußerst langsam vor sich gegangen ist: aber das kan doch nicht hindern, daß sie darum nicht wirklich geschehen, und zwar, nach Masgabe der den Keimen zu ihrer Entwikkelung verliehenen Mittel, oder nach dem ihnen angewiesenen Platze, vorgegangen sei.

Wenn nun diese Keime entwikkelt werden, so müssen sie auch genährt werden, das eine erfordert nothwendig das andre. Allein, wo ist für diese unendlich kleinen Geschöpfe, eine ihnen angemeßne Nahrung zu finden? Wo ist eine solche feine Flüssigkeit anzutreffen, die sich mit ihrer Substanz verbinden könte? In den Werkstäten der Natur ist uns nichts bekant, das zu unsern Absichten dienen könte. Wir wissen, daß die leztern Endungen der Gefäße allem Bestreben, sie zu entdekken, sich entziehn, und wir können annehmen, daß die äußersten Oeffnungen dieser Gefäße, in den Müttern, ein Verhältniß zu den weitesten Gefässen der größten Keime haben, die sie nähren, indem sie ihnen dadurch die nöthige Nahrung zuführen; und das um desto mehr, da die Menge dieser Nahrung gar

nicht

nicht groß sein darf. Ferner würde es möglich sein, daß die größten Keime, die Nahrung für die kleinere zubereiteten, und so ferner im Absteigen, bis auf den leztern Keim, der sich dereinst entwikkeln wird, und seine Nahrung von dem vorlezten erhält.

Diese gegenwärtigen Ideen sind gar nicht unwahrscheinlich. Es ist bekant, was für eine große Menge Blut zu den Geburthstheilen des Weibgens geführt wird: die Menge der Säfte, welche die Natur darinnen bereitet, die zahlreiche Menge der hier befindlichen Gefäße bringt mich auf die, ich glaube nicht ungereimte Vorstellung, daß sich daselbst die Durchseiher für diese zur Nahrung dienlichen subtilen Säfte befinden. Und was mich in meiner Meinung bestärkt, ist dieses, daß die Nabelschnure und das Schafhäutgen des Fötus, bey der Befruchtung präexistiren, auch diese beiden Theile, wahrscheinlicherweise, sehr nothwendig zu ihrer Ernährung sein mögen. Noch mehr aber beweist dieses, daß der Herr Abt Spallanzani beobachtet hat, wie die Larven, vor der Befruchtung, mit dem Eierstokke, vermittelst eines Stiels oder kleinen Zipfels, verbunden sind, der vielleicht die Nabelschnure ist, dadurch eben diese Fötus genährt werden, und welcher ohne Zweifel das Mittel zum Wachsthum ist, den sie das Jahr ihrer Entwikkelung bekommen. Ja sie reissen sich, sobald als sie befruchtet werden sollen, vom Eierstokke los, weil die Frucht in ihren Häuten die nothwendige Nahrung für ihren Zustand findet, und auch den Schleim in den Eiergängen antrift. Weil nun also die Früchte, vor ihrer Befruchtung, mit dem Eierstokke durch ein Gewebe von Gefäßen, verbunden sind, so muß auch wohl dasselbe zur nöthigen Circulation der Säfte zwischen der grösten Frucht, und dem Weibgen dienen; wahrscheinlicherweise ist auch ein ähnliches Gewebe von Gefäßen vorhanden, welches zwischen diesem grösten, und dem in der Größenordnung folgenden Fötus, und so immer weiter zwischen den kleinern besteht. Und wozu solte die Nabelschnure bei den Früchten, die nach der Befruchtung von ihrer Mutter nicht weiter genährt werden, dienen, wenn es nicht zu dem Endzwek wäre, sie vor der Befruchtung auf eben diese Weise, wie es nach derselben geschieht, zu nähren?

Diese Ideen reimen sich auch mit dem, was wir von der thierischen Haushaltung wissen, gar wohl: denn nach der Einrichtung derselben, geht in der Natur bei den unsichtbaren Früchten, eben das vor, was wir bei den befruchteten bemerken; aber unterdessen muß man doch bekennen, daß diese Vorstellung, ob sie gleich wahrscheinlich, dennoch keine ausgemachte Wahrheit sei, weil es nur Schlüsse der Analogie sind, die öfters trügen, indem dieselben auf keinen Erfahrungen beruhen: dennoch aber sind diese Ideen nicht ganz ungegründet; Frösche und Kröten geben zu dem Schlusse einer fortwährenden Reihe der Früchte, die ich gerne behaupten möchte, Gelegenheit an die Hand. Wenn man ein Weibgen zur Begattungszeit öffnet, so sieht man ganz deutlich im Eierstokke zweierlei Früchte: die eine Art ist groß, fährt fort zu wachsen, und kömt in die Gebärmutter, nachdem sie zuvor die gehörige Größe erlangt hat: die andre viel kleinere Sorte, bleibt im Eierstokke, und wird im folgenden Jahre, bis zur Befruchtung, vollends reif. Die ersten größern Früchte bringen nun diese Thiere ohne Begattung zur Welt, die andre Art aber bleibt im Weibgen, um in denselben das nöthige Wachsthum zu erlangen, damit auch

diese,

diese, wenn sie durch die Eierröhren in die Mutter gelangt, ja, wenn sie endlich ganz aus der Mutter heraus gekommen sind, befruchtet werden können. Die erstern sind für volkommen zu achten, in so fern als sie das hinlängliche Wachsthum zu ihrer Befruchtung erlangt haben; sie sind bis dahin, und zu dieser Absicht in der Mutter genährt worden: allein die leztern, welche diese Nahrung noch bedürfen, bleiben im Eierstokke, worinnen sie durch ihren Stiel, dessen ich erwähnt habe, anhängen, noch zurük: derselbe dient vielleicht zur Verfeinerung der Nahrungssäfte, welche die Mutter den mit ihr vereinigten Früchten geben muß, um sie binnen Jahresfrist auch zur Befruchtung reif zu machen. Sodann, da indessen diese leztern an Größe und Masse zunehmen, fangen auch diejenigen an, welche im dritten Jahre an die Reihe der Befruchtung kommen sollen, sichtbar zu werden: welches aber, wie ich gesagt habe, nicht geschehen könte, wenn diese Früchte nicht vorher in ihrer Mutter genährt, und almählig entwikkelt würden: und dies alles könte sich auch nicht so ereignen, wenn diese Früchte nicht ganz organisirte Geschöpfe, mit ihren Gefäßen und Organen vorstelten, in welchen eben das im Kleinen vorgeht, was in den organisirten Körpern, die ihr völliges Leben erhalten haben, im Großen vorzugehen pflegt.

Allein, was ich von den Larven der Frösche und Kröten angeführt habe, gilt auch nach seinem völligen Umfange von den Vögeln: Denn es ist bekant, daß sich die Eier in ihnen vergrößern, und wenn sie auch in der strengsten Jungferschaft bleiben: die in derselben befindliche Frucht hat auch mit ihnen zugenommen: sie ist bis zu dem Puncte gelangt, wo dieselbe, wenn die Befruchtung und Bebrütung dazu gekommen wäre,

 völlig

völlig hätte entwikkelt werden können. Nothwendiger Weise musten also diese Früchte schon bei der Befruchtung vorhanden sein, welche eines Wachsthums, und folglich einer Nahrung fähig wären, und welche auch mit allen, zu diesen Absichten nöthigen Organen versehen sein musten.

Wider dieses Lehrgebäude läst sich ein starker Einwurf vorbringen. Wenn sich der Fötus vor der Befruchtung schon ein wenig entwikkelt, warum geschieht diese Entwikkelung nicht gänzlich, und volkommen; und wenn sich einige entwikkeln, warum nicht alle mit einander, auf einerley Art, und zu einerlei Zeit?

Dieser Einwurf, der beim ersten Anblik ganz gegründet zu sein scheint, verliehrt von seiner Stärke und Gründlichkeit sehr viel, wenn man ihn genauer untersucht. Die Fötus können natürlicherweise sich nur nach Beschaffenheit und der Menge ihrer Säfte, die sie in ihre Substanz verwandeln, entwikkeln; so, daß, wenn dieselben nicht die schiklichen Säfte, zu ihrer bis auf diesen Punkt fortgehenden Entwikkelung erhielten, man sich auch nicht wundern müste, wenn sie sich nicht weiter entwikkelten. Wie zum Beispiele die Menschen, Thiere und Pflanzen, sich nicht durch die Nahrung, die sie zu sich nehmen, oder zu sich zu nehmen im Stande sind, entwikkeln können, als nur durch eine bestimte Quantität, über welche sie nicht gehen, und unter welcher sie aber auch öfters stehen bleiben, wenn sie ihre völlige nöthige Nahrung nicht erlangen können, oder sich ihrem Wachsthum andre Ursachen in den Weg legen. Dieses wiederfährt öfters den ausländischen Thieren und Pflanzen; dies begegnet auch denjenigen Thieren, denen man einen Theil ihres nöthigen Futters entzieht, vorzüglich, wenn sie noch jung sind. Wenn

nun

nun diese Thiere die Entziehung des Futters an sich bemerken lassen, oder alsdenn merklich durch die ihnen gegebne Nahrung verändert werden; wie viel mehr muß dieses nicht den Früchten, die von weit feinerer Structur sind, und die nach ihrer so sehr einfachen Einrichtung, oder Organisation, eine besondre Nahrung unumgänglich nöthig haben, begegnen?

Die Ursache der Entwikkelung befruchteter und unbefruchteter Fötus, ist eine und eben dieselbige, sie weicht in nichts, als in ihrer Intensität ab: eine stärkere Nahrung und kraftvollere Organe, machen den ganzen Unterschied in der wirkenden Ursache aus. Eine daher entspringende grössere Assimilation, eine vermehrte Grösse, eine merklichere Verdichtung, daraus sodenn die Undurchsichtigkeit entspringt, geben zu dem Unterschiede der Wirkungen Anlaß. Diesem allen zufolge, muß dasjenige in den unbefruchteten, wie in den befruchteten Fötus vorgehen: nur mit dem Unterschiede, daß die Ursache, welche die Entwikkelung zuwege bringt, und die Entwikkelung selbst, in den erstern viel merklicher, als in den leztern angetroffen wird; und wenn die unbefruchteten Fötus sich nicht gänzlich entwikkeln, es blos daher kömt, weil sie nicht genugsame Nahrung erhalten, oder dieselbe nicht so beschaffen ist, das Gewebe des kleinen Geschöpfes noch mehr aus einander zu dehnen, oder weil auch die Gefäße der Frucht noch nicht hinlängliche Stärke erlangt haben, alle die in sie gebrachte Nahrung auszuarbeiten, und in ihre Substanz zu verwandeln.

Dieses alles belehrt uns auch, warum sich nicht alle Früchte auf einmal entwikkeln: es kömt nämlich daher, weil sie nicht alle einerlei Nahrung bekommen: die grösten werden unmittelbar von der Mutter genährt, und ihr Wachsthum ist der Natur der Nahrung die sie erhalten, gemäß, und nachdem sie dieselbe ihrer Substanz eigen machen, oder, (mit einem Kunstworte es auszudrükken), assimiliren können: es fält in die Augen, daß die Früchte, welche auf Kosten derselben ernährt werden, eine nicht so kraftvolle Nahrung erhalten, als diese ist, davon sich schon eine Frucht genährt hat, die den Früchten zur Mutter dienen muste, da sie dieselbe mit Verlust ihrer ausgearbeiteten Säfte ernährt, wie es ihr zuvor von ihrer völlig entwikkelten Mutter wiederfahren war; aber wir haben gezeigt, daß der Wachsthum der Beschaffenheit oder der Menge der Nahrung gemäß sei. Wenn dieser Umstand nicht der Reizbarkeit der Organe zugeschrieben werden solte, die vielleicht durch die Nahrung, die sie ausarbeiten, in größre Thätigkeit gesezt wird, so müste also diese zweite Ordnung der Früchte, die ihre Nahrung von den der ersten empfängt, ein verhältnißmäßiges Wachsthum für diese Art der Nahrung erlangen, und durch die Einschränkungen, welche ihnen die Beschaffenheit der Nahrung verursacht, bestimt werden.

Was soll man aber zu der Reihe unsichtbarer Früchte sagen, und wie soll man sich dieselbe erklären? Eben so, als wie man gezwungen ist, die Existenz des Hühngens im Eie zuzugeben, ob man gleich, in der ersten Zeit des Bebrütens, noch nichts davon entdekken kan; Eben so, als wie man glaubt, daß in dem Hühngen ein Herz schlägt, ob man es gleich erst nach einigen Stunden, nebst andern sich nach und nach entwikkelnden Eingeweiden, wahrnimt; eben auf diese Art muß ich oberwähnten Saz zugeben. Wie man glaubt, daß Frösche und Kröten Schenkel bekommen, ob solche gleich

gleich unter der Hülle der Larve noch nicht zu erkennen sind; eben so kan ich die Reihe der unsichtbaren Früchte einräumen, wie ich auch Flügel, Rüssel und Füsse des Schmetterlings in der Raupe zugeben muß; ohnerachtet alle diese Theile so verstekt sind, daß man sie, ohne Zergliederung, gar nicht vermuthen kan; ja auch endlich kan man eben so gut die unsichtbaren Früchte annehmen, als wie man die Zähne in dem Zahnfleische der Fötus und Kinder zugeben muß, ob sie gleich nicht gesehen werden können.

Es ist wahr, daß das Ei, die Larve und Raupe dem Auge etwas darbieten, woran es sich halten, und worauf es sich stützen kan; aber wird dies nicht eben dieselbe Bewandniß, in Rüksicht auf den Verstand haben, wenn man ihm die Ursachen der Unsichtbarkeit der Früchte vorstellet, da er ebenfals von ihrer Existenz überzeugt ist? Man kan durchsichtige Körper, wenn sie dem Auge in gewisser Richtung dargestelt werden, nicht erkennen. Wenn die Durchsichtigkeit von volkommenster Art ist, so macht dieselbe auch, daß man das Hühngen im befruchteten Eie, sogleich nicht wahrnehmen kan; auch diese Durchsichtigkeit hindert, seine unterschiednen Theile eher zu entdekken, als bis sich nach und nach die Durchsichtigkeit verliehrt: wenn also die Fötus, mit ihrer Durchsichtigkeit gleich vorhanden sind, so ist es dennoch ganz gewiß, daß man sie nicht erkennen kan; und wie können wir an dieser Sache noch zweifeln, da wir befruchtete Fötus des Huhns, wegen ihrer Durchsichtigkeit, unsichtbar finden.

Indessen wolte ich darum, weil die Früchte durchsichtig sind, nicht schlüssen, daß sie von flüssiger Masse wären, weil ein flüssiger Körper nicht organisirt sein

kan,

kan, und doch alle Fötus in aller Betrachtung organisirt sind, wie die Körper, die durch sie hernach ihre Entwikkelung bekommen.

Was nun die Gestalt der Früchte betrift, so bin ich geneigt, mit dem Herrn Abt Spallanzani zu glauben, daß sie rund sein müsse, weil sie die meiste Materie im kleinsten Raume enthält.

Die außerordentliche kleine Gestalt der Früchte muste wohl ohne Zweifel zuträglich sein:

Erstlich war sie wegen des Weibgens in gegenwärtigem Zustande sehr nothwendig, weil dasselbe ohne Zweifel alle Generationen, die noch von demselben hervorkommen solten, in sich hält.

Zweitens wegen der Uebereinstimmung der animalischen Einrichtung die Säfte zu verfeinern, indem sie durch Gefäße gehen, deren innere Weite sehr geringe ist, wie man es auch im befruchteten Fötus bemerkt; endlich solten und musten sich die Fötus zwar entwikkeln, allein ihre Entwikkelung muste nur der Weibgen ihrer, die sie nähren, nicht schaden. Man wird auch vielleicht bemerken, daß die äußerst kleine Gestalt der Früchte sie vor tausenderlei Zufällen schüzt. Würde nicht auch dies ein G und zur kleinen Gestalt sein, damit die, durch Krankheit zu grob gewordnen Säfte der Mutter nicht in die feinen Gefäße der Früchte eindringen können?

Man wird vielleicht auch anführen, daß die Früchte, die man für völlig belebt hielt, ganz und gar keine Art der Bewegung äußerten. Wenn man eine scheinbare Bewegung verlangt, so ist es wahr, daß diese

diese fehlt. Allein, wer wolte an ihrer Bewegung zweifeln, nachdem man überzeugt worden ist, daß sie wachsen und voller Leben sind: und überdies ist die Abweienheit scheinbarer Bewegung nicht ein Beweis, daß gar keine innerlichen Bewegungen gegenwärtig sein solten. Was will man von den Starrsüchtigen sagen, welche doch leben, ohne äußerliche Bewegungen zu zeigen. Leben die Murmelthiere nicht den ganzen Winter, ohne äußere Bewegung zu zeigen? lebt nicht das Hühngen nach seiner Befruchtung im Eie, viele Monathe, ohne ein Zeichen der Bewegung von sich zu geben? Ist es nicht eine bekante Sache, daß das Räderthiergen (Rotifere) auf dem troknen Lande, ohne alle Bewegung zwanzig Jahre leben, und das dem Anscheine nach verlohrne Leben, bei der ersten Empfindung einer Feuchtigkeit, wieder annehmen kan? Der Kreislauf der Säfte kan so langsam vor sich gehen, als er will, so kan er doch noch hinreichend sein, die Früchte (Foetus) und Thiere vor dem Tode zu bewahren; allein er kan unzulänglich für sie sein, Zeichen des Lebens von sich zu geben.

Der Fötus ist nun bereit und auf dem Punkte sich zu entwikkeln, es erwartet ihn ein neues Leben; wie kan er es nun erlangen? Es ist wahr, daß hier nicht die Rede davon ist, das Geschöpf, das die Mutter zur Welt bringen soll, zu bilden; ja es ist nicht einmal nöthig, der Frucht das Leben zu geben, sondern die Mutter muß nur ihre Entwikkelung befördern, sie geschwinder zu Stande zu bringen, oder sie nur in die Verfassung setzen, daß die Frucht binnen einer Stunde einen unendlich größern Wachsthum bekömt, als sie in sechs tausend Jahren erhalten hat. Kurz, die Frucht muß die nöthigen Eigenschaften erlangen, nach und nach das ganze Wachsthum, dessen sie fähig ist, anzunehmen. Wo wird die ursprüngliche Kraft zu suchen sein, welche dieser schon aufgezogenen und in Bewegung gesezten Maschine neue Kräfte zur fortdauernden Bewegung giebt? wie werden sich alle diese Kräfte entwikkeln, daß sie ihre volle Wirkung hervorbringen?

Der männliche Saame, und ein bestimter Grad Wärme, werden das alles bewirken, sobald nur der Fötus damit auf einem unendlich kleinen Punkte wird berührt worden sein, wie dies die Versuche des Herrn Abt Spallanzani's bei den Larven der Frösche und Kröten erweisen; oder wenigstens sobald nur eine sehr kleine Menge Saamenfeuchtigkeit zu den Früchten gelangt ist, wie uns die künstliche Befruchtung des Hundes, daran nicht weiter zu zweifeln ist, beweisen kan.

Es scheint ausgemacht zu sein, daß die unmittelbare Berührung der Frucht mit dem männlichen Saamen unumgänglich nothwendig sei, wenn die Entwikkelung derselben bewirkt werden soll, weil die Versuche unsers Herrn Abt Spallanzani ohne allen Widerspruch beweisen, daß der Dunst des Saamens schlechterdings zur Befruchtung der Larven untauglich, wenn man gleich dieselben dem Dunste so nahe als möglich bringt: ja es scheint sogar, daß blos der dikke Theil allein der befruchtende sei, weil das gemeine Wasser, worinne diese Feuchtigkeit aufgelöset war, seine befruchtende Kraft verlohr, sobald als man es zu wiederholten Malen durchgeseihet hatte, weil sodenn der dikke Theil alzeit im Durchseiher zurük blieb.

Es war nun nichts mehr übrig, als zu entdekken, wie der männliche Saamen in die Frucht eindringen, und so auf sie wirken kan, daß sie dadurch Leben bekömt.

Der Herr Abt Spallanzani, dem nichts entgeht, hat bemerkt, daß die Hülle der Früchte bei den Fröschen und Kröten, mit viel tausend Oeffnungen versehn war, die ohnstreitig dazu dienen, daß die Saamenfeuchtigkeit durch dieselben bis in das lebende Thier eindringen kan.

Auf was für Art wirkt nun der männliche Saamen, wenn er in den Fötus eingedrungen ist, in denselben? Wenn man die hervorgebrachten Wirkungen beobachtet, wird man auch nicht weiter an der Art, wie diese Ursache wirkt, zweifeln können. Unser Herr Abt Spallanzani hat gesehen, wie die Schläge des Herzens in den Larven weit eher vorgiengen, als er noch Bewegung in andern Eingeweiden entdekte, und ehe sich noch die Entwikkelung andrer Organe und des ganzen Thieres äußerte. Es muß also wohl der Saamen sogleich seine erste Wirkung in das Herz machen: allein obgleich seine Wirkung in das Herz sich erweiset, so wird dieses deshalben nicht allein davon betroffen, sondern dieser Theil hat nur allein die Fähigkeit seine Wirkung zuerst zu empfinden; und dieses Organ ist auch nur dasjenige, welches eine hinlängliche Reizbarkeit besizt, merkliche Eindrükke davon anzunehmen: man kan also auch nicht zweifeln, daß die Herren Haller und Bonnet nicht Grund haben solten, zu behaupten, daß der Saamen eine reizende Feuchtigkeit sei, welche die Reizbarkeit des Herzens vermehre, und welche, indem sie die erste Triebfeder der ganzen Maschine in eine stärkere Bewegung

gung setze, auch ihre Bewegung allen übrigen Orga- nen und Gliedern mittheile. So ist es auch ohnfehlbar beschaffen, wenn diese Reizbarkeit erwekt wird, daß die Wärme die Entwikkelung so kräftig vermehrt, wie dieses der Herr Abt bei den Larven der Frösche und Kröten bemerkt hat: daher kömt es also auch, daß die Eier der Insekten und Vögel zum Auskriechen und Brüten Wärme nöthig haben, es mag nun dieselbe die Kraft des Saamens vermehren, daß die wäßrichten Partikelgen aus demselben verfliegen, oder die Muskeln zu einer größern Reizbarkeit fähig machen. Es sei dem, wie ihm wolle, so ist doch so viel gewiß, daß die Kälte die Entwikkelung der Larven und Eier sehr aufhält: und es ist bekant, daß, wenn nur die Zeugungsorgane der Pflanzen durch die Sonne erwärmt worden sind, sodenn auch die Erzeugung selbst vor sich gehen kan. Was die Nothwendigkeit der Wärme zur befruchtenden Kraft des Saamens noch mehr beweiset, ist daraus zu ersehen, weil die Saamenfeuchtigkeit, wenn sie nur eine Viertelstunde in einer Eisgrube gestanden hatte, und noch kalt war, keine Larve befruchtete, da sie hingegen ihre befruchtende Kraft bewies, wenn man sie auch gleich angezeigter Kälte eine halbe Stunde ausgesezt hatte, ihr aber nur die Temperatur einer Mailuft wieder gab.

Hieraus nun folgt ganz offenbar, daß die Früchte, wenn sie nicht erwärmt wären, verderben würden; die Erfahrung bestätigt dieses Resultat. Ja die Vorsehung hat davor gesorgt, indem sie die Früchte in ihren Müttern an einen solchen Ort gelegt hat, wo sie eine zuträgliche Wärme bekommen; oder indem sie ihnen durch die natürliche und künstliche Bebrütung, ein neues Leben giebt, und ihnen solches erhält, wenn sie es nur einmal durch die Befruchtung empfangen haben, wie man dieses in den Eiern der Vögel wahrnimt; oder wenn ihnen die nöthige Wärme, mittelst der Temperatur der auf sie wirkenden Luft, mitgetheilt wird, die eben dieselbe Wirkung, wie die Bebrütung, hervorbringt; welches man bei den Eiern der Insecten und bei den Larven sieht, die bei einem bestimten Grade warmer Luft auskriechen.

Nun hoffe ich auch dargethan zu haben, daß der Einfluß der Wärme auf die Befruchtung, und auf die Erhaltung des durch die Befruchtung eines Fötus erlangten Lebens nöthig sei. Es erhellt ganz klar und deutlich, daß die Wärme, sogleich wie ein Ausdehnungsmittel wirkt, welches das Eindringen des Saamens, durch die Mündung der kleinen Oeffnungen der Frucht befördert; auch wie ein Ausdünstungsmittel, welches sie von einem Theil Feuchtigkeit befreit, die der Reizbarkeit schadet, und welche doch für die Frucht so unumgänglich nothwendig ist. Endlich kan man die Wärme auch wie ein Reizungsmittel betrachten, das die Reizbarkeit zu erwekken, und sie zu unterhalten, das Ihrige beiträgt. Daher muß auch die Saamenfeuchtigkeit selbst einen gewissen Grad Wärme haben, wenn sie fruchtbar sein soll.

Endlich muß auch der Fötus die ihm gebührende Größe erlangen, und seine Theile müssen sich mit der Unveränderlichkeit entwikkeln, welche einem jeden Individuum von einerlei Art, die gröste Aehnlichkeit giebt. Durch was vor Mittel bewirkt aber die Natur dies alles? Hier auf diesem dunkeln Wege wollen uns die Versuche nicht weiter Licht geben; allein die Menge der bekanten Erfahrungen, berechtigt uns, Meinungen anzunehmen, welche an die Stelle der Wahrheit gesezt werden können, wenn sie ja noch nicht selbst Wahrheit sind.

Herr Bonnet, ist durch eine genaue Nachforschung, durch eine gründliche Untersuchung dieser Erfahrungen, so glüklich gewesen zu zeigen, daß der Saamen, die erste Nahrung des Fötus, den er belebt hat, sein müsse, und daß er als die erste Ursache, der Erhaltung seines neuen Lebens, dessen Ursprung er gewesen, angesehn werden könne. Er giebt eine Menge auffallender Beweise, diese Meinung zu bestätigen, an die Hand, und stellt sie in ein so helles Licht, welches man in seinen Werken überal antrift, und wodurch eben seine Leser so sehr gereizt, und befriedigt werden. Er zeigt, wie der Fötus, auf welchen der Saame gewirkt hat, entwikkelt wird: aber zu gleicher Zeit beweiset er auch, daß diese Entwikkelung, nicht anders als durch die Nahrung hervorgebracht werden könne, und fragt, ob der Saame denn nicht nährende Eigenschaft für den Fötus besitzen müste, da er ihn doch entwikkelt habe? Er wendet seine Grundsäze auf die Aehnlichkeit, zwischen Kindern und Vätern, auf die Mißgeburthen und Maulthiere an. Seine umständliche Auseinandersetzung, die Entstehung der Bastardthiere (Mulet) durch dieses Mittel zu erklären, scheint mir höchst gründlich zu sein, und giebt seinen Ideen eine große Wahrscheinlichkeit. Wenn man einen Maulesel, der durch die Begattung eines Esels und einer Stute entstanden ist, annimt, so ist's ausgemacht, daß der Fötus in dem Eierstokke der Stute, ein Pferd im Kleinen (en migniature) ist, der Ohren Gurgel und Schwanz vom Pferde, haben muß: allein, so bald nur die Befruchtung geschehen, so ist auch hierinne alles verändert. Diese genanten Theile werden denen, vom Esel ähnlich, und entfernen sich von der

Aehnlichkeit der Theile des Pferdes. Diesem zufolge haben also die Grundtheile des Saamens vom Esel, welche mit den Theilen des Fötus in Verhältniß stehen, mehr solche schikliche Partikelgen enthalten müssen, die Entwikkelung der Ohren und der Gurgel zu befördern, als die Grundtheile des Saamens vom Pfezde davon enthalten: da indessen auf der andern Seite, der Saame weniger Partikelgen den Schwanz zu entwikkeln enthält, woraus dann die Verlängerung der Ohren, eine neue veränderte Gurgel, und die Verkürzung des Schwanzes entspringt.

Herr Bonnet glaubt mit Recht, daß der männliche Saame den Fötus durchdringe, weil er Veränderungen in männlichen Aehnlichkeiten mache; woraus folgt, daß der Saame solche Partikelgen in sich halte, die sich zu verschiednen Theilen des Männgens schikken, weil er dem befruchteten Fötus Züge der Aehnlichkeit mit dem Männgen, als dem Befruchter, giebt. Es waren also in dem Saamen des Esels solche Partikelgen, die zu den Ohren und der Gurgel Verhältniß hatten, welche sich aber nicht in dem Saamen des Pferdes befanden, da dieser hingegen solche Partikelgen enthielt, die zum Schwanze pasten, und in dem andern nicht befindlich waren.

Der Saame giebt also die Nahrung für den Fötus ab: er scheint eigentlich für den Fötus und seine neue Art zu leben, durch allerlei Umstände zubereitet worden zu sein, und er bringt auch, nebst einem neuen Leben, die rechten Partikelgen in den Fötus, vorzüglich die dem befruchtenden Männgen eigenen Geschlechtstheile zu entwikkeln.

Ich hoffe, Dank zu verdienen, wenn ich hier einen kurzen Auszug der interessanten Erklärung beibringe, die Herr Bonnet in seinem Werke im andern Theile seiner Betrachtungen über organisirte Körper S. 366 gegeben hat. Ich wünsche, daß alle diejenigen, welche sich richtige Begriffe von der Erzeugung machen wollen, oder auch die, welche nur sehen wollen, was Genie, Vernunft und Erfahrung bewerkstelligen können, wenn es darauf ankömt, einen in Dunkelheit verhülten Gegenstand ans Licht zu bringen, denen allen wünsche ich, daß sie die Betrachtungen über organisirte Körper nachlesen mögen, vorzüglich aber das Stük, welches ich hier angezogen habe, weil dieses eines der allerschönsten Naturgemählde ist. Aus dieser Lectüre wird man erst recht angetrieben, dem menschlichen Geschlechte den verdienten Werth zu geben; aus dieser Lectüre lernt man erst einsehen, worinne die wahre Philosophie bestehe, und man fühlt alsdenn erst die Verpflichtungen, die unser Jahrhundert und die Nachkommen, dem wahren Beobachter und Naturforscher schuldig sind.

Da ich nun endlich auch die Jdeen des Herrn Bonnet auseinandergesezt, und die Erklärung der Befruchtung des Fötus gegeben habe, so wäre ich berechtigt, diesen Gegenstand nun zu verlassen, und meine Erläuterungen darüber zu beschließen: allein, ich glaube einige Schwierigkeiten von ferne zu entdekken, die vielleicht nur scheinbar, und es auch wohl gar nur für mich sind. Diese Schwierigkeiten nun mögen angesehn werden, wie sie wollen, so kan ich doch nicht unterlassen, sie hier anzuführen, weil ich nicht vermögend gewesen bin, mir dieselben aufzulösen; doch, indem ich sie anführe, zeige ich auch zugleich ihre große Schwäche, weil sie in diesen Theil der Betrachtungen über organisirte Körper keinen Einfluß haben.

Ich muß bekennen, daß die Ideen, die ich mir von der Beschaffenheit der Nahrung des Fötus mache, nicht geschikt sind, die bei den Bastardthieren vorkommenden Phänomene, zu erklären: es bleiben Schwierigkeiten, die nicht erklärbar sind, zurük: allein, sie sind eine Folge derjenigen, die ich mir über die Mittel, der seit sechstausend Jahr geschehenen Erhaltung machte. Da ich mir vorstelle, daß der Fötus, mit den Säften, die ihm die Mutter, welche ihn in sich hatte, durch die Nabelschnur zuführte, allezeit genährt worden sei, konte ich nicht begreifen, daß ein neues Nahrungsmittel, dasjenige, welches ihm durch die Mutter war gewährt worden, ersetze, da doch gar nichts den Lauf derselben unterbräche: und da es ausgemacht zu sein scheint, daß der Saame ein reizendes Mittel sei, so habe ich um desto mehr geglaubt, es müsse sich so verhalten, da verschiedne Erfahrungen, vornehmlich diejenigen, der von ihrem Schleim entblösten und befruchteten Larven, diese Meinung zu bestätigen scheinen: ich will meine Zweifel, und hiernächst auch die Gründe anführen, die mich antreiben, sie näher zu betrachten.

Es ist gleich anfangs gezeigt worden, daß der Saamen nur mit seinem dikken Theile, die befruchtende Wirkung äußere, weil sein Dunst zu dieser Absicht ohne Kraft ist, wie auch das mit Saamen geschwängerte Wasser, durch vielmaliges Filtriren seine Befruchtungskräfte verliehrt, weil der dikke Theil des Saamens im Durchseiher zurükbleibt. Allein, wenn der dikke Theil die Oeffnungen des Löschpapiers nicht durch-

durchdringt, wie sol er durch die, welche der Fötus hat, hindurch kommen, welche doch durch die stärksten Vergrößerungsgläser kaum zu erkennen sind? Denn die im Löschpapier befindlichen Oeffnungen sind, in Vergleichung der leztern, ziemlich weit.

Wenn man nun aber annehmen wolte, daß der Saame durch die Hülle des Fötus hindurch dränge, so sehe ich noch immer nicht, wie er in dessen unendlich feine Gefäße dringen soll, welche schon die in denselben circulirenden Säfte einnehmen, und die auch ohne Unterlaß, von der nährenden Flüssigkeit, welche die Mutter, dem durch die Nabelschnure mit ihr verbundenen Fötus zuführt, erfült sind. Es würden sonst hier zwei Nahrungsmittel zusammentreffen. Man würde die, welche die Mutter stets gewährt, müssen für überflüssig halten; und so würde es auch mit der Nahrung, die das Eidotter den Vögeln, und mit derjenigen, die der Schleim den Larven giebt, aussehen.

Dieser Umstand erinnert mich an eine Erfahrung, die sehr auffallend ist. Der Abt Spallanzani hat nie die Larven, die noch nicht in die Eiergänge gelangt waren, befruchten können, weil sie den Schleim noch nicht angenommen hatten, der ihre Nahrung zu werden schien, ob er sie auch gleich nach der künstlichen Befruchtung mit dergleichen überzog. Unterdessen, wenn nun der Saame eine Nahrung für den befruchteten Fötus geworden wäre, wie es der Schleim, den er in den Eiergängen, indem er sich von seiner Mutter trente, werden muste, und auch wie der, welcher ihn nachher um und um überzieht; so solte sich doch die Larve, welche eher befruchtet, als sie von dem Schleime überzogen worden wäre, ein wenig haben entwik-

keln

keln müssen, weil sie sogleich in dem Saamen ihre erste Nahrung gefunden hätte.

Ueberdies, wenn von der Frosch- oder Krötenmutter hinlängliche Säfte herbeigeführt worden sind, die Entwikkelung der Larven zu bewirken, und sie so weit zu bringen, daß sie befruchtet werden können, so haben sie dieselben doch auf keinem andern Wege bekommen, als durch die Nabelschnure, welche die Larven mit ihrer Mutter vereinigt. Wenn nun die Nabelschnure so gleich vergeht, als die Larve von dem im Eiergange angenommenen Schleime genährt werden sol; folgt denn nicht hieraus ganz offenbar, daß so lange, als die Nabelschnure vorhanden ist, sie auch ihre Dienste leisten, und den Früchten, welche nach der Befruchtung noch damit versehen sind, eben so wie vor derselbigen, die Nahrung zuführen muß? Denn wenn der Saamen nur auf einen Augenblik die Nahrung der Frucht werden solte, so könte es doch auf keine andre Art geschehen, als es müste der Zufluß des Nahrungssaftes, den die Mutter schon vor der Befruchtung gewährte, unterbrochen werden, welcher alsdenn von neuem dem Fötus zugeführt werden müste, wenn die undenklich kleine Menge des Saamens, ihn nur eine unendlich kurze Zeit nähren solte, wenigstens könte man glauben, daß diese so sehr geringe Menge des Saamens, in der, im Fötus circulirenden Feuchtigkeit sich gänzlich verlöhre; sodenn aber, müste auch des Saamens nährende Kraft sehr verändert, und geschwächt sein, und es würde dann, nach einer Zubereitung der Säfte, sehr schwer sein, die Theile, welche einem jeden Organe des Maulesels gehören, wieder zu finden; und dieß um desto mehr, da man sich noch eine besondre Art von Organen denken müste, welche den Saamen im Fötus bewegen, und ihn der Substanz dieser kleinen Gefäße einverleiben müste: eine solche Einrichtung scheint gar nicht in den Larven zu finden zu sein, weil ihre Nahrung, die sie entwikkeln sol, in einem Schleime besteht, den sie in den Eiergängen annehmen, und den man, ohne ihrer Entwikkelung zu schaden, zwei bis dreifach vermehren kan.

Der Abt Spallanzani selbst hat bemerkt, daß der Krötensaamen die Larven, die er befruchtet hatte, nicht nähren konte, weil er sich vielleicht zur Larve wie 1 zu 1, 064, 777, 777 verhielt; unterdessen, wenn die Larve davon genährt würde, so könte auch ihr Wachsthum nicht anders, als dem Nahrungsmittel, das doch der eigentliche Grund der Nahrung oder des Wachsthums ist, gemäß sein.

Ueber dieses hat der Herr Abt gezeigt, daß sich die Kraft des Saamens, durch die Wärme verstärkt, indem sie seine reizende Kraft vermehrt; und wenn man ihn nur während der Befruchtung bis auf dreisig Grad nach dem Reaumürischen Thermometer erwärmt, nämlich indem man die Larven damit berührt, so scheinen auch die Larven viel eher entwikkelt zu werden, als wenn der Saame nur eine Wärme von siebzehn Grad hält, wiewohl diese auf beiderlei Art befruchteten Larven, sich in einerlei Wasser, und bei einerlei Wärmegrad erhielten.

Dennoch aber würde ich glauben, daß der Saame, indem er die Reizbarkeit des Fötus und aller seiner Theile durch äußerliche Berührung erwekte, vorzüglich auch dieselbe, durch dieses Mittel, im Gefäßesystem vermehrt werden müste; dieser Umstand begünstigt vorzüglich den Umlauf der Säfte, und folglich

auch

auch die Ausarbeitung der circulirenden Flüssigkeiten, die Vereinigung oder Ansetzung der nährenden Partikelgen, die darinne enthalten sind, und die Zunahme des organisirten Körpers, der täglich wachsen muß, weil er immer eine größre Menge von Nahrung bekömt, davon er einen größern Theil in seine eigene Substanz verwandelt.

Hier will ich auch nicht verschweigen, was ich schon bei Gelegenheit, als ich die vortreflichen Gedanken des Herrn Bonnet erklärte, angeführt habe. Ich habe, nach dessen Meinung, den großen Einfluß des Saamens, in Verändrung der Theile des Fötus vom Pferde, das vom Esel befruchtet wurde, gezeigt: Diese Verändrung, welche so groß und sonderbar ist, scheint anders nicht hervorgebracht werden zu können, als wenn man den Saamen, für die Nahrung des Fötus annimt: unterdessen scheint mir doch das unendlich kleine Partikelgen des Saamens, das schon zur Befruchtung hinreicht, und welches höchst wahrscheinlich allzeit so sehr klein ist, nicht genug zu sein, in einem Augenblikke, und nach der Vermischung mit allen Säften des Fötus, die characteristischen Verändrungen des Esels, von dem die Befruchtung kam, zu bewirken. Ueberdies begreife ich die Vereinigung aller für jeden Theil des Fötus schiklichen Nahrungspartikelgen nicht, auch nicht wie sie in dem Saamen vermischt, und hernach, während ihrer Circulation, wieder regelmäßig zusammengestelt werden, und sodann mit allen Säften des Fötus, eine Verbindung, ohne merkliche Verändrung zu erleiden, machen sollen. Die Möglichkeit der Sache sehe ich zwar ein, aber ihre Wirklichkeit kan ich mir so leicht nicht vorstellen.

Was für eine Erklärung solte ich aber statt dieser so sinnreich ausgedachten, wohl erfinden? Ich gestehe offenbar, daß ich keine beßre an deren Stelle zu geben weiß: die Reizbarkeit, die, nach Unterschied der Theile des Fötus, auch verschieden ist, kan dies Phänomen doch ebenfals nicht erklären: vielleicht ist's aber ein Vorurtheil wider meine Meinung, die sonst ganz die Hallerische war. Allein, ich wiederhole es nochmals, daß ich diese Muthmaßungen nur als solche Schwierigkeiten anführe, welche untersucht zu werden verdienen; entweder, wenn sie falsch sind, sie gänzlich zu verwerfen, oder wenn sie gegründet sind, die Theorie dieser Lehre zu verbessern.

Die Liebe zur Wahrheit gestattet mir nicht, die Erläuterungen obgedachter Schwierigkeiten zurükzuhalten.

Die Zähigkeit des Saamens kan für keine Schwierigkeit gehalten werden, wenn es ausgemacht ist, daß sich der Saame in das Innerste der Frucht ziehet, wie dieses die vom Hr. Abt Spallanzani in der Hülle der Larven entdekten kleinen Oeffnungen anzeigen; Ueberdieß wird der menschliche Fötus sogar im Eierstokke selbst befruchtet: es muß also auch der Saame bis dahin gelangen.

Die äußerste Zartheit der Gefäße, eines zur Befruchtung reifen Fötus, so fein sie auch sind, so müssen sie doch den Saamen aufzunehmen im Stande sein, weil er auf die Gurgel und die Ohren des, im Eierstokke der Stute verborgenen kleinen Pferdes wirket. Man kan von der Schwierigkeit einer Sache, nicht auf deren Unmöglichkeit schließen; und überdies wäre es nicht eben so schwer zu begreifen, daß der bloße Unterschied

der

der Reizbarkeit, der durch den Saamen des Esels verursacht wird, die einzige Ursache der erstaunenden Verschiedenheit der Gurgel und der Ohren des Maulesels, von der Gurgel und den Ohren sein soll, welche das kleine Pferd, wenn es von dem Saamen des Pferdes befruchtet worden wäre, bekommen haben würde? Scheint es nicht vielmehr, wie Herr Bonnet sagt, als ob der Esel auf den kleinen Embryon sein Siegel gedrukt hätte?

Ferner scheint es auch, daß der Schleim oder die gallertartige Substanz, welche die Larven überzieht, den, auf solche Weise damit überzogenen Larven, eben das ist, was die im Ei enthaltenen Substanzen, oder was die Feuchtigkeiten in der Blase dem Embryon der Eier legenden, oder lebendig gebährenden Thiere, vorstellen. Bei diesen hat die Natur die nährenden Feuchtigkeiten in eine Haut eingeschlossen. Bei den Larven hat es die Natur anders eingerichtet, und hat die Haut weggelassen. Dieser Umstand lehrt, daß wir uns in den Schlüssen, die wir von den Larven in Rüksicht auf andre Thiere machen, nicht zu sehr übereilen sollen.

Es findet auch noch ein sehr merkwürdiger Unterschied, zwischen den Larven und den Früchten andrer großer Thiere, statt. Die erstern geben, von ihrem Dasein vor der Befruchtung, keine undeutlichen Kenzeichen: die andern hingegen lassen sich gar nicht merken, und sind gänzlich unsichtbar. Die Larven sind doch verhältnißmäßig größer, oder schon mehr entwikkelt, wenn sie der Saame befruchtet, als die Früchte größrer Thiere sind, wenn sich diese in gleichen Umständen befinden. Es würde also auch nicht, nach einer strengen Logic, wider diese Hypothese, welche den Saamen, der den Fötus befruchtet, auch zu seiner Nah-

Nahrung macht, viel einzuwenden sein, besonders nach der Rechnung, nach welcher der Abt Spallanzani das Verhältnis zwischen der zu befruchtenden Larve, und dem befruchtenden Saamentröpfgen angiebt: und überdies, was für einer außerordentlichen Theilbarkeit ist die Materie nicht fähig!

Allein, man könte vielleicht sagen, weil die Unsichtbarkeit immer zweierlei Ursachen, nämlich die Kleinheit und die Durchsichtigkeit, zum Grunde haben könne, daß die Frucht großer Thiere eben so, wie die Larve, vor der Befruchtung entwikkelt sein könne, ohne daß wir es zu bemerken im Stande wären, wenn sie die allervolkommenste Durchsichtigkeit besäße: aber die Abnahme der Durchsichtigkeit in der Larve, sezt wirklich einen weit größern Grad von Wachsthum voraus: Wachsthum aber zeigt eine vorhergegangene Nahrung an, denn der Wachsthum vermindert auch beständig die Durchsichtigkeit. Man hat also immer Grund zu schlüssen, daß die Larve, zur Zeit der Befruchtung, mehr, als die Frucht großer Thiere, entwikkelt sei.

Schlüßlich solte wohl die Hypothese, nach welcher man die Verwandlung der Gurgel, der Ohren und des Schwanzes in dem Fötus des Pferdes, aus der reizenden Wirkung des Saamens vom Esel, auf das Pferd im Kleinen, nicht erklären kan, derjenigen vorgezogen werden, die mehr oder weniger Grund dieser merkwürdigen Verschiedenheiten angiebt, indem man annimmt, daß diese Feuchtigkeit, welche dem neuen Leben des Fötus die erste Bewegung giebt, zugleich ein Nahrungsmittel sei, das ihn auf eine besondre Art nährt, damit er sich auf eine solche Weise entwikkele, welche dieser Nahrung angemessen wäre?

Allein, alle die Gründe recht einzusehn und zu bestärken, muß man den zwanzigsten Artikel des drei und vierzigsten Briefes des Herrn Bonnet an Herrn Abt Spallanzani in seinen Werken im zwölften Theile Seite 383. nachlesen, und sich besonders die 336. und 356. Artikel, in den Betrachtungen über die organisirten Körper mit den Anmerkungen bekant machen; alsdenn hoffe ich, man werde sich alsdenn eine richtige Vorstellung dieser Streitigkeit und über ihre Entscheidung machen können. Herr Caldani, der berühmte Physiolog zu Padua, hat in seinen Physiologischen Anweisungen (Institutiones Physiologicae) alle Ideen des Herrn Bonnet über diesen Gegenstand angenommen. Die Materie ist, in der Naturgeschichte der Thiere, allerdings sehr wichtig, und es wäre auch wohl der Mühe werth, daß alle Naturforscher ihr Augenmerk darauf richten möchten, damit doch endlich, wenn es möglich wäre, durch wiederholte Erfahrungen, diese noch streitige Materie berichtigt würde.

Die Versuche des Herrn Abt Spallanzani werden uns über die Bastardthiere noch einiges Licht geben, da sie uns zeigen, daß die sich unter einander am nächsten verwandten Thierarten, nicht immer zur Bastardart die schiklichsten sind. Er hat bemerkt, daß der Saame der Kröten keine Froschlarven befruchten wolte, und daß hinwieder der Saamen der Frösche, keine Larven von Kröten befruchtete, obgleich diese Kunst-Befruchtungen auf alle mögliche Art verändert, und in großer Anzahl waren angestelt worden.

Ist dieser Umstand nicht als eine Aufmerksamkeit göttlicher Vorsehung zu betrachten, damit eine jede Thierart für sich, und ohne Vermischung immer fort

dauern

dauern solte; denn wenn der Saame der Kröten und Frösche auf ihre Jungen Einfluß hätte, so würden lauter Bastardarten von Fröschen und Kröten entstehen, weil beider ihre Larven in dem nämlichen Wasser, und auch beide Thierarten, außer dem Körper, in eben demselben Wasser befruchtet worden.

Hier will ich still stehen. Der Fötus ist nunmehr befruchtet: nunmehr treffen wir auch genug Geschichtschreiber seines folgenden Lebens an: ich will deren Anzahl unnützer Weise nicht vermehren, aber etwas ist mir noch anzuführen übrig geblieben; nämlich dasjenige, was die Entdekkungen unsers Herrn Abtes in dem Pflanzenreiche betrift, und was vornehmlich die Erzeugung der Pflanzen angeht: Diese Versuche sind nicht minder artig und wichtig: sie verdienen auch nicht mit wenigerm Rechte, als die vorigen über die Thiere, alle Aufmerksamkeit der Naturforscher.

Der Herr Abt Spallanzani, der mit allen wahren Naturforschern die Uebereinstimmung der Naturgesetze annimt, hat auch in den Pflanzen untersucht, ob man nicht in denselben eben das, was er bei den Thieren gefunden hatte, entdekken solte.

Sind denn auch wohl die Embryonen der Pflanzen, so wie die der Thiere, schon bei ihrer Befruchtung vorhanden? so fragte unser unermüdeter Nachforscher. Diese Frage hatte, wegen ihrer Neuheit, Wichtigkeit und Schwierigkeit, in den Augen unsers scharfsichtigen Beobachters, allen Werth eben so, wie die vorigen Gegenstände, Versuche zu veranlassen. Und sie sind auch nicht umsonst und ohne glüklichen Erfolg angestelt worden; er hat die Präexistenz der Embryonen bei der Befruchtung in verschiednen Pflanzenarten deutlich dargethan

gethan und bei dieser Gelegenheit gezeigt, daß die Natur immer nach algemeinen Regeln zu wirken pflege, die sie aber mehr zu verändern schiene, als daß es das Ansehn hätte, sie befolge ganz andre, und von jenen gänglich verschiedne Gesetze. Es giebt immer nur einen einzigen Weg, der für den besten zu halten ist, der nach einem gewissen Ziele führt; und dieser ist ganz sicher derjenige, den die Alwissenheit des Schöpfers erwählt, und allen andern vorgezogen hat.

So hat denn auch unser unermüdeter und aufmerksamer Naturforscher, in den Saamenbehältnissen gewisser Pflanzen, die kleinen Körngen gesehen, die lange zuvor, ehe der befruchtende Blumenstaub sie befruchten konte, reifen musten: er hat die Entwikkelung nach der Befruchtung mit seinen Beobachtungen verfolgt; er hat das Pflänzgen und die Saamenblätter entstehen sehn; er hat gefunden, daß die Schalen oder Hülsen der Körner bei der Befruchtung praeexistirten, und indem er die im Saamenkörngen des Rittersporns bestehende Flüssigkeit, noch vor der Befruchtung steif zu machen wuste, so hat er auch das Pflänzgen mit seinen Saamenblättern gesehn: woraus nun folgt, daß die außerordentliche Kleinheit der Embryonen, und ihre Durchsichtigkeit ihn bisher verhindert hatten, sie zu entdekken. Er belehrt uns diesem zu folge, daß wir ja nicht schlüssen möchten, daß da nichts vorhanden sei, wo man nichts sehen kan: und daß es keine Früchte vor der Befruchtung gäbe, weil man sie noch nicht zu entdekken gewust hätte.

Wenn man nun gleich in diesem Werke, neue Beweise von der Uebereinstimmung der Naturgesetze antrift, so wird man auch hierinne eine Anzeige einer sehr wunderbaren, und ganz unerwarteten Ausnahme

von

von diesen sonst so unwandelbaren Gesetzen finden. Es wird gezeigt, daß einige Pflanzen befruchteten Saamen bringen, ohne daß sie durch den Blumenstaub, welcher doch für das einzige Befruchtungsmittel zu achten ist, wären befruchtet worden: und ich muß gestehen, daß der Herr Abt diese Ausnahme deutlich bewiesen hat, indem er alle mögliche Vorsicht, die man nur erdenken kan, anwendete, um einem Streite vorzubeugen, dessen Folgen man gerne vermeiden wolte.

Dieses alles wird nun hoffentlich hinreichend sein, den Liebhaber der in diesem Werke vorgetragenen wichtigen, und bisher noch im Dunkeln gelegenen Materie zu befriedigen, besonders wenn er auf die einzelnen, und umständlich aus einander gesezten Fälle, auf denen meine hier vorgetragenen Resultate beruhen, einige Aufmerksamkeit wenden will.

Ende.

Register.

Die mit einem * bezeichneten Ziffern, weisen auf die Geschichte der organisirten Körper.

A.

B.

F.

G.

H.

J.

K.

Kicher=

L.

M.

N.

O.

P.

R.

S.

Seiden-

T.

U. V.

W.

Z.

Leipzig,
gedruckt bey Christian Friedrich Solbrig.

FSC
www.fsc.org
MIX
Papier | Fördert gute Waldnutzung
FSC® C083411

Kolibri 360 GmbH
Ferdinand-Jühlke-Straße 7
99095 Erfurt, Deutschland
produktsicherheit@kolibri360.de